“十四五”时期国家重点出版物出版专项规划项目

密码理论与技术丛书

基于杂凑函数的抗量子计算攻击数字签名

孙思维 著

科学出版社
北京

内 容 简 介

随着量子计算理论与技术的快速发展，向抗量子攻击密码算法迁移的紧迫性日益凸显. 由于其可靠的安全性，较好的签名与验签性能，基于杂凑函数的数字签名是最先成为国际标准的一类抗量子攻击密码算法，它非常适合在软件、固件更新、操作系统安全启动、根 CA 及运营 CA 数字证书签名等场景中进行应用.

本书系统地介绍了基于杂凑函数的有状态及无状态数字签名的基本原理、安全强度评估方法及主要国际标准. 同时，为了便于初学者阅读，本书为相关内容匹配了大量图示并对典型杂凑函数及其通用攻击进行了详细的描述.

本书可供从事网络空间安全、信息安全、密码学、计算机通信、数学等专业的科研人员、硕士研究生和博士研究生参考，也可供从事密码相关领域的工程技术人员参考.

图书在版编目(CIP)数据

基于杂凑函数的抗量子计算攻击数字签名 / 孙思维著. -- 北京 : 科学出版社, 2025. 6. -- (密码理论与技术丛书). -- ISBN 978-7-03-082749-4

Ⅰ. TN918.912

中国国家版本馆 CIP 数据核字第 2025G0099L 号

责任编辑：李静科　范培培 / 责任校对：彭珍珍

责任印制：张　伟 / 封面设计：无极书装

科学出版社 出版

北京东黄城根北街 16 号

邮政编码: 100717

http://www.sciencep.com

北京中科印刷有限公司印刷

科学出版社发行　各地新华书店经销

*

2025 年 6 月第　一　版　开本: 720 × 1000　1/16

2025 年 6 月第一次印刷　印张: 15 1/4

字数：299 000

定价: 118.00 元

(如有印装质量问题，我社负责调换)

“密码理论与技术丛书”序

随着全球进入信息化时代，信息技术的飞速发展与广泛应用，物理世界和信息世界越来越紧密地交织在一起，不断引发新的网络与信息安全问题，这些安全问题直接关乎国家安全、经济发展、社会稳定和个人隐私. 密码技术寻找到了前所未有的用武之地，成为解决网络与信息安全问题最成熟、最可靠、最有效的核心技术手段，可提供机密性、完整性、不可否认性、可用性和可控性等一系列重要安全服务，实现数据加密、身份鉴别、访问控制、授权管理和责任认定等一系列重要安全机制.

与此同时，随着数字经济、信息化的深入推进，网络空间对抗日趋激烈，新兴信息技术的快速发展和应用也促进了密码技术的不断创新. 一方面，量子计算等新型计算技术的快速发展给传统密码技术带来了严重的安全挑战，促进了抗量子密码技术等前沿密码技术的创新发展. 另一方面，大数据、云计算、移动通信、区块链、物联网、人工智能等新应用层出不穷、方兴未艾，提出了更多更新的密码应用需求，催生了大量的新型密码技术.

为了进一步推动我国密码理论与技术创新发展和进步，促进密码理论与技术高水平创新人才培养，展现密码理论与技术最新创新研究成果，科学出版社推出了“密码理论与技术丛书”，本丛书覆盖密码学科基础、密码理论、密码技术和密码应用等四个层面的内容.

“密码理论与技术丛书”坚持“成熟一本，出版一本”的基本原则，希望每一本都能成为经典范本. 近五年拟出版的内容既包括同态密码、属性密码、格密码、区块链密码、可搜索密码等前沿密码技术，也包括密钥管理、安全认证、侧信道攻击与防御等实用密码技术，同时还包括安全多方计算、密码函数、非线性序列等经典密码理论. 本丛书既注重密码基础理论研究，又强调密码前沿技术应用；既对已有密码理论与技术进行系统论述，又紧密跟踪世界前沿密码理论与技术，并科学设想未来发展前景.

“密码理论与技术丛书”以学术著作为主，具有体系完备、论证科学、特色鲜明、学术价值高等特点，可作为从事网络空间安全、信息安全、密码学、计算机、通信以及数学等专业的科技人员、博士研究生和硕士研究生的参考书，也可供高等院校相关专业的师生参考.

冯登国
2022 年 11 月 8 日于北京

前　言

数字签名可以确保数据的完整性 (Integrity)、来源真实性 (Authenticity), 并在一定程度上提供了“不可否认性”. 数字签名的应用极为广泛, 软件的安全分发与更新、数字证书与公钥基础设施、电子商务与在线交易等都离不开数字签名的支持. 然而, 一旦大规模通用量子计算机问世, 当前广泛应用的基于大整数分解和离散对数求解困难性的数字签名算法的安全性将受到严重威胁. 随着量子计算理论与技术的快速发展, 向抗量子计算攻击密码算法迁移的紧迫性日益凸显. 基于杂凑函数的数字签名的安全性几乎完全依赖于其底层杂凑函数抗 (第二) 原像攻击的安全性, 而不依赖其他结构性安全假设. 因此, 基于杂凑函数的数字签名是公认的一类安全性最为保守的抗量子攻击密码算法. 早在 2013 年, 互联网工程任务组 (Internet Engineering Task Force, IETF) 就开始了对基于杂凑函数的带状态数字签名的标准化工作. 2024 年 8 月 13 日, 美国国家标准与技术研究院 (NIST) 正式发布了基于杂凑函数的无状态数字签名标准 FIPS 205. 我国密码行业标准化技术委员会也在积极推动基于我国商用密码标准杂凑函数 SM3 的数字签名的标准化工作. 2025 年, 我国开始面向全球征集新一代商用密码算法, 而抗量子攻击数字签名也在征集算法之列. 可以预见, 无论在学术研究还是工程应用方面, 基于杂凑函数的数字签名都将受到越来越多的关注. 然而, 当前还缺少专门的书籍系统地介绍基于杂凑函数的数字签名. 本书是以作者在中国科学院大学开设的前沿讲座课“基于杂凑函数的抗量子攻击数字签名”的内容为基础, 结合本领域的最新研究进展和发展趋势写作而成的, 在一定程度上弥补了上述空白, 必将对基于杂凑函数的数字签名的安全性分析、设计和应用产生重要的指导意义.

本书共 9 章. 第 1 章概述基于杂凑函数的数字签名的发展、应用及标准化现状. 第 2 章介绍杂凑函数的基本概念、构造模式和通用攻击方法等. 第 3 章介绍数字签名的基本知识, 特别是在数字签名中常用的 Hash-and-Sign 范式. 第 4 章介绍基于杂凑函数的一次性数字签名, 这是构造一般的基于杂凑函数的数字签名的基础组件. 第 5 章介绍抗伪造攻击编码方案. 第 6 章介绍 FTS (Few-Time Signature) 方案, 与一次性签名不同, FTS 签名的安全强度是随着签名次数增多逐渐降低的. 第 7 章介绍基于杂凑函数的带状态数字签名及相关标准算法. 第 8 章详细介绍基于杂凑函数的带状态数字签名算法在签名生成过程中需要使用的各种树遍历算法. 第 9 章介绍基于杂凑函数的无状态数字签名及其最新发展.

在本书的写作过程中, 我得到了很多专家学者的大力支持和帮助, 也得到了科学出版社的大力支持. 感谢我的学生车安达、秦臻为本书绘制了大量的图示并对全书进行了校对. 本书的部分内容曾作为中国科学院大学前沿讲座课 “基于杂凑函数的抗量子攻击数字签名” 课程的讲义使用, 感谢在授课过程中乔文潇博士和各位同学提出的宝贵意见.

本书得到了国家重点研发计划青年科学家项目 “面向区块链应用的杂凑函数设计”(编号: 2022YFB2701900), 国家密码科学基金重点项目 “对称密码自动化分析理论、方法与前端工具链”(编号: 2025NCSF01012), 国家自然科学基金重点项目 “新一代网络环境下对称密码算法的自动化分析与设计技术研究”(编号: 62032014), 华为产学合作协同育人项目和中央高校基本科研业务费的支持, 特此感谢.

由于本人水平有限, 书中肯定会有不足之处, 恳请读者将意见或建议发送至 sunsiwei@ucas.ac.cn, 在此表示感谢!

孙思维

2025 年 5 月

目　　录

第 1 章　引　　言

数字签名可以确保数据的完整性 (Integrity) 和来源真实性 (Authenticity). 在数字签名方案中, 签名方拥有一个公私钥对 (pk, sk), 其中 sk 是私钥 (签名方需对其保密), pk 是公钥 (可以公开). 签名者可以使用私钥 sk 对消息 msg 进行签名, 任何知道公钥 pk 的实体都可以验证这个签名的真伪. 可以公开验证真伪, 是数字签名的一个重要性质, 这意味着一个消息的签名可以出示给第三方, 知道正确公钥的第三方可以正确地验证该签名的真伪. 另外, 由于只有知道私钥的实体才能进行签名, 因此当一个实体给一个消息签名后, 它也很难对其签名行为进行抵赖. 这些特点与同样可以提供完整性和真实性保护的对称密码方案消息认证码 (Message Authentication Code, MAC) 有显著区别. 消息认证码只能由私钥拥有者进行验证, 且知道私钥的双方都可以计算任意消息的认证码, 因此 MAC 也无法提供抗抵赖性. 同时, 数字签名也在一定程度上避免了消息认证码中密钥分配和管理的复杂性. 但要注意, 如何可靠地公布 (和签名实体绑定的) 公钥并不是一个平凡问题, 错误的公钥信息可能带来灾难性的安全问题, 公钥基础设施 (Public Key Infrastructure, PKI) 体系就是一种系统地解决安全发布公钥的方案.

数字签名的应用极为广泛, 在 TLS 协议、PKI、软件更新、操作系统安全启动、区块链等系统中发挥了重要作用. 当前大规模部署和应用的数字签名包括国际标准 RSA 、ECDSA 和我国商用密码标准 SM2 等. 然而, 由于 Shor 算法可以在量子计算模型下以多项式时间复杂度分解大整数和求解离散对数, 一旦大规模通用量子计算机问世, 现行的基于大整数分解和离散对数求解困难性的数字签名算法 (如 RSA 、ECDSA 和 SM2 等) 的安全性将受到严重威胁[1]. 尽管目前学术界和产业界对是否可以成功制造出大规模通用量子计算机还存在争议, 但该领域的研究进展迅速, 全球主要国家对向抗量子计算攻击密码算法迁移的必要性已达成广泛的共识. 实际上, 只要无法证明通用量子计算机不可实现, 向抗量子计算攻击算法的迁移就是必要甚至紧迫的. 其一, 技术突破无法被预测, 各国政府在量子计算领域投入了大量资源, 由于量子计算的颠覆性, 率先取得突破的国家有较高可能不会公布其相关成果. 其二, 密码算法的迁移需要较长的时间周期, 向后量子密码算法的迁移必须远远早于量子计算机成功制造的时间. 其三, 将基于传统密码体系保护的加密流量保存起来并等待量子计算机成功制造后再解密的囤积攻击 (Store Now Decrypt Later) 进一步加剧了向后量子密码迁移的迫切性. 最后, 越来越多的企业将支持后量子算法作为可以进行大力宣传的产品优势, 不具备抗量子计算攻击能力的产品将在未来产业竞争中处于劣势地位.

由于量子计算对对称密码的影响有限, 我们目前所说的后量子密码主要是指抗量子计算攻击公钥密码. 更具体地, 主要是指密钥封装 (KEM)/公钥加密 (PKE) 和数字签名 (DSA). 本书主要关注数字签名算法. 目前构造抗量子计算攻击数字签名的技术路线主要包括基于格的设计、基于编码的设计、基于同源的设计、基于多变量的设计、基于 MPC-in-the-Head 的设计和基于杂凑函数的设计. 由于基于杂凑函数的数字签名算法不依赖于任何“结构化”的困难问题, 其安全性是最保守的.

1.1　基于杂凑函数的数字签名

基于杂凑函数的数字签名算法 (Hash-Based Digital Signature Schemes, 简称 HBS) 的研究历史悠久, 最早可以追溯到 1976 年. 在《密码学的新方向》[2] 这篇里程碑式的论文中, Diffie 和 Hellman 提出了一种利用单向函数对一比特数据进行签名的方案. 在该方案中, 我们随机选择一对 n 比特串 $(x_0, x_1) \in \mathbb{F}_2^n \times \mathbb{F}_2^n$ 作为私钥, 并令 $(F(x_0), F(x_1)) \in \mathbb{F}_2^n \times \mathbb{F}_2^n$ 为相应的公钥, 其中 $F : \mathbb{F}_2^n \to \mathbb{F}_2^n$ 为一个单向函数. 那么, 消息 $b \in \mathbb{F}_2$ 的签名为 $F(x_b)$ 的原像 x_b. 后来, Lamport 对这一方案进行了推广, 给出了一个适用于任意长度消息的一次性数字签名算法[3]. 一次性数字签名算法的一个公私钥对只能对一个消息进行签名, 多次签名会破坏算法的安全性. 通过将 N 个一次性数字签名的实例作为叶子节点组织在一个 Merkle 树中, 可以构造一个 N 次签名算法. 经过 40 余年的发展, 这种设计数字签名的技术路线逐渐成熟. 基于杂凑函数的数字签名包括带状态的数字签名和无状态数字签名两类, 其中带状态的数字签名在每次签名后都需要对私钥状态进行更新, 且确保正确的私钥状态更新对保证算法的安全性至关重要.

对比其他后量子签名体制的设计方法, 基于杂凑函数的设计有很多优势. 第一, 它是目前所有后量子签名体制中安全性最可靠的方案, 这类方案的安全性本质上只依赖于底层杂凑函数的抗 (第二) 原像攻击的安全性 (注意, 根据目前的研究, 即使是被破解了的 `MD5` 算法也是具备抗原像攻击的性质的), 而不依赖其他结构性安全假设. 并且, 基于杂凑函数的签名体制的底层杂凑函数是可替换的, 一旦发现当前使用的杂凑函数有安全问题, 可以直接替换一个安全的杂凑函数. 第二, 基于杂凑函数的数字签名算法的公私钥尺寸较小, 验签性能高. 第三, 基于杂凑函数的数字签名算法的参数选项丰富, 可以根据应用场景灵活调整. 基于杂凑函数的数字签名也存在一些缺点. 首先, 性能和开销比较有优势的基于杂凑函数的数字签名算法是带状态的, 这意味着每次签名后私钥都会改变状态. 这种状态更新是为了确保同一个一次性数字签名实例不会进行多于一次签名以确保系统的安全性. 如何进行安全可靠的私钥更新并不是一个平凡的问题. 在 2019 年, 美国国家标准与技术研究院 (NIST) 对基于杂凑函数的带状态签名的抗误用进行了专门的讨论[4]. 在部分应用场景下, 安全可靠地管理私钥状态是困难的, 这限制了这类签名算法的实际应用. 其次, 一个基于杂凑函数的数字签名算法实例 (对应一个公私钥对) 只能进行有限次签名 (但一般都可通过参数调整达到具体应用所需要的签名次数). 最后, 基于杂凑函数的数字签名算法生成的签名尺寸较大. 但总体来看, 在部分应用场景下, 上述局限性和开销并没有成为基于杂凑函数的数字签名体制应用的障碍.

在文献 [5] 中, 来自思科和佛罗里达大学的研究人员指出, 基于杂凑函数的数字签名算法的性能完全满足安全启动 (Secure Boot) 的应用场景. 文献 [6] 分析了在可信平台模块 (Trusted Platform Modules, TPM) 中利用基于杂凑函数的签名替换 RSA 签名的情况, 并指出通过采用合适的 Merkle 树遍历算法, 这种替换的开销是完全可以接受的. 基于杂凑函数的签名在区块链领域也有所应用, `QRL` 利用 `XMSS` 结合 `WOTS`$^+$ 实现了一个抗量子攻击分布式账本[7]. 加拿大密码解决方案提供商在其产品 ISARA Radiate™ 中实现了 `XMSS` 方案, 该方案克服了基于 HSM 实现基于杂凑函数的数字签名的多个困难, 并在 Utimaco SecurityServer 中进行了测试[8]. 文献 [9] 提出了一种可以在无线传感器网络节点消息认证和广播认证中使用的基于杂凑函数的签名方案. Boneh 等则考虑了在 SGX 应用基于杂凑函数的签名方案[10]. 最后, 英飞凌在其 TPM 芯片产品 OPTIGA™ TPM SLB 9672 中的固件更新功能中使用了基于杂凑函数的签名算法 `XMSS` [11]. 系统级芯片 (System on Chip, SoC) 信任根 (Trust of Root) 开源项目 `OpenTitan` [12] 和 `Caliptra` [13] 实现了基于杂凑函数的数字签名的安全启动机制.

1.2 基于杂凑函数的数字签名的标准化现状

各国政府和相关组织都在积极推动后量子密码算法的标准化工作. 因为其可靠的安全性和在特定应用场景下的适用性, 基于杂凑函数的带状态数字签名体制成为最早一批被标准化的后量子密码算法. 早在 2013 年, IETF 就开始了对 Leighton-Micali 签名体制的标准化工作, 最终在 2019 年形成了 RFC 8554[14]. 另外, IETF 也考虑为 `LMS` 增加更多的参数选择[15]. 对 `XMSS` 签名体制的标准化工作则开始于 2015 年, 最终在 2018 年形成了 RFC 8391[16]. 美国国家标准与技术研究院 (NIST) 则将 `LMS`、`XMSS` 签名体制以及它们的超树版本 `HSS` 和 `XMSS-MT` 写入了 NIST SP 800-208[17]. 当前, 国际标准化组织 (International Organization for Standardization, ISO) 也在积极推动基于杂凑函数的带状态数字签名的标准化工作, 形成了 ISO/IEC 14888-4:2024 标准[18]. 由于带状态的数字签名在每次签名后需要可靠地进行状态更新才能保证其安全性, IETF 也在考虑为安全的状态管理制定专门的标准[19]. 2022 年 9 月, 美国国家安全局发布了《商业国家安全算法套件 2.0》(CNSA 2.0)[20], 建议在软件和固件 (更新) 签名应用场景下立即向 NIST SP 800-208 中给出的基于杂凑函数的数字签名迁移, 并在 2030 年完成这一迁移过程. 德国联邦信息安全局 (BSI) 也在 BSI TR-02102-1 中给出了类似的建议[21].

2016 年, NIST 发起了后量子密码算法标准征集竞赛[22], 该竞赛共收到来自全球的 82 套算法设计, 其中有 69 套满足最低要求的算法进入了第一轮的评估, 包括 49 套公钥加密算法 (PKE) 或密钥封装算法 (KEM), 以及 20 套数字签名算法. 经过三轮的评估, NIST 于 2022 年宣布了 4 套正式进入标准化程序的算法, 包括密钥封装算法 CRYSTALS-Kyber (基于格)、数字签名算法 CRYSTALS-Dilithium (基于格)、数字签名算法 Falcon (基于格) 和基于杂凑函数的无状态数字签名算法 SPHINCS$^+$[23]. 2023 年 11 月, NIST 发布了关于无状态数字签名算法 SPHINCS$^+$ 的 FIPS 205 草案. 2024 年 8 月 13 日, NIST 正式发布了基于杂凑函数的无状态数字签名标准 FIPS 205[24]. 最后, 在 NIST 新一轮抗量子计算攻击数字签名的征集活动中, 我国学者也提交了一套基于杂凑函数的无状态数字签名算法 SPHINCS-α[25], 目前正在评估阶段.

我国有关部门对后量子密码的研究、标准化及迁移工作也极为重视. 中国密码学会于 2018 年组织了全国密码算法设计竞赛, 其中就包括后量子公钥密码的设计竞赛. 然而, 在提交的算法中, 并没有基于杂凑函数设计的数字签名算法. 另外, 2022 年基于多变量和基于同源的两个重要后量子密码算法被破解, 在一定程度上说明了当前后量子密码算法设计的理论与方法在某些方面还不成熟. 因此, 后量子密码算法的标准化工作必须谨慎推进. 由于其可靠的安全性以及国际标准化组织已有相关可借鉴的经验, 我国密码行业标准化技术委员会于 2023 年启动了基于我国商用密码杂凑函数 SM3 的带状态数字签名[26] 的标准化制定项目, 并于 2024 年前启动了基于我国商用密码杂凑函数的无状态数字签名[25,27] 的研究工作. 目前, 基于 SM3 的带状态数字签名算法密码行业标准已进入全国征求意见阶段. 基于杂凑函数的后量子签名体制也许可以成为我国后量子公钥密码算法标准化的起点, 并以此为基础形成后量子算法部署、迁移等工作的实践阵地.

1.3　章节安排和阅读建议

本书共 9 章. 第 2 章介绍了两种典型的杂凑函数结构和一些后续章节将要用到的标准杂凑函数、消息认证码和掩码生成函数. 第 3 章介绍了数字签名的基本定义并给出了两种可以将只支持固定长度消息的签名算法转化为支持任意长度消息的签名算法的范式. 第 4 章介绍了一次性数字签名的基本原理和典型算法. 在一次性签名算法中使用了一种抗伪造攻击的编码方法, 第 5 章对这种编码方案进行了细致的分析. 第 6 章介绍了可以对少量消息进行签名的 FTS (Few-Time Signature) 数字签名算法. 第 7 章介绍带状态数字签名的基本原理和典型算法. 第 8 章介绍了 Merkle 树遍历算法, Merkle 树遍历算法可以按一定顺序生成带状态数字签名算法输出的数字签名中所需的认证路径; 由于本章涉及的算法细节过多且跳过本章不会影响后续章节的阅读, 因此我们建议读者先跳过此部分, 在后续需要时再阅读本章的内容. 第 9 章介绍了 NIST 无状态数字签名标准算法 SPHINCS$^+$ 及其相关的改进版本. 最后, 表 1.1 和表 1.2 列出了一些基于杂凑函数的数字签名的开源软硬件实现供读者参考.

表 1.1 基于杂凑函数的数字签名的软件实现

算法	地址	语言
LMS, HSS	https://github.com/cisco/hash-sigs	C
	https://github.com/davidmcgrew/hash-sigs	Python
	https://github.com/Fraunhofer-AISEC/hbs-lms-rust	Rust
	https://github.com/wolfSSL/wolfssl	C
XMSS, XMSS-MT	https://github.com/XMSS/xmss-reference	C
	https://github.com/FoxCryptoNL/xmss-library	C
	https://github.com/wolfSSL/wolfssl	C
	https://github.com/open-quantum-safe/liboqs/	C
	https://github.com/guanzhi/GmSSL/	C
SPHINCS$^+$	https://github.com/sphincs/sphincsplus	C
	https://github.com/wolfSSL/wolfssl	C
	https://github.com/sphincs/pyspx	Python
SPHINCS+C	https://github.com/eyalr0/sphincsplusc	C
SPHINCS-α	https://github.com/sphincs-alpha/sphincs-a	C

表 1.2 基于杂凑函数的数字签名的硬件 (或软硬协同) 实现

算法	地址	语言
LMS, HSS	https://github.com/Chair-for-Security-Engineering/XMSS-LMS-HW-Agile	VHDL
XMSS, XMSS-MT	https://github.com/Chair-for-Security-Engineering/XMSS-VHDL	VHDL
	https://github.com/Chair-for-Security-Engineering/XMSS-LMS-HW-Agile	VHDL
SPHINCS$^+$	https://github.com/slh-dsa/sloth	Verilog, C

第 2 章 杂凑函数

本章先给出杂凑函数的定义及其安全性质, 再介绍两个常用的杂凑函数结构, 即 Merkle-Damgård (MD) 结构和海绵 (Sponge) 结构, 其中 MD 结构可以看作压缩函数的模式, 而 Sponge 结构可以看作置换或输入输出等长的向量布尔函数的模式, 它们有时称为 MD 模式和 Sponge 模式. 随后, 我们给出几个 MD 结构和 Sponge 结构的标准杂凑函数 (或可扩展输出函数) 实例[28,29], 包括 SHA-1、SHA-2、SM3 和 SHA-3. 其中 SHA-2、SM3 和 SHA-3 都是基于杂凑函数的数字签名相关国际、国家或行业标准中使用的杂凑函数, 而 SHA-1 虽然在抗碰撞性方面已被破解, 但它仍然在 HMAC-SHA-1 中被使用, 因此也在本章一并介绍. 在本章最后, 我们介绍两个后续章节需要使用的基于杂凑函数构造的密码原语, 包括消息认证码 HMAC 和伪掩码生成函数 MGF1.

2.1 杂凑函数的定义及其安全性质

一个杂凑函数 $\mathsf{H}:\mathbb{F}_2^*\to\mathbb{F}_2^n$ 可以将任意长的消息映射成固定长度的比特串 (也称摘要或杂凑值), 一个密码杂凑函数通常要满足以下几条安全性质.

定义 1 (抗碰撞攻击) 令 $\mathsf{H}:\mathbb{F}_2^*\to\mathbb{F}_2^n$ 是一个杂凑函数, 找到两个不同的输入 x 和 x' 且 $\mathsf{H}(x)=\mathsf{H}(x')$ 是困难的.

定义 2 (抗原像攻击) 令 $\mathsf{H}:\mathbb{F}_2^*\to\mathbb{F}_2^n$ 是一个杂凑函数, 对于随机给定的 $y\in\mathbb{F}_2^n$, 很难找到 x, 使得 $\mathsf{H}(x)=y$.

定义 3 (抗第二原像攻击) 令 $\mathsf{H}:\mathbb{F}_2^*\to\mathbb{F}_2^n$ 是一个杂凑函数, 对于随机给定的 x, 很难找到 x', 使得 $x\neq x'$ 且 $\mathsf{H}(x')=\mathsf{H}(x)$.

注意, 上述定义中所谓的困难, 是计算意义下的. 实际上, 对于一个 "理想" 的杂凑函数 $\mathsf{H}:\mathbb{F}_2^*\to\mathbb{F}_2^n$, 存在一个时间复杂度约为 $2^{\frac{n}{2}}$ 的通用碰撞攻击. 在这一攻击中, 我们可以随机选择两个元素个数为 $2^{\frac{n}{2}}$ 的输入值列表 $[x_0,\cdots,x_{2^{n/2}-1}]$ 和 $[x'_0,\cdots,x'_{2^{n/2}-1}]$, 这两个列表可以形成 $2^{\frac{n}{2}}\cdot 2^{\frac{n}{2}}=2^n$ 个不同的 $\mathsf{H}(x_i)$ 和 $\mathsf{H}(x'_j)$ 的匹配. 对于原像攻击和第二原像的攻击, 采用随机搜索方式的计算复杂度约为 2^n. 另外, 由定义 1 和定义 3 可知, 如果一个杂凑函数是抗碰撞攻击的, 则它一定抗第二原像攻击.

杂凑函数的应用极为广泛, 在一些应用场景中, 我们对杂凑函数的安全性要求远远超过抗碰撞攻击等性质. 实际上, 在很多安全性证明中, 我们经常将杂凑函数理想化为一个具有“完全不可预测”性质的原语，这就是所谓的随机预言机 (Random Oracle, RO) 模型 (也有译为“随机谕言机模型”). 在 RO 模型中，假设有一个黑盒 $\mathscr{H}: \mathbb{F}_2^* \to \mathbb{F}_2^n$，当用一个输入比特串询问这个黑盒时，它返回一个完全随机的值 $y = \mathscr{H}(x)$. 这里 $\mathscr{H}(x)$ 是有良好定义的，因为再次使用 x 询问 $\mathscr{H}$ 时，它还会返回上次对应于 x 的 y. 我们可以这样理解这个黑盒的功能，在初始化后，这个黑盒维护了一个空表，当它接收到询问 x 时，首先检查其所维护的表中是否有关于 x 的项: 如果没有，它随机生成 $y \in \mathbb{F}_2^n$，返回 y，并把 (x, y) 存入表中; 如果表中有关于 x 的项 (x, z)，则它返回 z. 在 RO 模型中，若 x 没有被询问过，则 $\mathscr{H}(x)$ 的值是完全随机且不可预测的. 注意，这与伪掩码生成函数 $G(x)$ 完全不同，对于不知道 x 的观察者，$G(x)$ 是完全随机和不可预测的，但当我们知道 x 或 x 的一部分比特，则 $G(x)$ 是容易和一个随机函数区分开来的. 而对于 $\mathscr{H}$，我们要求即使知道 x (但 x 还没有被询问过)，$\mathscr{H}(x)$ 也是完全随机和不可预测的. 在 RO 模型的实际应用中，一般是先在 RO 模型下证明某个方案的安全性，然后在实际方案中用一个杂凑函数 H (或它的某个变种) 来代替 RO 模型中的 $\mathscr{H}$. 显然，H 作为一个实现方法已知的确定性算法，并不能满足我们对 $\mathscr{H}$ 的理想要求. 因此，学界对 RO 模型的有效性还存在广泛的争议. 但是，除了一些极为病态的人造方案，目前在 RO 模型下可证明安全的方案一般都没有发现有效的攻击，且因为“有证明总比没有证明好”，RO 模型仍然被广泛使用. 最后我们指出，在用杂凑函数实例化 RO 模型下安全的密码方案时，并不是说我们可以不做任何变化地使用一个通用杂凑函数替换 $\mathscr{H}$. 例如，我们可以证明，若 $\mathscr{H}$ 是一个随机预言机，则 $\mathsf{MAC}_k(m) = \mathscr{H}(k \parallel m)$ 是一个安全的消息认证码. 但是，在 2.2.4 节中我们会看到，当使用一个 MD 结构的杂凑函数实例化 $\mathscr{H}$ 时，相应的方案显然是不安全的.

2.2 Merkle-Damgård 结构

用 $\mathbb{F}_2 = \{0, 1\}$ 表示二元域，$\mathbb{F}_2^n$ 表示 $\mathbb{F}_2$ 上的 n 维向量空间，它也是所有 n 比特串的集合，$\mathbb{F}_2^*$ 则表示所有比特串的集合. 若 x 是一个比特串，用 $\|x\|_{\mathbb{F}_2}$ 表示其长度 (比特数). 对于一个非负整数 i，$\mathtt{toBinary}(i, t)$ 表示其 t 比特编码. 例如，$\mathtt{toBinary}(6, 4) = \mathtt{0110}$.

对于正整数 n 和 t，令 $f: \mathbb{F}_2^n \times \mathbb{F}_2^t \to \mathbb{F}_2^n$ 为一个压缩函数. 令 $\mathrm{Pad}_{\mathrm{MD}}$ 为一个消息填充方法 (算法 1)，对于一个任意长度的消息 msg，$\mathrm{Pad}_{\mathrm{MD}}(\mathsf{msg})$ 返回一个填充比特串，使得 $\mathsf{msg} \parallel \mathrm{Pad}_{\mathrm{MD}}(\mathsf{msg})$ 的比特串长度是 t 的整数倍. 注意，与 2.3 节将要介绍的 Sponge 模式中所使用的消息填充方法 (算法 4) 不同，对不同长度的输入消息，$\mathrm{Pad}_{\mathrm{MD}}$ 一定返回不同的填充比特串. MD 模式可以将上述固定输入长度的压

缩函数 f, 转化成一个可以处理任意长度消息的函数 $\mathsf{MD}[f, \mathrm{Pad}_{\mathrm{MD}}, t] : \mathbb{F}_2^* \to \mathbb{F}_2^n$. 如算法 2 和图 2.1 所示, 称 $y_0 = IV$ 为初始向量, $y_1, y_2, \cdots, y_k$ 为链接值, y_{k+1} 为消息 $x = x_1 \parallel \cdots \parallel x_{k-1} \parallel x_k$ 的杂凑值或摘要值. 注意, 由于 t 比特可编码的最大整数为 $2^t - 1$, 因此该杂凑函数能处理的消息的最大长度为 $2^t - 1$ 比特.

算法 1: 消息填充算法 $\mathrm{Pad}_{\mathrm{MD}}$

Input: 比特串 $\mathsf{msg} \in \mathbb{F}_2^*$
Output: 填充比特串

$u \leftarrow (t - \|\mathsf{msg}\|_{\mathbb{F}_2}) \mod t$
return $0^u \parallel \mathtt{toBinary}(\|\mathsf{msg}\|_{\mathbb{F}_2}, t)$

算法 2: $\mathsf{MD}[f, \mathrm{Pad}_{\mathrm{MD}}, t]$

Input: 比特串 $\mathsf{msg} \in \mathbb{F}_2^*$
Output: 摘要值 $y \in \mathbb{F}_2^n$

$\mathsf{m} \leftarrow \mathsf{msg} \parallel \mathrm{Pad}_{\mathrm{MD}}(\mathsf{msg})$
$k \leftarrow \|\mathsf{m}\|_{\mathbb{F}_2}/t - 1$
令 $\mathsf{m} = (\mathsf{m}_1, \cdots, \mathsf{m}_k, \mathsf{m}_{k+1}) \in (\mathbb{F}_2^t)^{k+1}$
$y_0 \leftarrow IV$
for $i = 1, \cdots, k+1$ **do**
　$y_i \leftarrow f(y_{i-1}, \mathsf{m}_i)$
$y \leftarrow y_{k+1}$
return y

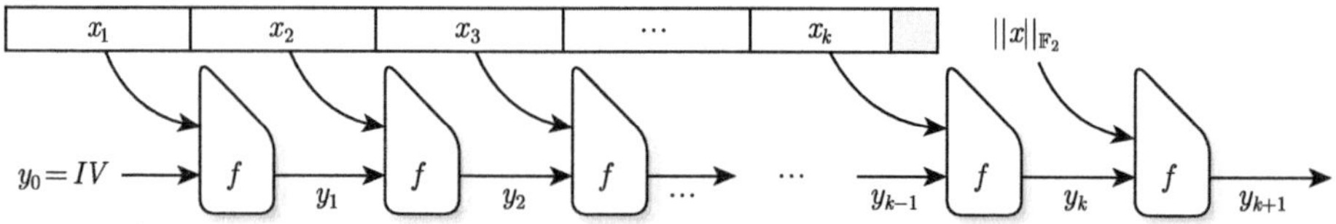

图 2.1　MD 结构

令 $f : \mathbb{F}_2^{40} \times \mathbb{F}_2^{10} \to \mathbb{F}_2^{40}$ 为一个压缩函数, 用杂凑函数 $\mathsf{H} = \mathsf{MD}[f, \mathrm{Pad}_{\mathsf{MD}}, t = 50 - 40 = 10]$ 计算 6 字节消息

$$\mathsf{msg} = \mathsf{01000011\ 11001101\ 10010111\ 01100011\ 01010000\ 01111000}$$

的杂凑值. 首先, 对 msg 进行填充, 得到 $\mathsf{m} = \mathsf{msg} \parallel \mathrm{Pad}_{\mathrm{MD}}(\mathsf{msg})$ 的值:

$$\underbrace{\mathsf{0100001111}}_{\mathsf{m}_1}\ \underbrace{\mathsf{0011011001}}_{\mathsf{m}_2}\ \underbrace{\mathsf{0111011000}}_{\mathsf{m}_3}\ \underbrace{\mathsf{1101010000}}_{\mathsf{m}_4}\ \underbrace{\mathsf{0111100000}}_{\mathsf{m}_5}\ \underbrace{\mathsf{0000110000}}_{\mathsf{m}_6}.$$

然后, 我们通过如图 2.2 所示的过程处理 $\mathsf{m} = (\mathsf{m}_1, \cdots, \mathsf{m}_6)$ 并得到其杂凑值 $y_6 \in \mathbb{F}_2^{40}$.

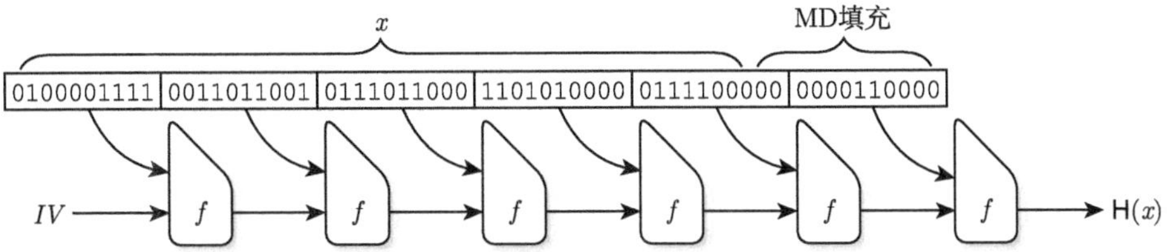

图 2.2 杂凑函数摘要值计算实例

我们指出, 在算法 1 中, 最后添加的 t 比特分组为 msg 的比特长度的 t 比特编码, 这一操作至关重要, 若省略此操作, 则相应的杂凑函数不能抵抗碰撞攻击. 例如, 若没有这一操作, 消息

$$\begin{cases} \mathsf{msg} = \mathtt{01000011\ 11001101\ 10010111\ 01100011\ 01010000\ 01111000} \\ \mathsf{msg}' = \mathtt{01000011\ 11001101\ 10010111\ 01100011\ 01010000\ 011110} \end{cases}$$

的摘要值相同.

利用分组密码 E_K 可以构造 MD 结构中使用的压缩函数 f, 我们可以把消息分组和链接值分别输入分组密码的密钥接口或明文接口, 并做适当的前馈操作计算链接值, 从而构成压缩函数. 图 2.3 给出了 3 种常见的压缩函数模式, 包括 DM 模式、MMO 模式和 MP 模式. 更多的模式可以参考文献 [30].

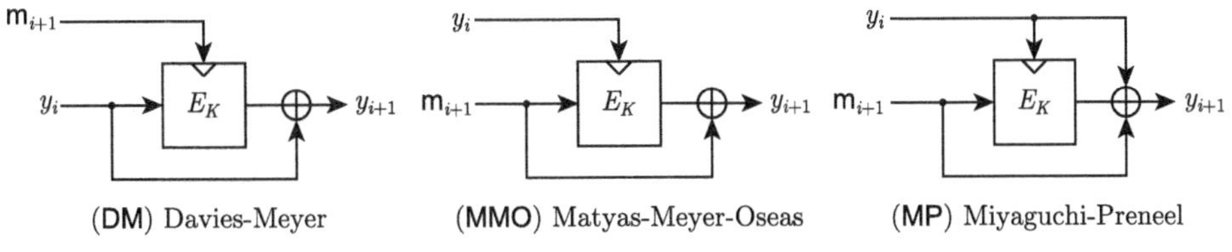

图 2.3 常见的压缩函数模式

引理 1 对于正整数 n 和 t, 令 $f : \mathbb{F}_2^n \times \mathbb{F}_2^t \to \mathbb{F}_2^n$ 为一个压缩函数. 若压缩函数 f 是抗碰撞攻击的, 则 $\mathsf{H} = \mathsf{MD}[f, \mathrm{Pad}_{\mathsf{MD}}, t]$ 也是抗碰撞攻击的.

证明 下面我们证明, 若 $\mathsf{H} = \mathsf{MD}[f, \mathrm{Pad}_{\mathsf{MD}}, t]$ 不抗碰撞, 则 f 也不抗碰撞. 假设 x 和 x' 是 H 的一对碰撞, 即 $\mathsf{H}(x) = \mathsf{H}(x')$. 令

$$\begin{cases} x \parallel \mathrm{Pad}_{\mathrm{MD}}(x) = (x_1, \cdots, x_{k+1}) \in (\mathbb{F}_2^t)^{k+1} \\ y_1 = f(IV, x_1), y_2 = f(y_1, x_2), \cdots, y_{k+1} = f(y_k, x_{k+1}) \end{cases},$$

且 $\mathsf{H}(x) = y_{k+1} = f(y_k, x_{k+1})$. 类似地, 令

$$\begin{cases} x' \parallel \mathrm{Pad}_{\mathrm{MD}}(x') = (x'_1, \cdots, x'_{k'+1}) \in (\mathbb{F}_2^t)^{k'+1} \\ y'_1 = f(IV, x'_1), y'_2 = f(y'_1, x'_2), \cdots, y'_{k'+1} = f(y'_{k'}, x'_{k'+1}) \end{cases},$$

且 $\mathsf{H}(x') = y'_{k'+1} = f(y'_{k'}, x'_{k'+1})$. 此时, $y_{k+1} = y'_{k'+1}$, 我们考虑两种情况. 当 $k \neq k'$ 时, 则 $\mathrm{Pad}_{\mathrm{MD}}(x) \neq \mathrm{Pad}_{\mathrm{MD}}(x')$, 从而 $(y_k, x_{k+1}) \neq (y'_{k'}, x'_{k'+1})$. 又因为 $y_{k+1} = y'_{k'+1} = f(y_k, x_{k+1}) = f(y'_{k'}, x'_{k'+1})$, 所以 (y_k, x_{k+1}) 和 $(y'_{k'}, x'_{k'+1})$ 是 f 的一对碰撞. 当 $k = k'$ 时, 一定存在 $j \in \{1, 2, \cdots, k+1\}$, 使得 $(y_{j-1}, x_j) \neq (y'_{j-1}, x'_j)$. 否则, $x = (x_1, \cdots, x_{k+1}) = x' = (x'_1, \cdots, x'_{k+1})$. 这与 x 和 x' 是一对碰撞矛盾. 令

$$\mathrm{j} = \max_{1 \leqslant j \leqslant k+1} \{j : (y_{j-1}, x_j) \neq (y'_{j-1}, x'_j)\}.$$

此时, $y_{\mathrm{j}} = f(y_{\mathrm{j}-1}, x_{\mathrm{j}}) = y'_{\mathrm{j}} = f(y'_{\mathrm{j}-1}, x'_{\mathrm{j}})$. 因此, $(y_{\mathrm{j}-1}, x_{\mathrm{j}})$ 和 $(y'_{\mathrm{j}-1}, x'_{\mathrm{j}})$ 是 f 的一对碰撞. 综上, 若 f 抗碰撞则 H 也抗碰撞. □

2.2.1 针对 MD 结构的长消息第二原像攻击

令 $f : \mathbb{F}_2^{n+t} \to \mathbb{F}_2^n$ 是一个压缩函数, 若消息 $\mathsf{msg} = (\mathsf{m}_1, \cdots, \mathsf{m}_{2^R+1}) \in (\mathbb{F}_2^t)^{2^R+1}$ 填充后的长度为 $2^R + 2$ 个 t 比特分组 (图 2.4), 则可以通过复杂度 $\mathcal{O}(2^{n-R})$ 找到 msg 关于 $\mathsf{H} = \mathsf{MD}[f, \mathrm{Pad}_{\mathrm{MD}}, t]$ 的第二原像 msg′, 且 $\mathsf{msg}' \parallel \mathrm{Pad}_{\mathrm{MD}}(\mathsf{msg}')$ 的长度也为 $2^R + 2$ 个 t 比特分组. 如果随机生成一个 $x \in \mathbb{F}_2^t$, 则 $f(IV, x) \in \{y_1, \cdots, y_{2^R}\}$ 的概率是 2^{R-n}. 因此, 大约尝试 2^{n-R} 次后, 可得到 m'_1, 使得 $f(IV, \mathsf{m}'_1) = y_j$, 其中 $1 \leqslant j \leqslant 2^R$. 我们先来讨论一种最简单的情况, 若 $\mathrm{Pad}_{\mathrm{MD}}$ 算法只在消息尾部添加足够多的 0 而不追加消息长度的编码, 则很容易找到消息 msg′, 使得

$$\mathsf{msg}' \parallel \mathrm{Pad}_{\mathrm{MD}}(\mathsf{msg}') = (\mathsf{m}'_1, \mathsf{m}_{j+1}, \mathsf{m}_{j+2}, \cdots, \mathsf{m}_{2^R}, \mathsf{m}_{2^R+1}, \mathsf{m}_{2^R+2}).$$

如图 2.5 所示, 消息 msg′ 就是 H(msg) 的一个第二原像. 但是, 对于真正的 $\mathrm{Pad}_{\mathrm{MD}}$, 我们有

$$\begin{cases} \mathsf{m}_{2^R+2} = \mathtt{toBinary}(\|\mathsf{msg}\|_{\mathbb{F}_2}, t) \\ \mathsf{m}'_{2^R+2} = \mathtt{toBinary}(\|\mathsf{msg}'\|_{\mathbb{F}_2}, t) \end{cases}.$$

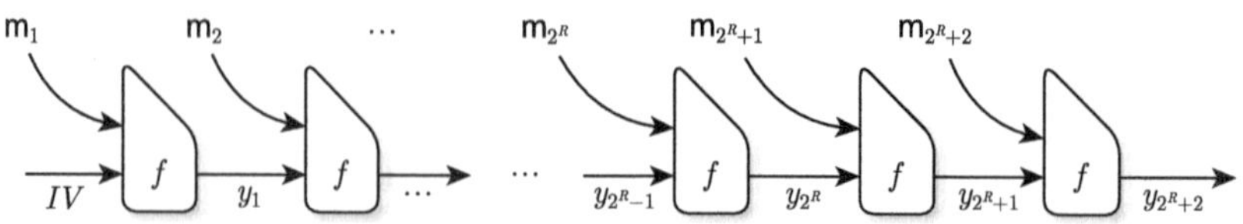

图 2.4 MD 模式处理填充后具有 $2^R + 2$ 个分组的长消息

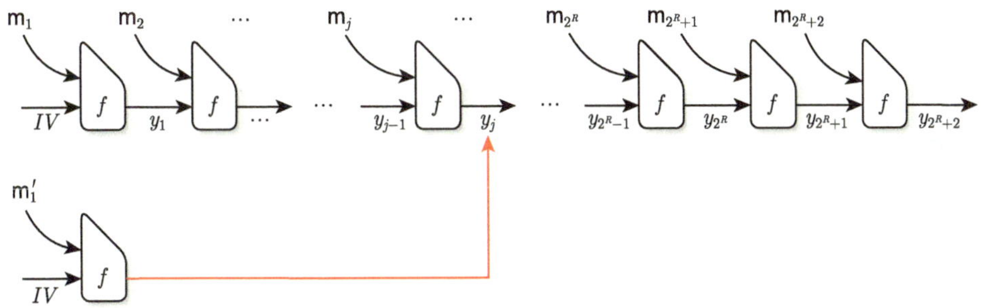

图 2.5 攻击过程

因此, 一般情况下 $\mathsf{m}_{2^R+2} \neq \mathsf{m}'_{2^R+2}$. 从而我们也不能保证

$$\mathsf{H}(\mathsf{msg}') = f(y_{2^R+1}, \mathsf{m}'_{2^R+2}) = f(y_{2^R+1}, \mathsf{m}_{2^R+2}) = \mathsf{H}(\mathsf{msg}).$$

下面指出, 若我们可以高效地找到压缩函数的不动点, 则我们仍然可以高效地找到 H 的第二原像. 假设对任意的 $x \in \mathbb{F}_2^t$, 我们都能以 $\mathcal{O}(1)$ 的复杂度找到 $\xi(x)$, 使得 $f(\xi(x), x) = \xi(x)$, 即 $\xi(x)$ 是 $f(\cdot, x)$ 的一个不动点. 例如, 对于 DM 结构的压缩函数 (图 2.3), $\xi(x) = E_x^{-1}(0)$. 设消息 msg 满足

$$\mathsf{msg} \parallel \mathrm{Pad}_{\mathrm{MD}}(\mathsf{msg}) = (\mathsf{m}_1, \mathsf{m}_2, \cdots, \mathsf{m}_{2^R}, \mathsf{m}_{2^R+1}, \mathsf{m}_{2^R+2}),$$

下面我们来看看如何找到 H(msg) 的第二原像.

首先, 生成 $2^{\frac{n}{2}}$ 个不动点 $\xi(x_i) \in \mathbb{F}_2^n$, 即 $f(\xi(x_i), x_i) = \xi(x_i)$, $1 \leqslant i \leqslant 2^{\frac{n}{2}}$. 然后, 随机选择 $\mathsf{m}'_1 \in \mathbb{F}_2^t(\mathsf{m}'_1 \neq \mathsf{m}_1)$, 直到 $f(IV, \mathsf{m}'_1) = \xi(x_q)$, $q \in \{1, \cdots, 2^{\frac{n}{2}}\}$ 或 $f(IV, \mathsf{m}'_1) = f(IV, \mathsf{m}_1)$. 若 $f(IV, \mathsf{m}'_1) = f(IV, \mathsf{m}_1)$, 则可以找到 msg′, 使得

$$\mathsf{msg}' \parallel \mathrm{Pad}_{\mathrm{MD}}(\mathsf{msg}') = \mathsf{m}'_1 \parallel \mathsf{m}_2 \parallel \mathsf{m}_3 \parallel \cdots \parallel \mathsf{m}_{2^R+1} \parallel \mathsf{m}_{2^R+2}.$$

如图 2.6 所示, msg′ 是 H(msg) 的一个第二原像. 若 $f(IV, \mathsf{m}'_1) = \xi(x_q)$, $q \in \{1, \cdots, 2^{\frac{n}{2}}\}$, 随机选择 $\mathsf{m}^\dagger \in \mathbb{F}_2^t$, 直到 $f(\xi(x_q), \mathsf{m}^\dagger) = f(y_{j-1}, \mathsf{m}_j) = y_j$, 其中 $j \in \{2, 3, 4, \cdots, 2^R + 1\}$. 此时, 我们容易找到消息 msg′, 使得

$$\mathsf{msg}' \parallel \mathrm{Pad}_{\mathrm{MD}}(\mathsf{msg}') = \mathsf{m}'_1 \parallel \underbrace{x_q \parallel x_q \parallel \cdots \parallel x_q}_{j-2\text{ 个}} \parallel \mathsf{m}^\dagger \parallel \underbrace{\mathsf{m}_{j+1} \parallel \cdots \parallel \mathsf{m}_{2^R+2}}_{2^R-j+2\text{ 个}}.$$

如图 2.7 所示, msg′ 是 H(msg) 的一个第二原像. 整个攻击时间复杂度的上界约为 $\mathcal{O}(2^{\frac{n}{2}}) + \mathcal{O}(2^{n-R})$.

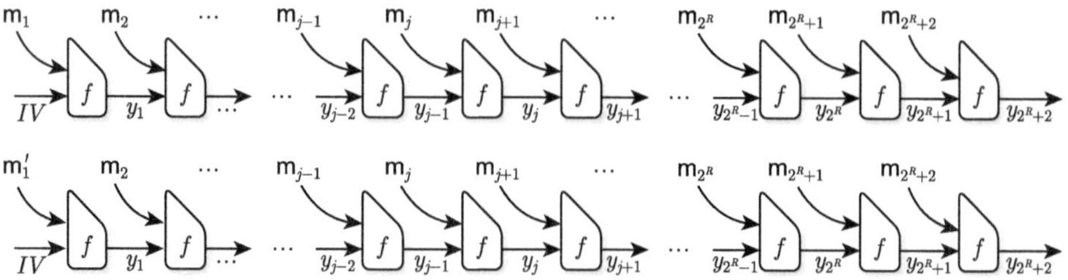

图 2.6　当 $f(IV, \mathsf{m}_1') = f(IV, \mathsf{m}_1)$ 时, 碰撞的长消息对

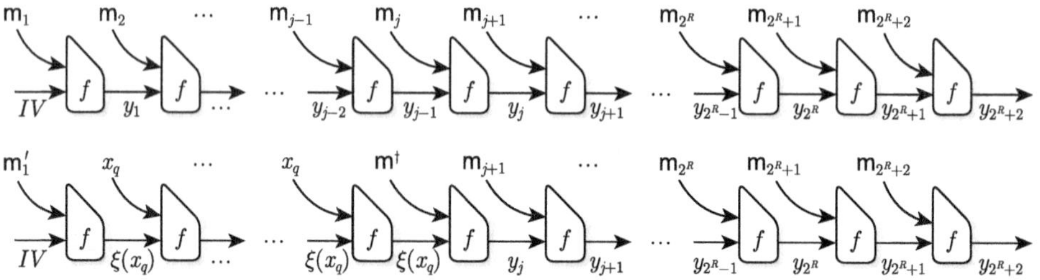

图 2.7　碰撞的长消息对

2.2.2　针对 MD 结构的选择目标强制前缀第二原像攻击

对于一个输出长度为 n 比特的杂凑函数 H, 攻击者选择一个摘要值 ζ(这个摘要值是攻击者精心构造的, 需要一定的预计算), 对于挑战者给定的任意前缀 $\mathfrak{p}$(所谓的强制前缀, 这里“强制”是对攻击者而言的), 攻击者尝试找到 $\mathfrak{s}$, 使得 $\mathsf{H}(\mathfrak{p} \parallel \mathfrak{s}) = \zeta$. 我们称这一过程为选择目标强制前缀 (Chosen Target Forced Prefix, CTFP) 第二原像攻击. 对于一个理想的杂凑函数, 完成这一攻击的计算复杂度约为 2^n. 对于 MD 结构的杂凑函数

$$\mathsf{H} = \mathsf{MD}[f : \mathbb{F}_2^n \times \mathbb{F}_2^t \to \mathbb{F}_2^n, \mathrm{Pad}_{\mathrm{MD}}, t],$$

则存在一个时间复杂度远远小于 2^n 的 CTFP 第二原像攻击.

首先, 介绍一个刻画 MD 结构链接值多路碰撞的图结构, 即所谓的钻石结构. 图 2.8 给出了一个高度为 3 的钻石结构, 它对应了一个高度为 3 的完美二叉树. 用 $\mathfrak{n}_j^{(h)}$ 表示高度为 h 的第 j 个节点, 每个节点代表了一个 n 比特的链接值, 即 $\mathfrak{n}_j^{(h)} \in \mathbb{F}_2^n$. 在图 2.8 中, 叶子节点为 $\mathfrak{n}_0^{(0)}, \mathfrak{n}_1^{(0)}, \cdots, \mathfrak{n}_7^{(0)}$, 根节点为 $\mathfrak{n}_0^{(3)}$. 连接 2 个节点 $\mathfrak{n}$ 和 $\mathfrak{n}'$ 的有向边表示存在一个消息分组 $\mathsf{m}(\mathfrak{n}, \mathfrak{n}') \in \mathbb{F}_2^t$, 使得 $f(\mathfrak{n}, \mathsf{m}(\mathfrak{n}, \mathfrak{n}')) = \mathfrak{n}'$. 因此, 两个不同始点到同一个终点的两条有向边意味着链接值的碰撞. 例如, 对于图 2.8, 我们有

$$f(\mathfrak{n}_0^{(0)}, \mathsf{m}(\mathfrak{n}_0^{(0)}, \mathfrak{n}_0^{(1)})) = f(\mathfrak{n}_1^{(0)}, \mathsf{m}(\mathfrak{n}_1^{(0)}, \mathfrak{n}_0^{(1)})) = \mathfrak{n}_0^{(1)}.$$

更进一步, 图 2.8 给出了 8 个 $\mathbb{F}_2^{3t}$ 中的比特串

$$\begin{cases}\texttt{string}_0 = \mathsf{m}(\mathfrak{n}_0^{(0)}, \mathfrak{n}_0^{(1)}) \parallel \mathsf{m}(\mathfrak{n}_0^{(1)}, \mathfrak{n}_0^{(2)}) \parallel \mathsf{m}(\mathfrak{n}_0^{(2)}, \mathfrak{n}_0^{(3)}) \\ \texttt{string}_1 = \mathsf{m}(\mathfrak{n}_1^{(0)}, \mathfrak{n}_0^{(1)}) \parallel \mathsf{m}(\mathfrak{n}_0^{(1)}, \mathfrak{n}_0^{(2)}) \parallel \mathsf{m}(\mathfrak{n}_0^{(2)}, \mathfrak{n}_0^{(3)}) \\ \texttt{string}_2 = \mathsf{m}(\mathfrak{n}_2^{(0)}, \mathfrak{n}_1^{(1)}) \parallel \mathsf{m}(\mathfrak{n}_1^{(1)}, \mathfrak{n}_0^{(2)}) \parallel \mathsf{m}(\mathfrak{n}_0^{(2)}, \mathfrak{n}_0^{(3)}) \\ \texttt{string}_3 = \mathsf{m}(\mathfrak{n}_3^{(0)}, \mathfrak{n}_1^{(1)}) \parallel \mathsf{m}(\mathfrak{n}_1^{(1)}, \mathfrak{n}_0^{(2)}) \parallel \mathsf{m}(\mathfrak{n}_0^{(2)}, \mathfrak{n}_0^{(3)}) \\ \texttt{string}_4 = \mathsf{m}(\mathfrak{n}_4^{(0)}, \mathfrak{n}_2^{(1)}) \parallel \mathsf{m}(\mathfrak{n}_2^{(1)}, \mathfrak{n}_1^{(2)}) \parallel \mathsf{m}(\mathfrak{n}_1^{(2)}, \mathfrak{n}_0^{(3)}) \\ \texttt{string}_5 = \mathsf{m}(\mathfrak{n}_5^{(0)}, \mathfrak{n}_2^{(1)}) \parallel \mathsf{m}(\mathfrak{n}_2^{(1)}, \mathfrak{n}_1^{(2)}) \parallel \mathsf{m}(\mathfrak{n}_1^{(2)}, \mathfrak{n}_0^{(3)}) \\ \texttt{string}_6 = \mathsf{m}(\mathfrak{n}_6^{(0)}, \mathfrak{n}_3^{(1)}) \parallel \mathsf{m}(\mathfrak{n}_3^{(1)}, \mathfrak{n}_1^{(2)}) \parallel \mathsf{m}(\mathfrak{n}_1^{(2)}, \mathfrak{n}_0^{(3)}) \\ \texttt{string}_7 = \mathsf{m}(\mathfrak{n}_7^{(0)}, \mathfrak{n}_3^{(1)}) \parallel \mathsf{m}(\mathfrak{n}_3^{(1)}, \mathfrak{n}_1^{(2)}) \parallel \mathsf{m}(\mathfrak{n}_1^{(2)}, \mathfrak{n}_0^{(3)}) \end{cases}$$

当使用 MD 模式分别以 $\mathfrak{n}_0^{(0)}, \mathfrak{n}_1^{(0)}, \cdots, \mathfrak{n}_7^{(0)}$ 为初始链接值处理这 8 个比特串后, 将得到相同的链接值 $\mathfrak{n}_0^{(3)}$. 如图 2.8 所示, 使用 MD 结构处理 $\texttt{string}_0$ 和 $\texttt{string}_7$ 后, 将得到相同的链接值 $\mathfrak{n}_0^{(3)}$.

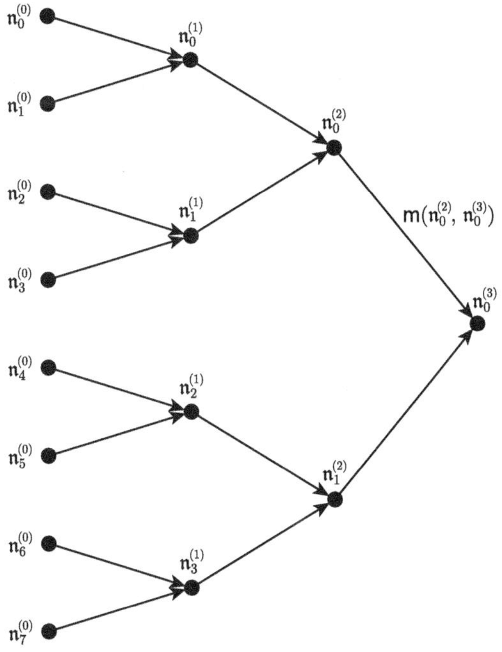

图 2.8 钻石结构

一般地, 一个高度为 k 的钻石结构共有 2^k 个叶子节点, 从而构成了 2^k 个不同的比特串, 当采用 MD 结构分别以这 2^k 个叶子节点为初始链接值处理这 2^k 个

不同比特串后, 将得到相同的链接值. 假设已经有一个高度为 k 的钻石结构, 且这个钻石结构的根节点为 $\mathfrak{n}_0^{(k)}$. 不失一般性, 假设挑战者给定的强制前缀 $\mathfrak{p} = (\mathfrak{p}_1, \cdots, \mathfrak{p}_\ell) \in (\mathbb{F}_2^t)^\ell$, 且

$$y_1 = f(IV, \mathfrak{p}_1), y_2 = f(y_1, \mathfrak{p}_2), \cdots, y_l = f(y_{l-1}, \mathfrak{p}_l),$$

则攻击者选定 $\zeta = f(\mathfrak{n}_0^{(k)}, \texttt{toBinary}(\ell+1+k, t))$. 然后, 攻击者尝试随机生成 $\mathsf{m}^\dagger \in \mathbb{F}_2^t$, 直到 $f(y_l, \mathsf{m}^\dagger) \in \{\mathfrak{n}_0^{(0)}, \mathfrak{n}_1^{(0)}, \cdots, \mathfrak{n}_{2^k-1}^{(0)}\}$. 这一过程的计算复杂度为 $\mathcal{O}(2^{n-k})$. 例如, 若 $f(y_l, \mathsf{m}^\dagger) = \mathfrak{n}_0^{(0)}$, 则

$$\mathfrak{s} = \mathsf{m}^\dagger \parallel \mathsf{m}(\mathfrak{n}_0^{(0)}, \mathfrak{n}_0^{(1)}) \parallel \mathsf{m}(\mathfrak{n}_0^{(1)}, \mathfrak{n}_0^{(2)}) \parallel \cdots \parallel \mathsf{m}(\mathfrak{n}_0^{(k-1)}, \mathfrak{n}_0^{(k)}) \tag{2.1}$$

满足 $\mathsf{H}(\mathfrak{p} \parallel \mathfrak{s}) = \zeta$. 图 2.9 给出了一个 $\ell = 2$, $k = 3$, $f(y_l, \mathsf{m}^\dagger) = \mathfrak{n}_1^{(0)}$ 的 CTFP 第二原像攻击示意图.

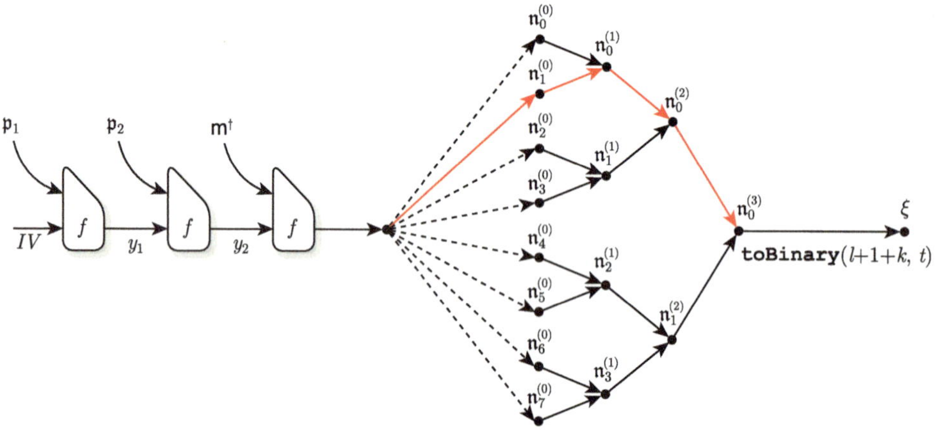

图 2.9 选择目标强制前缀 (CTFP) 第二原像攻击示意图

接下来我们看看, 到底如何构造一个高度为 k 的钻石结构. 首先要生成 2^k 个第 0 层的叶子节点, 可以直接随机生成 2^k 个叶子节点. 下面我们看看如何构造第 1 层中的 2^{k-1} 个节点. 假设有如图 2.10 所示的 2^k 个节点. 对于每个叶子节点 $\mathfrak{n}$, 都随机生成 μ 次 1 个分组长度的消息 $x \in \mathbb{F}_2^t$, 然后计算 $f(\mathfrak{n}, x)$, 若两个节点有相同的输出值, 则我们就把这两个节点用同一条边连接起来. 注意, 对任意两个节点, 虽然只进行了 $\mu + \mu$ 次压缩函数的计算, 但这两个节点却可以形成 $\mu \times \mu = \mu^2$ 次匹配.

经过这些操作后, 形成一个有 2^k 个顶点的随机图. 若这个随机图的某个子图构成了一个完美匹配 (两两配对且排他), 则就构成第一层中的那些中间节点. 根据随机图相关理论, 每个节点尝试 $L = 0.83 \times \sqrt{k} \times 2^{\frac{n-k}{2}}$ 次后, 便可形成一个完美

匹配, 因此构造第 1 层的节点的消息复杂度约为 $2^kL \approx 0.83 \times \sqrt{k} \times 2^{\frac{n+k}{2}}$ 个消息. 构造第 1 层的节点的复杂度除计算 2^kL 次压缩函数外, 还要根据压缩函数 f 的输出值匹配情况构造连接图, 并从连接图中找出一个完美匹配. 可以证明, 其时间复杂度约为 $\theta(\sqrt{k} \times 2^{\frac{n+k}{2}} \times n)$. 同理, 我们可以生成第 2 层, 第 3 层, $\cdots$, 第 k 层节点, 复杂度最大的部分就是第 1 层节点的构造[31].

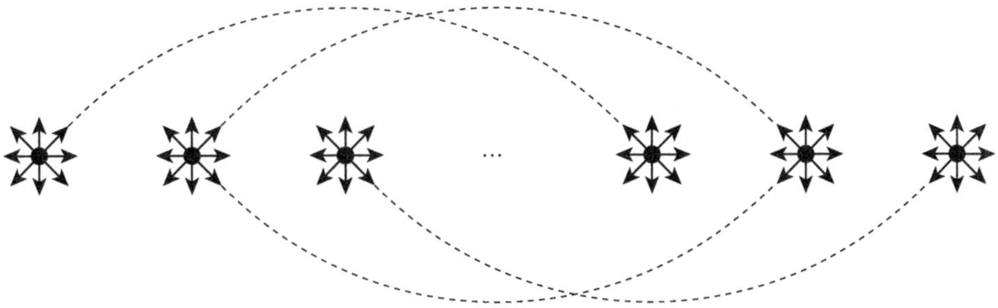

图 2.10 无源生成

2.2.3 针对 MD 结构的多碰撞攻击

对于输出为 n 比特串的函数 g, 若 x_0, x_1, $\cdots$, x_{r-1} 互不相同, 且 $g(x_0) = g(x_1) = \cdots = g(x_{r-1})$, 则称 x_0, x_1, $\cdots$, x_{r-1} 为 g 的一个 r-路碰撞或 r-碰撞. 文献 [32] 指出, 对于一个理想的随机函数 g, 找到一个 r-碰撞的时间复杂度至少为 $2^{\frac{n(r-1)}{r}}$. 更具体地, 当 n 足够大时, 大约需要执行 $(r!)^{\frac{1}{r}} \times 2^{\frac{n(r-1)}{r}}$ 次 f, 就可以以 $\frac{1}{2}$ 的概率找到 f 的一个 r-碰撞. 但是, 若 $\mathsf{H} = \mathsf{MD}[f : \mathbb{F}_2^n \times \mathbb{F}_2^t \to \mathbb{F}_2^n, \mathrm{Pad}_{\mathrm{MD}}, t]$, 则找到 H 的 r-碰撞的时间复杂度远远小于 $2^{\frac{n(r-1)}{r}}$.

下面指出, 找到 H 的 2^k-碰撞的时间复杂度约为 $\mathcal{O}(k \cdot 2^{\frac{n}{2}})$. 首先, 找到压缩函数 f 的一对碰撞, $\mathsf{m}_1^{(0)} \in \mathbb{F}_2^t$ 和 $\mathsf{m}_1^{(1)} \in \mathbb{F}_2^t$, 使得 $f(IV, \mathsf{m}_1^{(0)}) = f(IV, \mathsf{m}_1^{(1)}) = y_1$, 然后, 找到 $\mathsf{m}_2^{(0)} \in \mathbb{F}_2^t$ 和 $\mathsf{m}_2^{(1)} \in \mathbb{F}_2^t$, 使得 $f(y_1, \mathsf{m}_2^{(0)}) = f(y_1, \mathsf{m}_2^{(1)}) = y_2$, 依次类推, 找到 $\mathsf{m}_k^{(0)} \in \mathbb{F}_2^t$ 和 $\mathsf{m}_k^{(1)} \in \mathbb{F}_2^t$, 使得 $f(y_{k-1}, \mathsf{m}_k^{(0)}) = f(y_{k-1}, \mathsf{m}_k^{(1)}) = y_k$. 上述过程的时间复杂度约为 $\mathcal{O}(k \cdot 2^{\frac{n}{2}})$. 如图 2.11 所示,

$$\mathsf{m}_1^{(b_1)} \parallel \mathsf{m}_2^{(b_2)} \parallel \cdots \parallel \mathsf{m}_k^{(b_k)}, \quad b = (b_1, b_2, \cdots, b_k) \in \mathbb{F}_2^k$$

构成了 H 的一个 2^k-碰撞.

图 2.11 MD 模式的多碰撞攻击

2.2.4 消息认证码与 MD 结构的杂凑函数

本节指出, 基于 MD 结构的杂凑函数不能自然地构造消息认证码 (Message Authentication Code, MAC). 首先, 给出 MAC 的定义.

定义 4 (消息认证码) *一个消息认证码* $\mathsf{MAC} = (\mathsf{Gen}, \mathsf{Mac}, \mathsf{Vrfy})$ *包含 3 个概率多项式时间算法, 分别为*

- *密钥生成算法* Gen *输入安全参数* 1^n *后, 产生密钥* k, $\|k\|_{\mathbb{F}_2} \geqslant n$;
- *标签生成算法* Mac *的输入为密钥* k *和一个消息* $\mathsf{msg} \in \mathbb{F}_2^*$, *输出为标签* $\mathsf{Mac}_k(\mathsf{msg})$;
- *标签验证算法* Vrfy *是一个确定性算法, 它的输入为密钥* k、*消息* msg *及标签* τ, *输出为* $b = \mathsf{Vrfy}_k(\mathsf{msg}, \tau) \in \{0, 1\}$, *其中* $b = 1$ *表示通过验证, 否则* $b = 0$.

对于任意的 n, $k \leftarrow \mathsf{Gen}(1^n)$ *和* msg, $\mathsf{Vrfy}_k(\mathsf{msg}, \mathsf{Mac}_k(\mathsf{msg})) = 1$.

对于确定性消息认证码, Mac 是一个确定性算法. 对于消息 m 和它的标签 τ, $\mathsf{Vrfy}_k(\mathsf{m}, \tau)$ 首先计算 $\tau' = \mathsf{Mac}_k(\mathsf{m})$, 若 $\tau' = \tau$, 则 $\mathsf{Vrfy}_k(\mathsf{m}, \tau)$ 输出 1, 否则输出 0. 若 H 是一个理想的杂凑函数, 则利用 $\mathsf{Mac}_k(\mathsf{msg}) = \mathsf{H}(k \parallel \mathsf{msg})$ 就可以构造一个安全的消息认证码. 但是, 当 $\mathsf{H} = \mathsf{MD}[f : \mathbb{F}_2^n \times \mathbb{F}_2^t \to \mathbb{F}_2^n, \mathrm{Pad}_{\mathrm{MD}}, t]$ 是一个 MD 结构的杂凑函数时, $\mathsf{Mac}_k(\mathsf{msg}) = \mathsf{H}(k \parallel \mathsf{msg})$ 将不能构成一个安全的消息认证码. 例如, 对于消息 $\mathsf{msg} = \mathsf{m}_1 \parallel \mathsf{m}_2 \in \mathbb{F}_2^t \times \mathbb{F}_2^t$, $\mathsf{msg} \parallel \mathrm{Pad}_{\mathrm{MD}}(\mathsf{msg}) = \mathsf{m}_1 \parallel \mathsf{m}_2 \parallel \mathtt{toBinary}(2, t)$, 因此

$$\tau_{\mathsf{msg}} = f(f(f(IV, \mathsf{m}_1), \mathsf{m}_2), \mathtt{toBinary}(2, t)).$$

那么可以伪造消息 $\mathsf{msg}' = \mathsf{m}_1 \parallel \mathsf{m}_2 \parallel \mathtt{toBinary}(2, t) \parallel \mathsf{m}_3 \in \mathbb{F}_2^t \times \mathbb{F}_2^t \times \mathbb{F}_2^t \times \mathbb{F}_2^t$ 的消息认证码. 如图 2.12 所示, 令 $\tau_{\mathsf{msg}'} = \mathsf{Mac}_k(\mathsf{msg}') = f(f(\tau_{\mathsf{msg}}, \mathsf{m}_3), \mathtt{toBinary}(3, t))$, 则 $(\mathsf{msg}', \tau_{\mathsf{msg}'})$ 可以通过验证算法的验证.

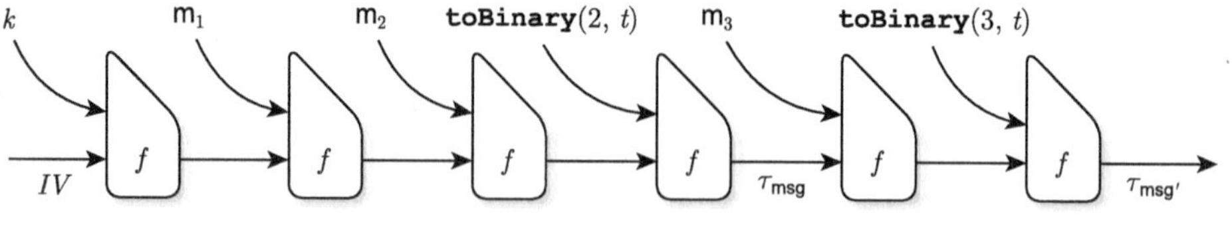

图 2.12 对 $\mathsf{Mac}_k(\mathsf{msg}) = \mathsf{H}(k \parallel \mathsf{msg})$ 伪造攻击

2.3 海绵结构

从 2.2 节可以看出, MD 结构的杂凑函数在安全性方面存在各种不理想的性质, 也很难利用 MD 结构自然地构造消息认证码 (MAC) 和可扩展输出函数 (XoF) 等. 本节介绍一种新的杂凑函数结构, 即 Sponge 结构, 这也是第三代杂凑

函数标准 SHA-3 所采用的结构. Sponge 结构可以处理任意长度的输入数据, 并根据设计要求, 输出任意长度的输出数据. Sponge 结构可以看作一个置换或函数 $f:\mathbb{F}_2^b\rightarrow\mathbb{F}_2^b$ 的模式, 它可以用于设计杂凑函数、MAC、XoF、序列密码、掩码生成函数和认证加密算法 (AE) 等.

基于 $f:\mathbb{F}_2^b\rightarrow\mathbb{F}_2^b$ 和消息填充算法 Pad 构造的 Sponge 结构 $\mathsf{SPONGE}[f,\mathrm{Pad},r,r']$ 如算法 3 和图 2.13 所示. 首先, 利用消息填充算法将消息 msg 填充成一个比特长度是 r 的倍数的比特串 m. 注意, 消息填充算法 Pad 只与被填充消息的长度和 r 有关, 而与被填充消息的具体内容无关. 因此, 对于两个长度相同的消息 msg 和 msg′, $\mathrm{Pad}(\mathsf{msg})=\mathrm{Pad}(\mathsf{msg}')$. $\mathsf{SPONGE}[f,\mathrm{Pad},r,r']$ 处理填充后的消息 m 的过程可以分为两个阶段, 即吸收阶段和挤压阶段. 在吸收阶段, k 个 r 比特数据分组被不断地异或到内部状态的 r 比特中去, 我们称 r 为吸收比特率. 在挤压阶段, 则不断地输出经过 f 反复作用的内部状态的 r' 比特, 最终将

$$\mathsf{z}_1\parallel\cdots\parallel\mathsf{z}_{l-1}\parallel\mathsf{z}_l$$

根据预设的输出长度截断后得到最终输出, 我们称 r' 为输出比特率. 当 $r=r'$ 时, 将 $\mathsf{SPONGE}[f,\mathrm{Pad},r,r']$ 简写成 $\mathsf{SPONGE}[f,\mathrm{Pad},r]$. 对于 SPONGE 结构的内部状态 $\mathtt{state}\in\mathbb{F}_2^b=\mathbb{F}_2^{r+c}$, 用 $\mathtt{Outer}_r(\mathtt{state})$ 表示其前 r 比特部分, 用 $\mathtt{Inner}_c(\mathtt{state})$ 表示其后 c 比特部分, 即 $\mathtt{state}=\mathtt{Outer}_r(\mathtt{state})\parallel\mathtt{Inner}_c(\mathtt{state})$. 其中 $\mathtt{Outer}_r(\mathtt{state})$ 部分是可以通过输入消息分组影响的部分. 为了后续的讨论可以更具体, 使用如算法 4 所示的消息填充算法. 可见, 若被填充的原始消息长度为 bitLen 比特且 $\mathtt{bitLen}\bmod r=0$, 则填充的比特串 $\mathrm{Pad}(r,\mathtt{bitLen})=$

算法 3: $\mathsf{SPONGE}[f,\mathrm{Pad},r,r']$

Input: 比特串 $\mathsf{msg}\in\mathbb{F}_2^*$, 非负整数 d, 表示输出字符串的比特长度
Output: d 比特摘要值

$\mathsf{m}\leftarrow\mathsf{msg}\parallel\mathrm{Pad}(r,\|\mathsf{msg}\|_{\mathbb{F}_2})$
$k\leftarrow\|\mathsf{m}\|_{\mathbb{F}_2}/r$
$c\leftarrow b-r$
令 $\mathsf{m}=(\mathsf{m}_1,\cdots,\mathsf{m}_k)\in(\mathbb{F}_2^r)^k$
$\mathtt{state}\leftarrow 0^b$
for $i=1,\cdots,k$ **do**
　　$\mathtt{state}\leftarrow f(\mathtt{state}\oplus(\mathsf{m}_i\parallel 0^c))$
令 z 是一个空字符串
while $\mathrm{len}(\mathsf{z})<d$ **do**
　　$\mathsf{z}\leftarrow\mathsf{z}\parallel\mathrm{Trunc}_{r'}(\mathtt{state})$
　　$\mathtt{state}\leftarrow f(\mathtt{state})$
return $\mathrm{Trunc}_d(\mathsf{z})$

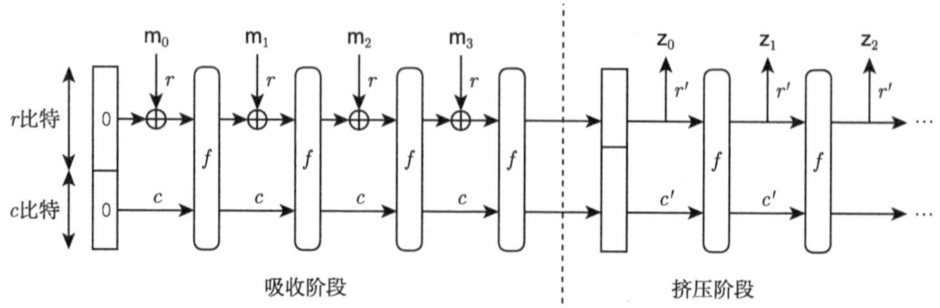

图 2.13 Sponge 结构

100···01 正好为 1 个消息分组. 而当 bitLen mod $r = r - 2$ 时, 填充的比特串为 11. 注意, 与 MD 模式中使用的消息填充方法 Pad_{MD} 不同, 算法 4 对于不同长度的输入消息可产生相同的填充比特串.

算法 4: Pad(r, bitLen)

Input: 正整数 r, 非负整数 bitLen (被填充消息的比特长度)

Output: 字符串 p

```
j ← (r − bitLen − 2) mod r
p ← 1 ∥ 0^j ∥ 1
return p
```

利用 Sponge 模式构造的杂凑函数的安全界可由其输出长度 n、吸收比特率 r、吸收容量 c、输出比特率 r' 确定 (表 2.1). 关于这些界的证明, 可以参考文献 [33]. 下面给出针对 Sponge 结构杂凑函数 $\mathsf{H}: \mathbb{F}_2^* \to \mathbb{F}_2^n$ 的一些通用攻击, 这些攻击都达到了表 2.1 所给出的复杂度界.

表 2.1 海绵结构的安全强度

输出长度/比特	吸收比特率/比特	输出比特率/比特	安全强度/比特		
			碰撞攻击	原像攻击	第二原像攻击
n	r	r'	$\min\{2^{\frac{n}{2}}, 2^{\frac{c}{2}}\}$	$\min\{\max\{2^{n-r'}, 2^{\frac{c}{2}}\}, 2^n\}$	$\min\{2^n, 2^{\frac{c}{2}}\}$

碰撞攻击 当 $n \leqslant c$ 时, 采用对 n 比特输出杂凑函数的通用碰撞攻击, 可以以复杂度 $\mathcal{O}(2^{\frac{n}{2}})$ 找到 H 的一对碰撞. 当 $n > c$ 时, 存在复杂度更低的碰撞攻击, 该攻击如图 2.14 所示. 首先找到 $(\mathsf{m}_1, \mathsf{m}_1') \in \mathbb{F}_2^r \times \mathbb{F}_2^r$, 使得 $\texttt{Inner}_c(f(\mathsf{m}_1 \parallel 0^c)) = \texttt{Inner}_c(f(\mathsf{m}_1' \parallel 0^c))$, 这一过程的复杂度为 $\mathcal{O}(2^{\frac{c}{2}})$. 此时

$$\begin{cases} \mathsf{msg} = \mathsf{m}_1 \parallel 0^r \\ \mathsf{msg}' = \mathsf{m}_1' \parallel \left(\mathtt{Outer}_r(f(\mathsf{m}_1 \parallel 0^c)) \oplus \mathtt{Outer}_r(f(\mathsf{m}_1' \parallel 0^c))\right) \end{cases}, \tag{2.2}$$

即是一对碰撞. 注意, 一旦找到一对碰撞, 则对于任意的 $\mathsf{s} \in \mathbb{F}_2^r$,

$$\begin{cases} \mathsf{msg} = \mathsf{m}_1 \parallel \mathsf{s} \\ \mathsf{msg}' = \mathsf{m}_1' \parallel \left(\mathtt{Outer}_r(f(\mathsf{m}_1 \parallel 0^c)) \oplus \mathtt{Outer}_r(f(\mathsf{m}_1' \parallel 0^c)) \oplus \mathsf{s}\right) \end{cases} \tag{2.3}$$

也是一对碰撞. 这一性质显示出, Sponge 结构的杂凑函数与随机预言机是有巨大差异的.

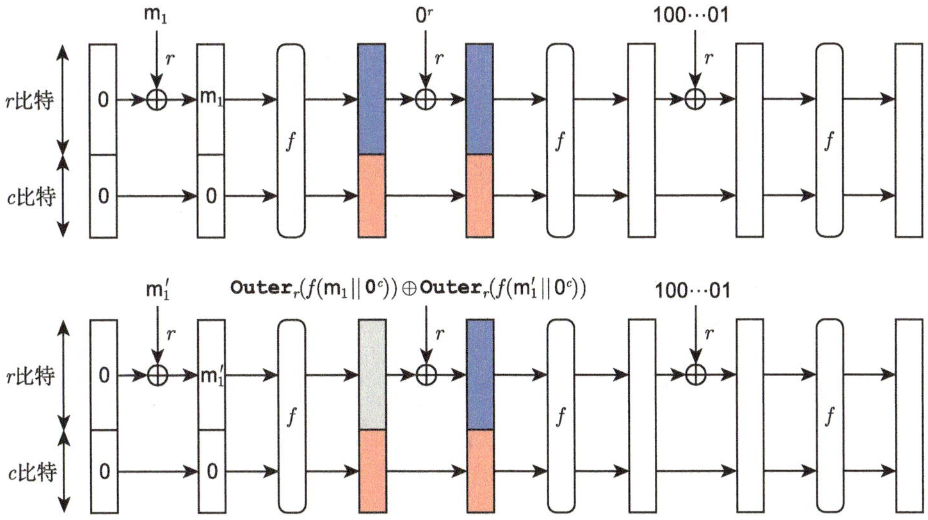

图 2.14 针对 Sponge 结构的通用碰撞攻击

原像攻击 给定摘要值 $\mathsf{z}_1 \parallel \cdots \parallel \mathsf{z}_{l-1} \parallel \mathsf{z}_l \in \mathbb{F}_2^{r'} \times \cdots \times \mathbb{F}_2^{r'} \times \mathbb{F}_2^{n-(l-1)r'}$. 当 $n \leqslant \max\left\{n - r', \frac{c}{2}\right\}$, 即 $n \leqslant \frac{c}{2}$ 时, 采用对 n 比特输出杂凑函数的通用原像攻击, 可以以 $\mathcal{O}(2^n)$ 的复杂度找到 H 的原像. 当 $n > \max\left\{n - r', \frac{c}{2}\right\}$, 即 $n > \frac{c}{2}$ 时, 存在复杂度更低的原像攻击, 该攻击如图 2.15 所示. 搜索一个中间状态 state, 使得 $\mathtt{Outer}_{r'}(\mathtt{state}) = \mathsf{z}_1$ 且

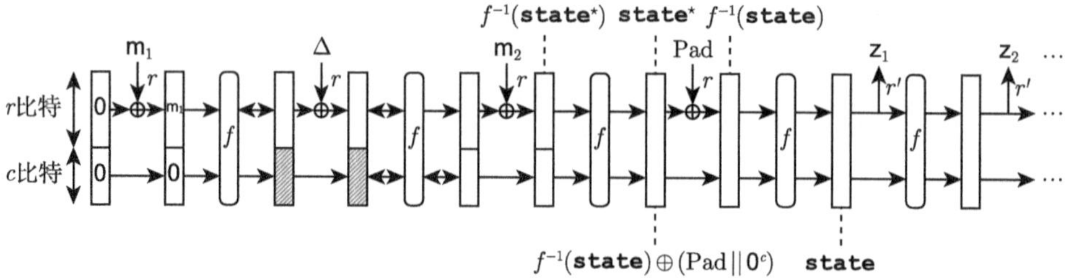

图 2.15　针对 Sponge 结构的通用原像攻击

$$\begin{cases} \mathtt{Outer}_{r'}(f(\mathtt{state})) = \mathsf{z}_2 \\ \mathtt{Outer}_{r'}(f \circ f(\mathtt{state})) = \mathsf{z}_3 \\ \quad \cdots\cdots \\ \mathtt{Outer}_{r'}(\underbrace{f \circ f \circ \cdots \circ f}_{l-1\text{ 个}}(\mathtt{state})) = \mathsf{z}_l \end{cases} \tag{2.4}$$

对于一个随机选择的前 r' 比特设定为 z_1 的 state, 满足方程 (2.4) 的概率为

$$\left(\frac{1}{2^{r'}}\right)^{l-2} \cdot \frac{1}{2^{n-(l-1)r'}} = \frac{1}{2^{n-r'}}.$$

因此, 大约尝试 $2^{n-r'}$ 次, 便能够找到符合条件的中间状态 state. 注意, 当 $n - r' > b - r' = c'$ 时, 只需尝试 $2^{c'}$ 次即可. 这是因为 $\mathtt{state} \in \mathbb{F}_2^b = \mathbb{F}_2^{r'+c'}$ 中有 r' 比特是固定的, 它只有 $b - r' = c'$ 比特的自由度. 因此, 找到满足条件的 state 的时间复杂度约为 $\min\{2^{n-r'}, 2^{c'}\}$. 找到满足条件的 state 后, 计算

$$\mathtt{state}^\star = f^{-1}(\mathtt{state}) \oplus (\mathrm{Pad} \parallel 0^c).$$

然后, 搜索 m_1 和 m_2, 使得

$$\mathtt{Inner}_c(f(\mathsf{m}_1 \parallel 0^c)) = \mathtt{Inner}_c(f^{-1}(f^{-1}(\mathtt{state}^\star) \oplus (\mathsf{m}_2 \parallel 0^c))). \tag{2.5}$$

这一过程的计算复杂度约为 $\mathcal{O}(2^{\frac{c}{2}})$. 此时, 令

$$\Delta = \mathtt{Outer}_r(f(\mathsf{m}_1 \parallel 0^c) \oplus f^{-1}(f^{-1}(\mathtt{state}^\star) \oplus (\mathsf{m}_2 \parallel 0^c))),$$

则 $\mathsf{msg} = \mathsf{m}_1 \parallel \Delta \parallel \mathsf{m}_2$ 是 $\mathsf{z}_1 \parallel \cdots \parallel \mathsf{z}_{l-1} \parallel \mathsf{z}_l$ 的一个原像. 上述原像攻击的复杂度约为

$$\min\left\{\max\{\min\{2^{n-r'}, 2^{c'}\}, 2^{\frac{c}{2}}\}, 2^n\right\}.$$

注意, 表 2.1 中给出的界是文献 [33] 中证明的界, 在这个证明中做了 $n \leqslant b$ 的假设. 在这一假设下, 总有 $2^{n-r'} \leqslant 2^{b-r'} = 2^{c'}$. 因此,

$$\min\left\{\max\{\min\{2^{n-r'}, 2^{c'}\}, 2^{\frac{c}{2}}\}, 2^n\right\} = \min\{\max\{2^{n-r'}, 2^{\frac{c}{2}}\}, 2^n\}.$$

下面给出一个 $n > b$ 的实例, 令 $(b, r, c, r', c', n) = (110, 50, 60, 10, 100, 210)$, 则针对上述参数的 Sponge 结构的原像攻击的复杂度上界约为 $\mathcal{O}(2^{c'}) = \mathcal{O}(2^{100})$.

第二原像攻击 给定消息 $\mathsf{msg} = \mathsf{m}_1 \parallel \mathsf{m}_2 \parallel \mathsf{m}_3 \in \mathbb{F}_2^r \times \mathbb{F}_2^r \times \mathbb{F}_2^r$ 及其摘要值

$$\mathsf{H}(\mathsf{msg}) = \mathsf{z}_1 \parallel \cdots \parallel \mathsf{z}_{l-1} \parallel \mathsf{z}_l \in \mathbb{F}_2^{r'} \times \cdots \times \mathbb{F}_2^{r'} \times \mathbb{F}_2^{n-(l-1)r'}.$$

当 $n \leqslant \dfrac{c}{2}$ 时, 采用对 n 比特输出杂凑函数的通用原像攻击, 可以以 $\mathcal{O}(2^n)$ 的复杂度找到 H 的原像. 当 $n > \dfrac{c}{2}$ 时, 存在复杂度更低的第二原像攻击, 该攻击如图 2.16 所示. 首先通过消息 msg 计算经过吸收阶段后的中间状态 state 并计算

$$\mathtt{state}^\star = f^{-1}(\mathtt{state}) \oplus (\mathrm{Pad} \parallel 0^c).$$

之后, 搜索 m_1' 和 m_3', 使得

$$\mathtt{Inner}_c(f(\mathsf{m}_1' \parallel 0^c)) = \mathtt{Inner}_c(f^{-1}(f^{-1}(\mathtt{state}^\star) \oplus (\mathsf{m}_3' \parallel 0^c))).$$

这一过程的计算复杂度约为 $\mathcal{O}(2^{\frac{c}{2}})$. 此时, 令

$$\Delta = \mathtt{Outer}_r(f(\mathsf{m}_1 \parallel 0^c) \oplus f^{-1}(f^{-1}(\mathtt{state}^\star) \oplus (\mathsf{m}_3 \parallel 0^c))),$$

则 $\mathsf{msg} = \mathsf{m}_1' \parallel \Delta \parallel \mathsf{m}_3'$ 是 $\mathsf{z}_1 \parallel \cdots \parallel \mathsf{z}_{l-1} \parallel \mathsf{z}_l$ 的一个第二原像.

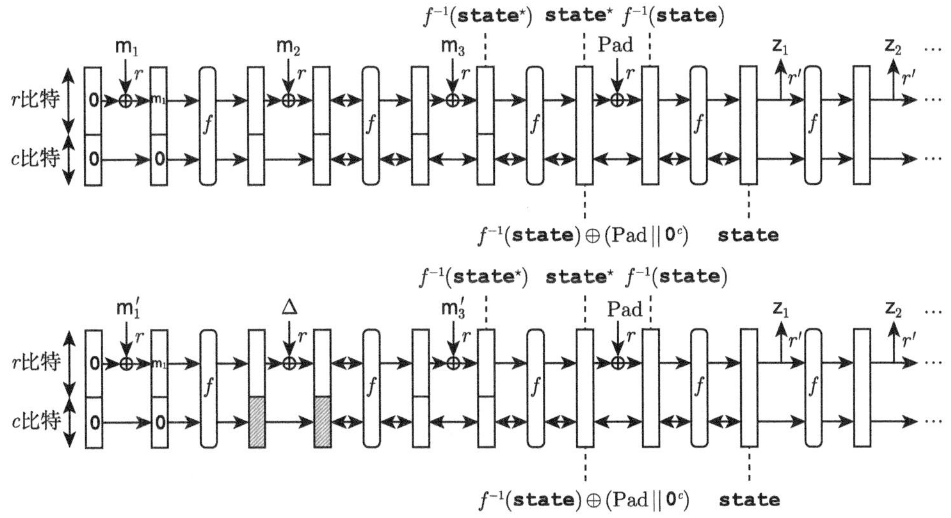

图 2.16 针对 Sponge 结构的通用第二原像攻击

2.4 杂凑函数 SHA-1

SHA-1 是由美国国家安全局 (National Security Agency, NSA) 设计的一个密码杂凑函数[28]. 早在 2005 年, 我国密码学家王小云等就在理论上攻破了 SHA-1 的抗碰撞性[34]. 2017 年, Marc Stevens 等给出了 SHA-1 的第一个实际碰撞[35]. 可见, SHA-1 并不是一个安全的杂凑函数. 虽然如此, HMAC-SHA-1 仍然被广泛使用, 上述碰撞攻击也并没有给 HMAC-SHA-1 的实际安全性带来影响.

SHA-1 是一个 MD 结构的杂凑函数, 它可处理任意长度小于 2^{64} 比特的消息, 其消息分组的长度为 512 比特, 链接值的长度为 160 比特, 输出摘要的长度为 160 比特. 对于消息 $M \in \mathbb{F}_2^{\ell}$, 首先在 M 的尾部链接 $\mathtt{1} \in \mathbb{F}_2$, 然后再链接 k 个 $\mathtt{0} \in \mathbb{F}_2$, 其中 k 是方程 $\ell+1+k = 448 \bmod 512$ 的最小非负整数解. 最后, 再链接 ℓ 的 64 比特二进制编码 $\mathtt{toBinary}(\ell, 64)$. 因此, 填充的比特串为 $\mathtt{1} \parallel \mathtt{00}\cdots\mathtt{00} \parallel \mathtt{toBinary}(\ell, 64)$. 例如, 若 $M = \mathtt{01100001\ 01100010\ 01100011} \in \mathbb{F}_2^{24}$, 则经过填充后的消息为

$$\mathtt{01100001\quad 01100010\quad 01100011\ 1}\ \overbrace{\mathtt{00\cdots00}}^{\mathbb{F}_2^{423}}\ \overbrace{\mathtt{00\cdots011000}}^{\mathbb{F}_2^{64}}.$$

当 $\ell \bmod 512 = 0$ 时, $k = 447$, 填充的比特串的长度为 $1+447+64 = 512$ 比特. 当 $\ell \bmod 512 = 447$ 时, $k = 0$, 填充的比特串为 $\mathtt{1} \parallel \mathtt{toBinary}(\ell, 64)$, 其长度为 $1+0+64 = 65$ 比特. 当 $\ell \bmod 512 = 448$ 时, $k = 511$, 填充的比特串为 $\mathtt{1} \parallel \mathtt{toBinary}(0, 511) \parallel \mathtt{toBinary}(\ell, 64)$, 其长度为 $1+511+64 = 576$ 比特. 消息 M 经填充后可以分成 N 个 512 比特的字, 记为 $(M^{(1)}, \cdots, M^{(N)}) \in (\mathbb{F}_2^{512})^N$.

如算法 5 所示, SHA-1 的压缩函数 $\mathsf{CF}: \mathbb{F}_2^{160} \times \mathbb{F}_2^{512} \to \mathbb{F}_2^{160}$ 先将链接值 $H^{(i)} = (H_0^{(i)}, H_1^{(i)}, H_2^{(i)}, H_3^{(i)}, H_4^{(i)}) \in (\mathbb{F}_2^{32})^5 = \mathbb{F}_2^{160}$ 和消息分组 $M^{(i+1)} \in \mathbb{F}_2^{512}$ 变换成

$$(a, b, c, d, e) = \mathsf{F}(H^{(i)}, M^{(i+1)}).$$

然后, 再通过一个前馈机制得到压缩函数 CF 的输出

$$H^{(i+1)} = (a + H_0^{(i)}, b + H_1^{(i)}, c + H_2^{(i)}, d + H_3^{(i)}, e + H_4^{(i)}) \in \mathbb{F}_2^{160},$$

其中, F 可以看作一个分组长度为 160 比特、密钥长度为 512 比特的分组密码, $H^{(N)}$ 为输出的摘要值, 初始向量 $IV = H^{(0)} = (H_0^{(0)}, H_1^{(0)}, H_2^{(0)}, H_3^{(0)}, H_4^{(0)})$ 的值如下

$$\begin{cases} H_0^{(0)} = \text{0x67452301} \\ H_1^{(0)} = \text{0xEFCDAB89} \\ H_2^{(0)} = \text{0x98BADCFE} \\ H_3^{(0)} = \text{0x10325476} \\ H_4^{(0)} = \text{0xC3D2E1F0} \end{cases}.$$

算法 5: SHA-1 的压缩函数　CF

Input: 链接值 $H^{(i)} = (H_0^{(i)}, \cdots, H_4^{(i)}) \in \mathbb{F}_2^{160}$ 和消息分组
$M^{(i+1)} = (M_0^{(i+1)}, \cdots, M_{15}^{(i+1)}) \in (\mathbb{F}_2^{32})^{16}$

Output: 链接值 $H^{(i+1)} = (H_0^{(i+1)}, \cdots, H_4^{(i+1)}) \in \mathbb{F}_2^{160}$

1 /* 消息扩展 */
2 **for** $t \in \{0, \cdots, 15\}$ **do**
3 　$\lfloor \; W_t \leftarrow M_t^{(i+1)}$
4 **for** $t \in \{16, \cdots, 79\}$ **do**
5 　$\lfloor \; W_t \leftarrow (W_{t-1} \oplus W_{t-8} \oplus W_{t-14} \oplus W_{t-16}) \lll 1$
6 /* 初始化链接变量 */
7 $a \leftarrow H_0^{(i)}$
8 $b \leftarrow H_1^{(i)}$
9 $c \leftarrow H_2^{(i)}$
10 $d \leftarrow H_3^{(i)}$
11 $e \leftarrow H_4^{(i)}$
12 /* 迭代轮函数 80 次 */
13 **for** $t \in \{0, \cdots, 79\}$ **do**
14 　$T \leftarrow (a \lll 5) + f_t(b, c, d) + e + K_t + W_t$
15 　$e \leftarrow d$
16 　$d \leftarrow c$
17 　$c \leftarrow b \lll 30$
18 　$b \leftarrow a$
19 　$a \leftarrow T$
20 /* 前馈 */
21 $H_0^{(i+1)} \leftarrow a + H_0^{(i)}$
22 $H_1^{(i+1)} \leftarrow b + H_1^{(i)}$
23 $H_2^{(i+1)} \leftarrow c + H_2^{(i)}$
24 $H_3^{(i+1)} \leftarrow d + H_3^{(i)}$
25 $H_4^{(i+1)} \leftarrow e + H_4^{(i)}$
26 **return** $H^{(i+1)}$

压缩函数 CF 中用到的函数 $f_t : \mathbb{F}_2^{32} \times \mathbb{F}_2^{32} \times \mathbb{F}_2^{32} \to \mathbb{F}_2^{32}$ 的定义为

$$f_t(x,y,z) = \begin{cases} \mathrm{Ch}(x,y,z) = (x \wedge y) \oplus (\neg x \wedge z), & 0 \leqslant t \leqslant 19 \\ \mathrm{Parity}(x,y,z) = x \oplus y \oplus z, & 20 \leqslant t \leqslant 39 \\ \mathrm{Maj}(x,y,z) = (x \wedge y) \oplus (x \wedge z) \oplus (y \wedge z), & 40 \leqslant t \leqslant 59 \\ \mathrm{Parity}(x,y,z) = x \oplus y \oplus z, & 60 \leqslant t \leqslant 79 \end{cases},$$

常数 $K_t \in \mathbb{F}_2^{32}$ 的定义为

$$K_t = \begin{cases} \texttt{0x5A827999}, & 0 \leqslant t \leqslant 19 \\ \texttt{0x6ED9EBA1}, & 20 \leqslant t \leqslant 39 \\ \texttt{0x8F1BBCDC}, & 40 \leqslant t \leqslant 59 \\ \texttt{0xCA62C1D6}, & 60 \leqslant t \leqslant 79 \end{cases}.$$

2.5　杂凑函数 SHA-2

SHA-2 是由美国国家安全局设计的一族密码杂凑函数[28], 于 2001 年首次公开. SHA-2 一共有 6 个杂凑函数算法, 包括 SHA-224, SHA-256, SHA-384, SHA-512, SHA-512/224, SHA-512/256, 其安全强度见表 2.2, 其中 $L(M)$ 表示相应的杂凑函数可处理的最大的消息的长度约为 $2^{L(M)}$ 个分组.

表 2.2　SHA-2 各函数的安全强度

算法	输出尺寸/比特	安全强度/比特		
		碰撞攻击	原像攻击	第二原像攻击
SHA-224	224	112	224	$\min\{224, 256 - L(M)\}$
SHA-512/224	224	112	224	224
SHA-256	256	128	256	$256 - L(M)$
SHA-512/256	256	128	256	256
SHA-384	384	192	384	384
SHA-512	512	256	512	$512 - L(M)$

2.5.1　SHA-224

SHA-224 是一个 MD 结构的杂凑函数, 可处理任意长度小于 2^{64} 比特的消息, 其消息分组的长度为 512 比特, 链接值的长度为 256 比特, 输出摘要的长度为 224 比特. 对于消息 $M \in \mathbb{F}_2^{\ell}$, 首先在 M 的尾部链接 $\texttt{1} \in \mathbb{F}_2$, 然后再链接 k 个 $\texttt{0} \in \mathbb{F}_2$, 其中 k 是方程 $\ell + 1 + k = 448 \bmod 512$ 的最小非负整数解. 最后, 再链接 ℓ 的 64 位二进制编码 $\texttt{toBinary}(\ell, 64)$. 因此, 填充的比特串为 $\texttt{1} \,\|\, \texttt{00}\cdots\texttt{00} \,\|\, \texttt{toBinary}(\ell, 64)$. 例如, 若 $M = \texttt{01100001 01100010 01100011} \in \mathbb{F}_2^{24}$, 则经过填充后的消息为

$$01100001\quad 01100010\quad 01100011\quad 1\ \overbrace{00\cdots00}^{\mathbb{F}_2^{423}}\ \overbrace{00\cdots011000}^{\mathbb{F}_2^{64}}.$$

当 $\ell \bmod 512 = 0$ 时, $k = 447$, 填充的比特串的长度为 $1 + 447 + 64 = 512$ 比特. 当 $\ell \bmod 512 = 447$ 时, $k = 0$, 填充的比特串为 $1 \parallel \texttt{toBinary}(\ell, 64)$, 其长度为 $1 + 0 + 64 = 65$ 比特. 当 $\ell \bmod 512 = 448$ 时, $k = 511$, 填充的比特串为 $1 \parallel \texttt{toBinary}(0, 511) \parallel \texttt{toBinary}(\ell, 64)$, 其长度为 $1 + 511 + 64 = 576$ 比特. 消息 M 经填充后可以分成 N 个 512 比特的字, 记为 $(M^{(1)}, \cdots, M^{(N)}) \in (\mathbb{F}_2^{512})^N$.

如算法 6 所示, SHA-224 的压缩函数 CF : $\mathbb{F}_2^{256} \times \mathbb{F}_2^{512} \to \mathbb{F}_2^{256}$ 先将链接

算法 6: SHA-224 的压缩函数 CF

Input: 链接值 $H^{(i)} = (H_0^{(i)}, \cdots, H_7^{(i)}) \in \mathbb{F}_2^{256}$ 和消息分组
$M^{(i+1)} = (M_0^{(i+1)}, \cdots, M_{15}^{(i+1)}) \in (\mathbb{F}_2^{32})^{16}$

Output: 链接值 $H^{(i+1)} = (H_0^{(i+1)}, \cdots, H_7^{(i+1)}) \in \mathbb{F}_2^{256}$

/* 消息扩展 */
for $t \in \{0, \cdots, 15\}$ **do**
  $W_t \leftarrow M_t^{(i+1)}$
for $t \in \{16, \cdots, 63\}$ **do**
  $W_t \leftarrow (\sigma_1^{\{256\}}(W_{t-2}) + W_{t-7} + \sigma_0^{\{256\}}(W_{t-15}) + W_{t-16})$
/* 初始化链接变量 */
$a \leftarrow H_0^{(i)}, b \leftarrow H_1^{(i)}$
$c \leftarrow H_2^{(i)}, d \leftarrow H_3^{(i)}$
$e \leftarrow H_4^{(i)}, f \leftarrow H_5^{(i)}$
$g \leftarrow H_6^{(i)}, h \leftarrow H_7^{(i)}$
/* 迭代轮函数 64 次 */
for $t \in \{0, \cdots, 63\}$ **do**
  $T_1 \leftarrow h + \sum_1^{\{256\}}(e) + \mathrm{Ch}(e, f, g) + K_t + W_t$
  $T_2 \leftarrow \sum_0^{\{256\}}(a) + \mathrm{Maj}(a, b, c)$
  $h \leftarrow g;\ g \leftarrow f;\ f \leftarrow e;\ e \leftarrow d + T_1$
  $d \leftarrow c;\ c \leftarrow b;\ b \leftarrow a;\ a \leftarrow T_1 + T_2$
/* 前馈 */
$H_0^{(i+1)} \leftarrow a + H_0^{(i)}$
$H_1^{(i+1)} \leftarrow b + H_1^{(i)}$
$H_2^{(i+1)} \leftarrow c + H_2^{(i)}$
$H_3^{(i+1)} \leftarrow d + H_3^{(i)}$
$H_4^{(i+1)} \leftarrow e + H_4^{(i)}$
$H_5^{(i+1)} \leftarrow f + H_5^{(i)}$
$H_6^{(i+1)} \leftarrow g + H_6^{(i)}$
$H_7^{(i+1)} \leftarrow h + H_7^{(i)}$
return $H^{(i+1)}$

值 $H^{(i)} = (H_0^{(i)}, H_1^{(i)}, H_2^{(i)}, H_3^{(i)}, H_4^{(i)}, H_5^{(i)}, H_6^{(i)}, H_7^{(i)}) \in (\mathbb{F}_2^{32})^8 = \mathbb{F}_2^{256}$ 和消息分组 $M^{(i+1)} \in \mathbb{F}_2^{512}$ 变换成 $(a,b,c,d,e,f,g,h) = \mathsf{F}(H^{(i)}, M^{(i+1)})$. 然后, 再通过一个前馈机制得到压缩函数 CF 的输出

$$H^{(i+1)} = \mathsf{CF}(H^{(i)}, M^{(i+1)}) = (a + H_0^{(i)}, b + H_1^{(i)}, \cdots, h + H_7^{(i)}) \in \mathbb{F}_2^{256},$$

其中 F 可以看作一个分组长度为 256 比特、密钥长度为 512 比特的分组密码, 输出的摘要值为 $H^{(N)} = (H_0^{(N)}, H_1^{(N)}, H_2^{(N)}, H_3^{(N)}, H_4^{(N)}, H_5^{(N)}, H_6^{(N)}, H_7^{(N)})$ 的前 224 比特, 初始向量 $IV = H^{(0)} = (H_0^{(0)}, H_1^{(0)}, H_2^{(0)}, H_3^{(0)}, H_4^{(0)}, H_5^{(0)}, H_6^{(0)}, H_7^{(0)})$ 的值如下

$$\begin{cases} H_0^{(0)} = \texttt{0xC1059ED8},\ H_1^{(0)} = \texttt{0x367CD507} \\ H_2^{(0)} = \texttt{0x3070DD17},\ H_3^{(0)} = \texttt{0xF70E5939} \\ H_4^{(0)} = \texttt{0xFFC00B31},\ H_5^{(0)} = \texttt{0x68581511} \\ H_6^{(0)} = \texttt{0x64F98FA7},\ H_7^{(0)} = \texttt{0xBEFA4FA4} \end{cases}.$$

压缩函数 CF 中用到的函数的定义为

$$\begin{cases} \mathrm{Ch}(x,y,z) = (x \wedge y) \oplus (\neg x \wedge z) \\ \mathrm{Maj}(x,y,z) = (x \wedge y) \oplus (x \wedge z) \oplus (y \wedge z) \\ \sum_0^{\{256\}}(x) = (x \ggg 2) \oplus (x \ggg 13) \oplus (x \ggg 22) \\ \sum_1^{\{256\}}(x) = (x \ggg 6) \oplus (x \ggg 11) \oplus (x \ggg 25) \\ \sigma_0^{\{256\}}(x) = (x \ggg 7) \oplus (x \ggg 18) \oplus (x \gg 3) \\ \sigma_1^{\{256\}}(x) = (x \ggg 17) \oplus (x \ggg 19) \oplus (x \gg 10) \end{cases},$$

常数 $K_t \in \mathbb{F}_2^{32}$ $(0 \leqslant t \leqslant 63)$ 的值分别为

0x428A2F98, 0x71374491, 0xB5C0FBCF, 0xE9B5DBA5, 0x3956C25B,
0x59F111F1, 0x923F82A4, 0xAB1C5ED5, 0xD807AA98, 0x12835B01,
0x243185BE, 0x550C7DC3, 0x72BE5D74, 0x80DEB1FE, 0x9BDC06A7,
0xC19BF174, 0xE49B69C1, 0xEFBE4786, 0x0FC19DC6, 0x240CA1CC,
0x2DE92C6F, 0x4A7484AA, 0x5CB0A9DC, 0x76F988DA, 0x983E5152,

0xA831C66D,	0xB00327C8,	0xBF597FC7,	0xC6E00BF3,	0xD5A79147,
0x06CA6351,	0x14292967,	0x27B70A85,	0x2E1B2138,	0x4D2C6DFC,
0x53380D13,	0x650A7354,	0x766A0ABB,	0x81C2C92E,	0x92722C85,
0xA2BFE8A1,	0xA81A664B,	0xC24B8B70,	0xC76C51A3,	0xD192E819,
0xD6990624,	0xF40E3585,	0x106AA070,	0x19A4C116,	0x1E376C08,
0x2748774C,	0x34B0BCB5,	0x391C0CB3,	0x4ED8AA4A,	0x5B9CCA4F,
0x682E6FF3,	0x748F82EE,	0x78A5636F,	0x84C87814,	0x8CC70208,
0x90BEFFFA,	0xA4506CEB,	0xBEF9A3F7,	0xC67178F2.	

例如, $K_0 = $ 0x428A2F98, $K_6 = $ 0x923F82A4, 而 $K_{63} = $ 0xC67178F2.

2.5.2 SHA-256

SHA-256 是一个 MD 结构的杂凑函数, 可处理任意长度小于 2^{64} 比特的消息, 其消息分组的长度为 512 比特, 链接值的长度为 256 比特, 输出摘要的长度为 256 比特. 对于消息 $M \in \mathbb{F}_2^{\ell}$, 首先在 M 的尾部链接 $\mathtt{1} \in \mathbb{F}_2$, 然后再链接 k 个 $\mathtt{0} \in \mathbb{F}_2$, 其中 k 是方程 $\ell + 1 + k = 448 \bmod 512$ 的最小非负整数解. 最后, 再链接 ℓ 的 64 比特二进制编码 $\mathtt{toBinary}(\ell, 64)$. 因此, 填充的比特串为 $\mathtt{1} \parallel \mathtt{00}\cdots\mathtt{00} \parallel \mathtt{toBinary}(\ell, 64)$. 例如, 若 $M = \mathtt{01100001\ 01100010\ 01100011} \in \mathbb{F}_2^{24}$, 则经过填充后的消息为

$$\mathtt{01100001\quad 01100010\quad 01100011\quad 1}\ \overbrace{\mathtt{00\cdots00}}^{\mathbb{F}_2^{423}}\ \overbrace{\mathtt{00\cdots011000}}^{\mathbb{F}_2^{64}}.$$

当 $\ell \bmod 512 = 0$ 时, $k = 447$, 填充的比特串的长度为 $1 + 447 + 64 = 512$ 比特. 当 $\ell \bmod 512 = 447$ 时, $k = 0$, 填充的比特串为 $\mathtt{1} \parallel \mathtt{toBinary}(\ell, 64)$, 其长度为 $1 + 0 + 64 = 65$ 比特. 当 $\ell \bmod 512 = 448$ 时, $k = 511$, 填充的比特串为 $\mathtt{1} \parallel \mathtt{toBinary}(0, 511) \parallel \mathtt{toBinary}(\ell, 64)$, 其长度为 $1 + 511 + 64 = 576$ 比特. 消息 M 经填充后可以分成 N 个 512 比特的字, 记为 $(M^{(1)}, \cdots, M^{(N)}) \in (\mathbb{F}_2^{512})^N$.

如算法 6 所示, SHA-256 的压缩函数 $\mathsf{CF} : \mathbb{F}_2^{256} \times \mathbb{F}_2^{512} \to \mathbb{F}_2^{256}$ 先将链接值 $H^{(i)} = (H_0^{(i)}, H_1^{(i)}, H_2^{(i)}, H_3^{(i)}, H_4^{(i)}, H_5^{(i)}, H_6^{(i)}, H_7^{(i)}) \in (\mathbb{F}_2^{32})^8 = \mathbb{F}_2^{256}$ 和消息分组 $M^{(i+1)} \in \mathbb{F}_2^{512}$ 变换成 $(a, b, c, d, e, f, g, h) = \mathsf{F}(H^{(i)}, M^{(i+1)})$. 然后再通过一个前馈机制得到压缩函数 CF 的输出

$$H^{(i+1)} = \mathsf{CF}(H^{(i)}, M^{(i+1)}) = (a + H_0^{(i)}, b + H_1^{(i)}, \cdots, h + H_7^{(i)}) \in \mathbb{F}_2^{256}.$$

其中 F 可以看作一个分组长度为 256 比特、密钥长度为 512 比特的分组密码, $H^{(N)}$ 为输出的摘要值, 初始向量 $IV = H^{(0)} = (H_0^{(0)}, H_1^{(0)}, H_2^{(0)}, H_3^{(0)}, H_4^{(0)}, H_5^{(0)},$

$H_6^{(0)}, H_7^{(0)}$) 的值如下

$$\begin{cases} H_0^{(0)} = \texttt{0x6A09E667} \\ H_1^{(0)} = \texttt{0xBB67AE85} \\ H_2^{(0)} = \texttt{0x3C6EF372} \\ H_3^{(0)} = \texttt{0xA54FF53A} \\ H_4^{(0)} = \texttt{0x510E527F} \\ H_5^{(0)} = \texttt{0x9B05688C} \\ H_6^{(0)} = \texttt{0x1F83D9AB} \\ H_7^{(0)} = \texttt{0x5BE0CD19} \end{cases}.$$

压缩函数中用到的函数的定义和常数 $K_t \in \mathbb{F}_2^{32}$ $(0 \leqslant t \leqslant 63)$ 的值与 SHA-224 完全一致.

2.5.3 SHA-384

SHA-384 是一个 MD 结构的杂凑函数, 可处理任意长度小于 2^{128} 比特的消息, 其消息分组的长度为 1024 比特, 链接值的长度为 512 比特, 输出的摘要长度为 384 比特. 对于消息 $M \in \mathbb{F}_2^{\ell}$, 首先在 M 的尾部链接 $\texttt{1} \in \mathbb{F}_2$, 然后再链接 k 个 $\texttt{0} \in \mathbb{F}_2$, 其中 k 是方程 $\ell + 1 + k = 896 \bmod 1024$ 的最小非负整数解. 最后, 再链接 ℓ 的 128 比特二进制编码 $\texttt{toBinary}(\ell, 128)$. 因此, 填充的比特串为 $\texttt{1} \parallel \texttt{toBinary}(0, k) \parallel \texttt{toBinary}(\ell, 128)$. 例如, 若 $M = \texttt{01100001 01100010 01100011} \in \mathbb{F}_2^{24}$, 则经过填充后的消息为

$$\texttt{01100001}\quad\texttt{01100010}\quad\texttt{01100011}\quad\texttt{1}\ \overbrace{\texttt{00}\cdots\texttt{00}}^{\mathbb{F}_2^{871}}\ \overbrace{\texttt{00}\cdots\texttt{011000}}^{\mathbb{F}_2^{128}}.$$

当 $\ell \bmod 1024 = 0$ 时, $k = 895$, 填充的比特串的长度为 $1 + 895 + 128 = 1024$ 比特. 当 $\ell \bmod 1024 = 895$ 时, $k = 0$, 填充的比特串为 $\texttt{1} \parallel \texttt{toBinary}(\ell, 128)$, 其长度为 $1 + 0 + 128 = 129$ 比特. 当 $\ell \bmod 1024 = 896$ 时, $k = 1023$, 填充的比特串为 $\texttt{1} \parallel \texttt{toBinary}(0, 1023) \parallel \texttt{toBinary}(\ell, 128)$, 其长度为 $1 + 1023 + 128 = 1152$ 比特. 消息 M 经填充后可以分成 N 个 1024 比特的字, 记为 $(M^{(1)}, \cdots, M^{(N)}) \in (\mathbb{F}_2^{1024})^N$.

如算法 7 所示, SHA-384 的压缩函数 $\mathsf{CF} : \mathbb{F}_2^{512} \times \mathbb{F}_2^{1024} \to \mathbb{F}_2^{512}$ 先将

$$H^{(i)} = (H_0^{(i)}, H_1^{(i)}, H_2^{(i)}, H_3^{(i)}, H_4^{(i)}, H_5^{(i)}, H_6^{(i)}, H_7^{(i)}) \in (\mathbb{F}_2^{64})^8 = \mathbb{F}_2^{512}$$

和消息分组 $M^{(i+1)} \in \mathbb{F}_2^{1024}$ 映射成 $(a,b,c,d,e,f,g,h) = \mathsf{F}(H^{(i)}, M^{(i+1)})$. 然后, 再通过一个前馈机制得到压缩函数 CF 的输出

$$H^{(i+1)} = \mathsf{CF}(H^{(i)}, M^{(i+1)}) = (a + H_0^{(i)}, b + H_1^{(i)}, \cdots, h + H_7^{(i)}) \in \mathbb{F}_2^{512}.$$

其中, F 可以看作一个分组长度为 512 比特、密钥长度为 1024 比特的分组密码, 其输出的摘要值为 $H^{(N)}$ 的前 384 比特, 初始向量

$$IV = H^{(0)} = (H_0^{(0)}, H_1^{(0)}, H_2^{(0)}, H_3^{(0)}, H_4^{(0)}, H_5^{(0)}, H_6^{(0)}, H_7^{(0)})$$

的值如下

$$\begin{cases} H_0^{(0)} = \texttt{0xCBBB9D5DC1059ED8} \\ H_1^{(0)} = \texttt{0x629A292A367CD507} \\ H_2^{(0)} = \texttt{0x9159015A3070DD17} \\ H_3^{(0)} = \texttt{0x152FECD8F70E5939} \\ H_4^{(0)} = \texttt{0x67332667FFC00B31} \\ H_5^{(0)} = \texttt{0x8EB44A8768581511} \\ H_6^{(0)} = \texttt{0xDB0C2E0D64F98FA7} \\ H_7^{(0)} = \texttt{0x47B5481DBEFA4FA4} \end{cases}.$$

压缩函数中用到的各种函数的定义为

$$\begin{cases} \mathrm{Ch}(x,y,z) = (x \wedge y) \oplus (\neg x \wedge z) \\ \mathrm{Maj}(x,y,z) = (x \wedge y) \oplus (x \wedge z) \oplus (y \wedge z) \\ \sum_0^{\{512\}}(x) = (x \ggg 28) \oplus (x \ggg 34) \oplus (x \ggg 39) \\ \sum_1^{\{512\}}(x) = (x \ggg 14) \oplus (x \ggg 18) \oplus (x \ggg 41) \\ \sigma_0^{\{512\}}(x) = (x \ggg 1) \oplus (x \ggg 8) \oplus (x \gg 7) \\ \sigma_1^{\{512\}}(x) = (x \ggg 19) \oplus (x \ggg 61) \oplus (x \gg 6) \end{cases},$$

常数 $K_t \in \mathbb{F}_2^{64}$ $(0 \leqslant t \leqslant 79)$ 的值分别为

0x428A2F98D728AE22,	0x7137449123EF65CD,	0xB5C0FBCFEC4D3B2F,
0xE9B5DBA58189DBBC,	0x3956C25BF348B538,	0x59F111F1B605D019,
0x923F82A4AF194F9B,	0xAB1C5ED5DA6D8118,	0xD807AA98A3030242,
0x12835B0145706FBE,	0x243185BE4EE4B28C,	0x550C7DC3D5FFB4E2,
0x72BE5D74F27B896F,	0x80DEB1FE3B1696B1,	0x9BDC06A725C71235,
0xC19BF174CF692694,	0xE49B69C19EF14AD2,	0xEFBE4786384F25E3,
0x0FC19DC68B8CD5B5,	0x240CA1CC77AC9C65,	0x2DE92C6F592B0275,
0x4A7484AA6EA6E483,	0x5CB0A9DCBD41FBD4,	0x76F988DA831153B5,
0x983E5152EE66DFAB,	0xA831C66D2DB43210,	0xB00327C898FB213F,
0xBF597FC7BEEF0EE4,	0xC6E00BF33DA88FC2,	0xD5A79147930AA725,
0x06CA6351E003826F,	0x142929670A0E6E70,	0x27B70A8546D22FFC,
0x2E1B21385C26C926,	0x4D2C6DFC5AC42AED,	0x53380D139D95B3DF,
0x650A73548BAF63DE,	0x766A0ABB3C77B2A8,	0x81C2C92E47EDAEE6,
0x92722C851482353B,	0xA2BFE8A14CF10364,	0xA81A664BBC423001,
0xC24B8B70D0F89791,	0xC76C51A30654BE30,	0xD192E819D6EF5218,
0xD69906245565A910,	0xF40E35855771202A,	0x106AA07032BBD1B8,
0x19A4C116B8D2D0C8,	0x1E376C085141AB53,	0x2748774CDF8EEB99,
0x34B0BCB5E19B48A8,	0x391C0CB3C5C95A63,	0x4ED8AA4AE3418ACB,
0x5B9CCA4F7763E373,	0x682E6FF3D6B2B8A3,	0x748F82EE5DEFB2FC,
0x78A5636F43172F60,	0x84C87814A1F0AB72,	0x8CC702081A6439EC,
0x90BEFFFA23631E28,	0xA4506CEBDE82BDE9,	0xBEF9A3F7B2C67915,
0xC67178F2E372532B,	0xCA273ECEEA26619C,	0xD186B8C721C0C207,
0xEADA7DD6CDE0EB1E,	0xF57D4F7FEE6ED178,	0x06F067AA72176FBA,
0x0A637DC5A2C898A6,	0x113F9804BEF90DAE,	0x1B710B35131C471B,
0x28DB77F523047D84,	0x32CAAB7B40C72493,	0x3C9EBE0A15C9BEBC,
0x431D67C49C100D4C,	0x4CC5D4BECB3E42B6,	0x597F299CFC657E2A,
0x5FCB6FAB3AD6FAEC,	0x6C44198C4A475817.	

例如, $K_0 =$ 0x428A2F98D728AE22, $K_4 =$ 0xE9B5DBA58189DBBC.

2.5.4 SHA-512

SHA-512 是一个 MD 结构的杂凑函数, 可处理任意长度小于 2^{128} 比特的消息, 其消息分组的长度为 1024 比特, 链接值的长度为 512 比特, 输出的摘要长度为 512 比特. 对于消息 $M \in \mathbb{F}_2^{\ell}$, 首先在 M 的尾部链接 $\mathtt{1} \in \mathbb{F}_2$, 然后再链接 k 个 $\mathtt{0} \in \mathbb{F}_2$, 其中 k 是方程 $\ell + 1 + k = 896 \mod 1024$ 的最小非负整数解. 最后, 再链接 ℓ 的 128 比特二进制编码 toBinary(ℓ, 128). 因此, 填充的比特串为 $\mathtt{1} \parallel$

$00\cdots00 \parallel \texttt{toBinary}(\ell,128)$. 例如, 若 $M = 01100001\ 01100010\ 01100011 \in \mathbb{F}_2^{24}$, 则经过填充后的消息为

$$01100001\quad 01100010\quad 01100011\quad 1\ \overbrace{00\cdots00}^{\mathbb{F}_2^{871}}\ \ \overbrace{00\cdots011000}^{\mathbb{F}_2^{128}}.$$

当 $\ell \bmod 1024 = 0$ 时, $k = 895$, 填充的比特串的长度为 $1 + 895 + 128 = 1024$ 比特. 当 $\ell \bmod 1024 = 895$ 时, $k = 0$, 填充的比特串为 $1 \parallel \texttt{toBinary}(\ell,128)$, 其长度为 $1 + 0 + 128 = 129$ 比特. 当 $\ell \bmod 1024 = 896$ 时, $k = 1023$, 填充的比特串为 $1 \parallel \texttt{toBinary}(0,1023) \parallel \texttt{toBinary}(\ell,128)$, 其长度为 $1 + 1023 + 128 = 1152$ 比特. 消息 M 经填充后可以分成 N 个 1024 比特的字, 记为 $(M^{(1)},\cdots,M^{(N)}) \in (\mathbb{F}_2^{1024})^N$.

如算法 7 所示, SHA-512 的压缩函数 $\mathsf{CF}: \mathbb{F}_2^{512} \times \mathbb{F}_2^{1024} \to \mathbb{F}_2^{512}$ 先将

$$H^{(i)} = (H_0^{(i)}, H_1^{(i)}, H_2^{(i)}, H_3^{(i)}, H_4^{(i)}, H_5^{(i)}, H_6^{(i)}, H_7^{(i)}) \in (\mathbb{F}_2^{64})^8 = \mathbb{F}_2^{512}$$

和消息分组 $M^{(i+1)} \in \mathbb{F}_2^{1024}$ 映射成 $(a,b,c,d,e,f,g,h) = \mathsf{F}(H^{(i)}, M^{(i+1)}) \in \mathbb{F}_2^{512}$. 然后, 再通过一个前馈机制得到压缩函数 CF 的输出

$$H^{(i+1)} = \mathsf{CF}(H^{(i)}, M^{(i+1)}) = (a + H_0^{(i)}, b + H_1^{(i)}, \cdots, h + H_7^{(i)}) \in \mathbb{F}_2^{512},$$

其中, F 可以看作一个分组长度为 512 比特、密钥长度为 1024 比特的分组密码, 其输出的摘要值为 $H^{(N)}$, 初始向量

$$IV = H^{(0)} = (H_0^{(0)}, H_1^{(0)}, H_2^{(0)}, H_3^{(0)}, H_4^{(0)}, H_5^{(0)}, H_6^{(0)}, H_7^{(0)})$$

的值如下

$$\begin{cases} H_0^{(0)} = \texttt{0x6A09E667F3BCC908} \\ H_1^{(0)} = \texttt{0xBB67AE8584CAA73B} \\ H_2^{(0)} = \texttt{0x3C6EF372FE94F82B} \\ H_3^{(0)} = \texttt{0xA54FF53A5F1D36F1} \\ H_4^{(0)} = \texttt{0x510E527FADE682D1} \\ H_5^{(0)} = \texttt{0x9B05688C2B3E6C1F} \\ H_6^{(0)} = \texttt{0x1F83D9ABFB41BD6B} \\ H_7^{(0)} = \texttt{0x5BE0CD19137E2179} \end{cases}.$$

CF 的具体计算过程见算法 7, 其中用到的函数的定义和常数 $K_t \in \mathbb{F}_2^{64}$ $(0 \leqslant t \leqslant 79)$ 的值与 SHA-384 的完全一致.

算法 7: SHA-384 的压缩函数 CF

Input: 链接值 $H^{(i)} = (H_0^{(i)}, \cdots, H_7^{(i)}) \in \mathbb{F}_2^{512}$ 和消息分组 $M^{(i+1)} = (M_0^{(i+1)}, \cdots, M_{15}^{(i+1)}) \in (\mathbb{F}_2^{64})^{16}$

Output: 链接值 $H^{(i+1)} = (H_0^{(i+1)}, \cdots, H_7^{(i+1)}) \in \mathbb{F}_2^{512}$

/* 消息扩展 */
for $t \in \{0, \cdots, 15\}$ **do**
　$W_t \leftarrow M_t^{(i+1)}$
for $t \in \{16, \cdots, 79\}$ **do**
　$W_t \leftarrow (\sigma_1^{\{512\}}(W_{t-2}) + W_{t-7} + \sigma_0^{\{512\}}(W_{t-15}) + W_{t-16})$
/* 初始化链接变量 */
$a \leftarrow H_0^{(i)}$, $b \leftarrow H_1^{(i)}$
$c \leftarrow H_2^{(i)}$, $d \leftarrow H_3^{(i)}$
$e \leftarrow H_4^{(i)}$, $f \leftarrow H_5^{(i)}$
$g \leftarrow H_6^{(i)}$, $h \leftarrow H_7^{(i)}$
/* 迭代轮函数 80 次 */
for $t \in \{0, \cdots, 79\}$ **do**
　$T_1 \leftarrow h + \sum_1^{\{512\}}(e) + \mathrm{Ch}(e, f, g) + K_t + W_t$
　$T_2 \leftarrow \sum_0^{\{512\}}(a) + \mathrm{Maj}(a, b, c)$
　$h \leftarrow g;\ g \leftarrow f;\ f \leftarrow e;\ e \leftarrow d + T_1$
　$d \leftarrow c;\ c \leftarrow b;\ b \leftarrow a;\ a \leftarrow T_1 + T_2$
/* 前馈 */
$H_0^{(i+1)} \leftarrow a + H_0^{(i)}$
$H_1^{(i+1)} \leftarrow b + H_1^{(i)}$
$H_2^{(i+1)} \leftarrow c + H_2^{(i)}$
$H_3^{(i+1)} \leftarrow d + H_3^{(i)}$
$H_4^{(i+1)} \leftarrow e + H_4^{(i)}$
$H_5^{(i+1)} \leftarrow f + H_5^{(i)}$
$H_6^{(i+1)} \leftarrow g + H_6^{(i)}$
$H_7^{(i+1)} \leftarrow h + H_7^{(i)}$
return $H^{(i+1)}$

2.5.5 SHA-512/224

SHA-512/224 可处理任意长度小于 2^{128} 比特的消息, 其输出的摘要长度为 224 比特. 对于消息 $M \in \mathbb{F}_2^{\ell}$, 首先在 M 的尾部链接 $1 \in \mathbb{F}_2$, 然后再链接 k 个 $0 \in \mathbb{F}_2$, 其中 k 是方程 $\ell + 1 + k = 896 \mod 1024$ 的最小非负整数解. 最后, 再链接 ℓ 的 128 比特二进制编码 toBinary$(\ell, 128)$. 例如, 若 $M =$ 01100001 01100010 01100011 $\in \mathbb{F}_2^{24}$, 则经过填充后的消息为

$$\texttt{01100001}\quad\texttt{01100010}\quad\texttt{01100011}\ \ \texttt{1}\ \overbrace{\texttt{00}\cdots\texttt{00}}^{\mathbb{F}_2^{871}}\ \overbrace{\texttt{00}\cdots\texttt{011000}}^{\mathbb{F}_2^{128}}.$$

当 $\ell \bmod 1024 = 895$ 时, $k = 0$, 填充的比特串为 $\texttt{1} \parallel \texttt{toBinary}(\ell, 128)$, 其长度为 $1 + 0 + 128 = 129$ 比特. 当 $\ell \bmod 1024 = 896$ 时, $k = 1023$, 填充的比特串为 $\texttt{1} \parallel \texttt{toBinary}(0, 1023) \parallel \texttt{toBinary}(\ell, 128)$, 其长度为 $1 + 1023 + 128 = 1152$ 比特. 消息 M 经填充后可以分成 N 个 1024 比特的字, 记为 $(M^{(1)}, \cdots, M^{(N)}) \in (\mathbb{F}_2^{1024})^N$.

如算法 7 所示, SHA-512 的压缩函数 $\mathsf{CF} : \mathbb{F}_2^{512} \times \mathbb{F}_2^{1024} \to \mathbb{F}_2^{512}$ 先将

$$H^{(i)} = (H_0^{(i)}, H_1^{(i)}, H_2^{(i)}, H_3^{(i)}, H_4^{(i)}, H_5^{(i)}, H_6^{(i)}, H_7^{(i)}) \in (\mathbb{F}_2^{64})^8 = \mathbb{F}_2^{512}$$

和消息分组 $M^{(i+1)} \in \mathbb{F}_2^{1024}$ 映射成 $(a, b, c, d, e, f, g, h) = \mathsf{F}(H^{(i)}, M^{(i+1)}) \in \mathbb{F}_2^{512}$. 然后, 再通过一个前馈机制得到压缩函数 CF 的输出

$$H^{(i+1)} = \mathsf{CF}(H^{(i)}, M^{(i+1)}) = (a + H_0^{(i)}, b + H_1^{(i)}, \cdots, h + H_7^{(i)}) \in \mathbb{F}_2^{512},$$

其中, F 可以看作一个分组长度为 512 比特、密钥长度为 1024 比特的分组密码, 其输出的摘要值为 $H^{(N)}$ 的前 224 比特, 初始向量 $IV = H^{(0)} = (H_0^{(0)}, H_1^{(0)}, H_2^{(0)}, H_3^{(0)}, H_4^{(0)}, H_5^{(0)}, H_6^{(0)}, H_7^{(0)})$ 的值如下

$$\begin{cases} H_0^{(0)} = \texttt{0x8C3D37C819544DA2} \\ H_1^{(0)} = \texttt{0x73E1996689DCD4D6} \\ H_2^{(0)} = \texttt{0x1DFAB7AE32FF9C82} \\ H_3^{(0)} = \texttt{0x679DD514582F9FCF} \\ H_4^{(0)} = \texttt{0x0F6D2B697BD44DA8} \\ H_5^{(0)} = \texttt{0x77E36F7304C48942} \\ H_6^{(0)} = \texttt{0x3F9D85A86A1D36C8} \\ H_7^{(0)} = \texttt{0x1112E6AD91D692A1} \end{cases}.$$

其中用到的函数的定义和常数 $K_t \in \mathbb{F}_2^{64}$ $(0 \leqslant t \leqslant 79)$ 的值与 SHA-384 的完全一致.

2.5.6 SHA-512/256

SHA-512/256 可处理任意长度小于 2^{128} 比特的消息, 其输出的摘要长度为 256 比特. 对于消息 $M \in \mathbb{F}_2^{\ell}$, 首先在 M 的尾部链接 $\texttt{1} \in \mathbb{F}_2$, 然后再链接 k 个 $\texttt{0} \in$

$\mathbb{F}_2$, 其中 k 是方程 $\ell+1+k=896 \mod 1024$ 的最小非负整数解. 最后, 再链接 ℓ 的 128 位二进制编码 $\texttt{toBinary}(\ell,128)$. 例如, 若 $M=\texttt{01100001 01100010 01100011}\in\mathbb{F}_2^{24}$, 则经过填充后的消息为

$$\texttt{01100001}\quad\texttt{01100010}\quad\texttt{01100011}\ \ \texttt{1}\ \overbrace{\texttt{00}\cdots\texttt{00}}^{\mathbb{F}_2^{871}}\ \overbrace{\texttt{00}\cdots\texttt{011000}}^{\mathbb{F}_2^{128}}.$$

当 $\ell \mod 1024=895$ 时, $k=0$, 填充的比特串为 $\texttt{1}\parallel\texttt{toBinary}(\ell,128)$, 其长度为 $1+0+128=129$ 比特. 当 $\ell \mod 1024=896$ 时, $k=1023$, 填充的比特串为 $\texttt{1}\parallel\texttt{toBinary}(0,1023)\parallel\texttt{toBinary}(\ell,128)$, 其长度为 $1+1023+128=1152$ 比特. 消息 M 经填充后可以分成 N 个 1024 比特的字, 记为 $(M^{(1)},\cdots,M^{(N)})\in(\mathbb{F}_2^{1024})^N$.

如算法 7 所示, SHA-512 的压缩函数 $\mathsf{CF}:\mathbb{F}_2^{512}\times\mathbb{F}_2^{1024}\to\mathbb{F}_2^{512}$ 先将

$$H^{(i)}=(H_0^{(i)},H_1^{(i)},H_2^{(i)},H_3^{(i)},H_4^{(i)},H_5^{(i)},H_6^{(i)},H_7^{(i)})\in(\mathbb{F}_2^{64})^8=\mathbb{F}_2^{512}$$

和消息分组 $M^{(i+1)}\in\mathbb{F}_2^{1024}$ 映射成 $(a,b,c,d,e,f,g,h)=\mathsf{F}(H^{(i)},M^{(i+1)})\in\mathbb{F}_2^{512}$. 然后, 再通过一个前馈机制得到压缩函数 CF 的输出

$$H^{(i+1)}=\mathsf{CF}(H^{(i)},M^{(i+1)})=(a+H_0^{(i)},b+H_1^{(i)},\cdots,h+H_7^{(i)})\in\mathbb{F}_2^{512},$$

其中, F 可以看作一个分组长度为 512 比特、密钥长度为 1024 比特的分组密码, 其输出的摘要值为 $H^{(N)}$ 的前 256 比特, 初始向量 $IV=H^{(0)}=(H_0^{(0)},H_1^{(0)},H_2^{(0)},H_3^{(0)},H_4^{(0)},H_5^{(0)},H_6^{(0)},H_7^{(0)})$ 的值如下

$$\begin{cases}H_0^{(0)}=\texttt{0x22312194FC2BF72C}\\H_1^{(0)}=\texttt{0x9F555FA3C84C64C2}\\H_2^{(0)}=\texttt{0x2393B86B6F53B151}\\H_3^{(0)}=\texttt{0x963877195940EABD}\\H_4^{(0)}=\texttt{0x96283EE2A88EFFE3}\\H_5^{(0)}=\texttt{0xBE5E1E2553863992}\\H_6^{(0)}=\texttt{0x2B0199FC2C85B8AA}\\H_7^{(0)}=\texttt{0x0EB72DDC81C52CA2}\end{cases}.$$

其中用到的函数的定义和常数 $K_t\in\mathbb{F}_2^{64}(0\leqslant t\leqslant 79)$ 的值与 SHA-384 的完全一致.

2.6 杂凑函数 SM3

SM3 是一个 MD 结构的杂凑函数, 可处理任意长度小于 2^{64} 比特的消息, 其消息分组的长度为 512 比特, 链接值的长度为 256 比特, 输出摘要的长度为 256 比特. 对于消息 $M \in \mathbb{F}_2^{\ell}$, 首先在 M 的尾部链接 $1 \in \mathbb{F}_2$, 然后再链接 k 个 $0 \in \mathbb{F}_2$, 其中 k 是方程 $\ell+1+k = 448 \bmod 512$ 的最小非负整数解. 最后, 再链接 ℓ 的 64 位二进制编码 $\texttt{toBinary}(\ell, 64)$. 因此, 填充的比特串为 $\texttt{1} \parallel \texttt{00} \cdots \texttt{00} \parallel \texttt{toBinary}(\ell, 64)$. 例如, 若 $M = \texttt{01100001 01100010 01100011} \in \mathbb{F}_2^{24}$, 则经过填充后的消息为

$$\texttt{01100001}\quad \texttt{01100010}\quad \texttt{01100011}\quad \texttt{1}\quad \overbrace{\texttt{00}\cdots\texttt{00}}^{\mathbb{F}_2^{423}}\quad \overbrace{\texttt{00}\cdots\texttt{011000}}^{\mathbb{F}_2^{64}}.$$

当 $\ell \bmod 512 = 0$ 时, $k = 447$, 填充的比特串的长度为 $1 + 447 + 64 = 512$ 比特. 当 $\ell \bmod 512 = 447$ 时, $k = 0$, 填充的比特串为 $\texttt{1} \parallel \texttt{toBinary}(\ell, 64)$, 其长度为 $1 + 0 + 64 = 65$ 比特. 当 $\ell \bmod 512 = 448$ 时, $k = 511$, 填充的比特串为 $\texttt{1} \parallel \texttt{toBinary}(0, 511) \parallel \texttt{toBinary}(\ell, 64)$, 其长度为 $1+511+64 = 576$ 比特. 消息 M 经填充后可以分成 N 个 512 比特的字, 记为 $(M^{(1)}, \cdots, M^{(N)}) \in (\mathbb{F}_2^{512})^N$.

如算法 8 所示, SM3 的压缩函数 $\mathsf{CF}: \mathbb{F}_2^{256} \times \mathbb{F}_2^{512} \to \mathbb{F}_2^{256}$ 先将链接值

$$H^{(i)} = (H_0^{(i)}, H_1^{(i)}, H_2^{(i)}, H_3^{(i)}, H_4^{(i)}, H_5^{(i)}, H_6^{(i)}, H_7^{(i)}) \in (\mathbb{F}_2^{32})^8 = \mathbb{F}_2^{256}$$

和消息分组 $M^{(i+1)} \in \mathbb{F}_2^{512}$ 变换成 $(a, b, c, d, e, f, g, h) = \mathsf{F}(H^{(i)}, M^{(i+1)})$. 然后, 通过一定的前馈机制得到压缩函数 CF 的输出

$$H^{(i+1)} = \mathsf{CF}(H^{(i)}, M^{(i+1)}) = (a + H_0^{(i)}, b + H_1^{(i)}, \cdots, h + H_7^{(i)}) \in \mathbb{F}_2^{256},$$

其中, F 可以看作一个分组长度为 256 比特、密钥长度为 512 比特的分组密码, $H^{(N)}$ 为输出的摘要值, 初始向量 $IV = H^{(0)} = (H_0^{(0)}, H_1^{(0)}, H_2^{(0)}, H_3^{(0)}, H_4^{(0)}, H_5^{(0)}, H_6^{(0)}, H_7^{(0)})$ 的值如下

$$\begin{cases} H_0^{(0)} = \texttt{0x7380166F} \\ H_1^{(0)} = \texttt{0x4914B2B9} \\ H_2^{(0)} = \texttt{0x172442D7} \\ H_3^{(0)} = \texttt{0xDA8A0600} \\ H_4^{(0)} = \texttt{0xA96F30BC} \\ H_5^{(0)} = \texttt{0x163138AA} \\ H_6^{(0)} = \texttt{0xE38DEE4D} \\ H_7^{(0)} = \texttt{0xB0FB0E4E} \end{cases}.$$

CF 的具体计算过程见算法 8, 其中用到的函数的定义为

$$\mathrm{FF}_t(x,y,z)=\begin{cases}x\oplus y\oplus z, & 0\leqslant t\leqslant 15\\ (x\wedge y)\vee(x\wedge z)\vee(y\wedge z), & 16\leqslant t\leqslant 63\end{cases},$$

$$\mathrm{GG}_t(x,y,z)=\begin{cases}x\oplus y\oplus z, & 0\leqslant t\leqslant 15\\ (x\wedge y)\vee(\neg x\wedge z), & 16\leqslant t\leqslant 63\end{cases},$$

$$P_0(x)=x\oplus(x\lll 9)\oplus(x\lll 17),$$

算法 8: SM3 的压缩函数 CF

Input: 链接值 $H^{(i)}=(H_0^{(i)},\cdots,H_7^{(i)})\in\mathbb{F}_2^{256}$ 和消息分组 $M^{(i+1)}=(M_0^{(i+1)},\cdots,M_{15}^{(i+1)})\in(\mathbb{F}_2^{32})^{16}$

Output: 链接值 $H^{(i+1)}=(H_0^{(i+1)},\cdots,H_7^{(i+1)})\in\mathbb{F}_2^{256}$

/* 消息扩展 */
for $t\in\{0,\cdots,15\}$ **do**
　$W_t\leftarrow M_t^{(i+1)}$
for $t\in\{16,\cdots,67\}$ **do**
　$W_t\leftarrow P_1(W_{t-16}\oplus W_{t-9}\oplus(W_{t-3}\lll 15))\oplus(W_{t-13}\lll 7)\oplus W_{t-6}$
for $t\in\{0,\cdots,63\}$ **do**
　$W'_t\leftarrow W_t\oplus W_{t+4}$
/* 初始化链接变量 */
$a\leftarrow H_0^{(i)}$, $b\leftarrow H_1^{(i)}$
$c\leftarrow H_2^{(i)}$, $d\leftarrow H_3^{(i)}$
$e\leftarrow H_4^{(i)}$, $f\leftarrow H_5^{(i)}$
$g\leftarrow H_6^{(i)}$, $h\leftarrow H_7^{(i)}$
/* 迭代轮函数 64 次 */
for $t\in\{0,\cdots,63\}$ **do**
　$\mathrm{SS1}\leftarrow((a\lll 12)+e+(T_t\lll t))\lll 7$
　$\mathrm{SS2}\leftarrow\mathrm{SS1}\oplus(a\lll 12)$
　$\mathrm{TT1}\leftarrow\mathrm{FF}_t(a,b,c)+d+\mathrm{SS2}+W'_t$
　$\mathrm{TT2}\leftarrow\mathrm{GG}_t(e,f,g)+h+\mathrm{SS1}+W_t$
　$d\leftarrow c$; $c\leftarrow b\lll 9$; $b\leftarrow a$; $a\leftarrow\mathrm{TT1}$
　$h\leftarrow g$; $g\leftarrow f\lll 19$; $f\leftarrow e$; $e\leftarrow P_0(\mathrm{TT2})$
/* 前馈 */
$H^{(i+1)}\leftarrow(a,b,c,d,e,f,g,h)\oplus H_0^{(i)}$
return $H^{(i+1)}$

$$P_1(x) = x \oplus (x \lll 15) \oplus (x \lll 23),$$

常数 $K_t \in \mathbb{F}_2^{32}$ 的定义为

$$K_t = \begin{cases} \texttt{0x79CC4519}, & 0 \leqslant t \leqslant 15 \\ \texttt{0x7A879D8A}, & 16 \leqslant t \leqslant 63 \end{cases}.$$

2.7 杂凑函数 SHA-3

SHA-3 系列算法是由 Guido Bertoni、Joan Daemen、Michaël Peeters 和 Gilles Van Assche 设计的 Keccak 家族的一个子集[36]. SHA-3 系列算法包括 4 个杂凑函数 (SHA3-224、SHA3-256、SHA3-384 和 SHA3-512) 和 2 个可扩展输出函数 (SHAKE128 和 SHAKE256), 这些算法全部采用了 Sponge 结构, 它们提供的安全强度见表 2.3. 注意, 在 SHA-3 杂凑函数的命名中, 数字后缀表示摘要的比特长度, 而在可扩展输出函数的命名中, 数字后缀表示安全强度.

表 2.3 SHA-3 各函数的安全强度

算法	输出尺寸/比特	安全强度/比特		
		碰撞攻击	原像攻击	第二原像攻击
SHA3-224	224	112	224	224
SHA3-256	256	128	256	256
SHA3-384	384	192	384	384
SHA3-512	512	256	512	512
SHAKE128	d	$\min\{d/2, 128\}$	$\geqslant \min\{d, 128\}$	$\min\{d, 128\}$
SHAKE256	d	$\min\{d/2, 256\}$	$\geqslant \min\{d, 256\}$	$\min\{d, 256\}$

2.7.1 Keccak-$p[b, n_r]$ 置换的状态数组

SHA-3 杂凑函数是基于 Keccak-p 置换构造的. Keccak-$p[b, n_r] : \mathbb{F}_2^b \to \mathbb{F}_2^b$ 是一个 n_r 轮的迭代型置换, 其中 $b \in \{25, 50, 100, 200, 400, 800, 1600\}$, 即 $b = 25w = 25 \cdot 2^\ell$, $\ell \in \{0, 1, 2, 3, 4, 5, 6\}$. Keccak-$p[b, n_r]$ 作用在一个长度为 b 的比特串

$$S = (S[0], S[1], \cdots, S[b-2], S[b-1]) \in \mathbb{F}_2^b$$

上. 在 SHA-3 的 6 个函数中, 使用的都是 Keccak-$p[1600, 24]$. 为了方便描述 Keccak-p 置换, 将比特串 S 转化成一个如图 2.17 所示的三维状态数组

$$\mathbf{A}[x, y, z] = S[w(5y + x) + z], \quad 0 \leqslant x < 5, \quad 0 \leqslant y < 5, \quad 0 \leqslant z < w.$$

A 可以切分成更小的状态, 如图 2.18 所示. 例如, 当 $b = 1600$ 时, $w = 64$, 三维状态数组 **A** 和 一维数组 S 中的比特对应关系见表 2.4—表 2.8.

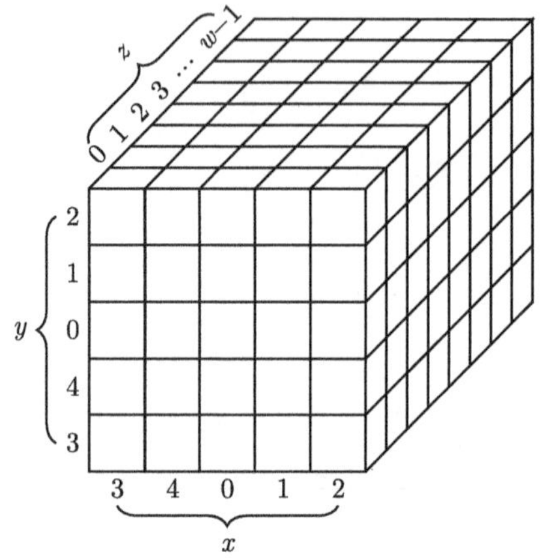

图 2.17　三维状态数组 $\mathbf{A}[x, y, z]$

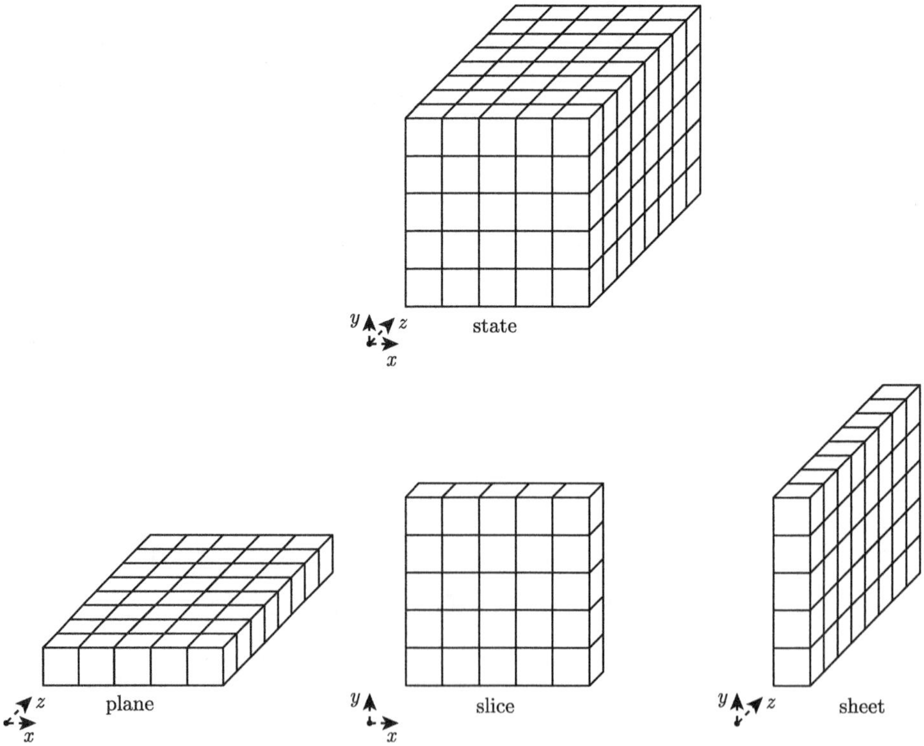

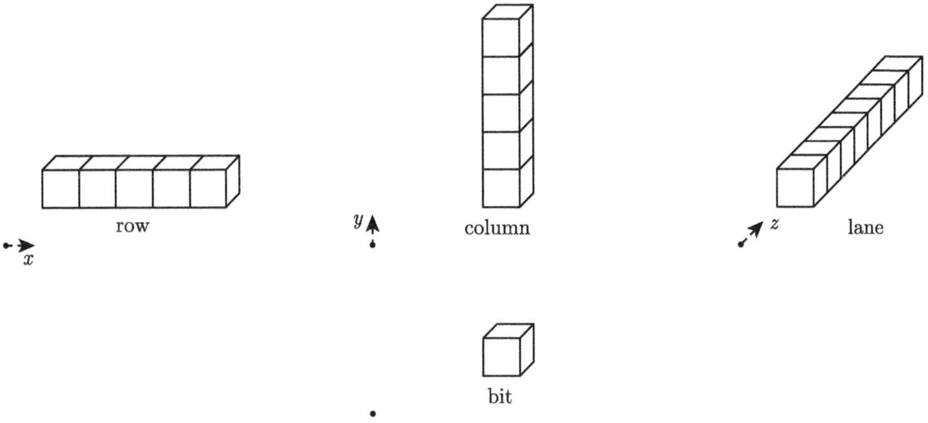

图 2.18 三维状态数组 $\mathbf{A}[x, y, z]$

表 2.4 状态数组 plane[0]

lane[0, 0]	lane[1, 0]	⋯	lane[4, 0]
$\mathbf{A}[0,0,0]=S[0]$	$\mathbf{A}[1,0,0]=S[64]$	⋯	$\mathbf{A}[4,0,0]=S[256]$
$\mathbf{A}[0,0,1]=S[1]$	$\mathbf{A}[1,0,1]=S[65]$	⋯	$\mathbf{A}[4,0,1]=S[257]$
$\mathbf{A}[0,0,2]=S[2]$	$\mathbf{A}[1,0,2]=S[66]$	⋯	$\mathbf{A}[4,0,2]=S[258]$
⋮	⋮		⋮
$\mathbf{A}[0,0,61]=S[61]$	$\mathbf{A}[1,0,61]=S[125]$	⋯	$\mathbf{A}[4,0,61]=S[317]$
$\mathbf{A}[0,0,62]=S[62]$	$\mathbf{A}[1,0,62]=S[126]$	⋯	$\mathbf{A}[4,0,62]=S[318]$
$\mathbf{A}[0,0,63]=S[63]$	$\mathbf{A}[1,0,63]=S[127]$	⋯	$\mathbf{A}[4,0,63]=S[319]$

表 2.5 状态数组 plane[1]

lane[0, 1]	lane[1, 1]	⋯	lane[4, 1]
$\mathbf{A}[0,1,0]=S[320]$	$\mathbf{A}[1,1,0]=S[384]$	⋯	$\mathbf{A}[4,1,0]=S[576]$
$\mathbf{A}[0,1,1]=S[321]$	$\mathbf{A}[1,1,1]=S[385]$	⋯	$\mathbf{A}[4,1,1]=S[577]$
$\mathbf{A}[0,1,2]=S[322]$	$\mathbf{A}[1,1,2]=S[386]$	⋯	$\mathbf{A}[4,1,2]=S[578]$
⋮	⋮		⋮
$\mathbf{A}[0,1,61]=S[381]$	$\mathbf{A}[1,1,61]=S[445]$	⋯	$\mathbf{A}[4,1,61]=S[637]$
$\mathbf{A}[0,1,62]=S[382]$	$\mathbf{A}[1,1,62]=S[446]$	⋯	$\mathbf{A}[4,1,62]=S[638]$
$\mathbf{A}[0,1,63]=S[383]$	$\mathbf{A}[1,1,63]=S[447]$	⋯	$\mathbf{A}[4,1,63]=S[639]$

表 2.6 状态数组 plane[2]

lane[0, 2]	lane[1, 2]	⋯	lane[4, 2]
$\mathbf{A}[0,2,0]=S[640]$	$\mathbf{A}[1,2,0]=S[704]$	⋯	$\mathbf{A}[4,2,0]=S[896]$
$\mathbf{A}[0,2,1]=S[641]$	$\mathbf{A}[1,2,1]=S[705]$	⋯	$\mathbf{A}[4,2,1]=S[897]$
$\mathbf{A}[0,2,2]=S[642]$	$\mathbf{A}[1,2,2]=S[706]$	⋯	$\mathbf{A}[4,2,2]=S[898]$
⋮	⋮		⋮
$\mathbf{A}[0,2,61]=S[701]$	$\mathbf{A}[1,2,61]=S[765]$	⋯	$\mathbf{A}[4,2,61]=S[957]$
$\mathbf{A}[0,2,62]=S[702]$	$\mathbf{A}[1,2,62]=S[766]$	⋯	$\mathbf{A}[4,2,62]=S[958]$
$\mathbf{A}[0,2,63]=S[703]$	$\mathbf{A}[1,2,63]=S[767]$	⋯	$\mathbf{A}[4,2,63]=S[959]$

表 2.7 状态数组 plane[3]

lane[0, 3]	lane[1, 3]	···	lane[4, 3]
$\mathbf{A}[0,3,0]=S[960]$	$\mathbf{A}[1,3,0]=S[1024]$	···	$\mathbf{A}[4,3,0]=S[1216]$
$\mathbf{A}[0,3,1]=S[961]$	$\mathbf{A}[1,3,1]=S[1025]$	···	$\mathbf{A}[4,3,1]=S[1217]$
$\mathbf{A}[0,3,2]=S[962]$	$\mathbf{A}[1,3,2]=S[1026]$	···	$\mathbf{A}[4,3,2]=S[1218]$
⋮	⋮		⋮
$\mathbf{A}[0,3,61]=S[1021]$	$\mathbf{A}[1,3,61]=S[1085]$	···	$\mathbf{A}[4,3,61]=S[1277]$
$\mathbf{A}[0,3,62]=S[1022]$	$\mathbf{A}[1,3,62]=S[1086]$	···	$\mathbf{A}[4,3,62]=S[1278]$
$\mathbf{A}[0,3,63]=S[1023]$	$\mathbf{A}[1,3,63]=S[1087]$	···	$\mathbf{A}[4,3,63]=S[1279]$

表 2.8 状态数组 plane[4]

lane[0, 4]	lane[1, 4]	···	lane[4, 4]
$\mathbf{A}[0,4,0]=S[1280]$	$\mathbf{A}[1,4,0]=S[1344]$	···	$\mathbf{A}[4,4,0]=S[1536]$
$\mathbf{A}[0,4,1]=S[1281]$	$\mathbf{A}[1,4,1]=S[1345]$	···	$\mathbf{A}[4,4,1]=S[1537]$
$\mathbf{A}[0,4,2]=S[1282]$	$\mathbf{A}[1,4,2]=S[1346]$	···	$\mathbf{A}[4,4,2]=S[1538]$
⋮	⋮		⋮
$\mathbf{A}[0,4,61]=S[1341]$	$\mathbf{A}[1,4,61]=S[1405]$	···	$\mathbf{A}[4,4,61]=S[1597]$
$\mathbf{A}[0,4,62]=S[1342]$	$\mathbf{A}[1,4,62]=S[1406]$	···	$\mathbf{A}[4,4,62]=S[1598]$
$\mathbf{A}[0,4,63]=S[1343]$	$\mathbf{A}[1,4,63]=S[1407]$	···	$\mathbf{A}[4,4,63]=S[1599]$

2.7.2 Keccak-p 置换的轮函数

Keccak-$p:\mathbb{F}_2^{25w}\to\mathbb{F}_2^{25w}$ 置换的轮函数 $\mathrm{Rnd}:\mathbb{F}_2^{25w}\times\mathbb{Z}\to\mathbb{F}_2^{25w}$ 由 5 个函数复合而成, 包括线性函数 $\theta:\mathbb{F}_2^{25w}\to\mathbb{F}_2^{25w}$、$\rho:\mathbb{F}_2^{25w}\to\mathbb{F}_2^{25w}$、$\pi:\mathbb{F}_2^{25w}\to\mathbb{F}_2^{25w}$, 非线性函数 $\chi:\mathbb{F}_2^{25w}\to\mathbb{F}_2^{25w}$ 和线性函数 $\iota:\mathbb{F}_2^{25w}\times\mathbb{Z}\to\mathbb{F}_2^{25w}$, 而 $\mathrm{Rnd}(\mathbf{A},i_r)=\iota(\chi(\pi(\rho(\theta(\mathbf{A})))),i_r)$, 其中 i_r 是一个非负整数. Keccak-$p[b,n_r]$ 置换需要执行 n_r 次 Rnd.

θ 函数 $\theta:\mathbb{F}_2^{25w}\to\mathbb{F}_2^{25w}$ 函数是一个线性变换, 其具体细节见算法 9, 图 2.19 展示了 θ 函数对状态数组的作用. θ 将状态数组中的每一个 $[x,z]$-column

$$(\mathbf{A}[x,0,z],\mathbf{A}[x,1,z],\mathbf{A}[x,2,z],\mathbf{A}[x,3,z],\mathbf{A}[x,4,z])$$

中的每一个比特异或上同一个值 $D[x,z]$, 其中 $D[x,z]$ 是 2 个 column 奇偶校验值的异或值. 关于与 θ 类似的线性层的性质的更多讨论, 请参考文献 [37].

引理 2 *函数 $\theta:\mathbb{F}_2^{25w}\to\mathbb{F}_2^{25w}$ 是一个双射.*

证明 首先, 因为 $\mathbb{F}_2^{25w}$ 到商环 $\mathbb{F}_2[x,y,z]/\langle x^5+1,y^5+1,z^w+1\rangle$ 上的映射

$$\mathbf{A}\mapsto\sum_{i=0}^{4}\sum_{j=0}^{4}\sum_{k=0}^{w-1}\mathbf{A}[i,j,k]x^iy^jz^k \tag{2.6}$$

算法 9: $\theta : \mathbb{F}_2^{25w} \to \mathbb{F}_2^{25w}$ 函数

Input: 状态数组 $\mathbf{A} \in \mathbb{F}_2^{25w}$

Output: 状态数组 $\mathbf{A}' \in \mathbb{F}_2^{25w}$

/* 对每个 column 中的比特求和 */

for $(x, z) \in \{0, \cdots, 4\} \times \{0, \cdots, w-1\}$ **do**

  $\mathbf{C}[x, z] \leftarrow \mathbf{A}[x, 0, z] \oplus \mathbf{A}[x, 1, z] \oplus \mathbf{A}[x, 2, z] \oplus \mathbf{A}[x, 3, z] \oplus \mathbf{A}[x, 4, z]$

/* 计算 2 个 column 中的比特的和 */

for $(x, z) \in \{0, \cdots, 4\} \times \{0, \cdots, w-1\}$ **do**

  $\mathbf{D}[x, z] \leftarrow \mathbf{C}[(x-1) \mod 5, z] \oplus \mathbf{C}[(x+1) \mod 5, (z-1) \mod w]$

for $(x, y, z) \in \{0, \cdots, 4\} \times \{0, \cdots, 4\} \times \{0, \cdots, w-1\}$ **do**

  $\mathbf{A}'[x, y, z] \leftarrow \mathbf{A}[x, y, z] \oplus \mathbf{D}[x, z]$

return $\mathbf{A}'$

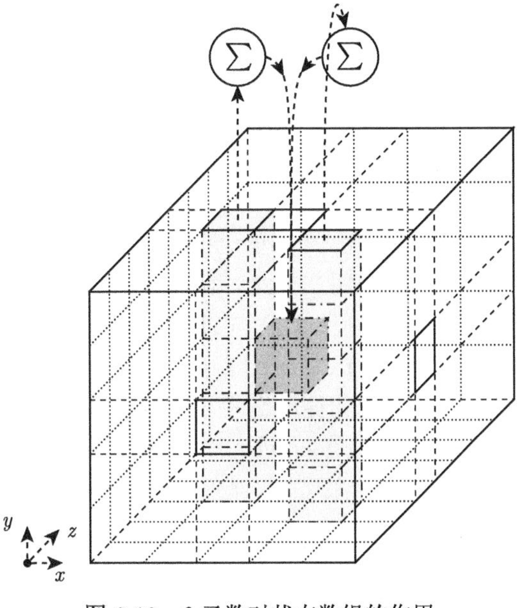

图 2.19 θ 函数对状态数组的作用

是一个双射. 因此, 可以用 $\mathbb{F}_2[x, y, z]/\langle x^5 + 1, y^5 + 1, z^w + 1\rangle$ 中的多元多项式来表示 $\mathbf{A} \in \mathbb{F}_2^{25w}$, 并直接记为 $\mathbf{A} \mapsto \sum_{i=0}^{4} \sum_{j=0}^{4} \sum_{k=0}^{w-1} \mathbf{A}[i, j, k] x^i y^j z^k$. 令

$$\mathbf{A}' = (1 + y + y^2 + y^3 + y^4)\mathbf{A},$$

则对于任意的 $(i, j, k) \in \mathbb{Z}_5 \times \mathbb{Z}_5 \times \mathbb{Z}_w$,

$$\mathbf{A}'[i, j, k] = \mathbf{A}[i, 0, k] \oplus \mathbf{A}[i, 1, k] \oplus \mathbf{A}[i, 2, k] \oplus \mathbf{A}[i, 3, k] \oplus \mathbf{A}[i, 4, k].$$

类似地, 我们有

$$\theta(\mathbf{A}) = (1 + (1 + y + y^2 + y^3 + y^4)(x + x^4 z))\mathbf{A}.$$

对于 $w = 2^l$, $l \in \{0,1,2,3,4,5,6\}$, 可以利用 `SAGE` (https://www.sagemath.org/) 直接计算出 $1 + (1 + y + y^2 + y^3 + y^4)(x + x^4 z)$ 在商环 $\mathbb{F}_2[x, y, z]/\langle x^5 + 1, y^5 + 1, z^w + 1\rangle$ 中的逆元. 因此, θ 是可逆的. □

其他证明方法介绍　矩阵求逆方法. θ 运算可以改写成矩阵表达式, 即

$$\theta(a) = [\mathbf{A}]_{25w\times 25w} \cdot [\mathbf{a}]_{25w\times 1} = [\mathbf{b}]_{25w\times 1},$$

因而, 可通过求系数矩阵 $[\mathbf{A}]_{25w\times 25w}$ 的逆来得到 θ^{-1} 的矩阵表达式. 具体来说

$$\begin{aligned}\theta^{-1}(b) &= ([\mathbf{A}]_{25w\times 25w})^{-1} \cdot [\mathbf{b}]_{25w\times 1},\\ &= ([\mathbf{A}]_{25w\times 25w})^{-1} \cdot [\mathbf{A}]_{25w\times 25w} \cdot [\mathbf{a}]_{25w\times 1},\\ &= [\mathbf{a}]_{25w\times 1},\end{aligned}$$

那么, 只要证明系数矩阵 $[\mathbf{A}]_{25w\times 25w}$ 可逆, 并求出其逆, 便可证明 θ 可逆, 直接得出 θ^{-1} 的系数矩阵及其表达式. 二元域上大尺寸矩阵求逆, 比如 $[\mathbf{A}]_{1600\times 1600}$, 可以通过一些数学工具, 如 `m4ri` 求出. 利用上述工具, 可以找到 θ 系数矩阵的逆, 由此证明其可逆.

ρ 函数　$\rho : \mathbb{F}_2^{25w} \to \mathbb{F}_2^{25w}$ 函数是一个线性变换, 其具体细节见算法 10, 图 2.20 展示了 ρ 函数对状态数组的作用, 即对每一个 lane 做循环移位操作, 移位的偏移量由 lane 的坐标决定 (表 2.9). 由算法 10 第 1 行至第 2 行可知, ρ 保持 $\text{lane}[0,0] = (\mathbf{A}[0,0,0], \mathbf{A}[0,0,1], \cdots, \mathbf{A}[0,0,w-1])$ 不变. 对于其他 24 个 lane, 算法 10 第 5 行至第 8 行构成的循环在每一个轮次中对 1 个不同的 lane 进行循环移位. 首次进行循环移位的是 $\text{lane}[x=1, y=0]$, 然后, 算法 10 第 8 行会决定下次进行循环移位的 lane. 在这 24 个循环轮次中, 进行循环移位的 lane 分别为

$$\begin{array}{llllll}\text{lane}[1,0], & \text{lane}[0,2], & \text{lane}[2,1], & \text{lane}[1,2], & \text{lane}[2,3], & \text{lane}[3,3],\\ \text{lane}[3,0], & \text{lane}[0,1], & \text{lane}[1,3], & \text{lane}[3,1], & \text{lane}[1,4], & \text{lane}[4,4],\\ \text{lane}[4,0], & \text{lane}[0,3], & \text{lane}[3,4], & \text{lane}[4,3], & \text{lane}[3,2], & \text{lane}[2,2],\\ \text{lane}[2,0], & \text{lane}[0,4], & \text{lane}[4,2], & \text{lane}[2,4], & \text{lane}[4,1], & \text{lane}[1,1].\end{array}$$

$\text{lane}[i,j]$ 循环移位的偏移量为表 2.9 中 $[x=i, y=j]$ 处的值模 w. 例如, 在图 2.20 中, $w=8$, $\text{lane}[3,2]$ 的循环移位偏移为 $153 \bmod 8 = 1$ 比特, 而 $\text{lane}[0,1]$ 的循环移位偏移为 $36 \bmod 8 = 4$ 比特.

算法 10: $\rho: \mathbb{F}_2^{25w} \to \mathbb{F}_2^{25w}$ 函数

Input: 状态数组 $\mathbf{A} \in \mathbb{F}_2^{25w}$

Output: 状态数组 $\mathbf{A}' \in \mathbb{F}_2^{25w}$

for $z \in \{0, \cdots, w-1\}$ **do**

  $\mathbf{A}'[0,0,z] \leftarrow \mathbf{A}[0,0,z]$

/* 对剩下的 24 个 lane 做循环移位 */

$(x, y) \leftarrow (1, 0)$

for $t \in \{0, \cdots, 23\}$ **do**

  for $z \in \{0, \cdots, w-1\}$ **do**

    $\mathbf{A}'[x,y,z] \leftarrow \mathbf{A}\left[x, y, \left(z - \frac{(t+1)(t+2)}{2}\right) \bmod w\right]$

  $(x, y) \leftarrow (y, (2x+3y) \bmod 5)$

return $\mathbf{A}'$

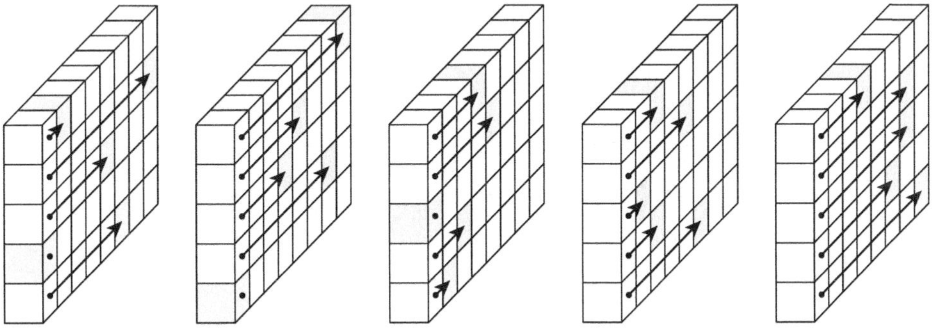

图 2.20 当 $w = 8$ 时 ρ 函数对状态数组的作用

表 2.9 ρ 函数的移位偏移量

	$x=3$	$x=4$	$x=0$	$x=1$	$x=2$
$y=2$	153	231	3	10	171
$y=1$	55	276	36	300	6
$y=0$	28	91	0	1	190
$y=4$	120	78	210	66	253
$y=3$	21	136	105	45	15

π 函数 $\pi: \mathbb{F}_2^{25w} \to \mathbb{F}_2^{25w}$ 函数是一个线性变换, 其具体细节见算法 11, 图 2.21 展示了 π 函数对状态数组的作用, 它实际上是对所有 lane 的位置进行一个变换. 如算法 11 第 2 行可知, 若令变换前的状态数组为 $\mathbf{A}$, 变换后的数组为 $\mathbf{A}'$, 则

$$\mathbf{A}'.\text{lane}[x, y] = \mathbf{A}.\text{lane}[(x+3y) \bmod 5, x],$$

其中, 用 $\mathbf{A}'.\text{lane}[x,y]$ 表示三维状态 $\mathbf{A}$ 中一个特定的 lane. 如图 2.21 中箭头所示, $\mathbf{A}'.\text{lane}[1,1]=\mathbf{A}.\text{lane}[4,1]$, $\mathbf{A}'.\text{lane}[2,4]=\mathbf{A}.\text{lane}[4,2]$, 而 lane$[0,0]$ 的位置保持不变, 即 $\mathbf{A}'.\text{lane}[0,0]=\mathbf{A}.\text{lane}[0,0]$.

算法 11: $\pi:\mathbb{F}_2^{25w}\to\mathbb{F}_2^{25w}$ 函数

Input: 状态数组 $\mathbf{A}\in\mathbb{F}_2^{25w}$
Output: 状态数组 $\mathbf{A}'\in\mathbb{F}_2^{25w}$

for $(x,y,z)\in\{0,\cdots,4\}\times\{0,\cdots,4\}\times\{0,\cdots,w-1\}$ **do**
　$\mathbf{A}'[x,y,z]\leftarrow\mathbf{A}[(x+3y)\mod 5,x,z]$
return $\mathbf{A}'$

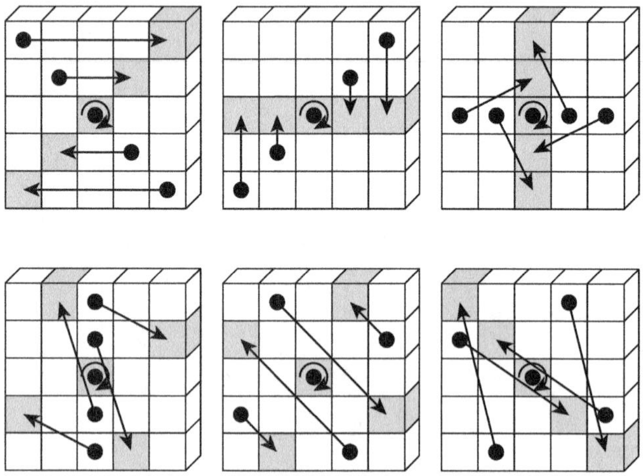

图 2.21　π 函数对状态数组的作用

χ 函数　$\chi:\mathbb{F}_2^{25w}\to\mathbb{F}_2^{25w}$ 函数是一个非线性变换, 其具体细节见算法 12. χ 函数的作用是对状态数组的每一行应用一个如图 2.22 所示的 S 盒 $(\mathbb{F}_2^5\to\mathbb{F}_2^5)$. 下面给出 χ 函数可逆性的证明, 关于 χ 函数的更多性质和相关证明技术, 请读者参考 [38-41].

算法 12: $\chi:\mathbb{F}_2^{25w}\to\mathbb{F}_2^{25w}$ 函数

Input: 状态数组 $\mathbf{A}\in\mathbb{F}_2^{25w}$
Output: 状态数组 $\mathbf{A}'\in\mathbb{F}_2^{25w}$

for $(x,y,z)\in\{0,\cdots,4\}\times\{0,\cdots,4\}\times\{0,\cdots,w-1\}$ **do**
　$\mathbf{A}'[x,y,z]\leftarrow\mathbf{A}[x,y,z]\oplus((\mathbf{A}[(x+1)\mod 5,y,z]\oplus 1)\cdot\mathbf{A}[(x+2)\mod 5,y,z])$
return $\mathbf{A}'$

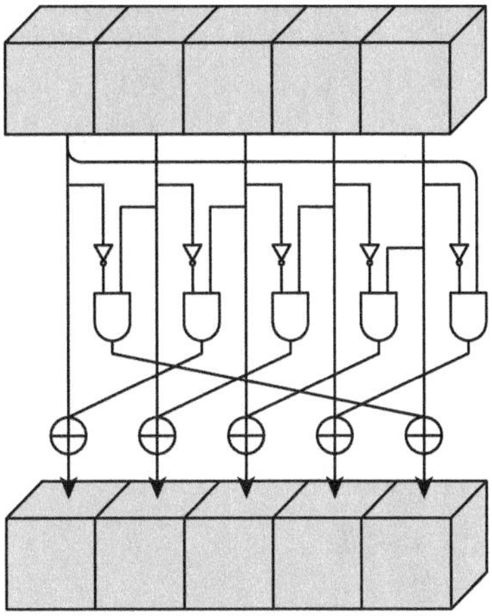

图 2.22 χ 函数对状态数组的作用

引理 3 对正整数 n, $\chi_n : \mathbb{F}_2^n \to \mathbb{F}_2^n$ 将 $x = (x_0, \cdots, x_{n-1})$ 映成 $y = (y_0, \cdots, y_{n-1})$ 且对于 $0 \leqslant i < n$, $y_i = x_i \oplus (x_{i+1} \oplus 1) \cdot x_{i+2}$, 其中索引值都是按模 n 计算的, 则 χ_n 是一个双射, 当且仅当 n 是奇数.

证明 首先, 当 n 是偶数时, $\chi_n(1,0,1,0,\cdots,1,0) = \chi_n(0,0,0,0,\cdots,0,0) = (0,\cdots,0)$. 因此, χ_n 不是一个双射. 下面证明, 当 n 是奇数时, χ_n 是一个双射. 当 $n = 1$ 时, $\chi_n(x) = x^2 = x$ 显然是一个双射. 接下来证明, 当 $n \geqslant 3$ 时, χ_n 也是一个双射. 否则, 一定存在 $x \in \mathbb{F}_2^n$ 和非零向量 $\delta \in \mathbb{F}_2^n$, 使得

$$\chi_n(x \oplus \delta) \oplus \chi_n(x) = 0. \tag{2.7}$$

令 $y = (y_0, \cdots, y_{n-1}) = \chi_n(x)$, $y^\delta = (y_0^\delta, \cdots, y_{n-1}^\delta) = \chi_n(x \oplus \delta)$, 则

$$y_i^\delta - y_i = \delta_{i+1} \cdot x_{i+2} \oplus \delta_{i+2} \cdot x_{i+1} \oplus \delta_{i+1} \cdot \delta_{i+2} \oplus \delta_i \oplus \delta_{i+2}. \tag{2.8}$$

下面证明, 当 $n \geqslant 3$ 时, 对于任意的 $\delta \neq 0$, 方程 (2.7) 无解. 分三种情况讨论, 当 $\delta = (1,1,\cdots,1)$(即 δ 中没有 0 分量) 时, 方程 (2.7) 有解意味着

$$x_1 \oplus x_2 = 1, \cdots, x_{n-1} \oplus x_0 = 1, x_0 \oplus x_1 = 1.$$

因为 n 是奇数, 这显然是不可能的. 当 δ 的分量中连续为 0 的比特个数 $k \geqslant 2$ 时, 则存在 $j \in \{0,1,\cdots,n-1\}$, 使得 $\delta_{j+1} = \cdots = \delta_{j+k} = 0$, $\delta_j = \delta_{j+k+1} = 1$, 其中, 下标是模 n 计算的. 此时, 若方程 (2.7) 有解, 则

$$y_j^\delta - y_j = \delta_{j+1} \cdot x_{j+2} \oplus \delta_{j+2} \cdot x_{j+1} \oplus \delta_{j+1} \cdot \delta_{j+2} \oplus \delta_j \oplus \delta_{j+2} = \delta_j = 0,$$

与 $\delta_j = 1$ 矛盾. 当 δ 的分量中连续为 0 的比特个数为 1, 则存在 $j \in \{0,1,\cdots,n-1\}$, 使得即 $\delta_{j+1} = 0$, $\delta_j = \delta_{j+2} = 1$. 不失一般性, 令 $j = 0$. 若方程 (2.7) 有解, 则

$$y_0^\delta - y_0 = \delta_1 \cdot x_2 \oplus \delta_2 \cdot x_1 \oplus \delta_1 \cdot \delta_2 \oplus \delta_0 \oplus \delta_2 = x_1 = 0. \tag{2.9}$$

又因为 $y_{n-1}^{\delta}-y_{n-1}=\delta_n\cdot x_{n+1}\oplus\delta_{n+1}\cdot x_n\oplus\delta_n\cdot\delta_{n+1}\oplus\delta_{n-1}\oplus\delta_{n+1}=\delta_{n-1}=0$. 从 $\delta_{n-1}=0$ 可以推出 $\delta_{n-2}=1$. 类似地, 可以通过 $y_{n-2}^{\delta}-y_{n-2}=0$, $y_{n-3}^{\delta}-y_{n-3}=0$, $\cdots$, 陆续推导出 $\delta_2=0$, $\delta_1=1$, $\delta_0=1$, 这显然是与前面的设置矛盾. □

ι 函数 $\iota:\mathbb{F}_2^{25w}\times\mathbb{Z}\to\mathbb{F}_2^{25w}$ 函数的功能见算法 13. ι 的作用是为状态数组的 lane[0, 0] 异或上一个由输入参数 i_r 确定的轮常数 $RC\in\mathbb{F}_2^{w}$. RC 中的 $\ell+1=\log_2(w)+1$ 位是由算法 14 确定的, 即 $RC[0]=rc(7i_r)$, $RC[1]=rc(1+7i_r)$, $\cdots$, $RC[2^{\ell}-1]=rc(\ell+7i_r)$, 而 RC 的其他位均为 0. 不同的 i_r 所对应的 RC 见表 2.10.

算法 13: $\iota:\mathbb{F}_2^{25w}\times\mathbb{Z}\to\mathbb{F}_2^{25w}$ 函数

Input: 状态数组 $\mathbf{A}\in\mathbb{F}_2^{25w}, i_r\in\mathbb{Z}$
Output: 状态数组 $\mathbf{A}'\in\mathbb{F}_2^{25w}$

for $(x,y,z)\in\{0,\cdots,4\}\times\{0,\cdots,4\}\times\{0,\cdots,w-1\}$ **do**
  $\mathbf{A}'[x,y,z]\leftarrow\mathbf{A}[x,y,z]$
$RC\leftarrow 0^w\in\mathbb{F}_2^{w}$
for $j\in\{0,\cdots,\ell=\log_2(w)\}$ **do**
  $RC[2^j-1]\leftarrow rc(j+7i_r)$
for $z\in\{0,\cdots,w-1\}$ **do**
  $\mathbf{A}'[0,0,z]\leftarrow\mathbf{A}'[0,0,z]\oplus RC[z]$
return $\mathbf{A}'$

算法 14: 常数生成函数 rc

Input: 整数 t
Output: $rc(t)\in\mathbb{F}_2$

if $t \mod 255=0$ **then**
  return 1
$R\leftarrow 10000000\in\mathbb{F}_2^{8}$
for $i\in\{1,\cdots,t \mod 255\}$ **do**
  $R\leftarrow 0\parallel R$
  $R[0]\leftarrow R[0]\oplus R[8]$
  $R[4]\leftarrow R[4]\oplus R[8]$
  $R[5]\leftarrow R[5]\oplus R[8]$
  $R[6]\leftarrow R[6]\oplus R[8]$
  $R=\mathrm{Trunc}_8(R)$
return $R[0]$

表 2.10 不同的 i_r 所对应的轮常数 RC

i_r	RC
1	1000000000000000000000000000000000000000000000000000000000000000
2	0100000100000001000000000000000000000000000000000000000000000000
3	0101000100000001000000000000000000000000000000000000000000000001
4	0000000000000001000000000000000100000000000000000000000000000001
5	1101000100000001000000000000000000000000000000000000000000000000
6	1000000000000000000000000000000100000000000000000000000000000000
7	1000000100000001000000000000000100000000000000000000000000000001
8	1001000000000001000000000000000000000000000000000000000000000001
9	0101000100000000000000000000000000000000000000000000000000000000
10	0001000100000000000000000000000000000000000000000000000000000000
11	1001000000000001000000000000000100000000000000000000000000000000
12	0101000000000000000000000000000100000000000000000000000000000000
13	1101000100000001000000000000000100000000000000000000000000000000
14	1101000100000000000000000000000000000000000000000000000000000001
15	1001000100000001000000000000000000000000000000000000000000000001
16	1100000000000001000000000000000000000000000000000000000000000001
17	0100000000000001000000000000000000000000000000000000000000000001
18	0000000100000000000000000000000000000000000000000000000000000001
19	0101000000000001000000000000000000000000000000000000000000000000
20	0101000000000000000000000000000100000000000000000000000000000001
21	1000000100000001000000000000000100000000000000000000000000000001
22	0000000100000001000000000000000000000000000000000000000000000001
23	1000000000000000000000000000000100000000000000000000000000000000
24	0001000000000001000000000000000100000000000000000000000000000001

2.7.3 SHA-3 杂凑函数和可扩展输出函数

SHA-3 中包含 4 个 Sponge 结构的杂凑函数和 2 个可扩展输出函数. 首先, SHA-3 的消息填充算法见算法 15. 注意, 在算法 15 中, $j \leftarrow (-m-2) \mod x$ 而不是 $j \leftarrow (m+2) \mod x$, 这是为了保证即使被填充的消息比特长度 m 本身就是 x 的倍数时, 也需要填充一个 x 比特的字符串. 定义

$$\mathsf{Keccak}[c] = \mathsf{SPONGE}[\mathsf{Keccak}\text{-}p[1600, 24], \mathtt{KeccakPad}, 1600 - c],$$

其中, $\mathsf{SPONGE}[f, \mathrm{pad}, r]$ 如算法 16 所示. 则 SHA-3 中的 4 个 Sponge 结构的杂凑函数为

$$\begin{cases} \mathtt{SHA3\text{-}224}(M) = \mathsf{Keccak}[448](M \parallel \mathtt{01}, 224) \\ \mathtt{SHA3\text{-}256}(M) = \mathsf{Keccak}[512](M \parallel \mathtt{01}, 256) \\ \mathtt{SHA3\text{-}384}(M) = \mathsf{Keccak}[768](M \parallel \mathtt{01}, 384) \\ \mathtt{SHA3\text{-}512}(M) = \mathsf{Keccak}[1024](M \parallel \mathtt{01}, 512) \end{cases},$$

2 个可扩展输出函数为

$$\begin{cases} \text{SHAKE128}(M, d) = \text{Keccak}[256](M \parallel 1111, d) \\ \text{SHAKE256}(M, d) = \text{Keccak}[512](M \parallel 1111, d) \end{cases},$$

其中, Keccak-$p[b, n_r]$ 如算法 17 所示.

算法 15: SHA-3 的消息填充算法

　　Input: 正整数 x, 非负整数 m (被填充消息的比特长度)
　　Output: 字符串 p

1　$j \leftarrow (-m - 2) \mod x$
2　$p \leftarrow 1 \parallel 0^j \parallel 1$
3　**return**　p

算法 16: SPONGE$[f, \text{pad}, r]$

　　Input: 输入比特串 $N \in \mathbb{F}_2^*$, 非负整数 d, 表示输出字符串的比特长度
　　Output: d 比特摘要值

1　$P \leftarrow N \parallel \text{pad}(r, \|N\|_{\mathbb{F}_2})$
2　$n \leftarrow \|P\|_{\mathbb{F}_2}/r$
3　$c \leftarrow b - r$
4　令 $P = (P_0, \cdots, P_{n-1}) \in (\mathbb{F}_2^r)^n$
5　$S \leftarrow 0^b$
6　**for** $i = 0, \cdots, n - 1$ **do**
7　　$\lfloor$　$S \leftarrow f(S \oplus (P_i \parallel 0^c))$
8　Z 置为空字符串
9　**while** $\text{len}(Z) < d$ **do**
10　　$Z \leftarrow Z \parallel \text{Trunc}_r(S)$
11　　$\lfloor$　$S \leftarrow f(S)$
12　**return**　$\text{Trunc}_d(Z)$

算法 17: 置换 Keccak-$p[b, n_r] : \mathbb{F}_2^b \to \mathbb{F}_2^b$

　　Input: 比特串 $S \in \mathbb{F}_2^b$ 和轮数 n_r
　　Output: 比特串 $S' \in \mathbb{F}_2^b$

1　将 S 转化成三维状态数组 $\mathbf{A}$

2　**for** $i_r = 12 + 2\ell - n_r, \cdots, 12 + 2\ell - 1$ **do**
3　　$\lfloor$　$\mathbf{A} \leftarrow \text{Rnd}(\mathbf{A}, i_r)$

4　将三维状态数组 $\mathbf{A}$ 转化成比特串 S'
5　**return**　S'

2.8 基于杂凑函数构造的伪随机函数

本节介绍基于杂凑函数构造的消息认证码 HMAC 和掩码生成函数 MGF1, 在第 9 章中介绍的基于杂凑函数的无状态数字签名算法中, 这两个伪随机函数都有所应用.

2.8.1 消息认证码 HMAC

HMAC 是一种基于杂凑函数构造的消息认证码[42]. HMAC 总是配合一个 MD 结构的杂凑函数使用. 利用杂凑函数构造消息认证码的最简单的方法是采用 $\mathsf{H}(\mathrm{Key}\,\|\,\mathsf{msg})$ 这种模式. 但在 2.8 节已经讨论过, 对于 MD 结构的杂凑函数, 这种构造方法存在消息扩展攻击. 因此, HMAC 采用了形如 $\mathsf{H}(\mathrm{Key}\,\|\,\mathsf{H}(\mathrm{Key}\,\|\,\mathsf{msg}))$ 的计算模式. 注意, 基于海绵结构的杂凑函数 (如 SHA-3) 不存在消息扩展攻击的问题.

令 $\mathsf{H}:\mathbb{F}_2^* \to \mathbb{F}_2^{8l}$ 是一个 MD 结构的杂凑函数, 其输入数据的分组长度为 b 字节. 例如, 对于杂凑函数 SHA-1, 其输入分组长度为 $b=64$ 字节. 对于消息 msg, 我们有

$$\mathtt{HMAC}(K,\mathsf{msg}) = \mathsf{H}(K' \oplus \mathtt{opad} \,\|\, \mathsf{H}(K' \oplus \mathtt{ipad} \,\|\, \mathsf{msg})), \tag{2.10}$$

其中 $\mathtt{opad} = \mathtt{0x5C5C}\cdots\mathtt{5C} \in \mathbb{F}_2^{8b}$, $\mathtt{ipad} = \mathtt{0x3636}\cdots\mathtt{36} \in \mathbb{F}_2^{8b}$, 而 K' 是由 b_K 字节的密钥 K 导出的, 满足

$$K' = \begin{cases} K, & b_K = b \\ \mathsf{H}(K) \,\|\, (\mathtt{0x00})^{b-l}, & b_K > b \\ K \,\|\, (\mathtt{0x00})^{b-b_K}, & b_K < b \end{cases}. \tag{2.11}$$

如第 9 章表 9.3 和表 9.4 所示, 在定义 $\mathbf{PRF}_{\mathtt{MSG}}$ 函数时使用了 HMAC. 例如, 在实例化 SLH-DSA-SHA2-128s 和 SLH-DSA-SHA2-128f 中的 $\mathbf{PRF}_{\mathtt{MSG}}$ 函数时, 使用了 HMAC, 即

$$\mathbf{PRF}_{\mathtt{MSG}}(\mathbf{SK}.\mathtt{prf}, \mathtt{optRand}, M) = \mathrm{Trunc}_n(\mathtt{HMAC\text{-}SHA\text{-}256}(\mathbf{SK}.\mathtt{prf}, \mathtt{optRand} \,\|\, M)).$$

SHA-256 的输入消息分组为 64 字节, 而 $\mathbf{SK}.\mathtt{prf}$ 的长度为 $n = 16$ 字节. 因为 $n < 64$, 所以 $K' = \mathbf{SK}.\mathtt{prf} \,\|\, (\mathtt{0x00})^{48}$.

2.8.2 MGF1 掩码生成函数

MGF1 是一种基于杂凑函数的掩码生成函数 (Mask Generation Function)[43]. 令 $\mathsf{H}:\mathbb{F}_2^* \to \mathbb{F}_2^{8n}$ 是一个杂凑函数, 其输出摘要的长度为 n 字节. 用 $\mathtt{u32str}(i)$ 表

示非负整数 i 的 4 字节, 例如 `u32str(11) = 0x0000000B`. `MGF1` 的具体计算过程见算法 18, 其中 $\mathrm{Trunc}_{\mathbb{F}_2^8}(Z, l)$ 表示比特串 Z 的前 l 字节. 如第 9 章表 9.3 和表 9.4 所示, 在定义 $\mathbf{H}_{\mathtt{MSG}}$ 函数时使用了 `MGF1`.

算法 18: 掩码生成函数 `MGF1`

Input: 种子 $K \in \mathbb{F}_2^m$, 正整数 l

Output: 长度为 l 字节的比特串

Assert $l \leqslant 2^{32}n$

$Z \leftarrow Z$ 置为空字符串

for $i = 0, \cdots, \lceil l/n \rceil - 1$ **do**

　　$Z \leftarrow Z \parallel \mathsf{H}(K \parallel \mathtt{u32str}(i))$

return $\mathrm{Trunc}_{\mathbb{F}_2^8}(Z, l)$

第 3 章 数字签名

本章介绍数字签名的定义和安全性质，并给出两种杂凑函数和数字签名算法配合使用的范式，它们可以将只能给固定长度消息进行签名的数字签名算法转化成支持任意长度消息签名的数字签名算法. 这两种范式在当前基于杂凑函数的数字签名算法中都有所应用. 若读者想了解更多数字签名的相关内容，可参考文献 [44-46].

3.1 数字签名的定义及安全性质

定义 5 (数字签名) 令 n 是一个正整数，消息空间 $\mathcal{M}_n \subseteq \mathbb{F}_2^*$. 一个数字签名 $\Pi = (\mathsf{Gen}, \mathsf{Sign}, \mathsf{Vrfy})$ 包含 3 个概率多项式时间算法，分别为：

- 公私钥对生成算法 Gen 输入安全参数 1^n 后，产生公私钥对 $(pk, sk) \leftarrow \mathsf{Gen}(1^n)$，其中 pk 是公钥，sk 是私钥；
- 签名算法 Sign 的输入为私钥 sk 和消息 $\mathsf{msg} \in \mathcal{M}_n$，输出为消息 msg 的数字签名 $\sigma \leftarrow \mathsf{Sign}_{sk}(\mathsf{msg})$；
- 签名验证算法 Vrfy 是一个确定性算法，它的输入为公钥 pk、消息 $\mathsf{msg} \in \mathcal{M}_n$ 及其数字签名 σ，输出为 $b = \mathsf{Vrfy}_{pk}(m, \sigma) \in \{0, 1\}$，其中 $b = 1$ 表示 σ 是消息 m 的合法签名，否则 $b = 0$.

对于任意消息 $\mathsf{msg} \in \mathcal{M}_n$ 和公私钥对 $(pk, sk) \leftarrow \mathsf{Gen}(1^n)$，总有 $\mathsf{Vrfy}_{pk}(\mathsf{msg}, \mathsf{Sign}_{sk}(\mathsf{msg})) = 1$. 另外，若存在一个函数 l，使得消息空间 $\mathcal{M}_n = \mathbb{F}_2^{l(n)}$，则称 $\Pi = (\mathsf{Gen}, \mathsf{Sign}, \mathsf{Vrfy})$ 为一个定长消息签名方案.

在实际应用中，一个签名者 $\mathcal{S}$ 首先运行 $\mathsf{Gen}(1^n)$ 并得到 (pk, sk). 然后，他将 "pk 是属于 $\mathcal{S}$ 的公钥" 这一事实公布出去. 这里假设所有人都可以可靠地得到这一事实 (在现实中这是很难做到的，PKI 体系就是为了解决这一问题而设计的). 当 $\mathcal{S}$ 要给某一个消息 msg 背书时，它计算 $\sigma \leftarrow \mathsf{Sign}_{sk}(\mathsf{msg})$，并将 (msg, σ) 发送给接收方. 接收方可以通过执行 $\mathsf{Vrfy}_{pk}(\mathsf{msg}, \sigma)$ 验证签名的合法性. 若 $\mathsf{Vrfy}_{pk}(\mathsf{msg}, \sigma) = 1$，则消息接收方可以认定消息 msg 是由 $\mathcal{S}$ 背书的.

那么，什么是一个安全的数字签名呢？对于一个给定的由 $\mathcal{S}$ 生成的公钥 pk，(m, σ) 满足 $\mathsf{Vrfy}_{pk}(\mathsf{m}, \sigma) = 1$，且 $\mathcal{S}$ 从来都没有给消息 m 签名，则称 (m, σ) 是一个伪造的签名. 对于数字签名 $\Pi = (\mathsf{Gen}, \mathsf{Sign}, \mathsf{Vrfy})$ 和敌手 $\mathcal{A}$，考虑实验

$\mathsf{Sig\text{-}Forge}_{\mathcal{A},\Pi}(n)$. 在实验 $\mathsf{Sig\text{-}Forge}_{\mathcal{A},\Pi}(n)$ 中, 首先生成 $(pk, sk) \leftarrow \mathsf{Gen}(1^n)$. 然后, 将 pk 告知敌手 $\mathcal{A}$, 并假设 $\mathcal{A}$ 可以在不知道 sk 的前提下以黑盒形式询问 $\mathsf{Sign}_{sk}(\cdot)$. 此时, 敌手反复地选择消息空间 $\mathcal{M}_n$ 中的消息, 并通过 $\mathsf{Sign}_{sk}(\cdot)$ 得到这些消息的合法签名. 记所有 $\mathcal{A}$ 向 $\mathsf{Sign}_{sk}(\cdot)$ 询问过的消息的集合为 $\mathbb{M}$. 最后, $\mathcal{A}$ 输出 (m, σ), $\mathsf{Sig\text{-}Forge}_{\mathcal{A},\Pi}(n) = 1$ 当且仅当 $\mathsf{m} \notin \mathbb{M}$ 且 $\mathsf{Vrfy}_{pk}(\mathsf{m}, \sigma) = 1$.

定义 6　令 $\Pi = (\mathsf{Gen}, \mathsf{Sign}, \mathsf{Vrfy})$ 是一个数字签名, 若对于任意概率多项式敌手 $\mathcal{A}$, 总存在一个可忽略函数 $\varepsilon(n)$, 使得 $\Pr[\mathsf{Sig\text{-}Forge}_{\mathcal{A},\Pi}(n) = 1] < \varepsilon(n)$, 则称 Π 对自适应选择消息攻击是存在不可伪造的 (Existential Unforgeable under Adaptive Chosen-Message Attacks), 或简单地称其为安全的.

下面给出另一种安全性定义. 首先, 假设有 2 个黑盒: 黑盒 I 和黑盒 II, 它们的内部分别实现了算法 19 和算法 20. 将黑盒 I 放入世界 I, 黑盒 II 放入世界 II. 其次, 将攻击者放入其中一个世界 (但并不告诉攻击者是哪个世界), 然后让攻击者在与这个世界中的黑盒的交互过程中区分他在哪一个世界中. 在与黑盒交互的过程中, 攻击者只能访问那个黑盒所实现的算法的接口函数, 并得到相应接口函数的输出, 而不能访问算法的其他私钥. 例如, 若攻击者访问的是黑盒 II (算法 20), 则他可以通过接口函数 `getPubkey` 得到公钥 pk, 通过 `getSig` 得到他所提供的一个消息 msg 的签名. 但是, 他看不到私钥 sk, 也看不到私有变量 $\mathbb{M}$(但攻击者可以自己记录所有他询问过的 msg). 若任意概率多项式敌手 $\mathcal{A}$ 可以成功区分出自己在哪一个世界中的概率是可忽略的, 则称 Π 是安全的.

算法 19: `Sig-Real`

$(pk, sk) \leftarrow \Pi.\mathsf{Gen}(1^n)$
`getPubkey()`:
　　return pk
`getSig(m)`:
　　return $\Pi.\mathsf{Sign}_{sk}(\mathsf{m})$
`vrfySig(m,` σ`)`:
　　return $\Pi.\mathsf{Vrfy}_{pk}(\mathsf{m}, \sigma)$

算法 20: `Sig-Fake`

$(pk, sk) \leftarrow \Pi.\mathsf{Gen}(1^n)$
$\mathbb{M} \leftarrow \varnothing$
`getPubkey()`:
　　return pk
`getSig(m)`:
　　$\sigma \leftarrow \Pi.\mathsf{Sign}_{sk}(\mathsf{m})$
　　$\mathbb{M} \leftarrow \mathbb{M} \cup \{(\mathsf{m}, \sigma)\}$
　　return σ
`vrfySig(m,` σ`)`:
　　return $(m, \sigma) \overset{?}{\in} \mathbb{M}$

上述定义本质上和定义 6 是一致的. 黑盒 I (算法 19) 和黑盒 II (算法 20) 的核心区别在于它们计算 $\mathtt{vrfySig}_{pk}(\mathsf{m}, \sigma)$ 的方式. 黑盒 I (算法 19) 通过调用 Π 的

签名验证算法 $\mathsf{Vrfy}_{pk}()$ 计算 $\mathtt{vrfySig}_{pk}(\mathsf{m},\sigma)$, 黑盒 II (算法 20) 在计算 $\mathtt{vrfySig}_{pk}(\mathsf{m},\sigma)$ 时, 根本不去对其进行签名验证, 而只是判断 (m,σ) 是不是在 $\mathbb{M}$ 中, 如果在 $\mathbb{M}$ 中, 它就返回 1, 否则返回 0. 敌手 $\mathcal{A}$ 若想区分出他在哪个世界中, 则 $\mathcal{A}$ 必须找到 (msg,σ), 使得 $\mathtt{vrfySig}_{pk}(\mathsf{m},\sigma)=1$, 且 msg 没有被询问过.

若在定义 6 中约束敌手只能对 $\mathsf{Sign}_{sk}(\cdot)$ 询问一次, 我们便得到了安全的一次性签名的定义. 先给出一个基于杂凑函数的只能对单比特消息进行签名的数字签名方案, 这个方案可以很好地说明基于杂凑函数的数字签名的基本原理. 令 $b\in\mathbb{F}_2$, $f:\mathbb{F}_2^n\rightarrow\mathbb{F}_2^n$ 是一个单向函数. 随机生成 $(x^{(0)},x^{(1)})\in\mathbb{F}_2^n\times\mathbb{F}_2^n$ 作为私钥, 并计算

$$(y^{(0)},y^{(1)})=(f(x^{(0)}),f(x^{(1)}))\in\mathbb{F}_2^n\times\mathbb{F}_2^n$$

作为公钥. 此时, 可以用 $x^{(b)}$ 作为消息 b 的签名, 并通过检测方程

$$f(x^{(b)})=y^{(b)}$$

是否成立来验证签名是否合法. 因此, 我们是通过暴露 $y^{(b)}$ 关于 f 的原像来进行签名的, 这就是基于杂凑函数的数字签名的基本原理.

3.2 Hash-and-Sign 范式

对于一个只可以给固定长度消息签名的数字签名方案, 我们可以利用 Hash-and-Sign 范式给任意长度的消息签名. 假设 $\Pi=(\mathsf{Gen},\mathsf{Sign},\mathsf{Vrfy})$ 的消息空间为 $\mathbb{F}_2^{l(n)}$, 令 $\mathsf{H}:\mathbb{F}_2^*\rightarrow\mathbb{F}_2^{l(n)}$ 是一个杂凑函数, 则可以构造签名方案 $\Pi'=(\mathsf{Gen}',\mathsf{Sign}',\mathsf{Vrfy}')$:

- 公私钥生成算法 Gen' 输入安全参数 1^n 后, 产生公私钥对 $(pk,sk)\leftarrow\mathsf{Gen}(1^n)$, 其中 pk 是公钥, sk 是私钥;
- 签名算法 Sign' 的输入为私钥 sk 和消息 $\mathsf{msg}\in\mathbb{F}_2^*$, 输出为数字签名

$$\sigma\leftarrow\mathsf{Sign}_{sk}(\mathsf{H}(\mathsf{msg}));$$

- 签名验证算法 Vrfy' 是一个确定性算法, 它的输入为公钥 pk、消息 msg 及数字签名 σ, 输出为 $b=\mathsf{Vrfy}_{pk}(\mathsf{H}(\mathsf{msg}),\sigma)\in\{0,1\}$, 其中 $b=1$ 表示 σ 是消息 msg 的合法签名, 否则 $b=0$.

对上述方案, 我们有如下定理.

定理 1 *若 $\Pi=(\mathsf{Gen},\mathsf{Sign},\mathsf{Vrfy})$ 是一个关于 $l(n)$ 比特消息安全的数字签名方案, H 是一个抗碰撞攻击杂凑函数, 则 $\Pi'=(\mathsf{Gen}',\mathsf{Sign}',\mathsf{Vrfy}')$ 是一个关于任意长度消息安全的数字签名方案.*

首先, 若很容易找到 H 的碰撞 M 和 M', 满足 $M\neq M'$ 且 $\mathsf{H}(M)=\mathsf{H}(M')$, 则 M 的签名即是 M' 的签名. 但是, 构造抗碰撞的杂凑函数并不简单, 这从 MD5 和

SHA-1 的破解就可以看出. 因此, 如果能给出一个不依赖于杂凑函数抗碰撞性的范式 (该范式依赖更弱的安全性质), 则可以增强密码方案的鲁棒性. 另外, 即使采用的杂凑函数 $\mathsf{H}:\mathbb{F}_2^*\to\mathbb{F}_2^{l(n)}$ 是抗碰撞攻击的, 由于对杂凑函数的通用碰撞攻击, 可以以 $\mathcal{O}(2^{\frac{l(n)}{2}})$ 的复杂度找到其碰撞, 从而给出数字签名的攻击. 因此, 我们所采用的杂凑函数的输出尺寸必须足够大, 才能得到满意的安全强度. 如果可以设计一个不依赖于杂凑函数抗碰撞攻击性质的范式, 则杂凑函数的输出尺寸可以减少一半, 这明显提升了相关方案的效率.

3.3 不依赖杂凑函数抗碰撞性的 Hash-and-Sign 范式

假设 $\Pi=(\mathsf{Gen},\mathsf{Sign},\mathsf{Vrfy})$ 的消息空间为 $\mathbb{F}_2^{l(n)}$, 令 $\{\mathsf{H}_k\}_{k\in\mathcal{K}}$ 是一个目标抗碰撞 (Target Collision Resistant, TCR) 杂凑函数族[46], 则可以构造签名方案 $\Pi'=(\mathsf{Gen}',\mathsf{Sign}',\mathsf{Vrfy}')$:

• 公私钥对生成算法 Gen' 输入安全参数 1^n 后, 产生公私钥对 $(pk,sk)\leftarrow\mathsf{Gen}(1^n)$, 其中 pk 是公钥, sk 是私钥;

• 签名算法 Sign' 的输入为私钥 sk、消息 $\mathsf{msg}\in\mathbb{F}_2^*$、随机选择 $k\in\mathcal{K}$, 输出数字签名

$$(k,\sigma)\leftarrow(k,\mathsf{Sign}_{sk}(\mathsf{H}_k(\mathsf{msg})));$$

• 签名验证算法 Vrfy' 是一个确定性算法, 它的输入为公钥 pk、消息 msg 及数字签名 (k,σ), 输出为 $b=\mathsf{Vrfy}_{pk}(\mathsf{H}_k(\mathsf{msg}),\sigma)\in\{0,1\}$, 其中 $b=1$ 表示 σ 是消息 msg 的合法签名, 否则 $b=0$.

注意, 因为签名者在签名前是知道 k 的, 因此他可以以 $\mathcal{O}(2^{\frac{l(n)}{2}})$ 的复杂度找到 H_k 的一对碰撞 (M,M'), 使得 M 与 M' 具有相同的签名. 但是, 只有拥有私钥的签名者可以这样做, 这并没有违反数字签名的安全性定义, 也没有破坏数字签名的抗抵赖性. 现在假设攻击者可以找到一对碰撞 msg 和 msg′, 满足 $\mathsf{H}_a(\mathsf{msg})=\mathsf{H}_{a'}(\mathsf{msg}')$, 但当他把 msg 发送给签名 Oracle 进行签名时, Oracle 会计算 $\mathsf{H}_k(\mathsf{msg})$, 而 k 一般不属于 $\{a,a'\}$. 所以攻击者不能像攻击 3.2 节中介绍的 Hash-and-Sign 范式那样利用他找到的碰撞伪造签名. 下面给出几个不依赖杂凑函数抗碰撞性的 Hash-and-Sign 范式应用的实例. 注意, 读者可以先略过以下内容, 等阅读第 7 章和第 9 章时再回来阅读以下内容.

Hash-and-Sign 范式在 LMS 中的应用 令 $\mathbb{B}=\mathbb{F}_2^8$. 在 7.1 节介绍的带状态数字签名 LMS 的私钥为 $(\texttt{lmstype},\texttt{otstype},I,q,\mathbf{x})\in\mathbb{B}^4\times\mathbb{B}^4\times\mathbb{B}^{16}\times\mathbb{B}^4\times\mathbb{B}^{2^h np}$, 公钥为

$$(\texttt{lmstype},\texttt{otstype},I,T[1])\in\mathbb{B}^4\times\mathbb{B}^4\times\mathbb{B}^{16}\times\mathbb{B}^m.$$

设消息为 $\mathsf{msg} \in \mathbb{F}_2^*$, 首先随机生成 $C \in \mathbb{B}^n$, 计算

$$Q = \mathsf{H}(I \parallel \texttt{u32str}(q) \parallel \texttt{0x8181} \parallel C \parallel \mathsf{msg}),$$

其中 H 是一个杂凑函数. 然后, 利用 q 索引的 LM-OTS 一次性签名实例对 n 字节的摘要值 Q 进行签名.

Hash-and-Sign 范式在 XMSS 和 XMSS-MT 中的应用 在 7.3 节介绍的 XMSS 数字签名的私钥为 $(\texttt{idx}, \mathsf{K}_{\texttt{WOTS+}}, \mathsf{K}_{\texttt{PRF}}, \texttt{root}, \mathrm{SEED}) \in \mathbb{B}^8 \times \mathbb{B}^n \times \mathbb{B}^n \times \mathbb{B}^n \times \mathbb{B}^n$, 其中 $\texttt{idx} \in \mathbb{B}^8$ 是当前 XMSS 树下一个没有使用过的叶子节点的索引, 其取值范围为 $\{0, 1, \cdots, 2^h - 1\}$, idx 在密钥生成时设置成 0x0000000000000000, $\mathsf{K}_{\texttt{WOTS+}}$ 是一个 n 字节的秘密种子, 用来生成 XMSS 树叶子节点所对应的 WOTS$^+$ 实例的秘密原像数组; $\mathsf{K}_{\texttt{PRF}}$ 是一个 n 字节的秘密值; $\texttt{root} \in \mathbb{B}^n$ 是 XMSS 树的根; SEED 是一个公开的 n 字节种子. 则在给消息 $\mathsf{msg} \in \mathbb{F}_2^*$ 的签名前, 首先计算随机化因子

$$\mathbf{R} = \mathbf{PRF}(\mathsf{K}_{\texttt{PRF}}, \texttt{toByte}(\texttt{idx}, 32)).$$

其次计算 msg 的 n 字节摘要值

$$\mathsf{md} = \mathbf{H}_{\texttt{MSG}}(\mathbf{R} \parallel \texttt{root} \parallel \texttt{toByte}(\texttt{idx}, n), \mathsf{msg}).$$

然后利用相关 XMSS 树的第 idx 个叶子节点对应的 WOTS$^+$ 实例对 md 进行签名. 当使用 SHA-256 作为 XMSS 和 XMSS-MT 的底层杂凑函数时

$$\begin{cases} \mathbf{H}_{\texttt{MSG}}(K, X) = \texttt{SHA-256}(\texttt{toByte}(2, 32) \| K \| X) \\ \mathbf{PRF}(K, X) = \texttt{SHA-256}(\texttt{toByte}(3, 32) \| K \| X) \end{cases}.$$

在 XMSS-MT 中 (7.4 节), 令私钥为 $(\texttt{idx}, \mathsf{K}_{\texttt{MT}}, \mathsf{K}_{\texttt{PRF}}, \texttt{root}, \mathrm{SEED})$, 当给 $\mathsf{msg} \in \mathbb{F}_2^*$ 进行签名时, 首先计算 msg 的 n 字节摘要值

$$\begin{cases} \mathbf{R} = \mathbf{PRF}(\mathsf{K}_{\texttt{PRF}}, \texttt{toByte}(\texttt{idx}, 32)) \\ \mathsf{md} = \mathbf{H}_{\texttt{MSG}}(\mathbf{R} \parallel \texttt{root} \parallel \texttt{toByte}(\texttt{idx}, n), \mathsf{msg}) \end{cases}.$$

随后再用 idx 所确定的 WOTS$^+$ 实例对 md 进行签名.

Hash-and-Sign 范式在 SPHINCS$^+$ 中的应用 第 9 章介绍的基于杂凑函数的无状态数字签名 SPHINCS$^+$ 的私钥和公钥为

$$\begin{cases} \mathbf{SK} = (\mathbf{SK}.\texttt{seed}, \mathbf{SK}.\texttt{prf}, \mathbf{PK}.\texttt{seed}, \mathbf{PK}.\texttt{root}) \in \mathbb{B}^{4n} \\ \mathbf{PK} = (\mathbf{PK}.\texttt{seed}, \mathbf{PK}.\texttt{root}) \in \mathbb{B}^{2n} \end{cases},$$

其中 $\mathbf{SK}.\mathsf{seed}$, $\mathbf{SK}.\mathtt{prf}$ 和 $\mathbf{PK}.\mathsf{seed}$ 是独立生成的 n 字节随机数, $\mathbf{PK}.\mathtt{root}$ 是 SPHINCS$^+$ 超树结构中最顶层的 XMSS 树的根, 可由 $\mathbf{SK}.\mathsf{seed}$ 和 $\mathbf{PK}.\mathsf{seed}$ 计算得到. 对一个消息 $\mathsf{msg} \in \mathbb{F}_2^*$, 首先计算随机化因子 $\mathbf{R} = \mathbf{PRF}_{\mathtt{MSG}}(\mathbf{SK}.\mathtt{prf}, \mathtt{optRand}, \mathsf{msg})$, 其中, optRand 的值为 $\mathbf{PK}.\mathsf{seed}$ 或一个新鲜的随机数. 在前一种情况下, SPHINCS$^+$ 为一个确定性签名. 其次计算消息 msg 的摘要 digest 和 md,

$$\begin{cases} \mathtt{digest} = \mathbf{H}_{\mathtt{MSG}}(\mathbf{R}, \mathbf{PK}.\mathsf{seed}, \mathbf{PK}.\mathtt{root}, \mathsf{msg}) \\ \mathsf{md} = \mathtt{digest}[0 : \lceil k \cdot a/8 \rceil] \end{cases}.$$

然后, 根据 digest 选择 SPHINCS$^+$ 超树结构中第 0 层 (最底层) 的一个 XMSS 树和它的一个叶子节点, 并利用该叶子节点对应的 FORS 实例对 md 进行签名, 其中 $\mathtt{digest}[0 : \lceil k \cdot a/8 \rceil]$ 表示 digest 的前 $\lceil k \cdot a/8 \rceil$ 个字节.

第 4 章　基于杂凑函数的一次性数字签名

本章介绍两种一次性数字签名算法, 包括 Lamport-Diffie 一次性数字签名 (LD-OTS)[3] 和 Winternitz 一次性数字签名 (WOTS)[47]. 其中 WOTS 类型的一次性数字签名是本书后续章节中将要介绍的各种基于杂凑函数的数字签名的基础. 本章还将讨论如何降低 WOTS 类型一次性数字签名的公私钥尺寸. 在本章开始前, 先介绍几个常用符号. $\texttt{toByte}(i, l)$ 将非负整数 i 转化成 l 字节的序列. 例如, $\texttt{toByte}(0, 1) = \texttt{0x00}$, $\texttt{toByte}(255, 1) = \texttt{0xFF}$. 令 X 是一个比特串, 若 $\log_2(w)$ 整除 $\|X\|_{\mathbb{F}_2}$, 则 $\texttt{base}_w(X, l)$ 将 X 转化为一个 $\mathbb{Z}_w^l$ 中的整数序列, 其中 $1 \leqslant l \leqslant \dfrac{\|X\|_{\mathbb{F}_2}}{\log_2(w)}$. 例如, 若 $X = (\texttt{0xFF}, \texttt{0x1A}, \texttt{0xE2}, \texttt{0xCD})$, 则

$$\begin{cases} \texttt{base}_4(X, 16) = (3, 3, 3, 3, 0, 1, 2, 2, 3, 2, 0, 2, 3, 0, 3, 1) \\ \texttt{base}_4(X, 4) = (3, 3, 3, 3) \\ \texttt{base}_{16}(X, 8) = (15, 15, 1, 10, 14, 2, 12, 13) \end{cases}.$$

4.1　Lamport-Diffie 一次性数字签名

一个消息空间为 $\mathbb{F}_2^l$ 的 Lamport-Diffie 一次性数字签名 (LD-OTS) 可以对 l 比特的消息进行签名[3]. 设 $f : \mathbb{F}_2^n \to \mathbb{F}_2^n$ 是一个单向函数, LD-OTS 的公私钥生成算法、签名算法和签名验证算法分别如下.

- $\mathsf{Gen}(1^n)$: 随机生成 $2l$ 个 n 比特串 (秘密原像) 作为私钥

$$sk = \begin{pmatrix} x_0^0 & x_0^1 & \cdots & x_0^{l-1} \\ x_1^0 & x_1^1 & \cdots & x_1^{l-1} \end{pmatrix}, \tag{4.1}$$

其中 $x_i^j \in \mathbb{F}_2^n$, $i \in \{0, 1\}$, $0 \leqslant j < l$. 然后, 通过计算秘密原像关于单向函数 f 的像得到对应的公钥

$$pk = \begin{pmatrix} f(x_0^0) & f(x_0^1) & \cdots & f(x_0^{l-1}) \\ f(x_1^0) & f(x_1^1) & \cdots & f(x_1^{l-1}) \end{pmatrix}.$$

- $\mathsf{Sign}_{sk}(m)$: 对于消息 $m=(m_0,\cdots,m_{l-1})\in\mathbb{F}_2^l$, 签名为

$$\sigma=\mathsf{Sign}_{sk}(m)=(x_{m_0}^0,\cdots,x_{m_{l-1}}^{l-1}),\tag{4.2}$$

即签名暴露了 $(f(x_{m_0}^0),\cdots,f(x_{m_{l-1}}^{l-1}))$ 的原像.

- $\mathsf{Vrfy}_{pk}(\sigma,m)$: 设 $\sigma=(\sigma_0,\cdots,\sigma_{l-1})\in(\mathbb{F}_2^n)^l$, $m=(m_0,\cdots,m_{l-1})\in\mathbb{F}_2^l$. 若对 $0\leqslant i<l$, $f(\sigma_i)=f(x_{m_i}^i)$, 则签名通过验证, 否则拒绝.

LD-OTS 的一个公私钥实例只能给一个消息进行签名, 使用同一个私钥对 2 个不同的消息进行签名是不安全的. 假设第一次利用 sk 给消息 0^l 进行签名, 则该签名暴露了秘密原像 $(x_0^0,x_0^1,\cdots,x_0^{l-1})$, 若再用 sk 给消息 1^l 签名, 则该签名暴露了秘密原像 $(x_1^0,x_1^1,\cdots,x_1^{l-1})$. 因此, 经过这两次签名后, sk 会被完全泄露出来, 导致任何人都可以使用 sk 对 $\mathbb{F}_2^l$ 中的任意其他消息进行签名. 由方程 (4.1) 和方程 (4.2) 可知, 消息空间为 $\mathbb{F}_2^l$ 的 LD-OTS 一次性数字签名的公钥尺寸和私钥尺寸均为 $2ln$ 比特, 签名尺寸为 ln 比特. 因此, 当 l 较大时, 签名尺寸也是非常大的. 下一节将要介绍的 Winternitz 一次性数字签名有效地降低了签名尺寸.

4.2　Winternitz 一次性数字签名

先用一个简单的例子说明 Winternitz 一次性数字签名 (WOTS) 的基本原理. 令 $f:\mathbb{F}_2^n\to\mathbb{F}_2^n$ 为一个单向函数, 我们尝试利用 f 构造一个可以对 8 比特消息进行签名的数字签名方案. 令消息 $m=\mathtt{01100011}$, $w=4$, 将 m 分为 $\log_2(w)=2$ 比特的 4 段, 并将每段视为一个 0 至 $w-1=3$ 的整数. 因此

$$m=\underline{\mathtt{01}}\ \underline{\mathtt{10}}\ \underline{\mathtt{00}}\ \underline{\mathtt{11}}\mapsto(m_0,m_1,m_2,m_3)=(1,2,0,3)\in\mathbb{Z}_4^4,\tag{4.3}$$

即 $\mathtt{base}_4\left(X,\dfrac{8}{\log_2(w)}\right)=(m_0,m_1,m_2,m_3)=(1,2,0,3)$. 为简单起见, 有时我们会将 m 等同于整数序列 (m_0,m_1,m_2,m_3), 并记 $m=(m_0,m_1,m_2,m_3)$. 然后, 随机生成 4 个 n 比特串 $sk=(x_0,x_1,x_2,x_3)\in(\mathbb{F}_2^n)^4$ 作为私钥. 计算

$$pk=(y_0,y_1,y_2,y_3)=(f^3(x_0),f^3(x_1),f^3(x_2),f^3(x_3))$$

作为公钥, 其中 $f^3(x)=f(f(f(x)))$. 注意, 计算公钥的过程对应了如图 4.1 所示的 4 条哈希链, 每条哈希链中有 $w=4$ 个节点, 每条链中的一个节点是其下方相邻节点的原像. 因此, 在每条链中, 若知道某一个节点的值, 则其下方节点都可以通过 f 计算得到, 而要得到其上方的节点, 则需要获取其原像, 对于单向函数 f , 这是困难的. 为了给 $m=(m_0,m_1,m_2,m_3)$ 签名, 计算

$$(z_0,z_1,z_2,z_3)=(f^{m_0}(x_0),f^{m_1}(x_1),f^{m_2}(x_2),f^{m_3}(x_3))=(f(x_0),f^2(x_1),x_2,y_3),\tag{4.4}$$

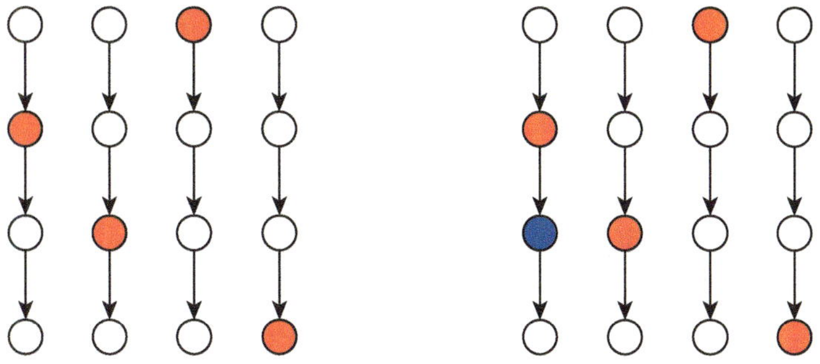

(a) (1, 2, 0, 3)的签名　　(b) (2, 2, 0, 3)的签名

图 4.1　无消息校验的 WOTS 类签名

并将其作为 m 的签名. 可见, 这个签名在每条哈希链中暴露了一个节点 (图 4.1(a) 中的红色节点). 签名验证者可以通过计算

$$(f^{w-1-m_0}(z_0), f^{w-1-m_1}(z_1), f^{w-1-m_2}(z_2), f^{w-1-m_3}(z_3)),$$

并验证其是否与公钥 (y_0, y_1, y_2, y_3) 相等来验证消息 m 的签名. 然而, 上述签名是不安全的. 当攻击者观察到消息 $m = (1,2,0,3)$ 的签名 (见 (4.4) 式) 后, 他不需要知道私钥, 就可以伪造消息 $m' = \underline{10}\ \underline{10}\ \underline{00}\ \underline{11} = (2,2,0,3)$ 的签名 $(f(z_0), z_1, z_2, z_3)$, 图 4.1(b) 展示了这一伪造攻击的原理. 那么, 如何避免上述攻击呢? 我们可以在确认暴露哪些哈希链节点前计算消息 $m = (m_0, m_1, m_2, m_3) = (1,2,0,3)$ 的校验和

$$\texttt{csum} = \sum_{i=0}^{3}(w-1-m_i) = (3-1)+(3-2)+(3-0)+(3-3) = 6. \tag{4.5}$$

注意, 由于 $\texttt{csum} = \sum_{i=0}^{3}(w-1-m_i) \leqslant 4\cdot(w-1) = 12$, 因此 csum 总可以表示成 4 位的比特串. 将由公式 (4.5) 计算得到的 csum 对应的 4 位比特串 $\texttt{toBinary}(6,4) = \underline{01}\ \underline{10}$ 转化成整数序列 $(1,2)$, 即 $\texttt{base}_4(\texttt{toBinary}(\texttt{csum},4), 4/2) = (1,2)$. 然后, 将其连接到 (m_0, m_1, m_2, m_3) 的尾部, 得到

$$(m_0, m_1, m_2, m_3, m_4, m_5) = \underline{01}\ \underline{10}\ \underline{00}\ \underline{11}\ \underline{01}\ \underline{10} = (1,2,0,3,1,2).$$

之后, 随机生成 6 个 n 比特串 $sk = (x_0, x_1, x_2, x_3, x_4, x_5) \in (\mathbb{F}_2^n)^6$ 作为私钥, 通过私钥计算公钥 $pk = (y_0, y_1, y_2, y_3, y_4, y_5) = (f^3(x_0), \cdots, f^3(x_5))$. 此时, 计算公钥的过程对应了如图 4.2(a) 所示的 6 条哈希链, 每条哈希链中有 $w = 4$ 个节点, 每条链中的一个节点是其下方相邻节点的原像. 因此, 在每条链中, 若知道某一个节点的值, 则其下方节点都可以通过 f 计算得到, 而要得到其上方的节点, 则需要获

取其原像, 对于单向函数 f , 这是困难的. 为了给 $m=(m_0,m_1,m_2,m_3)$ 签名, 根据 $(m_0,m_1,m_2,m_3,m_4,m_5)=(1,2,0,3,1,2)$ 计算

$$(z_0,\cdots,z_5)=(f^{m_0}(x_0),\cdots,f^{m_5}(x_5)),$$

并将其作为 m 的签名. 可见, 这个签名在每条哈希链中暴露了一个节点. 图 4.2(a) 给出了消息 $(1,2,0,3)$ 的签名所暴露的哈希链节点. 签名验证者可以通过计算

$$(f^{w-1-m_0}(z_0),\cdots,f^{w-1-m_5}(z_5)),$$

并验证其是否与公钥 $(y_0,y_1,y_2,y_3,y_4,y_5)$ 相等来验证消息 m 的签名. 对于这个新的方案, 无法用之前的方法伪造 $m'=\underline{\texttt{10}}\ \underline{\texttt{10}}\ \underline{\texttt{00}}\ \underline{\texttt{11}}=(2,2,0,3)$ 的数字签名. 消息 $(2,2,0,3)$ 的校验码为

$$(3-2)+(3-2)+(3-0)+(3-3)=5=\texttt{01}\ \ \texttt{01}.$$

因此, $m'=(2,2,0,3)$ 的数字签名

$$z'=(z_0',z_1',z_2',z_3',z_4',z_5')=(f(z_0),z_1,z_2,z_3,z_4,f^{-1}(z_5)).$$

如图 4.2(b), 知道 z_5 求 $f^{-1}(z_5)$ 是困难的.

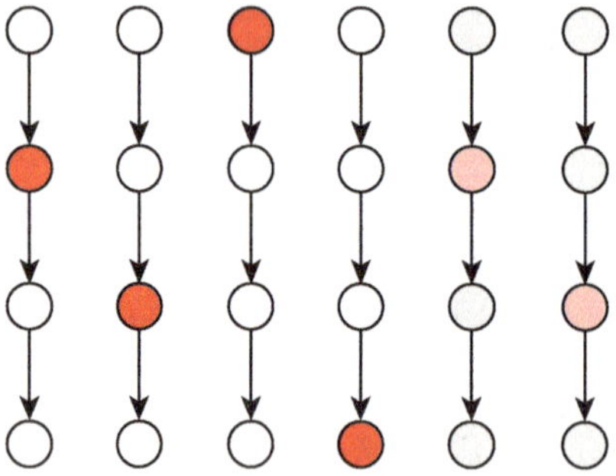

(a) (1, 2, 0, 3)的签名

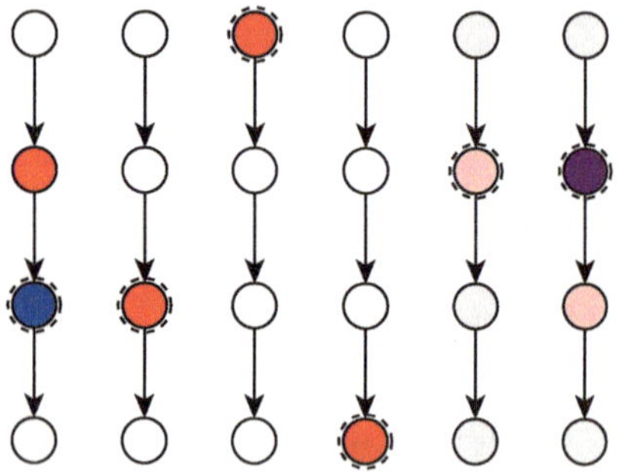

(b) (2, 2, 0, 3)的签名

图 4.2 带消息校验的 WOTS 签名

最后, 即使是带消息校验码的 WOTS 也只能进行一次签名, 否则会产生伪造攻击. 如图 4.3 所示, 当我们观察到消息 $(1,2,0,3)$ 和 $(1,2,0,1)$ 的签名 $(u_0,u_1,u_2,u_3,u_4,u_5)$ 和 $(v_0,v_1,v_2,v_3,v_4,v_5)$ 后, 攻击者可以在不知道私钥的情况下伪造 $(1,2,0,2)$ 这个消息的签名 $(u_0,u_1,u_2,f(v_3),f(v_4),f(u_5))$.

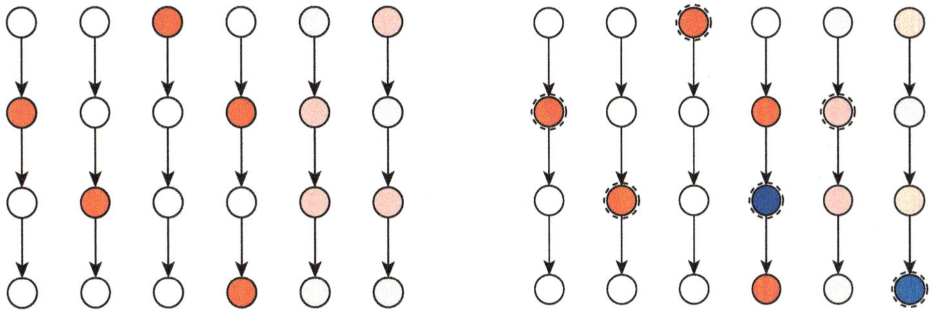

(a) (1, 2, 0, 3)和(1, 2, 0, 1)的签名　　(b) 伪造(1, 2, 0, 2)的签名

图 4.3 带消息校验的 WOTS 签名是一次性数字签名算法

原像或第二原像攻击 我们指出, 在上述方案中, 如果可以找到哈希链中任意一个节点的原像, 都可以将其转化成一个消息伪造攻击. 如图 4.4 所示, 当我们观察到消息 $m = (1,2,0,3)$ 的数字签名 $(z_0, z_1, z_2, z_3, z_4, z_5)$ 后, 如果可以得到 z_1 的原像或第二原像 $f^{-1}(z_1)$, 则可以伪造消息 $m' = (1,1,0,3)$ 的数字签名. 消息 $(1,1,0,3)$ 的校验码为

$$(3-1)+(3-1)+(3-0)+(3-3)=7 \mapsto \texttt{base}_w(\underline{\texttt{01}}\ \underline{\texttt{11}},2)=(1,3).$$

因此, $m' = (1,1,0,3)$ 的数字签名

$$z' = (z'_0, z'_1, z'_2, z'_3, z'_4, z'_5) = (z_0, f^{-1}(z_1), z_2, z_3, z_4, f(z_5)).$$

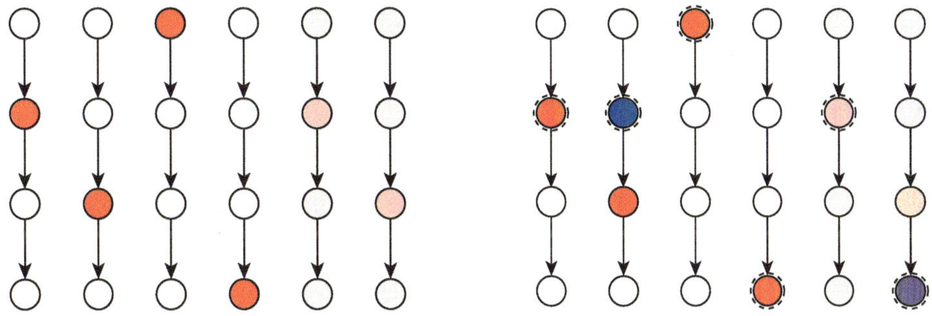

(a) (1, 2, 0, 3)的签名　　(b) 伪造(1, 1, 0, 3)的签名

图 4.4 针对 WOTS 的 (第二) 原像攻击

多用户或多目标攻击 如果有很多上述方案的实例, 那么求得任意一个实例中的任意一条哈希链的任意一个节点的原像, 都可以对相应的实例构成签名伪造

攻击. 假设有 2^{η} 个像, 那么攻击者找到其中一个像的原像的复杂度为 $2^{n-\eta}$, 这就是所谓的多目标 (第二) 原像攻击. 因此, 我们到目前为止所介绍的 WOTS 签名算法的安全强度会随着实例的增多而降低. 为了挫败这种攻击, 可以让每个哈希链节点的计算都采用一个不同的杂凑函数完成, 这样就无法进行多用户或多目标 (第二) 原像攻击了. 令 $f:\mathbb{F}_2^* \to \mathbb{F}_2^n$ 是杂凑函数, 可以通过 f 构造一族杂凑函数. 例如, 可以定义 $f_K(x) = f(K \parallel x)$, 其中 $K \in \mathcal{K}$. 在计算哈希链中不同的节点时, 可以使用这个杂凑函数族中不同的杂凑函数. 下面考虑另一种构造杂凑函数族的方法, 定义 $f_K(x) = f(K \oplus x)$, 其中 $K \in \mathcal{K}$. 我们指出, 这样构造的杂凑函数族不能抵抗多目标 (第二) 原像攻击. 这是因为, 攻击者可以先对 f 进行多目标原像攻击, 假设他找到了像 y 关于 f 的原像 x, 即 $y = f(x)$, 则对于任意的 K, $f_K(K \oplus x) = f(K \oplus K \oplus x) = f(x)$, 即 $k \oplus x$ 是 f_K 关于 y 的原像. 在第 7 章和第 9 章中将要介绍的基于杂凑函数的带状态和无状态数字签名中都使用了 WOTS 型的一次性数字签名 WOTS$^+$ 作为其组件, 且都考虑到了多用户或多目标攻击. 在 4.3 节中, 我们介绍 WOTS$^+$ 一次性数字签名的基本原理.

4.3 WOTS$^+$ 一次性数字签名

WOTS$^+$ 一次性数字签名的原理与 4.2 节介绍的 WOTS 签名类似. 一个 WOTS$^+$ 实例的参数为 (n, w), 其中 n 表示安全强度为 n 字节, 即 $8n$ 比特, n 也表示该 WOTS$^+$ 实例中秘密原像数组中的元素的尺寸为 n 字节, 且该实例的消息空间为 $\mathbb{B}^n$, 而 w 则表示 Winternitz 参数, 且要求 $\log_2(w)$ 整除 8.

WOTS$^+$ 包括以下系统参数: 安全参数 n, 也是 XMSS 树和 FORS 树中一个节点的字节数及 WOTS$^+$ 秘密原像数组中一个秘密原像元素的字节数; Winternitz 参数 $w = 16$; WOTS$^+$ 秘密原像数组中 n 字节秘密原像元素的个数 len.

4.3.1 WOTS$^+$ 公私钥对生成方法

首先, 生成一个 n 字节公开值 **PK**.seed, 这个值可以用来区分不同的 WOTS$^+$ 实例. 然后, 根据安全参数 n 和 Winternitz 参数 w 确定该 WOTS$^+$ 实例中秘密原像数组中元素的个数 $\texttt{len} = \texttt{len}_1 + \texttt{len}_2$, 其中

$$\texttt{len}_1 = \frac{8n}{\log_2(w)}, \qquad \texttt{len}_2 = \left\lfloor \frac{\log_2((w-1)\cdot \texttt{len}_1)}{\log_2(w)} \right\rfloor + 1.$$

接着, 随机生成 len 个 n 字节值作为该 WOTS$^+$ 实例的秘密原像数组

$$(x_0, \cdots, x_{\texttt{len}-1}) \in (\mathbb{B}^n)^{\texttt{len}}.$$

将 $sk = (\mathbf{PK}.\mathsf{seed}, (x_0, \cdots, x_{\mathtt{len}-1}))$ 作为该 WOTS$^+$ 实例的私钥. 通过秘密原像数组中的 len 个秘密原像元素可以构造 len 条哈希链, 每个哈希链有 w 个 n 字节的节点. 令 $0 \leqslant i < \mathtt{len}$, 第 i 条哈希链的初始节点 (第 0 节点) 即 WOTS$^+$ 秘密原像数组的第 i 个秘密原像元素 x_i. 令第 i 条哈希链中第 j 个节点的值为 $y_i^{(j)}$. 因此, $y_i^{(0)} = x_i$. 对于 $0 \leqslant j < w-1$, 定义这条哈希链中的第 $j+1$ 个节点的值为

$$y_i^{(j+1)} = \mathbf{F}(\mathbf{PK}.\mathsf{seed}, \mathrm{ADRS}(i,j), y_i^{(j)}),$$

其中 $\mathrm{ADRS}(i,j)$ 是由 (i,j) 确定的一个 32 字节值, 而 $\mathbf{F}$ 是由杂凑函数构造的. 例如, 在第 9 章使用的 WOTS$^+$ 中, 定义

$$\mathbf{F}(\mathbf{PK}.\mathsf{seed}, \mathrm{ADRS}(i,j), y_i^{(j)}) = \mathtt{SHAKE256}(\mathbf{PK}.\mathsf{seed} \parallel \mathrm{ADRS}(i,j) \parallel y_i^{(j)}, 8n).$$

令 $(y_0^{(w-1)}, \cdots, y_{\mathtt{len}-1}^{(w-1)})$ 为该 WOTS$^+$ 实例的公钥, 并称其为公钥像数组. 在实际应用中, 可以使用算法 21 计算哈希链中的各个节点. 例如,

$$y_0^{(w-1)} = \mathtt{chain}(x_0, 0, w-1, \mathbf{PK}.\mathsf{seed}, 0).$$

算法 21: $\mathtt{chain}(X, j, s, \mathbf{PK}.\mathsf{seed}, \mathtt{chainAddr})$

Input: n 字节节点值 X, 起始节点索引 j, 步数 s, 公钥公开种子 $\mathbf{PK}.\mathsf{seed}$, 哈希链索引 $\mathtt{chainAddr} \in \{0, \cdots, \mathtt{len}-1\}$

Output: n 字节哈希链节点

```
tmp ← X
for t = j, ···, j + s − 1 do
    ADRS ← ADRS(chainAddr, t)
    tmp ← F(PK.seed, ADRS, tmp)
return tmp
```

4.3.2 WOTS$^+$ 签名生成过程

WOTS$^+$ 的签名生成过程见算法 22. 一个 WOTS$^+$ 实例可以给一个长度为 n 字节的消息 msg 进行签名. 令 $\mathsf{msg} \in \mathbb{B}^n$, 首先把 msg 分成 $\mathtt{len}_1 = 8n/\log_2(w)$ 段, 每一段长 $\log_2(w)$ 比特. 将每一段视为一个介于 0 到 $w-1$ 之间的整数, 这 $\mathtt{len}_1$ 个整数记为 $\mathsf{m}[0], \cdots, \mathsf{m}[\mathtt{len}_1-1]$, 即 $\mathsf{m} = \mathsf{base}_w(\mathsf{msg}, \mathtt{len}_1) = (\mathsf{m}[0], \cdots, \mathsf{m}[\mathtt{len}_1-1])$. 根据这个 m 的值, 可计算一个校验值

$$\mathtt{csum} = \sum_{i=0}^{\mathtt{len}_1-1} (w - 1 - \mathsf{m}[i]).$$

因为 $\texttt{csum} \leqslant (w-1)\cdot\texttt{len}_1$, 所以 csum 一定可以表示成 $\texttt{len}_2\cdot\log_2(w)$ 比特的数据, 其中

$$\texttt{len}_2 = \left\lfloor \frac{\log_2((w-1)\cdot\texttt{len}_1)}{\log_2(w)} \right\rfloor + 1.$$

将 $\texttt{toBinary}(\texttt{csum}, \log_2(w)\cdot\texttt{len}_2)$ 分成 $\texttt{len}_2$ 段, 每一段视为一个介于 0 到 $w-1$ 之间的整数, 这 $\texttt{len}_2$ 个整数记为 $\mathsf{m}[\texttt{len}_1], \cdots, \mathsf{m}[\texttt{len}_1+\texttt{len}_2-1]$, 即

$$\texttt{base}_w(\texttt{toBinary}(\texttt{csum}, \log_2(w)\cdot\texttt{len}_2), \texttt{len}_2) = \mathsf{m}[\texttt{len}_1], \cdots, \mathsf{m}[\texttt{len}_1+\texttt{len}_2-1].$$

这样, 我们一共得到了 $\texttt{len} = \texttt{len}_1 + \texttt{len}_2$ 个整数, 令

$$\mathsf{m}' = (\mathsf{m}[0], \cdots, \mathsf{m}[\texttt{len}_1-1], \mathsf{m}[\texttt{len}_1], \cdots, \mathsf{m}[\texttt{len}_1+\texttt{len}_2-1]).$$

那么, 消息 md 的签名包括 len 个 n 字节元素: 第 0 个哈希链的第 $\mathsf{m}[0]$ 个元素, 第 1 个哈希链的第 $\mathsf{m}[1]$ 个元素, $\cdots$, 第 $\texttt{len}-1$ 个哈希链的第 $\mathsf{m}[\texttt{len}-1]$ 个元素.

算法 22: $\texttt{Sign}_{\texttt{WOTS+}}(\mathsf{msg}, x, \mathbf{PK}.\mathsf{seed})$

Input: 消息 $\mathsf{msg} \in \mathbb{B}^n$, 秘密原像数组 $x = (x_0, \cdots, x_{\texttt{len}}) \in (\mathbb{B}^n)^{\texttt{len}}$, 公开种子 $\mathbf{PK}.\mathsf{seed} \in \mathbb{B}^n$

Output: $\texttt{WOTS}^+$ 签名 $\sigma_{\texttt{WOTS+}}$

$csum \leftarrow 0$

$\mathsf{m} \leftarrow \texttt{base}_w(\mathsf{msg}, \texttt{len}_1)$

for $i = 0, \cdots, \texttt{len}_1 - 1$ **do**

　$csum \leftarrow csum + w - 1 - \mathsf{m}[i]$

$\mathsf{m}' \leftarrow \mathsf{m} \,\|\, \texttt{base}_w(\texttt{toBinary}(csum, \log_2(w)\cdot\texttt{len}_2), \texttt{len}_2)$

for for $i = 0, \cdots, \texttt{len}-1$ **do**

　$\sigma_{\texttt{WOTS+}}[i] \leftarrow \texttt{chain}(x_i, 0, \mathsf{m}[i], \mathbf{PK}.\mathsf{seed}, i)$

return $\sigma_{\texttt{WOTS+}}$

最后我们指出, 与 4.2 节介绍的 WOTS 数字签名类似, 给定一个 msg 的合法签名 $\sigma_{\texttt{WOTS+}}$, 可以利用 chain 函数 (算法 21) 通过 **PK**.seed, msg 和 $\sigma_{\texttt{WOTS+}}$ 计算出该 $\texttt{WOTS}^+$ 实例的公钥像数组. 因此, 总可以假设一个签名是合法的, 并基于这个签名计算相应的公钥像数组, 如果计算出的公钥像数组和签名公钥是匹配的, 则签名验证通过.

4.4　降低 WOTS 型数字签名私钥和公钥尺寸

公钥尺寸、私钥尺寸和签名尺寸是度量数字签名算法的重要参数, 本节给出几个降低 WOTS 型数字签名算法公钥尺寸和私钥尺寸的方法.

4.4.1 降低私钥尺寸

在 4.3 节中介绍的以 (n, w) 为参数的 $\mathtt{WOTS}^+$ 签名的私钥尺寸大约为 $n\cdot\mathtt{len}$ 字节 (秘密原像数组的大小). 为了降低私钥尺寸, 可以使用一个伪随机函数生成秘密原像数组. 令 **PRF** 是一个伪随机函数, 可以随机生成 $(\mathbf{PK}.\mathsf{seed}, \mathbf{SK}.\mathsf{seed}) \in \mathbb{B}^n \times \mathbb{B}^n$ 作为私钥, 并令第 i 个秘密原像为

$$x_i = \mathbf{PRF}(\mathbf{PK}.\mathsf{seed}, \mathbf{SK}.\mathsf{seed}, \mathtt{toByte}(i, 32)),$$

其中, **PRF** 可以用一个杂凑函数实现. 例如, 可以定义

$$x_i = \mathtt{SHAKE256}(\mathbf{PK}.\mathsf{seed} \parallel \mathtt{toByte}(i, 32) \parallel \mathbf{SK}.\mathsf{seed}, 8n).$$

注意, 对于不同的 i 和 j, x_i 和 x_j 可以并行生成, 它们之间的计算是独立的, 没有任何依赖关系.

4.4.2 降低公钥尺寸

在 4.2 节和 4.3 节介绍的数字签名算法有两个显著特点, 一个是它们是通过暴露单向函数的原像进行签名的, 另一个是给定一个消息的合法的签名, 任何人 (验签者) 可以计算出和生成这个签名所使用的私钥配对的公钥的值, 验签的过程实际上就是验证计算出来的这个公钥值与签名者公开的公钥是否匹配. 对于之前介绍的以 (n, w) 为参数的 $\mathtt{WOTS}^+$ 型签名算法, 其公钥尺寸大约为 $n\cdot\mathtt{len}$ 字节 (公钥像数组的大小). 为了降低公钥尺寸, 可以将公钥像数组通过一个公开的单向函数压缩成 n 字节, 验签者还是可以通过先签名计算公钥像数组, 然后再计算公钥像数组的压缩值并与签名者公钥的压缩值进行比较来验签.

链接压缩 我们可以将公钥元素链接起来用杂凑函数进行压缩. 注意, 公钥压缩的过程可能涉及一些随机化的输入, 但所有随机化的输入必须是可以公开获取的, 否则验签者就不能完成签名验证的计算过程. 例如, 设某个 $\mathtt{WOTS}^+$ 实例的公钥像数组为 $(y_0, \cdots, y_{\mathtt{len}-1})$, 则可以计算

$$pk_{\mathtt{WOTS}^+} = \mathbf{T}_{\mathtt{len}}(\mathbf{PK}.\mathsf{seed}, y_0 \parallel \cdots \parallel y_{\mathtt{len}-1}),$$

并将 $(\mathbf{PK}.\mathsf{seed}, pk_{\mathtt{WOTS}^+}) \in \mathbb{B}^n \times \mathbb{B}^n$ 作为这个 $\mathtt{WOTS}^+$ 实例的公钥, 其中 $\mathbf{T}_{\mathtt{len}}$ 可以用杂凑函数实现. 例如, 可以令 $\mathbf{T}_{\mathtt{len}}(\mathbf{PK}.\mathsf{seed}, y_0 \parallel \cdots \parallel y_{\mathtt{len}-1})$ 为

$$\mathtt{SHAKE256}(\mathbf{PK}.\mathsf{seed} \parallel y_0 \parallel \cdots \parallel y_{\mathtt{len}-1}, 8n).$$

我们将在 7.1 节和 7.2 节介绍的带状态数字签名算法 LMS 和 HSS 以及在第 9 章中介绍的无状态数字签名算法都采用类似的方法对 $\mathtt{WOTS}^+$ 的公钥像数组进行压缩.

L-Tree 压缩 设某个 WOTS$^+$ 实例的公钥像数组为 $y = (y_0, \cdots, y_{\texttt{len}-1})$, 可以通过算法 23 来计算 y 的压缩值

$$pk_{\texttt{WOTS}^+} = \texttt{LTree}(y, \mathbf{PK}.\texttt{seed}),$$

并将 $(\mathbf{PK}.\texttt{seed}, pk_{\texttt{WOTS}^+}) \in \mathbb{B}^n \times \mathbb{B}^n$ 作为这个 WOTS$^+$ 实例的公钥. 在算法 23 中, $\mathbf{H}$ 可以用杂凑函数实现. 例如, 可以定义

$$\mathbf{H}(\mathbf{PK}.\texttt{seed}, \text{ADRS}, y_{2i} \parallel y_{2i+1}) = \texttt{SHAKE256}(\mathbf{PK}.\texttt{seed} \parallel \text{ADRS} \parallel y_{2i} \parallel y_{2i+1}, 8n).$$

另外指出, 算法 23 改变了它的输入数组 y, 毕竟将计算结果和计算过程的中间值都保存在这个数组中. L-Tree 压缩方法本质上构造了一个所谓的 L 树, 这个 L 树以公钥像数组中的 len 个元素为叶子节点, 并以公钥像数组 y 的压缩值为 L 树的根. 图 4.5 给出了不同 len 值所对应的 L 树的形状. 我们将要在 7.3 节和 7.4 节中介绍的带状态数字签名算法 XMSS 和 XMSS-MT 中都使用了 L-Tree 压缩方法.

算法 23: $\texttt{LTree}(y, \mathbf{PK}.\texttt{seed})$

Input: 公钥像数组 $y = (y_0, \cdots, y_{\texttt{len}-1}) \in (\mathbb{B}^n)^{\texttt{len}}$, WOTS$^+$ 公钥中的 n 字节的公开种子 $\mathbf{PK}.\texttt{seed}$

Output: 公钥像数组 y 的 n 字节压缩值

$l \leftarrow \texttt{len}$
$\texttt{treeHeight} \leftarrow 0$; $\texttt{treeIndex} \leftarrow 0$
$\text{ADRS} \leftarrow \text{ADRS}(\texttt{treeHeight}, \texttt{treeIndex})$
while $l > 1$ **do**
  for $i = 0, \cdots, \left\lfloor \frac{l}{2} \right\rfloor - 1$ **do**
    $\texttt{treeIndex} \leftarrow i$
    $y_i \leftarrow \mathbf{H}(\mathbf{PK}.\texttt{seed}, \text{ADRS}(\texttt{treeHeight}, \texttt{treeIndex}), y_{2i} \parallel y_{2i+1})$
  if $l \bmod 2 = 1$ **then**
    $y_{\lfloor \frac{l}{2} \rfloor} \leftarrow y_{l-1}$
  $l \leftarrow \left\lceil \frac{l}{2} \right\rceil$
  $\texttt{treeHeight} \leftarrow \texttt{treeHeight} + 1$
return y_0

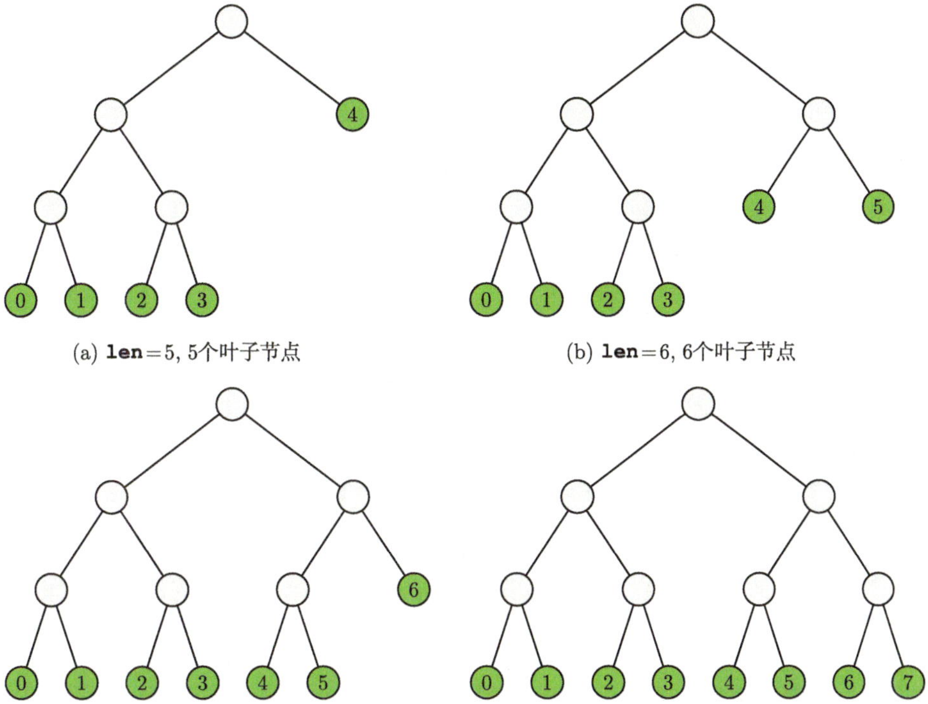

(a) **len**=5, 5个叶子节点　(b) **len**=6, 6个叶子节点

(c) **len**=7, 7个叶子节点　(d) **len**=8, 8个叶子节点

图 4.5　L 树的形状

第 5 章　抗伪造攻击编码方案

对于正整数 w, $[w]$ 表示集合 $\{0,\cdots,w-1\}\subseteq\mathbb{Z}$. 在 WOTS 类型的一次性数字签名算法中, 在签名前, 首先要把一个固定长度的消息 msg 编码成一个 $[w]^{\mathtt{len}}$ 中的整数序列, 这个整数序列决定了在签名时要暴露哈希链中的哪些节点. 为了确保一次性数字签名的安全性, 需要保证任意两个消息对应的整数序列都是"不可比"的. 我们称满足这一要求的编码方案为抗伪造攻击编码, 本章将介绍 Winternitz 编码与常数和编码, 并证明它们的相关性质.

定义 7 (不可比集)　令 $a=(a_0,\cdots,a_{l-1})$ 和 $b=(b_0,\cdots,b_{l-1})$ 是 $[w]^l$ 中的元素, 若对于任意的 $0\leqslant i<l$, $a_i\leqslant b_i$ 成立, 则称 a 与 b 是可比的, 记为 $a\preccurlyeq b$. 若非空集合 $\mathbb{S}\subseteq[w]^l$ 中仅有 1 个元素或 $\mathbb{S}$ 中任意 2 个不同元素都不可比, 则称 $\mathbb{S}$ 是不可比集.

令 $\mathbb{S}$ 是一个非空集合, $\trianglelefteq$ 是 $\mathbb{S}$ 上的一个二元关系, 若该二元关系满足反对称性 (对于 $\mathbb{S}$ 中任意的 x 和 y, 若 $x\trianglelefteq y$ 且 $y\trianglelefteq x$, 则 $x=y$)、传递性 (对于 $\mathbb{S}$ 中任意的 x, y, z, 若 $x\trianglelefteq y$ 且 $y\trianglelefteq z$, 则 $x\trianglelefteq z$)、自反性 (对于 $\mathbb{S}$ 中任意的 x, $x\trianglelefteq x$), 则称 $\mathbb{S}$ 是关于该二元关系的一个偏序集. 例如, 集合 $[w]^l$ 是关于定义 7 中给出的二元关系 $\preccurlyeq$ 的一个偏序集. 令 $\mathbb{A}$ 是偏序集 $\mathbb{S}$ 的一个非空子集. 若 $\mathbb{A}$ 中仅有 1 个元素或 $\mathbb{A}$ 中的任意 2 个不同元素都是可比的, 则称 $\mathbb{A}$ 为一个链. 令 $\mathbb{B}$ 是偏序集 $\mathbb{S}$ 的一个非空子集, 若 $\mathbb{B}$ 中仅有 1 个元素或 $\mathbb{B}$ 中的任意 2 个不同元素都不可比, 则称 $\mathbb{B}$ 为一个反链. 注意, 由偏序集 $\mathbb{S}$ 中一个元素构成的集合既是链也是反链.

引理 4　令 $\mathbb{A}$ 是有限偏序集 $\mathbb{S}$ 的一个反链, 若 $\mathbb{S}$ 存在一个大小为 $|\mathbb{A}|$ 的链分解, 则 $\mathbb{A}$ 是最大反链.

证明　设 $\mathbb{S}^{(1)},\cdots,\mathbb{S}^{(|\mathbb{A}|)}$ 是 $\mathbb{S}$ 中两两不相交的链, 且 $\mathbb{S}=\mathbb{S}^{(1)}\cup\mathbb{S}^{(2)}\cup\cdots\cup\mathbb{S}^{(|\mathbb{A}|)}$. 假设存在反链 $\mathbb{B}\subseteq\mathbb{S}$, 且 $|\mathbb{B}|\geqslant|\mathbb{A}|+1$, 则一定存在 $j\in\{1,\cdots,|\mathbb{A}|\}$, 使得 $\mathbb{S}^{(j)}$ 中包含反链 $\mathbb{B}$ 中至少 2 个 (不可比的) 元素, 这与 $\mathbb{S}^{(j)}$ 是链矛盾. □

例如, 令 $\mathbb{S}$ 是有限偏序集 $\mathbb{A}$ 的一个不可比集, 则 $\mathbb{S}$ 本身是一个反链, 且 $\mathbb{S}=\bigcup_{x\in\mathbb{S}}\{x\}$ 是 $\mathbb{S}$ 的一个链分解, 显然 $\mathbb{S}$ 是最大反链. 令

$$\mathbb{A}=\left\{\begin{array}{c}(3,2,0),(3,1,1),(3,0,2),(2,0,3),(2,3,0),(2,2,1),\\(2,1,2),(1,1,3),(1,3,1),(1,2,2),(0,2,3),(0,3,2)\end{array}\right\}\subseteq([4]^3,\preccurlyeq).$$

显然, $\mathbb{A}$ 是一个反链. 对于

$$\begin{cases}\mathbb{S}^{(1)}=\{(0,0,0),(1,0,0),(2,0,0),(3,0,0),(3,1,0),\underline{(3,2,0)},(3,3,0),(3,3,1),(3,3,2),(3,3,3)\}\\ \mathbb{S}^{(2)}=\{(0,0,1),(1,0,1),(2,0,1),(3,0,1),\underline{(3,1,1)},(3,2,1),(3,2,2),(3,2,3)\}\\ \mathbb{S}^{(3)}=\{(0,0,2),(1,0,2),(2,0,2),\underline{(3,0,2)},(3,1,2),(3,1,3)\}\\ \mathbb{S}^{(4)}=\{(0,0,3),(1,0,3),\underline{(2,0,3)},(3,0,3)\}\\ \mathbb{S}^{(5)}=\{(0,1,0),(1,1,0),(2,1,0),(2,2,0),\underline{(2,3,0)},(2,3,1),(2,3,2),(2,3,3)\}\\ \mathbb{S}^{(6)}=\{(0,1,1),(1,1,1),(2,1,1),\underline{(2,2,1)},(2,2,2),(2,2,3)\}\\ \mathbb{S}^{(7)}=\{(0,1,2),(1,1,2),\underline{(2,1,2)},(2,1,3)\}\\ \mathbb{S}^{(8)}=\{(0,1,3),\underline{(1,1,3)}\}\\ \mathbb{S}^{(9)}=\{(0,2,0),(1,2,0),(1,3,0),\underline{(1,3,1)},(1,3,2),(1,3,3)\}\\ \mathbb{S}^{(10)}=\{(0,2,1),(1,2,1),\underline{(1,2,2)},(1,2,3)\}\\ \mathbb{S}^{(11)}=\{(0,2,2),\underline{(0,2,3)}\}\\ \mathbb{S}^{(12)}=\{(0,3,0),(0,3,1),\underline{(0,3,2)},(0,3,3)\}\end{cases},$$

我们有 $[4]^3=\bigcup_{j=0}^{12}\mathbb{S}^{(j)}$, 因此 $\mathbb{A}$ 是 $[4]^3$ 中的最大反链.

5.1 Winternitz 编码方案

在 WOTS 型签名中, 需要找到一个编码方案, 将消息空间中的消息编码到一个不可比集中去. 令 x 是一个比特串, 且 $\|x\|_{\mathbb{F}_2}=l\cdot\log_2(w)$, 其中 l, w 和 $\log_2(w)$ 是正整数. $\mathtt{base}_w(x,\ell)$ 将 x 转化为一个 $\mathbb{Z}_w^\ell$ 中的整数序列, 其中 $1\leqslant\ell\leqslant l$. 例如, 若 $x=\mathtt{0xFF}\parallel\mathtt{0x1A}\parallel\mathtt{0xE2}\parallel\mathtt{0xCD}\in\mathbb{B}^4$, 则

$$\begin{cases}\mathtt{base}_4(x,16)=(3,3,3,3,0,1,2,2,3,2,0,2,3,0,3,1)\in\mathbb{Z}_4^{16}\\ \mathtt{base}_4(x,4)=(3,3,3,3)\in\mathbb{Z}_4^4\\ \mathtt{base}_{16}(x,8)=(15,15,1,10,14,2,12,13)\in\mathbb{Z}_{16}^8\end{cases}.$$

用 $\mathtt{coef}(x,j,\log_2(w))$ 表示整数序列 $\mathtt{base}_w(x,l)$ 中的第 j 个整数, 其中 $0\leqslant j<l$. 例如, $\mathtt{coef}(x,5,2)=1$. Winternitz 编码 $\mathtt{Encode}:\mathbb{F}_2^{l\cdot\log_2(w)}\to[w]^{l+l'}$ 将 x 映成

$$(v_0,\cdots,v_{l-1},v_l,\cdots,v_{l+l'-1}),$$

其中, $l'=\left\lfloor\dfrac{\log_2((w-1)\cdot l)}{\log_2(w)}\right\rfloor+1$,

$$v_j = \begin{cases} \texttt{coef}(x, j, \log_2(w)), & 0 \leqslant j < l \\ \texttt{coef}\left(\texttt{toBinary}\left(\sum_{i=0}^{l-1}(w-1-v_i), l' \cdot \log_2(w)\right), j-l, \log_2(w)\right), & l \leqslant j < l+l' \end{cases}. \tag{5.1}$$

定理 2　$\mathcal{C} = \{\texttt{Encode}(x) : x \in \mathbb{F}_2^{l \cdot \log_2(w)}\} \subseteq [w]^{l+l'}$ 是不可比集.

证明　若 $\mathcal{C}$ 中存在 2 个不同的向量 v 和 v', 满足

$$v_0 \leqslant v'_0, v_1 \leqslant v'_1, \cdots, v_{l-l} \leqslant v'_{l-1}, v_l \leqslant v'_l, \cdots, v_{l+l'-l} \leqslant v'_{l+l'-1},$$

则一定存在 $t \in [l]$, 使得 $v_t < v'_t$. 否则, 由方程 (5.1) 可知, $v_{l+j} = v'_{l+j}, 0 \leqslant j < l'$, 这意味着 $v = v'$. 因此,

$$\tau = \sum_{i=0}^{l-1}(w-1-v_i) > \sum_{i=0}^{l-1}(w-1-v'_i) = \tau'.$$

但是, 我们还有

$$\begin{cases} \tau = v_l \cdot w^{l'-1} + \cdots + v_{l+l'-2} \cdot w + v_{l+l'-1} \\ \tau' = v'_l \cdot w^{l'-1} + \cdots + v'_{l+l'-2} \cdot w + v'_{l+l'-1} \end{cases}.$$

由 $v_l \leqslant v'_l, \cdots, v_{l+l'-1} \leqslant v'_{l+l'-1}$ 可知 $\tau \leqslant \tau'$, 这与 $\tau > \tau'$ 矛盾.　□

5.2　常数和编码

引理 5　若 $s \in [l(w-1)+1]$, 则 $\mathcal{C}_s([w]^l) = \{v \in [w]^l : \sum_{i=0}^{l-1} v_i = s\}$ 是不可比集.

证明　若 $\mathcal{C}_s$ 中存在 2 个不同的向量 v 和 v' 满足 $v_0 \leqslant v'_0$, $v_1 \leqslant v'_1$, $\cdots$, $v'_{l-1} \leqslant v'_{l-1}$, 则一定存在 $t \in [l]$, 使得 $v_t < v'_t$, 因此

$$v_0 + v_1 + \cdots + v_{l-1} < v'_0 + v'_1 + \cdots + v'_{l-1}.$$

而这与 $v_0 + v_1 + \cdots + v_{l-1} = v'_0 + v'_1 + \cdots + v'_{l-1} = s$ 矛盾.　□

引理 6　若 $s \in [l(w-1)+1]$, $1 < l$, 则 $|\mathcal{C}_s([w]^l)| = \sum_{i=0}^{\min\{w-1,s\}} |\mathcal{C}_{s-i}([w]^{l-1})|$.

证明　根据 $\mathcal{C}_s([w]^l)$ 的定义, 可以对其进行如下划分:

$$\mathcal{C}_s([w]^l) = \bigcup_{i=0}^{\min\{w-1,s\}} \left\{ v \in [w]^l : \sum_{j=0}^{l-2} v_j = s-i, v_{l-1} = i \right\}.$$

因此, $|\mathcal{C}_s([w]^l)|$ 的值为

$$\sum_{i=0}^{\min\{w-1,s\}}\left|\left\{v\in[w]^l:\sum_{j=0}^{l-2}v_j=s-i,v_{l-1}=i\right\}\right|=\sum_{i=0}^{\min\{w-1,s\}}|\mathcal{C}_{s-i}([w]^{l-1})|.\quad\square$$

对于 $0<w$, 令 $\zeta_w(l,s)=|\mathcal{C}_s([w]^l)|$. 由引理 6 可知, 当 $1<l$ 时,

$$\zeta_w(l,s)=\sum_{i=0}^{\min\{w-1,s\}}\zeta_w(l-1,s-i).\tag{5.2}$$

注意, 要求 $1<l$ 是因为当 $l=1$ 时, 方程 (5.2) 右侧会出现 $\zeta_w(0,j)$ 这样的项, 而这一项是没有任何实际意义的. 为了让递推公式 (5.2) 在 $l=1$ 时也成立, 定义初始值

$$\begin{cases}\zeta_w(0,0)=1\\ \zeta_w(0,t)=0,\quad t>0\end{cases}.\tag{5.3}$$

在这一条件下, 我们可以得到如下性质.

性质 1 令 $0<w$, 则对于任意的非负整数 i 和 j, $\zeta_w(i,j)\geqslant 0$; 对于 $0\leqslant s<w$, $\zeta_w(1,s)=\sum_{i=0}^{\min\{w-1,s\}}\zeta_w(0,s-i)=1$; 若 $k>0$ 且 $s>k\cdot(w-1)$, 则 $\zeta_w(k,s)=0$.

证明 这里只证明性质 1 的最后一部分, 其他部分的证明请读者自行补齐. 首先, 当 $k=1$ 时, $\zeta_w(k,s)=\sum_{i=0}^{\min\{w-1,s\}}\zeta_w(0,s-i)=\sum_{i=0}^{w-1}\zeta_w(0,s-i)$, 由方程 (5.3) 设定的初始值可知, $\zeta_w(1,s)=0$. 假设当 $k=l\geqslant 1$ 时, 若 $s>l\cdot(w-1)$, 则 $\zeta_w(i,s)=0$. 当 $k=l+1$ 且 $s>(l+1)(w-1)$ 时,

$$\zeta_w(l+1,s)=\sum_{i=0}^{\min\{w-1,s\}}\zeta_w(l,s-i)=\sum_{i=0}^{w-1}\zeta_w(l,s-i)=0+\cdots+0=0.\quad\square$$

在表 5.1 中, 我们给出了当 $w=4$ 时, $\zeta_w(l,s)$ 的一些典型值. 可以看出, 在表 5.1 中, $\zeta_w(i,j)$ 的值等于它正上方 $\min\{w-1=3,j\}+1$ 个元素的和. 例如,

$$\begin{cases}\zeta_4(2,2)=\zeta_4(1,2)+\zeta_4(1,1)+\zeta_4(1,0)=1+1+1=3\\ \zeta_4(3,4)=\zeta_4(2,4)+\zeta_4(2,3)+\zeta_4(2,2)+\zeta_4(2,1)=3+4+3+2=12\end{cases}.$$

另外, 从表 5.1 还可以看出, 对于给定的 (w,l), 不同的 s 对应不同的 $\zeta_w(l,s)$ 值.

表 5.1　当 $w=4$ 时, $\zeta_w(l,s)=|\mathcal{C}_s([w]^l)|$ 的值

	$s=0$	$s=1$	$s=2$	$s=3$	$s=4$	$s=5$	$s=6$
$l=1$	1	1	1	1	0	0	0
$l=2$	1	2	3	4	3	2	1
$l=3$	1	3	6	10	12	12	10
$l=4$	1	4	10	20	31	40	44

下面将证明, 当 $s=\left\lfloor\dfrac{l(w-1)}{2}\right\rfloor$ 时, $\zeta_w(l,s)$ 达到最大值.

引理 7　对于任意正整数 s, $|\{(x_0,\cdots,x_{l-1})\in\mathbb{N}^l:\sum_{j=0}^{l-1}x_j=s\}|=\dbinom{s+l-1}{l-1}$.

证明　令 $\mathbb{C}_s=\left\{(x_0,\cdots,x_{l-1})\in\mathbb{N}^l:\sum_{j=0}^{l-1}x_i=s\right\}$. 给定 $s+l-1$ 个位置、$l-1$ 个相同的隔板和 s 个相同的小球. 若每个位置放 1 个隔板或 1 个小球, 则每个不同的隔板放置方法, 与方程 $x_0+\cdots+x_{l-1}=s$ 的非负整数解一一对应. 因此, 隔板的放置方法数等于集合 $\mathbb{C}_s$ 的大小, 因此

$$\left|\left\{(x_0,\cdots,x_{l-1})\in\mathbb{N}^l:\sum_{j=0}^{l-1}x_i=s\right\}\right|=\binom{s+l-1}{l-1}.\qquad\square$$

引理 8 (容斥原理)　令 $\mathbb{A}_i$ $(1\leqslant i\leqslant n)$ 是有限集, 则

$$\left|\bigcup_{i=1}^{n}\mathbb{A}_i\right|=\sum_{k=1}^{n}(-1)^{k+1}\left(\sum_{1\leqslant i_1<\cdots<i_k\leqslant n}|\mathbb{A}_{i_1}\cap\cdots\cap\mathbb{A}_{i_k}|\right).$$

定理 3　若 w,s,l 都是正整数, 则 $\zeta_w(l,s)=\sum_{j=0}^{\lfloor\frac{s}{w}\rfloor}(-1)^j\dbinom{l}{j}\dbinom{s+l-jw-1}{l-1}$.

证明　记全空间为 $\mathbb{X}=\{(x_0,\cdots,x_{l-1})\in\mathbb{N}^l:\sum_{i=0}^{l-1}x_i=s\}$, 根据引理 7, $|\mathbb{X}|=\dbinom{s+l-1}{l-1}$. 对于 $0\leqslant j\leqslant l-1$, 定义集合 $\mathbb{A}_j=\{(x_0,\cdots,x_{l-1})\in\mathbb{N}^l:\sum_{i=0}^{l-1}x_i=s,x_j>w\}$. 从而, $\overline{\mathbb{A}}_j=\{(x_0,\cdots,x_{l-1})\in\mathbb{N}^l:\sum_{i=0}^{l-1}x_i=s,x_j\leqslant w-1\}$. 显然, 我们有

$$\mathcal{C}_s([w]^l)=\bigcap_{j=0}^{l-1}\overline{\mathbb{A}}_j=\overline{\bigcup_{j=0}^{l-1}\mathbb{A}_j}=\mathbb{X}-\bigcup_{j=0}^{l-1}\mathbb{A}_j.$$

因此, $\zeta_w(l,s)=|\mathbb{X}|-\left|\bigcup_{j=0}^{l-1}\mathbb{A}_j\right|$. 由引理 8 可知,

$$\left|\bigcup_{j=0}^{l-1}\mathbb{A}_j\right|=\sum_{k=1}^{l}(-1)^{k-1}\sum_{0\leqslant j_1<\cdots<j_k\leqslant l-1}|\mathbb{A}_{j_1}\cap\cdots\cap\mathbb{A}_{j_k}|.$$

对于 $1\leqslant k\leqslant\left\lfloor\dfrac{s}{w}\right\rfloor, 0\leqslant i_1<\cdots<i_k\leqslant l-1$, 根据引理 7, 我们有

$$|\mathbb{A}_{i_1}\cap\cdots\cap\mathbb{A}_{i_k}|=\binom{s-kw+l-1}{l-1}.$$

例如, $|\mathbb{A}_0|=|\{(w+y_0,y_1,\cdots,y_{l-1}):(y_0,y_1,\cdots,y_{l-1})\in\mathbb{N},\sum_{i=0}^{l-1}y_i=s-w\}|$. 对于 $k\geqslant\left\lfloor\dfrac{s}{w}\right\rfloor+1, 0\leqslant i_1<\cdots<i_k\leqslant l-1, |\mathbb{A}_{i_1}\cap\cdots\cap\mathbb{A}_{i_k}|=0$. 因此,

$$\begin{aligned}\zeta_w(l,s)&=|\mathbb{X}|-\left|\bigcup_{j=0}^{l-1}\mathbb{A}_j\right|\\&=\binom{s+l-1}{l-1}-\left|\bigcup_{j=0}^{l-1}A_j\right|\\&=\binom{s+l-1}{l-1}-\sum_{j=1}^{\lfloor\frac{s}{w}\rfloor}(-1)^{j-1}\binom{l}{j}\binom{s+l-jw-1}{l-1}\\&=\sum_{j=0}^{\lfloor\frac{s}{w}\rfloor}(-1)^{j}\binom{l}{j}\binom{s+l-jw-1}{l-1}.\end{aligned}$$

□

引理 9 若 $w\geqslant 0,\ l\geqslant 0,\ 0\leqslant s\leqslant l(w-1)$, 则 $\zeta_w(l,s)=\zeta_w(l,l(w-1)-s)$.

证明 考虑 $\mathcal{C}_s([w]^l)$ 到 $\mathcal{C}_{l(w-1)-s}([w]^l)$ 上的映射 ρ:

$$\rho(x_0,\cdots,x_{l-1})=(w-1-x_0,\cdots,w-1-x_{l-1}).$$

容易证明, ρ 是 $\mathcal{C}_s([w]^l)$ 到 $\mathcal{C}_{l(w-1)-s}([w]^l)$ 上的双射. □

引理 10 令 x 是一个非负整数, 则 $\left\lfloor\dfrac{x}{2}\right\rfloor+\left\lceil\dfrac{x}{2}\right\rceil=x$.

证明 当 $x=2y$ 时, $\left\lfloor\dfrac{x}{2}\right\rfloor+\left\lceil\dfrac{x}{2}\right\rceil=y+y=x$. 当 $x=2y+1$ 时, $\left\lfloor\dfrac{x}{2}\right\rfloor+\left\lceil\dfrac{x}{2}\right\rceil=y+(y+1)=2y+1=x$. □

引理 11 $\zeta_w\left(l,\left\lfloor\dfrac{l(w-1)}{2}\right\rfloor\right)=\zeta_w\left(l,\left\lceil\dfrac{l(w-1)}{2}\right\rceil\right)$.

证明　当 $l(w-1) \bmod 2 = 0$ 时, $\left\lfloor \frac{l(w-1)}{2} \right\rfloor = \left\lceil \frac{l(w-1)}{2} \right\rceil = \frac{l(w-1)}{2}$, 因此引理 11 显然成立. 当 $l(w-1) \bmod 2 = 1$ 时, 我们有

$$\zeta_w\left(l, \left\lceil \frac{l(w-1)}{2} \right\rceil\right) = \zeta_w\left(l, \left\lfloor \frac{l(w-1)}{2} \right\rfloor + 1\right). \tag{5.4}$$

根据引理 9 和引理 10,

$$\begin{aligned}\zeta_w\left(l, \left\lfloor \frac{l(w-1)}{2} \right\rfloor + 1\right) &= \zeta_w\left(l, l(w-1) - \left\lfloor \frac{l(w-1)}{2} \right\rfloor - 1\right) \\ &= \zeta_w\left(\left\lceil \frac{l(w-1)}{2} \right\rceil - 1\right) \\ &= \zeta_w\left(l, \left\lfloor \frac{l(w-1)}{2} \right\rfloor\right).\end{aligned}$$

□

引理 12　令 x 是一个非负整数, 则 $\left\{\left\lceil \frac{x}{2} \right\rceil - i : i \in \mathbb{Z}, -\left\lfloor \frac{x}{2} \right\rfloor \leqslant i \leqslant \left\lceil \frac{x}{2} \right\rceil\right\} = \{0, 1, \cdots, x\}$.

证明　当 $i = \left\lceil \frac{x}{2} \right\rceil$ 时, $\left\lceil \frac{x}{2} \right\rceil - i = 0$. 当 $i = -\left\lfloor \frac{x}{2} \right\rfloor$ 时, 由引理 10 可知,

$$\left\lceil \frac{x}{2} \right\rceil - i = \left\lceil \frac{x}{2} \right\rceil + \left\lfloor \frac{x}{2} \right\rfloor = x.$$

□

引理 13　若 l 和 x 都是非负整数, 则 $\left\lceil l \cdot \frac{x}{2} \right\rceil - \left\lceil \frac{x}{2} \right\rceil = \left\lfloor (l-1) \cdot \frac{x}{2} \right\rfloor$.

证明　当 x 是偶数时, $\left\lceil l \cdot \frac{x}{2} \right\rceil - \left\lceil \frac{x}{2} \right\rceil = l \cdot \frac{x}{2} - \frac{x}{2} = (l-1) \cdot \frac{x}{2} = \left\lfloor (l-1) \cdot \frac{x}{2} \right\rfloor$. 当 x 是奇数且 l 是奇数时, $\left\lceil l \cdot \frac{x}{2} \right\rceil - \left\lceil \frac{x}{2} \right\rceil = \left(l \cdot \frac{x}{2} + \frac{1}{2}\right) - \left(\frac{x}{2} + \frac{1}{2}\right) = (l-1) \cdot \frac{x}{2} = \left\lfloor (l-1) \cdot \frac{x}{2} \right\rfloor$. 当 x 是奇数且 l 偶数时, $\left\lceil l \cdot \frac{x}{2} \right\rceil - \left\lceil \frac{x}{2} \right\rceil = l \cdot \frac{x}{2} - \left(\frac{x}{2} + \frac{1}{2}\right) = (l-1) \cdot \frac{x}{2} - \frac{1}{2} = \left\lfloor (l-1) \cdot \frac{x}{2} \right\rfloor$.　□

定理 4　若 $w > 0$, $l \geqslant 0$, $0 \leqslant s \leqslant \left\lceil \frac{l(w-1)}{2} \right\rceil$, 则对任意 $0 \leqslant j \leqslant s$, 都有

$$\zeta_w(l, j) \leqslant \zeta_w(l, s).$$

证明　通过归纳法来证明该定理. 令 $\theta = \frac{w-1}{2}$. 当 $l = 0$ 时, $\zeta_w(0,0) \leqslant \zeta_w(0,0)$. 当 $l \geqslant 1$ 时, 假设对任意 $0 \leqslant j' < s' \leqslant \lceil (l-1)\theta \rceil$, $\zeta_w(l-1, j') \leqslant$

$\zeta_w(l-1,s')$, 只需要证明, 对于 $0\leqslant s\leqslant\lceil l\theta\rceil$, $\zeta_w(l,s-1)\leqslant\zeta_w(l,s)$ 即可. 根据引理 6 可知,

$$\zeta_w(l,s)=\sum_{j=0}^{w-1}\zeta_w(l-1,s-j).$$

由引理 12 可知, $\{\lceil\theta\rceil-i:i\in\mathbb{Z},-\lfloor\theta\rfloor\leqslant i\leqslant\lceil\theta\rceil\}=\{0,1,\cdots,w-1\}$, 因此

$$\begin{aligned}\zeta_w(l,s)&=\sum_{j=0}^{w-1}\zeta_w(l-1,s-j)\\&=\sum_{i=-\lfloor\theta\rfloor}^{\lceil\theta\rceil}\zeta_w(l-1,s+i-\lceil\theta\rceil)\\&=\sum_{i=-\lfloor\theta\rfloor}^{\lceil\theta\rceil}\zeta_w(l-1,\lceil l\cdot\theta\rceil-(\lceil l\cdot\theta\rceil-s)+i-\lceil\theta\rceil).\end{aligned}$$

由引理 13 可知, $\lceil l\cdot\theta\rceil-\lceil\theta\rceil=\lfloor(l-1)\cdot\theta\rfloor$. 因此

$$\zeta_w(l,s)=\sum_{i=-\lfloor\theta\rfloor}^{\lceil\theta\rceil}\zeta_w(l-1,\lfloor(l-1)\cdot\theta\rfloor-(\lceil l\cdot\theta\rceil-s)+i).\tag{5.5}$$

根据方程 (5.5), 我们有

$$\begin{aligned}\zeta_w(l,s-1)&=\sum_{i=-\lfloor\theta\rfloor}^{\lceil\theta\rceil}\zeta_w(l-1,\lfloor(l-1)\cdot\theta\rfloor-(\lceil l\cdot\theta\rceil-(s-1))+i)&(5.6)\\&=\sum_{i=-\lfloor\theta\rfloor}^{\lceil\theta\rceil}\zeta_w(l-1,\lfloor(l-1)\cdot\theta\rfloor-(\lceil l\cdot\theta\rceil-s)+i-1).&(5.7)\end{aligned}$$

下面根据方程 (5.5) 和方程 (5.6) 证明 $\zeta_w(l,s-1)\leqslant\zeta_w(l,s)$. 令 $\delta=\lceil l\cdot\theta\rceil-s$, 则 $\zeta_w(l,s)$ 与 $\zeta_w(l,s-1)$ 的差为

$$\zeta_w(l-1,\lfloor(l-1)\cdot\theta\rfloor-\delta+\lceil\theta\rceil)-\zeta_w(l-1,\lfloor(l-1)\cdot\theta\rfloor-\delta-\lfloor\theta\rfloor-1).\tag{5.8}$$

当 $\delta\geqslant\lceil\theta\rceil$ 时, $\lfloor(l-1)\cdot\theta\rfloor-\delta+\lceil\theta\rceil\leqslant\lceil(l-1)\cdot\theta\rceil$, 根据递归假设可知, 方程 (5.8) 大于等于 0, 即 $\zeta_w(l,s-1)\leqslant\zeta_w(l,s)$. 当 $\delta<\lceil\theta\rceil$ 时, 根据引理 9, 我们有

$$\zeta_w(l-1,\lfloor(l-1)\cdot\theta\rfloor-\delta+\lceil\theta\rceil)=\zeta_w(l-1,2\cdot(l-1)\cdot\theta-\lfloor(l-1)\cdot\theta\rfloor+\delta-\lceil\theta\rceil).$$

由引理 10, $2\cdot(l-1)\cdot\theta-\lfloor(l-1)\cdot\theta\rfloor=\lceil(l-1)\cdot\theta\rceil$, 因此

$$\zeta_w(l-1,\lfloor(l-1)\cdot\theta\rfloor-\delta+\lceil\theta\rceil)=\zeta_w(l-1,\lceil(l-1)\cdot\theta\rceil+\delta-\lceil\theta\rceil).$$

又因为 $\lfloor(l-1)\cdot\theta\rfloor-\delta-\lfloor\theta\rfloor-1\leqslant\lceil(l-1)\cdot\theta\rceil+\delta-\lceil\theta\rceil\leqslant\lceil(l-1)\cdot\theta\rceil$, 由递归假设可知方程 (5.8) 大于等于 0, 即 $\zeta_w(l,s-1)\leqslant\zeta_w(l,s)$. □

定理 5　对于任意的 $s\in[l(w-1)+1],\zeta_w\left(l,\left\lfloor\dfrac{l(w-1)}{2}\right\rfloor\right)\geqslant\zeta_w(l,s)$.

证明　对于 $0\leqslant s\leqslant\left\lfloor\dfrac{l(w-1)}{2}\right\rfloor$, 由定理 4 可知, $\zeta_w(l,s)\leqslant\zeta_w\left(l,\left\lfloor\dfrac{l(w-1)}{2}\right\rfloor\right)$. 对于 $\left\lceil\dfrac{l(w-1)}{2}\right\rceil\leqslant s\leqslant l(w-1)$, 有 $0\leqslant l(w-1)-s\leqslant l(w-1)-\left\lceil\dfrac{l(w-1)}{2}\right\rceil$. 由引理 10 可知, $l(w-1)-\left\lceil\dfrac{l(w-1)}{2}\right\rceil=\left\lfloor\dfrac{l(w-1)}{2}\right\rfloor$, 那么 $0\leqslant l(w-1)-s\leqslant\left\lfloor\dfrac{l(w-1)}{2}\right\rfloor$, 因此 $\zeta_w(l,l(w-1)-s)\leqslant\zeta_w\left(l,\left\lfloor\dfrac{l(w-1)}{2}\right\rfloor\right)$. 由引理 9 可知, $\zeta_w(l,l(w-1)-s)=\zeta_w(l,s)$, 所以 $\zeta_w(l,s)\leqslant\zeta_w\left(l,\left\lfloor\dfrac{l(w-1)}{2}\right\rfloor\right)$. □

定理 6　若 $\mathcal{C}\subseteq[w]^l$ 是一个不可比集, 则 $|\mathcal{C}|\leqslant\left|\mathcal{C}_{\lfloor\frac{l(w-1)}{2}\rfloor}([w]^l)\right|$.

证明　首先, 由引理 5 可知, $\mathcal{C}_{\lfloor\frac{l(w-1)}{2}\rfloor}([w]^l)$ 是一个不可比集 (反链). 若

$$\boldsymbol{\alpha}=(\alpha_0,\cdots,\alpha_{l-1})\in[w]^l,$$

定义 $\|\boldsymbol{\alpha}\|=\sum_{i=0}^{l-1}\alpha_i$. 下面用数学归纳法证明, $[w]^l$ 存在一个大小为 $\zeta_w\left(l,\left\lfloor\dfrac{l(w-1)}{2}\right\rfloor\right)$ 的链分解, 且该链分解满足如下性质. 令 $\langle\boldsymbol{\alpha}_1,\boldsymbol{\alpha}_2,\cdots,\boldsymbol{\alpha}_h\rangle$ 是这个链分解中的任意一条链 ($\boldsymbol{\alpha}_i\leqslant\boldsymbol{\alpha}_{i+1}$, $1\leqslant i<h$), 则

$$\begin{cases}\|\boldsymbol{\alpha}_{i+1}\|=\|\boldsymbol{\alpha}_i\|+1, & 1\leqslant i<h\\ \|\boldsymbol{\alpha}_1\|+\|\boldsymbol{\alpha}_h\|=l\cdot(w-1)\end{cases}. \tag{5.9}$$

当 $l=1$ 时, $[w]^1=\langle(0),(1),\cdots,(w-2),(w-1)\rangle$ 是 $[w]^1$ 中的一条链, 它正好构成一个大小为 $\zeta_w\left(1,\left\lfloor\dfrac{l(w-1)}{2}\right\rfloor\right)=1$ 的链分解, 且这条链显然满足方程 (5.9) 规定的性质. 假设 $[w]^{l-1}$ 存在一个满足条件的链分解, 则可以按如下方式构造一个 $[w]^l$ 的链分解. 令 $\langle\boldsymbol{\alpha}_1,\boldsymbol{\alpha}_0,\cdots,\boldsymbol{\alpha}_h\rangle\subseteq[w]^{l-1}$ 是这个链分解中的任意一条

链 ($\boldsymbol{\alpha}_i \leqslant \boldsymbol{\alpha}_{i+1}$, $1 \leqslant i < h$). 对于任意的 $j \in \{0, 1, \cdots, k\}$, $k = \min\{w-1, h-1\}$, 可以构造 $[w]^l$ 中的一条新链

$$\langle(\boldsymbol{\alpha}_1, j), (\boldsymbol{\alpha}_2, j), \cdots, (\boldsymbol{\alpha}_{h-j}, j), (\boldsymbol{\alpha}_{h-j}, j+1), (\boldsymbol{\alpha}_{h-j}, j+2), \cdots, (\boldsymbol{\alpha}_{h-j}, w-1)\rangle.$$

可见, 这条新链的长度为 $(h-j)+(w-1-j)=h+w-1-2j$. 令这条新链为 $\langle \boldsymbol{\beta}_1, \cdots, \boldsymbol{\beta}_{h+w-1-2j}\rangle$, 则 $\|\boldsymbol{\beta}_{i+1}\| = \|\boldsymbol{\beta}_i\| + 1$, 且

$$\begin{aligned} \|\boldsymbol{\beta}_1\| + \|\boldsymbol{\beta}_{h+w-1-2j}\| &= (\|\boldsymbol{\alpha}_1\| + j) + (\|\boldsymbol{\alpha}_{h-j}\| + w - 1) \\ &= \|\boldsymbol{\alpha}_1\| + \|\boldsymbol{\alpha}_h\| + (j - j) + w - 1 \\ &= (l-1)\cdot(w-1) + (w-1) = l\cdot(w-1). \end{aligned}$$

为了更直观地理解这种链分解的构造方式, 我们给出一个具体例子. 当 $w = 4$ 时, 有 $[w]^1$ 的链分解 $\langle(0), (1), (2), (3)\rangle$. 通过这个链分解, 可以构造 $[w]^2$ 的链分解

$$\begin{cases} \langle(0,0), (1,0), (2,0), (3,0), (3,1), (3,2), (3,3)\rangle \\ \langle(0,1), (1,1), (2,1), (2,2), (2,3)\rangle \\ \langle(0,2), (1,2), (1,3)\rangle \\ \langle(0,3)\rangle \end{cases}.$$

通过上述链分解, 我们可以构造如表 5.2 所示的对 $[w]^3$ 的链分解. 对于 $[w]^{l-1}$ 的满足条件的链分解中的任意一条链 $\langle \boldsymbol{\alpha}_1, \boldsymbol{\alpha}_2, \cdots, \boldsymbol{\alpha}_h\rangle$, 这样构造出的 $k+1$ 条链显然是两两没有公共元素的. 下面指出, 这 $k+1$ 条链构成了 $\{(\boldsymbol{\alpha}_i, z) : 1 \leqslant i \leqslant h, z \in [w]\}$ 的一个划分. 这 $k+1$ 条链中的元素个数为

$$\frac{(h+w-1-0)+(h+w-1-2k)}{2}\cdot(k+1) = (h+w-k-1)\cdot(k+1) = h\cdot w,$$

正好与集合 $\{(\boldsymbol{\alpha}_i, z) : 1 \leqslant i \leqslant h, z \in [w]\}$ 中元素的个数相等. 因此, 这 $k+1$ 条链的并一定等于集合 $\{(\boldsymbol{\alpha}_i, z) : 1 \leqslant i \leqslant h, z \in [w]\}$. 那么, 若把 $[w]^{l-1}$ 的满足条件的一个链分解的每条链按上述规则构造出来的 $[w]^l$ 中的链放到一起, 就构成了 $[w]^l$ 的一个链分解. 下面证明, 这个链分解中一共有 $\zeta_w\left(l, \left\lfloor \frac{l(w-1)}{2} \right\rfloor\right)$ 条链. 设链分解中一共有 d 条链. 首先, 因为其为一个链分解, 所以反链 $\mathcal{C}_{\lfloor \frac{l(w-1)}{2} \rfloor}([w]^l)$ 中的任何一个元素都在链分解的某一个链中, 而 1 条链中一定不会出现两个

表 5.2　在 $w=4$ 的情况下 $l=3$ 时的一种链分解实例, 每一行都是一条链, 由 $l=2$ 时的实例扩展而来

(0, 0, 0)	(1, 0, 0)	(2, 0, 0)	(3, 0, 0)	(3, 1, 0)	(3, 2, 0)	(3, 3, 0)	(3, 3, 1)	(3, 3, 2)	(3, 3, 3)
(0, 0, 1)	(1, 0, 1)	(2, 0, 1)	(3, 0, 1)	(3, 1, 1)	(3, 2, 1)	(3, 2, 2)	(3, 2, 3)		
(0, 0, 2)	(1, 0, 2)	(2, 0, 2)	(3, 0, 2)	(3, 1, 2)	(3, 1, 3)				
(0, 0, 3)	(1, 0, 3)	(2, 0, 3)	(3, 0, 3)						
(0, 1, 0)	(1, 1, 0)	(2, 1, 0)	(2, 2, 0)	(2, 3, 0)	(2, 3, 1)	(2, 3, 2)	(2, 3, 3)		
(0, 1, 1)	(1, 1, 1)	(2, 1, 1)	(2, 2, 1)	(2, 2, 2)	(2, 2, 3)				
(0, 1, 2)	(1, 1, 2)	(2, 1, 2)	(2, 1, 3)						
(0, 1, 3)	(1, 1, 3)								
(0, 2, 0)	(1, 2, 0)	(1, 3, 0)	(1, 3, 1)	(1, 3, 2)	(1, 3, 3)				
(0, 2, 1)	(1, 2, 1)	(1, 2, 2)	(1, 2, 3)						
(0, 2, 2)	(0, 2, 3)								
(0, 3, 0)	(0, 3, 1)	(0, 3, 2)	(0, 3, 3)						

$\mathcal{C}_{\lfloor\frac{l(w-1)}{2}\rfloor}([w]^l)$ 中的元素, 这说明 $d\geqslant\zeta_w\left(l,\left\lfloor\dfrac{l(w-1)}{2}\right\rfloor\right)$. 另外, 每条链中一定包含且仅包含 1 个元素的范数为 $\left\lfloor\dfrac{l(w-1)}{2}\right\rfloor$, 因此, $d\leqslant\zeta_w\left(l,\left\lfloor\dfrac{l(w-1)}{2}\right\rfloor\right)$. 综上, $d=\zeta_w\left(l,\left\lfloor\dfrac{l(w-1)}{2}\right\rfloor\right)$, 即 $[w]^l$ 存在一个大小为 $\zeta_w\left(l,\left\lfloor\dfrac{l(w-1)}{2}\right\rfloor\right)$ 的链分解, 根据引理 4, $\mathcal{C}_{\lfloor\frac{l(w-1)}{2}\rfloor}([w]^l)$ 是 $[w]^l$ 中的最大反链. □

若把 $\mathcal{C}_s([w]^l)$ 作为编码空间, 则该编码空间可以满足 $|\mathcal{C}_s([w]^l)|$ 个消息的编码. 若把这些消息看成集合 $[|\mathcal{C}_s([w]^l)|]=\{0,1,\cdots,|\mathcal{C}_s([w]^l)|-1\}$ 中的元素, 则这些消息的编码, 对应于一个双射 $\texttt{Encode}:[|\mathcal{C}_s([w]^l)|]\rightarrow\mathcal{C}_s([w]^l)$. 算法 24 给出了一个具体的编码方案.

算法 24 给出了一个将集合 $\{0,1,\cdots,\zeta_w(l,s)-1\}$ 一一映射到 $\mathcal{C}_s([w]^l)$ 上的编码算法. 为了方便证明算法 24 确实是 $\{0,1,\cdots,\zeta_w(l,s)-1\}$ 到 $\mathcal{C}_s([w]^l)$ 上的一一映射, 首先将算法 24 等价地改写成算法 25, 并给出几个关于算法 25 的引理.

引理 14 (算法 25)　对于 $1\leqslant i\leqslant l$, x_i 的初始值 $\dot{x}_i$ 满足不等式

$$\dot{x}_i<\zeta_w(i-1,s_i)+\zeta_w(i-1,s_i-1)+\cdots+\zeta_w(i-1,s_i-\min\{w-1,s_i\}).\quad(5.10)$$

证明　考虑 $\dot{x}_{l-j}$, 并对 j 采用数学归纳法证明. 当 $j=0$ 时, 显然

算法 24: 常数和编码算法

Input: $\mathsf{x} \in [|\mathcal{C}_s([w]^l)|]$

Output: $y = \mathsf{Encode}(\mathsf{x}) \in \mathcal{C}_s([w]^l)$

$x \leftarrow \mathsf{x}$
$\dot{s} \leftarrow s$
for $i = l, \cdots, 1$ **do**
  for $u = 0, \cdots, \min(w-1, \dot{s})$ **do**
    if $x \geqslant \zeta_w(i-1, \dot{s}-u)$ **then**
      $x \leftarrow x - \zeta_w(i-1, \dot{s}-u)$
    else
      $y_{l-i} \leftarrow u$
      break
  $\dot{s} \leftarrow \dot{s} - y_{l-i}$
return $(y_0, \cdots, y_{l-1})$

算法 25: 常数和编码算法

Input: $\mathsf{x} \in [|\mathcal{C}_s([w]^l)|]$

Output: $y = \mathsf{Encode}(\mathsf{x}) \in \mathcal{C}_s([w]^l)$

$x_l \leftarrow \mathsf{x}$
$s_l \leftarrow s$
for $i = l, \cdots, 1$ **do**
  for $u = 0, \cdots, \min(w-1, s_i)$ **do**
    if $x_i \geqslant \zeta_w(i-1, s_i-u)$ **then**
      $x_i \leftarrow x_i - \zeta_w(i-1, s_i-u)$
    else
      $x_{i-1} \leftarrow x_i$
      $y_{l-i} \leftarrow u$
      break
  $s_{i-1} \leftarrow s_i - y_{l-i}$
return $(y_0, \cdots, y_{l-1})$

$$\dot{x}_l < \sum_{t=0}^{\min\{w-1, s_l\}} \zeta_w(l-1, s_l-t).$$

假设当 $j = k$ 时, $\dot{x}_{l-k} < \sum_{t=0}^{\min\{w-1, s_{l-k}\}} \zeta_w(l-k-1, s_{l-k}-t)$, 则一定存在

$$j^\dagger \in \{0, \cdots, \min\{w-1, s_{l-k}\}\},$$

使得不等式

$$\dot{x}_{l-k}-\sum_{t=0}^{j^\dagger-1}\zeta_w(l-k-1,s_{l-k}-t)<\zeta_w(l-k-1,s_{l-k}-j^\dagger)$$

成立. 此时, 我们有 $s_{l-k-1}=s_{l-k}-j^\dagger$, 且

$$\begin{aligned}\dot{x}_{l-k-1}&=\dot{x}_{l-k}-\sum_{t=0}^{j^\dagger-1}\zeta_w(l-k-1,s_{l-k}-t)\\&<\zeta_w(l-k-1,s_{l-k}-j^\dagger)\\&=\sum_{t=0}^{\min\{w-1,s_{l-k-1}\}}\zeta_w(l-k-2,s_{l-k-1}-t).\end{aligned}$$ □

引理 15 (算法 25) 对于 $1\leqslant i\leqslant l$, 若 $\dot{x}_i$ 满足不等式 (5.10), 则一定存在 $0\leqslant j\leqslant\min\{w-1,s_i\}$, 使得

$$\dot{x}_i-\sum_{k=0}^{j-1}\zeta_w(i-1,s_i-k)<\zeta_w(i-1,s_i-j).$$

证明 若该引理不成立, 则

$$\dot{x}_i-\sum_{k=0}^{\min\{w-1,s_i\}-1}\zeta_w(i-1,s_i-k)\geqslant\zeta_w(i-1,s_i-\min\{w-1,s_i\}),$$

即 $\dot{x}_i\geqslant\sum_{k=0}^{\min\{w-1,s_i\}}\zeta_w(i-1,s_i-k)$, 这与引理 14 矛盾. □

引理 16 (算法 25) $\dot{x}_1=s_0=0$, $y_{l-1}=s_1$.

证明 由引理 14 可知, $\dot{x}_1<\sum_{t=0}^{\min\{w-1,s_1\}}\zeta_w(0,s_1-t)=1$, 即 $\dot{x}_1=0$. 若 $0\leqslant t\leqslant s_1-1$, 则 $\dot{x}_1=0\geqslant\zeta_w(0,s_1-t)=0$, $\dot{x}_1<\zeta_w(0,s_1-s_1)=\zeta_w(0,0)=1$, 因此, $y_{l-1}=s_1$, $s_0=s_1-y_{l-1}=0$. □

定理 7 算法 25 对应于一个从 $\{0,1,\cdots,\zeta_w(l,s)-1\}$ 到 $\mathcal{C}_s([w]^l)$ 的双射.

证明 首先, 根据算法 25, 我们有

$$\begin{cases} s_l = s \\ s_{l-1} = s_l - y_0 \\ s_{l-2} = s_{l-1} - y_1 \\ \qquad \cdots\cdots \\ s_1 = s_2 - y_{l-2} \\ s_0 = s_1 - y_{l-1} \end{cases}.$$

因此, $y_0 + \cdots + y_{l-1} = s - s_0$. 由引理 16 可知, $y_0 + \cdots + y_{l-1} = s$, 即该算法是一个内射. 下面证明它也是一个单射. 根据算法 25,

$$\begin{cases} \dot{x}_l - \dot{x}_{l-1} = \sum\limits_{t=0}^{y_0-1} \zeta(l-1, s_l - t) \\ \dot{x}_{l-1} - \dot{x}_{l-2} = \sum\limits_{t=0}^{y_1-1} \zeta(l-2, s_{l-1} - t) \\ \dot{x}_{l-2} - \dot{x}_{l-3} = \sum\limits_{t=0}^{y_2-1} \zeta(l-3, s_{l-2} - t) \\ \qquad \cdots\cdots \\ \dot{x}_2 - \dot{x}_1 = \sum\limits_{t=0}^{y_{l-2}-1} \zeta(1, s_2 - t) \end{cases},$$

因此, $\dot{x}_l - \dot{x}_1 = \sum_{t=0}^{y_0-1} \zeta(l-1, s_l - t) + \sum_{t=0}^{y_1-1} \zeta(l-2, s_{l-1} - t) + \cdots + \sum_{t=0}^{y_{l-2}-1} \zeta(1, s_2 - t)$, 即 $\mathsf{x} = x_l = \sum_{t=0}^{y_0-1} \zeta(l-1, s_l - t) + \sum_{t=0}^{y_1-1} \zeta(l-2, s_{l-1} - t) + \cdots + \sum_{t=0}^{y_{l-2}-1} \zeta(1, s_2 - t)$. 可以看出, $y_0, y_1, \cdots, y_{l-2}$ 完全确定了 x. □

表 5.3 和表 5.4 分别绘出了 $(w, l, s) = (3, 4, 4)$ 和 $(w, l, s) = (4, 4, 5)$ 时常数和编码的实例.

表 5.3 当 $w = 3$, $l = 4$, $s = 4$ 时的常数和编码实例

$0 \mapsto (0,0,2,2)$	$1 \mapsto (0,1,1,2)$	$2 \mapsto (0,1,2,1)$	$3 \mapsto (0,2,0,2)$	$4 \mapsto (0,2,1,1)$
$5 \mapsto (0,2,2,0)$	$6 \mapsto (1,0,1,2)$	$7 \mapsto (1,0,2,1)$	$8 \mapsto (1,1,0,2)$	$9 \mapsto (1,1,1,1)$
$10 \mapsto (1,1,2,0)$	$11 \mapsto (1,2,0,1)$	$12 \mapsto (1,2,1,0)$	$13 \mapsto (2,0,0,2)$	$14 \mapsto (2,0,1,1)$
$15 \mapsto (2,0,2,0)$	$16 \mapsto (2,1,0,1)$	$17 \mapsto (2,1,1,0)$	$18 \mapsto (2,2,0,0)$	

表 5.4　当 $w = 4$, $l = 4$, $s = 5$ 时的常数和编码实例

$0 \mapsto (0,0,2,3)$	$1 \mapsto (0,0,3,2)$	$2 \mapsto (0,1,1,3)$	$3 \mapsto (0,1,2,2)$	$4 \mapsto (0,1,3,1)$
$5 \mapsto (0,2,0,3)$	$6 \mapsto (0,2,1,2)$	$7 \mapsto (0,2,2,1)$	$8 \mapsto (0,2,3,0)$	$9 \mapsto (0,3,0,2)$
$10 \mapsto (0,3,1,1)$	$11 \mapsto (0,3,2,0)$	$12 \mapsto (1,0,1,3)$	$13 \mapsto (1,0,2,2)$	$14 \mapsto (1,0,3,1)$
$15 \mapsto (1,1,0,3)$	$16 \mapsto (1,1,1,2)$	$17 \mapsto (1,1,2,1)$	$18 \mapsto (1,1,3,0)$	$19 \mapsto (1,2,0,2)$
$20 \mapsto (1,2,1,1)$	$21 \mapsto (1,2,2,0)$	$22 \mapsto (1,3,0,1)$	$23 \mapsto (1,3,1,0)$	$24 \mapsto (2,0,0,3)$
$25 \mapsto (2,0,1,2)$	$26 \mapsto (2,0,2,1)$	$27 \mapsto (2,0,3,0)$	$28 \mapsto (2,1,0,2)$	$29 \mapsto (2,1,1,1)$
$30 \mapsto (2,1,2,0)$	$31 \mapsto (2,2,0,1)$	$32 \mapsto (2,2,1,0)$	$33 \mapsto (2,3,0,0)$	$34 \mapsto (3,0,0,2)$
$35 \mapsto (3,0,1,1)$	$36 \mapsto (3,0,2,0)$	$37 \mapsto (3,1,0,1)$	$38 \mapsto (3,1,1,0)$	$39 \mapsto (3,2,0,0)$

5.3　Winternitz 编码与常数和编码的关系

令 x 是一个比特串, 且 $\|x\|_{\mathbb{F}_2} = l \cdot \log_2(w)$, 其中 l 和 w 是正整数. Winternitz 编码 $\mathsf{Encode}: \mathbb{F}_2^{l \cdot \log_2(w)} \to [w]^{l+l'}$ 将 x 映成

$$(v_0, \cdots, v_{l-1}, v_l, \cdots, v_{l+l'-1}),$$

其中, $l' = \left\lfloor \dfrac{\log_2((w-1)\cdot l)}{\log_2(w)} \right\rfloor + 1$. 我们指出, Winternitz 的编码方案并不是常数和编码, 因为 $\sum_{i=0}^{l+l'-1} v_i$ 并不是一个常数. 例如, 若 $w = 4$, $l = 4$, 则 $l' = \left\lfloor \dfrac{1}{2}\log_2 12 \right\rfloor + 1 = 2$, 消息 $x = (1,2,0,3)$ 编码后为 $v = (1,2,0,3,1,2)$, 而消息 $x' = (0,0,0,0)$ 编码后为 $v' = (0,0,0,0,3,0)$, $\sum_{i=0}^{5} v_i = 9 \neq 3 = \sum_{i=0}^{5} v_i'$, 显然不符合常数和编码的定义. 但是, 对于 Winternitz 编码, 我们有

$$v_0 + \cdots + v_{l-1} + v_l \cdot w^{l'-1} + \cdots + v_{l+l'-2} \cdot w + v_{l+l'-1} = l \cdot (w-1),$$

即 $v_0, \cdots, v_{l+l'-1}$ 的线性组合是一个常数. 常数和编码的码字空间是

$$\mathcal{C}_s([w]^l) = \left\{ v \in [w]^l : \sum_{i=0}^{l-1} v_i = \mathsf{s} \right\},$$

其中 s 是一个非负整数. 我们可以自然地联想到把这个概念推广为"常数线性组合"编码, 并定义其码字空间为

$$\mathcal{C}_{\mathsf{s}}^{\lambda}([w]^l) = \left\{ v \in [w]^l : \sum_{i=0}^{l-1} \lambda_i v_i = \mathsf{s}, \lambda = (\lambda_0, \cdots, \lambda_{l-1}) \in (\mathbb{Z}^+)^l \right\}.$$

下面证明, $\mathcal{C}_{\mathsf{s}}^{\lambda}([w]^l)$ 也是一个不可比集. 事实上, 任取 $v, v' \in \mathcal{C}_{\mathsf{s}}^{\lambda}([w]^l)$, 若 $v \neq$

v' 且 $v > v'$, 则

$$0 = \mathsf{s} - \mathsf{s} = \sum_{i=0}^{l-1} \lambda_i v_i - \sum_{i=0}^{l-1} \lambda_i v_i' = \sum_{i=0}^{l-1} \lambda_i (v_i - v_i') \geqslant \sum_{i=0}^{l-1} (v_i - v_i') > 0.$$

这显然是矛盾的, 故 v 与 v' 一定不可比.

5.4 编码方案对 WOTS 型签名尺寸的影响

在 WOTS 型签名中, 首先将一个固定长度的消息编码成一个分量在 $[w]$ 中的长度为 $\mathtt{len}$ 的整数序列, 且所有消息对应的整数序列构成 $[w]^{\mathtt{len}}$ 中的一个不可比集. 显然, $\mathtt{len}$ 越小, 意味着需要的哈希链越少, 从而签名尺寸越小. 那么, 对于给定的长度为 $\log_2(w) \cdot \mathtt{len}_1$ 比特的消息, 如何选择编码方式, 从而使得整数序列的长度 $\mathtt{len}$ 尽量小呢? 对于 Winternitz 编码, w 和 $\mathtt{len}_1$ 完全确定了 $\mathtt{len}$, 即

$$\mathtt{len}_2 = \left\lfloor \frac{\log_2((w-1) \cdot \mathtt{len}_1)}{\log_2(w)} \right\rfloor + 1, \quad \mathtt{len} = \mathtt{len}_1 + \mathtt{len}_2.$$

若采用常数和编码方式, 则需要将 $\mathbb{F}_2^{\mathtt{len}_1 \cdot \log_2(w)}$ 中的所有消息编码到 $\mathcal{C}_{\mathsf{s}}([w]^{\mathtt{len}})$ 中去. 此时, 必须确保 $\mathcal{C}_{\mathsf{s}}([w]^{\mathtt{len}})$ 足够大. 因为对于任意的非负整数 s,

$$\zeta_w\left(\mathtt{len}, \left\lfloor \frac{\mathtt{len} \cdot (w-1)}{2} \right\rfloor\right) \geqslant \zeta_w(\mathtt{len}, \mathsf{s}),$$

所以只要找到适当的 $\mathtt{len}$, 使得

$$\zeta_w\left(\mathtt{len}, \left\lfloor \frac{\mathtt{len} \cdot (w-1)}{2} \right\rfloor\right) \geqslant 2^{\mathtt{len}_1 \cdot \log_2(w)}$$

即可. 令

$$\xi(w, \mathtt{len}_1) = \min\left\{\mathtt{len} \in \mathbb{Z}^+ : \zeta_w\left(\mathtt{len}, \left\lfloor \frac{\mathtt{len} \cdot (w-1)}{2} \right\rfloor\right) \geqslant 2^{\mathtt{len}_1 \cdot \log_2(w)}\right\},$$

表 5.5 给出一些具体的 $(w, \mathtt{len}_1)$ 的值, 以及对应的 Winternitz 编码与常数和编码所需要的哈希链的条数. 显然, 对于同样大小的消息空间, 常数和编码所需要的哈希链条数少于 Winternitz 编码所需要的哈希链条数. 关于更多的参数实例, 读者可以参考文献 [25]. 最后我们指出, 在使用 Winternitz 编码构造 WOTS 型签名算法时, 选择的 w 需要使 $\log_2(w)$ 是一个整数. 但是, 当使用常数和编码构造 WOTS 型

签名算法时, 所选择的 w 不一定使得 $\log_2(w)$ 是一个整数, 这是因为常数和编码算法 (算法 24) 不需要 w 满足这个条件. 例如, 在 SPHINCS-α 中[48], w 的典型参数集合为 $\{13, 15, 16, 32, 38, 46\}$.

表 5.5 WOTS 编码与常数和编码需要的哈希链的条数

w	$\mathtt{len}_1$	$2^{\mathtt{len}_1 \cdot \log_2(w)}$	$\mathtt{len}_1 + \mathtt{len}_2$	$\xi(w, \mathtt{len}_1)$
2	$192/\log_2(w) = 192$	2^{192}	$192 + 8 = 200$	197
	$256/\log_2(w) = 256$	2^{256}	$256 + 9 = 265$	261
	$512/\log_2(w) = 512$	2^{512}	$512 + 10 = 522$	517
4	$192/\log_2(w) = 96$	2^{192}	$96 + 5 = 101$	99
	$256/\log_2(w) = 128$	2^{256}	$128 + 5 = 133$	131
	$512/\log_2(w) = 256$	2^{512}	$256 + 5 = 261$	259
16	$192/\log_2(w) = 48$	2^{192}	$48 + 3 = 51$	50
	$256/\log_2(w) = 64$	2^{256}	$64 + 3 = 67$	66
	$512/\log_2(w) = 128$	2^{512}	$128 + 3 = 131$	130

第 6 章　基于杂凑函数的 FTS 签名方案

第 4 章介绍的都是一次性签名, 其特点是只要允许攻击者进行多于一次签名 Oracle 的询问, 攻击者就可以以百分之百的成功率在常数时间复杂度内伪造一个新的消息的签名. 本章介绍的签名方案的 1 个公私钥对可以给少量消息进行签名, 这类签名也称为 FTS (Few-Time Signature), 其安全强度是随着签名次数增多逐渐降低的. 首先来回顾一下, 在消息空间为 $\mathbb{F}_2 = \{0,1\}$ 的一次性签名方案中, 公私钥对为

$$\begin{pmatrix} sk \\ pk \end{pmatrix} = \begin{pmatrix} x_0 & x_1 \\ y_0 & y_1 \end{pmatrix} = \begin{pmatrix} x_0 & x_1 \\ f(x_0) & f(x_1) \end{pmatrix}.$$

当给消息 $b \in \{0,1\}$ 进行签名时, 选择暴露 y_b 的原像 x_b, 即消息 b 的签名为 $\sigma = x_b$, 通过验证方程 $y_b = f(\sigma)$ 可以验证签名的合法性. 但是, 这一方案的消息空间 $\mathbb{F}_2$ 过小, 实际应用意义不大. 利用上述思想, 我们能不能构造消息空间更大的签名方案呢? 例如, 若消息空间 $\mathcal{M} = \mathbb{F}_2^2 = \{0,1,2,3\}$, 则生成如下公私钥对

$$\begin{pmatrix} sk \\ pk \end{pmatrix} = \begin{pmatrix} x_0 & x_1 & x_2 & x_3 \\ y_0 & y_1 & y_2 & y_3 \end{pmatrix} = \begin{pmatrix} x_0 & x_1 & x_2 & x_3 \\ f(x_0) & f(x_1) & f(x_2) & f(x_3) \end{pmatrix},$$

并且令消息 $i \in \{0,1,2,3\}$ 的签名为 x_i. 如果我们想给 $\mathbb{F}_2^4$ 中的消息进行签名, 那么可以尝试如下方式. 例如, 对于消息 $m = \underline{10}\ \underline{11}$, 可以选择暴露 (x_2, x_3), 即消息 m 的签名为 $\sigma = (\sigma_0, \sigma_1) = (x_2, x_3)$, 通过验证方程 $f(\sigma_0) = y_2$ 和 $f(\sigma_1) = y_3$ 可以验证签名的合法性. 这一方案是否可以构成一个安全的且消息空间为 $\mathbb{F}_2^4$ 的一次性签名呢? 答案是否定的. 实际上, 当攻击者观察到消息 $\underline{10}\ \underline{11}$ 的签名后, 可以伪造消息 $\underline{10}\ \underline{10}$ 和消息 $\underline{11}\ \underline{11}$ 的签名. 这是因为, 消息 $\underline{10}\ \underline{10}$ 和消息 $\underline{11}\ \underline{11}$ 的签名中所需要的秘密原像 x_2 和 x_3 在消息 $\underline{10}\ \underline{11}$ 的签名中已经被暴露出来了.

为了用上述方式构造一个安全的一次性签名, 我们必须确保不同消息暴露的秘密原像集合之间没有包含关系. 假设消息空间为 $\mathcal{M} = \mathbb{F}_2^d$, 且在私钥中有 t 个秘密原像 $(x_0, \cdots, x_{t-1}) \in (\mathbb{F}_2^n)^t$. 令 $\mathscr{P}_k(\mathbb{Z}_t)$ 为 $\mathbb{Z}_t = \{0, \cdots, t-1\}$ 的所有 k 元子集, 若存在单射 $\rho : \mathcal{M} \to \mathscr{P}_k(\mathbb{Z}_t)$, 则可以构造一个消息空间为 $\mathcal{M}$ 的安全一次性签名方案. 这里我们强调, 为确保单射 $\rho : \mathcal{M} \to \mathscr{P}_k(\mathbb{Z}_t)$ 的存在性, (t,k,d) 必须满足 $\binom{t}{k} \geqslant 2^d$. 例如, 当 $t = 7$, $k = 2$ 时, $\binom{7}{2} = t(t-1)/2 = 21 \geqslant 2^4 = 16$,

我们可以构造一个消息空间为 $\mathbb{F}_2^4$ 的一次性签名方案. 首先, 该方案的公私钥对为

$$\begin{pmatrix} sk \\ pk \end{pmatrix} = \begin{pmatrix} x_0 & x_1 & x_2 & x_3 & x_4 & x_5 & x_6 \\ y_0 & y_1 & y_2 & y_3 & y_4 & y_5 & y_6 \end{pmatrix} = \begin{pmatrix} x_0 & \cdots & x_6 \\ f(x_0) & \cdots & f(x_6) \end{pmatrix},$$

$\mathbb{Z}_7$ 的所有 2 元子集为

$$\mathscr{P}_k(\mathbb{Z}_7) = \left\{ \begin{array}{r} (0,1),(0,2),(0,3),(0,4),(0,5),(0,6), \\ (1,2),(1,3),(1,4),(1,5),(1,6), \\ (2,3),(2,4),(2,5),(2,6), \\ (3,4),(3,5),(3,6), \\ (4,5),(4,6), \\ (5,6) \end{array} \right\}.$$

构造映射 $\rho : m \mapsto (u, v)$,

$$\begin{array}{llll} \texttt{0000} \to (0,1), & \texttt{0001} \to (0,2), & \texttt{0010} \to (0,3), & \texttt{0011} \to (0,4), \\ \texttt{0100} \to (0,5), & \texttt{0101} \to (0,6), & \texttt{0110} \to (1,2), & \texttt{0111} \to (1,3), \\ \texttt{1000} \to (1,4), & \texttt{1001} \to (1,5), & \texttt{1010} \to (1,6), & \texttt{1011} \to (2,3), \\ \texttt{1100} \to (2,4), & \texttt{1101} \to (2,5), & \texttt{1110} \to (2,6), & \texttt{1111} \to (3,4). \end{array}$$

则消息 m 的签名为 (x_u, x_v), 其中 $\rho(m) = (u, v)$. 这是一个安全的一次性签名方案, 但是如果用它进行两次签名, 则该方案是不安全的. 实际上, 当攻击者观察到 0000 和 1110 的签名 (x_0, x_1) 和 (x_2, x_6) 后, 可以伪造 0001 的签名 (x_0, x_2). 这是因为 (x_0, x_2) 已经在之前的两次签名中暴露出来了. 读者可以思考一下, 我们是否可以利用上述一次性签名算法的设计思想, 构造可以进行多次签名的数字签名方案呢?

6.1 HORS 签名方案及其相关改进版本

HORS (Hash to Obtain Random Subset) 签名[49] 是 Biba 签名[50] 的改进版本. 后来, 在性能、开销和安全性等方面, 产生了一系列改进[51-55], 其中 HORST 是 SPHINCS$^+$ 早期版本 SPHINCS 的核心组件. HORST (HORS with Trees[53]) 本质上

和 HORS [49] 一样, 只是在公私钥对生成过程中使用 Merkle 树对公钥元素进行了压缩, 将该树的根作为公钥, 并将签名和验签算法进行相应的修改. 在 HORST 签名中, 不仅包含 k 个秘密原像, 还包含它们相应的认证路径. 本节主要介绍 HORS 签名方案. 令 $l, k, t=2^\tau$ 为正整数, $f:\mathbb{F}_2^l \to \mathbb{F}_2^l$ 是单向函数, $\{\mathsf{H}_\gamma:\mathbb{F}_2^* \to \mathbb{F}_2^{k\tau}\}$ 是一个由 γ 索引的杂凑函数族, HORS 数字签名方案如下.

• $\mathsf{Gen}(1^n)$: 随机生成 $t=2^\tau$ 个 l 比特串作为私钥 (秘密原像), 并将秘密原像的像作为公钥 pk,

$$\begin{pmatrix} sk \\ pk \end{pmatrix} = \begin{pmatrix} x_0 & \cdots & x_{t-1} \\ y_0 & \cdots & y_{t-1} \end{pmatrix} = \begin{pmatrix} x_0 & \cdots & x_{t-1} \\ f(x_0) & \cdots & f(x_{t-1}) \end{pmatrix}.$$

• $\mathsf{Sign}_{sk}(\mathsf{msg})$: 对于消息 $\mathsf{msg} \in \mathbb{F}_2^*$, 首先随机生成 γ 并计算 $\mathsf{m}=\mathsf{H}_\gamma(\mathsf{msg})$, 然后将 m 分成 τ 比特的 k 段, 每一段视为一个整数, 即 $\mathsf{base}_{2^\tau}(\mathsf{m}, k)=(i_0,\cdots,i_{k-1})$, 则消息 msg 的签名为

$$(\gamma,\sigma)=(\gamma, x_{i_0},\cdots,x_{i_{k-1}}),$$

即签名暴露了 $(y_{i_0},\cdots,y_{i_{k-1}})$ 的原像.

• $\mathsf{Vrfy}_{pk}((\gamma,\sigma),\mathsf{msg})$: 给定消息 msg 及其签名 $(\gamma,\sigma)=(\gamma,\sigma_0,\cdots,\sigma_{k-1})$, 令

$$\mathsf{base}_{2^\tau}(\mathsf{H}_\gamma(\mathsf{msg}),k)=(j_0,\cdots,j_{k-1}).$$

若对 $0 \leqslant u < k$, $f(\sigma_u)=y_{j_u}$, 则签名通过验证, 否则拒绝.

注意, 上述签名方案使用了 3.3 节中给出的随机化的 Hash-and-Sign 范式, 而在原始文献 [49] 中, 使用的是 3.2 节的 Hash-and-Sign 范式. 因此, 原始文献中的版本的安全强度不会高于其底层杂凑函数抗碰撞攻击的安全强度. 在文献 [49] 中, Reyzin 等给出了两组参数实例. 在第一个参数实例中, $k=20, t=256$, 且该实例的目标安全强度是 53 比特, 允许 2 次签名. 在第二个参数实例中, $k=16, t=1024$, 且该实例的目标安全强度是 64 比特, 允许 4 次签名. 假设使用了一个输出长度为 l 比特的抗碰撞杂凑函数作为 $f:\mathbb{F}_2^l \to \mathbb{F}_2^l$, 文献 [49] 是按如下方式评估一个实例的安全强度的. 若对一个给定的签名算法实例, 允许攻击者询问 d 个不同消息 $\mathsf{msg}^{(1)}, \cdots, \mathsf{msg}^{(d)}$ 的合法签名 $(\gamma^{(1)},\sigma^{(1)}), \cdots, (\gamma^{(d)},\sigma^{(d)})$. 令 $\mathbb{A}_i$ 为 $\mathsf{base}_{2^\tau}(\mathsf{H}_\gamma^{(i)}(\mathsf{msg}^{(i)}),k)$ 的 k 个整数分量构成的集合, 即 $\sigma^{(i)}$ 暴露的原像集合为 $\{x_j : j \in \mathbb{A}_i\}$, 则攻击者可以成功伪造一个新的消息的签名的条件是他可以找到一个 γ 和一个消息 msg, 使得 $\mathsf{base}_{2^\tau}(\mathsf{H}_\gamma(\mathsf{msg}),k)$ 的 k 个秘密原像索引构成的集合 $\mathbb{A}_{\mathsf{msg}}$ 满足

$$\mathbb{A}_{\mathsf{msg}} \subseteq \mathbb{A}_1 \cup \cdots \cup \mathbb{A}_d. \tag{6.1}$$

文献 [49] 认为, 方程 (6.1) 成立的概率约为 $\left(\frac{kd}{t}\right)^k$. 其推理逻辑是这样的, 令 $\mathbb{A}_{\mathsf{msg}} = \{j_0, \cdots, j_{k-1}\}$, 则

$$\Pr[j_0 \in \mathbb{A}_1 \cup \cdots \cup \mathbb{A}_d] \approx \Pr[j_0 \in \mathbb{A}_1] + \cdots + \Pr[j_0 \in \mathbb{A}_d] \approx d \cdot \frac{k}{t}.$$

因此, $\Pr[\mathbb{A}_{\mathsf{msg}} \subseteq \mathbb{A}_1 \cup \cdots \cup \mathbb{A}_d] \approx \left(\frac{kd}{t}\right)^k$. 从而

$$\Pr[\mathbb{A}_{\mathsf{msg}} \subseteq \mathbb{A}_1 \cup \cdots \cup \mathbb{A}_d] \approx \begin{cases} 2^{-53.56}, & (k,t,d) = (20,256,2) \\ 2^{-64.00}, & (k,t,d) = (16,1024,4) \end{cases}.$$

我们指出, 上述估计方法并不精确. 例如, 攻击者完全可以找到一个消息 msg, 使得 $\mathtt{base}_{2^\tau}(\mathsf{H}_\gamma(\mathsf{msg}), k)$ 中有很多重复的索引值, 这样 $\mathbb{A}_{\mathsf{msg}}$ 中只有 $k' < k$ 个元素. 此时, $\Pr[\mathbb{A}_{\mathsf{msg}} \subseteq \mathbb{A}_1 \cup \cdots \cup \mathbb{A}_d] \approx \left(\frac{kd}{t}\right)^{k'} < \left(\frac{kd}{t}\right)^k$. 由于在原方案中没有使用随机化的 Hash-and-Sign 范式, 攻击者可以搜索到 $r+1$ 个消息, 使得这些消息中存在 r 个消息对应的秘密原像集覆盖剩下的一个消息对应的秘密原像集, 等找到这些消息后再进行签名 Oracle 的询问. 另外, 攻击者在询问完一个消息后, 他可以离线再搜索一些消息, 然后再把合适的消息发送给签名 Oracle, 即他采用的是自适应选择消息攻击 (Adaptive Chosen Message Attacks), 考虑到这些后, HORS 方案的安全强度明显降低, 这在文献 [52] 中进行了细致的讨论. 实际上, 文献 [52] 给出了 $(k,t,d) = (20,256,2)$ 和 $(k,t,d) = (16,1024,4)$ 两个实例的实际攻击. 因此, SPHINCS$^+$ 放弃了使用 HORS 或 HORST, 而采用了 FORS.

6.2 FORS 签名方案

令 n, k, a 为正整数, $t = 2^a$, 参数为 (n,k,t) 的 FORS 实例的私钥包含一个用于区分不同 FORS 实例的 n 字节公开种子 **PK**.seed 和 kt 个随机生成的 n 字节元素

$$(x_0, \cdots, x_{kt-1}) = (x_0, \cdots, x_{k\cdot 2^a-1}),$$

我们称其为该 FORS 实例的秘密原像数组. 这 kt 个元素被分成 k 组, 第 0 个元素到第 $t-1$ 个元素为第 0 组, 第 it 个元素到第 $(i+1)t-1$ 个元素为第 i 组, 第 $(k-1)t$ 个元素到第 $kt-1$ 个元素为第 $k-1$ 组. 利用这 kt 个元素, 可以得到 kt 个叶子节点, 其中第 j 个叶子节点的值为 $y_j = \mathbf{F}(\mathbf{PK}.\mathsf{seed}, \mathrm{ADRS}(j), x_j)$,

$0 \leqslant j < kt$, 其中 ADRS(j) 是一个与 j 相关的数据结构, 而 $\mathbf{F}$ 可以用一个杂凑函数实现. 例如, 可以定义

$$\mathbf{F}(\mathbf{PK}.\mathsf{seed}, \mathrm{ADRS}(j), x_j) = \mathtt{SHAKE256}(\mathbf{PK}.\mathsf{seed} \parallel \mathrm{ADRS}(j) \parallel x_j, 8n).$$

类似地, 这 kt 个叶子节点也可以分成 k 组, 每一组中共有 $t = 2^a$ 个叶子节点:

$$(y_0, \cdots, y_{t-1}), (y_t, \cdots, y_{2t-1}), \cdots, (y_{(k-1)t}, \cdots, y_{kt-1}).$$

从而, 每一组叶子节点可以构造一个高度为 a 的完美二叉树, 我们称其为 FORS 子树. 一个 FORS 子树各节点的计算规则为: 若 z 为 u 和 v 的父节点, 且 z 是高度为 treeHeight 的第 treeIndex 个节点, 则

$$z = \mathbf{H}(\mathbf{PK}.\mathsf{seed}, \mathrm{ADRS}(\mathtt{treeHeight}, \mathtt{treeIndex}), u \parallel v),$$

其中 ADRS(treeHeight, treeIndex) 是一个由 treeHeight 和 treeIndex 确定的数据结构, 而 $\mathbf{H}$ 可以用一个杂凑函数实现. 例如, 可以定义

$$\mathbf{H}(\mathbf{PK}.\mathsf{seed}, \mathrm{ADRS}, u \parallel v) = \mathtt{SHAKE256}(\mathbf{PK}.\mathsf{seed} \parallel \mathrm{ADRS} \parallel u \parallel v, 8n).$$

设通过上述方式构造的 k 个 FORS 子树的根节点为 $\mathtt{root}_0^{\mathtt{FORS}}, \cdots, \mathtt{root}_{k-1}^{\mathtt{FORS}}$, 则这个 FORS 实例的公钥为 $\mathbf{PK}.\mathsf{seed}$ 和

$$\mathbf{T}_k(\mathbf{PK}.\mathsf{seed}, \mathtt{root}_0^{\mathtt{FORS}} \parallel \cdots \parallel \mathtt{root}_{k-1}^{\mathtt{FORS}}), \tag{6.2}$$

其中, 可以用一个杂凑函数来实现 $\mathbf{T}_k$. 例如, 可以定义式 (6.2) 为

$$\mathtt{SHAKE256}(\mathbf{PK}.\mathsf{seed} \parallel \mathtt{root}_0^{\mathtt{FORS}} \parallel \cdots \parallel \mathtt{root}_{k-1}^{\mathtt{FORS}}, 8n).$$

图 6.1 给出了一个参数为 $(n, k = 3, t = 2^3)$ 的 FORS 实例. 这个 FORS 实例可以对长度为 ka 比特的消息摘要 m 进行签名. 令 $\mathsf{m} = (\mathsf{m}_0, \cdots, \mathsf{m}_{k-1}) \in \mathbb{F}_2^{ka}$, 其中 $\mathsf{m}_j \in \mathbb{F}_2^a$. 则签名包括该 FORS 实例的第 $\mathsf{m}_0, t+\mathsf{m}_1, \cdots, (k-1)t+\mathsf{m}_{k-1}$ 个私钥元素, 即第 0 个 FORS 子树的第 m_0 个叶子节点对应的秘密原像, 第 1 个 FORS 子树的第 m_1 个叶子节点对应的秘密原像, $\cdots$, 第 $k-1$ 个 FORS 子树的第 m_{k-1} 个叶子节点对应的秘密原像, 以及这 k 个秘密原像相对于该 FORS 实例的公钥的认证路径. 例如, 图 6.1 给出了一个参数为 $(n, k = 3, t = 2^3)$ 的 FORS 实例对消息 $\mathsf{m} = 010\ 110\ 100 = (2, 6, 4)$ 进行签名时需要给出的私钥元素和认证路径. 在验证签名时, 验签者可以从签名计算出相应的 FORS 实例的 “假想” 公钥, 如果计算出的公钥和真正的公钥匹配, 则签名验证通过.

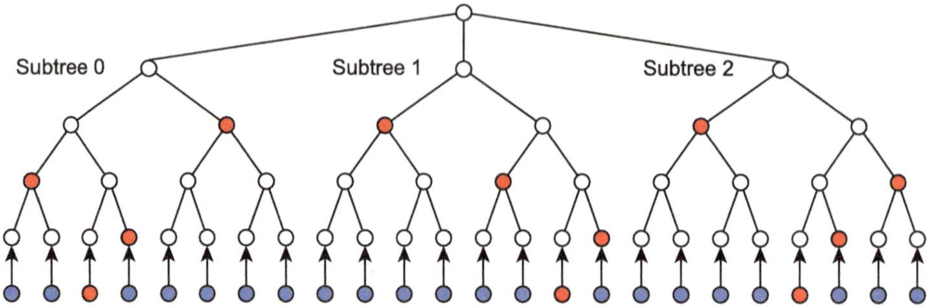

图 6.1 参数为 $(n, k=3, t=2^3)$ 的 FORS 实例

在实际应用中, FORS 是作为 $\texttt{SPHINCS}^+$ 的核心组件使用的, 在 FIPS 205[24] 中使用的 FORS 实例的具体参数如表 6.1 所示. 在 $\texttt{SPHINCS}^+$ 中, 给定一个消息 $\mathsf{msg} \in \mathbb{F}_2^*$, 首先计算

$$\begin{cases} \mathbf{R} = \mathbf{PRF}_{\texttt{MSG}}(\mathbf{SK}.\texttt{prf}, \texttt{opt}, \mathsf{msg}) \\ \texttt{digest} = \mathbf{H}_{\texttt{MSG}}(\mathbf{R}, \mathbf{PK}.\mathsf{seed}, \mathbf{PK}.\texttt{root}, \mathsf{msg}) \end{cases}, \tag{6.3}$$

其中 **SK**.prf 是一个秘密的 n 字节种子, opt 可以赋值为一个新鲜的随机产生的 n 字节值或该 $\texttt{SPHINCS}^+$ 实例公私钥对中的 n 字节公开种子 **PK**.seed, **PK**.root 是该 $\texttt{SPHINCS}^+$ 实例超树结构的根, 而 $\mathbf{PRF}_{\texttt{MSG}}$ 和 $\mathbf{H}_{\texttt{MSG}}$ 都可以用杂凑函数来实现, 具体请参考第 9 章. 然后, 取 digest 的前 ka 比特记为 md, 并根据 digest 的其余部分选择一个 FORS 实例对 md 进行签名. 我们强调, FORS 只能用来给消息摘要进行签名. 若攻击者可以直接控制被签名的 ka 比特串, 则进行两次签名后攻击者可以伪造一个新的消息的签名. 还是以参数为 $(n, k=3, t=2^3)$ 的 FORS 实

表 6.1 FIPS 205[24] 中 FORS 的典型参数

算法	k	a	$t=2^a$
SLH-DSA-SHA2-128s SLH-DSA-SHAKE-128s	14	12	4096
SLH-DSA-SHA2-128f SLH-DSA-SHAKE-128f	33	6	64
SLH-DSA-SHA2-192s SLH-DSA-SHAKE-192s	17	14	16384
SLH-DSA-SHA2-192f SLH-DSA-SHAKE-192f	33	8	256
SLH-DSA-SHA2-256s SLH-DSA-SHAKE-256s	22	14	16384
SLH-DSA-SHA2-256f SLH-DSA-SHAKE-256f	35	9	512

例为例, 如图 6.2 和图 6.3 所示, 若攻击者观察到

$$\begin{cases} \mathsf{m} = 010\ 110\ 001 = (2,6,1) \\ \mathsf{m}' = 011\ 010\ 105 = (3,2,5) \end{cases}$$

的签名, 则攻击者可以伪造 $\mathsf{m}^* = 010\ 010\ 001 = (2,2,1)$ 的签名 (图 6.4).

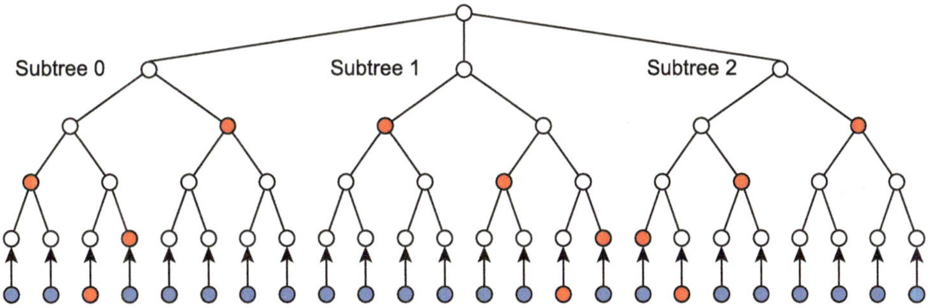

图 6.2 消息 $\mathsf{m} = 010\ 110\ 001 = (2,6,1)$ 的 FORS 签名

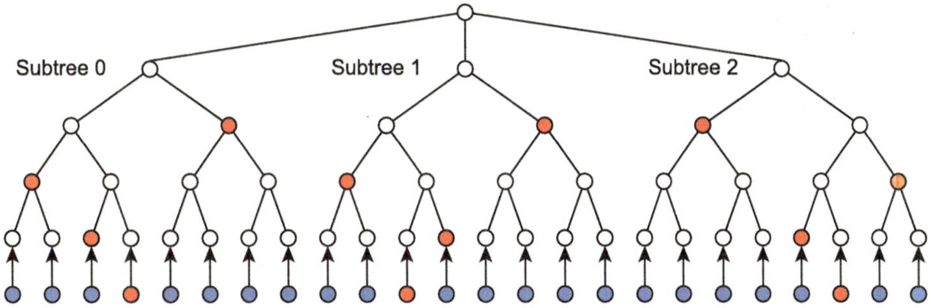

图 6.3 消息 $\mathsf{m}' = 011\ 010\ 105 = (3,2,5)$ 的 FORS 签名

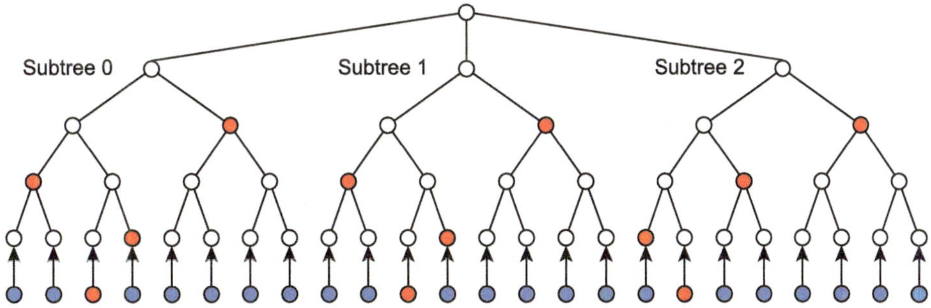

图 6.4 消息 $\mathsf{m}^* = 010\ 010\ 001 = (2,2,1)$ 的 FORS 签名

下面来分析一下，当攻击者观察到 g 个合法签名后，他成功伪造一个新的消息的签名的概率是多少. 攻击者随机生成一个消息 msg，并通过方程 (6.3) 计算其摘要值的前 ka 比特，记为 m. 令前 g 个签名暴露的第 i 个 FORS 子树上的秘密原像的集合为 $\mathbb{A}_i = \bigcup_{j=0}^{g-1}\{\alpha_j^{(i)}\}$，其中 $\alpha_j^{(i)}$ 为第 j 次签名暴露的第 i 个 FORS 子树某个叶子节点对应的秘密原像. 设 m 的签名需要暴露的秘密原像为 $\{\beta_0, \cdots, \beta_{k-1}\}$，则攻击者可以成功伪造签名的概率为

$$
\begin{aligned}
p &= \Pr[\beta_0 \in \mathbb{A}_0 \wedge \cdots \wedge \beta_{k-1} \in \mathbb{A}_{k-1}] \\
&= \prod_{i=0}^{k-1} \Pr[\beta_i \in \mathbb{A}_i] = \prod_{i=0}^{k-1} (1 - \Pr[\beta_i \notin \mathbb{A}_i]) \\
&= \prod_{i=0}^{k-1} \left(1 - \Pr[\beta_i \neq \alpha_0^{(i)}, \cdots, \beta_i \neq \alpha_{g-1}^{(i)}]\right) \\
&= \left(1 - \left(1 - \frac{1}{t}\right)^g\right)^k.
\end{aligned}
$$

6.3 FORC 签名方案

FORC (Forest of Random Chains) 是由 Zhang, Cui 和 Yu 设计的 FTS 签名算法[48]. FORC 可以视为 FORS 的推广. 令 n, k, a, w' 为正整数，$t = 2^a$，参数为 (n, k, t, w') 的 FORC 实例的私钥包含一个用于区分不同 FORC 实例的 n 字节公开种子 **PK**.seed 和 kt 个随机生成的 n 字节元素 $(x_0, \cdots, x_{kt-1}) = (x_0, \cdots, x_{k\cdot 2^a-1})$，我们称其为该 FORC 实例的秘密原像数组. 然后，利用算法 26 计算该 FORC 实例的公钥像数组 $(y_0, \cdots, y_{k\cdot 2^a-1})$，其中

$$y_j = \mathtt{chain}(x_i, 0, w'-1, \mathbf{PK}.\mathsf{seed}, j), \quad 0 \leqslant j < k \cdot 2^a.$$

在算法 26 中，ADRS(j) 是一个与 j 相关的数据结构，而 **F** 可以用一个杂凑函数实现. 例如，可以定义

$$\mathbf{F}(\mathbf{PK}.\mathsf{seed}, \mathrm{ADRS}(j), x_j) = \mathtt{SHAKE256}(\mathbf{PK}.\mathsf{seed} \parallel \mathrm{ADRS}(j) \parallel x_j, 8n).$$

与 FORS 类似，以该 FORC 实例的公钥像数组中的元素为叶子节点，构造 k 个完美二叉树，我们称其为 FORC 子树. 设 k 个树的根节点为 $\mathtt{root}_0^{\mathtt{FORC}}, \cdots, \mathtt{root}_{k-1}^{\mathtt{FORC}}$，则这个 FORS 实例的公钥为 **PK**.seed 和

$$\mathbf{T}_k(\mathbf{PK}.\mathsf{seed}, \mathtt{root}_0^{\mathtt{FORC}} \parallel \cdots \parallel \mathtt{root}_{k-1}^{\mathtt{FORC}}), \tag{6.4}$$

其中, 可以用一个杂凑函数来实现 $\mathbf{T}_k$. 例如, 可以定式 (6.4) 为

$$\texttt{SHAKE256}(\mathbf{PK}.\texttt{seed} \,\|\, \texttt{root}_0^{\texttt{FORC}} \,\|\, \cdots \,\|\, \texttt{root}_{k-1}^{\texttt{FORC}}, 8n).$$

算法 26: chain(X, j, s, **PK**.seed, chainAddr)

Input: n 字节节点值 X、起始节点索引 j、步数 s、公钥公开种子 **PK**.seed、哈希链索引 chainAddr $\in \{0, \cdots, k \cdot 2^a - 1\}$

Output: n 字节哈希链节点

```
tmp ← X
for t = j, ···, j + s − 1 do
    ADRS ← ADRS(chainAddr, t)
    tmp ← F(PK.seed, ADRS, tmp)
return tmp
```

图 6.5 给出了一个参数为 $n, k = 3, t = 2^3, w' = 4$ 的 FORC 树. 这个 FORC 实例可以对长度为 $k \cdot (a + \log_2(w'))$ 比特的消息摘要 m 进行签名. 图 6.5 中的红色节点给出了一个参数为 $n, k = 3, t = 2^3, w' = 4$ 的 FORC 实例对消息摘要 m = 010 10 110 01 100 11 进行签名时需要给出的哈希链节点和认证路径. 在验证签名时, 验签者可以从签名计算出相应的 FORC 实例的 "假想" 公钥, 如果计算出的公钥和真正的公钥匹配, 则签名验证通过. 最后, 表 6.2 给出了 SPHINCS-α 中使用的 FORC 实例的典型参数.

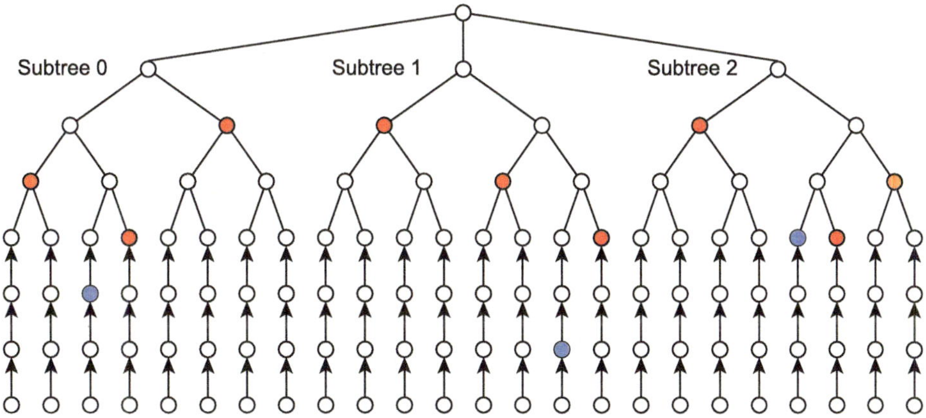

图 6.5 $k = 3, a = 3, w' = 4$ 的 FORC 实例对消息 010 10 110 01 100 11 进行签名

下面我们来分析一下, 当攻击者观察到 g 个合法签名后, 他成功伪造一个新的消息的签名的概率是多少. 攻击者随机生成一个消息 msg, 并通过类似方程 (6.3) 的方式计算其摘要值的前 $k \cdot (a + \log_2(w'))$ 比特, 记为

表 6.2　SPHINCS-α[48] 中 FORC 的典型参数

算法	k	a	$t=2^a$	w'
SPHINCS-α-128f	23	7	128	2
SPHINCS-α-128s	11	13	8192	2
SPHINCS-α-192f	37	7	128	2
SPHINCS-α-192s	19	12	4096	2
SPHINCS-α-256f	48	8	256	2
SPHINCS-α-256s	27	12	4096	2

$$\mathsf{m}=((\alpha_0,\beta_0),(\alpha_1,\beta_1),\cdots,(\alpha_{k-1},\beta_{k-1}))\in(\mathbb{F}_2^a\times\mathbb{F}_2^{\log_2(w')})^k.$$

令前 g 个签名暴露的第 i 个 FORC 子树上的哈希链节点的集合为 $\mathbb{A}_i=\bigcup_{j=0}^{g-1}\{\sigma_j^{(i)}\}$, 其中 $\sigma_j^{(i)}$ 表示第 j 个签名暴露的第 i 个 FORC 子树上的哈希链节点, 则攻击者可以成功伪造签名的条件是从 $\mathbb{A}_0$ 可以推导出第 0 个 FORC 子树的第 α_0 条哈希链的第 β_0 个节点 (表示为 $\mathbb{A}_0\Rightarrow(\alpha_0,\beta_0)$), 从 $\mathbb{A}_1$ 可以推导出第 1 个 FORC 子树的第 α_1 条哈希链的第 β_1 个节点 (表示为 $\mathbb{A}_1\Rightarrow(\alpha_1,\beta_1)$), $\cdots$, 从 $\mathbb{A}_{k-1}$ 可以推导出第 $k-1$ 个 FORC 子树的第 α_{k-1} 条哈希链的第 β_{k-1} 个节点 (表示为 $\mathbb{A}_{k-1}\Rightarrow(\alpha_{k-1},\beta_{k-1})$). 因此, 攻击者成功伪造签名的概率为

$$\begin{aligned}
p&=\Pr[\mathbb{A}_0\Rightarrow(\alpha_0,\beta_0),\cdots,\mathbb{A}_{k-1}\Rightarrow(\alpha_{k-1},\beta_{k-1})]\\
&=\prod_{i=0}^{k-1}\Pr[\mathbb{A}_i\Rightarrow(\alpha_i,\beta_i)]\\
&=\prod_{i=0}^{k-1}(1-\Pr[\mathbb{A}_i\not\Rightarrow(\alpha_i,\beta_i)])\\
&=\prod_{i=0}^{k-1}\left(1-\Pr[\sigma_0^{(i)}\not\Rightarrow(\alpha_i,\beta_i),\cdots,\sigma_{g-1}^{(i)}\not\Rightarrow(\alpha_i,\beta_i)]\right)\\
&=\prod_{i=0}^{k-1}\left(1-\prod_{j=0}^{g-1}\Pr[\sigma_j^{(i)}\not\Rightarrow(\alpha_i,\beta_i)]\right)\\
&=\prod_{i=0}^{k-1}\left(1-\prod_{j=0}^{g-1}\left(1-\Pr[\sigma_j^{(i)}\Rightarrow(\alpha_i,\beta_i)]\right)\right)\\
&=\prod_{i=0}^{k-1}\left(1-\prod_{j=0}^{g-1}\left(1-\sum_{s=0}^{w'-1}\Pr[\beta_i=s]\Pr[\sigma_j^{(i)}\Rightarrow(\alpha_i,\beta_i)]\right)\right)\\
&=\prod_{i=0}^{k-1}\left(1-\prod_{j=0}^{g-1}\left(1-\frac{1}{t}\cdot\sum_{s=0}^{w'-1}\frac{1}{w'}\cdot\frac{w'-s}{w'}\right)\right)
\end{aligned}$$

$$= \prod_{i=0}^{k-1}\left(1-\prod_{j=0}^{g-1}\left(1-\frac{1}{t}\cdot\frac{1}{w'}\cdot\frac{1}{w'}(1+\cdots+w')\right)\right)$$
$$= \left(1-\left(1-\frac{1}{t}\cdot\frac{w'+1}{2w'}\right)^g\right)^k.$$

注意, 这个概率显然是优于 (低于) FORS 算法相应的概率的, 虽然这个改进是非常有限的 $\left(\frac{1}{2}<\frac{w'+1}{2w'}\leqslant 1\right)$, 但这种设计为整体算法的设计提供了更多的灵活性, 扩大了设计空间.

第 7 章　基于杂凑函数的带状态数字签名

本章介绍几个已经被 IETF、NIST 及 ISO 标准化的基于杂凑函数的带状态数字签名, 包括 LMS 、HSS 、XMSS 和 XMSS-MT [17,18]. 注意, 本章中所介绍的数字签名算法都只能进行有限次签名, 如果一个签名方案的一个公私钥对可以安全地进行 N 次签名, 则称该签名方案的容量为 N.

在介绍这些算法的具体细节前, 首先给出一些基本符号. $\mathbb{F}_2=\{0,1\}$ 表示二元域, $\mathbb{B}=\mathbb{F}_2^8$ 表示所有字节 (即 8 位二进制数据) 的集合. 用 "0x" 和两个十六进制数字表示 1 个字节. 例如, 0xF3 表示 1 个字节, 而 0xF324EA 则表示一个长度为 3 字节的数据. 有时会将一个非负整数 i 转化成一个字节序列, $\texttt{u8str}(i)$, $\texttt{u16str}(i)$ 和 $\texttt{u32str}(i)$ 分别为 i 的 1 字节表示、i 的 2 字节表示和 i 的 4 字节表示. 例如, $\texttt{u8str}(11)=\texttt{0x0B}$, $\texttt{u16str}(62140)=\texttt{0xF2BC}$, $\texttt{u32str}(305441741)=\texttt{0x1234ABCD}$. 一般地, $\texttt{toByte}(i,l)$ 将非负整数 i 转化成 l 个字节的字节序列. 例如, $\texttt{toByte}(8,1)=\texttt{0x08}$, $\texttt{toByte}(255,2)=\texttt{0x00FF}$. 因此, $\texttt{toByte}(i,1)=\texttt{u8str}(i)$, $\texttt{toByte}(i,2)=\texttt{u16str}(i)$, $\texttt{toByte}(i,4)=\texttt{u32str}(i)$. 设 S 是字节序列, $\|S\|_{\mathbb{B}}$ 表示 S 的长度 (字节数). 若 $0\leqslant i<\|S\|_{\mathbb{B}}$, 则 $\texttt{byte}(S,i)$ 表示 S 的第 i 个字节, $\texttt{byte}(S,i,j)$ 表示 S 的第 i 到第 j 个字节. 例如, 若字节序列 $S=\texttt{0xABCDFF01}$, 则 $\texttt{byte}(S,0)=\texttt{0xAB}$, $\texttt{byte}(S,3)=\texttt{0x01}$, $\texttt{byte}(S,1,3)=\texttt{0xCDFF01}$. $\texttt{toInt}(S,k)$ 将一个 k 字节二进制串 S 转化成一个无符号整数, 例如 $\texttt{toInt}(\texttt{0x1234ABCD},4)=305441741$. 对一个字节序列 S, 若 w 整除 $\|S\|_{\mathbb{F}_2}$ 且 $0\leqslant i<\|S\|_{\mathbb{F}_2}/w$, 则用 $\texttt{coef}(S,i,w)$ 表示它的第 i 个 w 比特串所对应的无符号整数. 例如, 若 $S=\texttt{0xABCDFF01}$, 则 $\texttt{coef}(S,0,4)=\texttt{0xA}=10$, $\texttt{coef}(S,6,4)=\texttt{0x0}=0$, $\texttt{coef}(S,3,2)=3$. 在本章中, 用 $w\in\{1,2,4,8\}$ 表示所谓的 Winternitz 参数. 最后, $\texttt{coef}(S,i,w)$ 可以采用如下公式进行计算:

$$\texttt{coef}(S,i,w)=(2^w-1)\ \wedge\ \left(\texttt{byte}\left(S,\left\lfloor\frac{iw}{8}\right\rfloor\right)\gg\left(8-w\cdot\left(\left(i \bmod \frac{8}{w}\right)+1\right)\right)\right),$$

其中, $\wedge$ 表示按位与操作, $j=\left\lfloor\dfrac{iw}{8}\right\rfloor$ 表示 $\texttt{coef}(S,i,w)$ 会出现在 S 的第 j 个字节, $\lambda=i \bmod \dfrac{8}{w}$ 表示 $\texttt{coef}(S,i,w)$ 出现在 S 的第 j 个字节中的第 λ 个 w 比特

串上. 例如, 令 $S=$ 0xCF12B3CD67EA, 则

$$\texttt{coef}(S,6,4)=\texttt{0xF}\ \wedge\ (\texttt{byte}(S,3)\gg(8-4\times 1))=12.$$

最后, 设 A 是一个字节序列数组, 数组中的每个元素是一个 n 字节序列, 则 $A[i]\in\mathbb{B}^n$ 表示数组 A 的第 i 个元素. 例如, 若 $A=$ (0xABCDFF01, 0x00000001, 0xFFFFFFFE), 则 $A[0]=$ 0xABCDFF01, $A[1]=$ 0x00000001.

7.1 带状态的数字签名算法 LMS

LMS 数字签名算法给出了一种利用一个高度为 h 的完美二叉树组织 2^h 个一次性签名实例 (对应 2^h 个公私钥对) 的方法, 称这个树为一个 LMS 树. 一个高为 h 的 LMS 树的每个叶子节点对应于一个一次性签名实例 (公私钥对). 每当给一个新的消息进行签名时, LMS 都会选取一个没有使用过的叶子节点所对应的一次性签名实例对这一消息进行签名, 可以理解为每一次签名都消耗一个叶子节点对应的一次性签名. 因此, 一个高为 h 的 LMS 树可以满足 2^h 个不同消息的签名. 图 7.1 给出了一个高度 $h=4$ 的 LMS 树, 其中高度为 i $(0\leqslant i\leqslant 4)$ 的节点共有 2^{h-i} 个, 这些节点从左到右分别记为 $\mathfrak{n}_0^{(i)},\mathfrak{n}_1^{(i)},\cdots,\mathfrak{n}_{2^{h-i}-1}^{(i)}$. 当使用这个 LMS 树对应的签名算法实例对消息进行签名时, 叶子节点的消耗顺序为 $\mathfrak{n}_0^{(0)},\mathfrak{n}_1^{(0)},\cdots,\mathfrak{n}_{15}^{(0)}$.

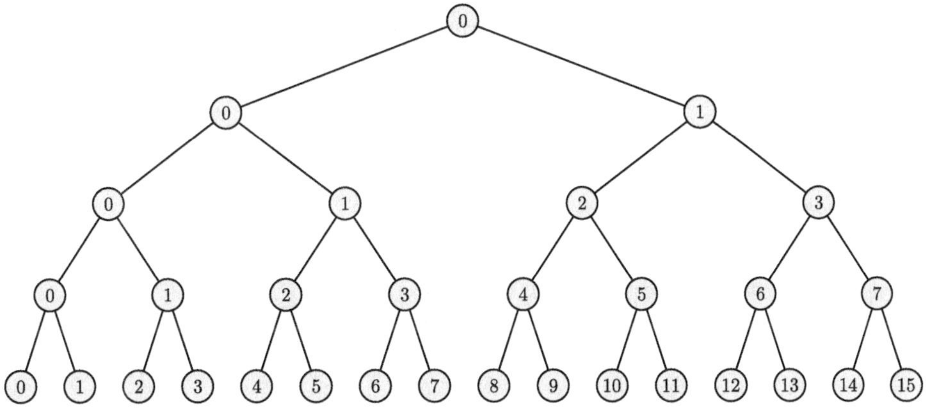

图 7.1 高度为 4 的 LMS 树

7.1.1 LMS 公私钥对的生成

首先, 根据系统所要使用的具体杂凑函数 H(·)、LMS 树中每个节点对应的值的字节数 m 和 LMS 树的高度 h, 确定 lmstype $\in\mathbb{B}^4$ 的值. lmstype 的值通常会在相

关标准文件中进行规范. 例如, 在 RFC 8554 中, 如果使用的杂凑函数为 SHA-256, $m = 32$, 且 $h = 10$, 则 lmstype = LMS_SHA256_M32_H10 = 0x00000006. 表 7.1 和表 7.2 分别给出了 RFC 8554 和一个正在讨论过程中的互联网草案对 lmstype 的规范. 然后, 根据使用的 LM-OTS 一次性签名的参数设置 otstype $\in \mathbb{B}^4$ 的值. 例如, 在 RFC 8554 中, 如果使用的杂凑函数为 SHA-256, 杂凑函数输出长度为 32 字节且 Winternitz 参数为 4, 则 otstype = LMOTS_SHA256_N32_W4 = 0x00000003. 表 7.3 和表 7.4 分别给出了 RFC 8554 和一个正在讨论过程中的互联网草案对 otstype 的规范. 注意, lmstype 选定后, otstype 的值必须与 lmstype 匹配. 例如, 当 lmstype 的值设置为 LMS_SHA256_M32_H10 后, otstype 的值只能在 LMOTS_SHA256_N32_W1、LMOTS_SHA256_N32_W2、LMOTS_SHA256_N32_W4、LMOTS_SHA256_N32_W8 中进行选择. 当 lmstype 和 otstype 确定后, 算法使用的杂凑函数 H、一个秘密原像的尺寸或 H 的输出的长度 ($n = m$ 字节)、Winter-

表 7.1　RFC 8554 中对 lmstype 的规范

type 名	type 值	H	m	h
保留	0x00000000 — 0x00000004	—	—	—
LMS_SHA256_M32_H5	0x00000005	SHA-256	32	5
LMS_SHA256_M32_H10	0x00000006	SHA-256	32	10
LMS_SHA256_M32_H15	0x00000007	SHA-256	32	15
LMS_SHA256_M32_H20	0x00000008	SHA-256	32	20
LMS_SHA256_M32_H25	0x00000009	SHA-256	32	25
未分配	0x0000000A — 0xDDDDDDDC	—	—	—
保留供专有算法使用	0xDDDDDDDD — 0xFFFFFFFF	—	—	—

表 7.2　互联网草案[15] 对 lmstype 的补充

type 名	type 值	H	m	h
LMS_SHA256_M24_H5	0x0000000A	SHA256-192	24	5
LMS_SHA256_M24_H10	0x0000000B	SHA256-192	24	10
LMS_SHA256_M24_H15	0x0000000C	SHA256-192	24	15
LMS_SHA256_M24_H20	0x0000000D	SHA256-192	24	20
LMS_SHA256_M24_H25	0x0000000E	SHA256-192	24	25
LMS_SHAKE_M32_H5	0x0000000F	SHAKE256-256	32	5
LMS_SHAKE_M32_H10	0x00000010	SHAKE256-256	32	10
LMS_SHAKE_M32_H15	0x00000011	SHAKE256-256	32	15
LMS_SHAKE_M32_H20	0x00000012	SHAKE256-256	32	20
LMS_SHAKE_M32_H25	0x00000013	SHAKE256-256	32	25
LMS_SHAKE_M24_H5	0x00000014	SHAKE256-192	24	5
LMS_SHAKE_M24_H10	0x00000015	SHAKE256-192	24	10
LMS_SHAKE_M24_H15	0x00000016	SHAKE256-192	24	15
LMS_SHAKE_M24_H20	0x00000017	SHAKE256-192	24	20
LMS_SHAKE_M24_H25	0x00000018	SHAKE256-192	24	25

表 7.3 RFC 8554 中对 LM-OTS otstype 的规范

otstype 名	otstype 值	H	n	w
保留	0x00000000	—	—	—
LMOTS_SHA256_N32_W1	0x00000001	SHA-256	32	1
LMOTS_SHA256_N32_W2	0x00000002	SHA-256	32	2
LMOTS_SHA256_N32_W4	0x00000003	SHA-256	32	4
LMOTS_SHA256_N32_W8	0x00000004	SHA-256	32	8
未分配	0x00000005 — 0xDDDDDDDC	—	—	—
保留供专用算法使用	0xDDDDDDDD — 0xFFFFFFFF	—	—	—

表 7.4 互联网草案[15] 中补充的 otstype

otstype 名	otstype 值	H	n	w
LMOTS_SHA256_N24_W1	0x00000005	SHA256-192	24	1
LMOTS_SHA256_N24_W2	0x00000006	SHA256-192	24	2
LMOTS_SHA256_N24_W4	0x00000007	SHA256-192	24	4
LMOTS_SHA256_N24_W8	0x00000008	SHA256-192	24	8
LMOTS_SHAKE_N32_W1	0x00000009	SHAKE256-256	32	1
LMOTS_SHAKE_N32_W2	0x0000000A	SHAKE256-256	32	2
LMOTS_SHAKE_N32_W4	0x0000000B	SHAKE256-256	32	4
LMOTS_SHAKE_N32_W8	0x0000000C	SHAKE256-256	32	8
LMOTS_SHAKE_N24_W1	0x0000000D	SHAKE256-192	24	1
LMOTS_SHAKE_N24_W2	0x0000000E	SHAKE256-192	24	2
LMOTS_SHAKE_N24_W4	0x0000000F	SHAKE256-192	24	4
LMOTS_SHAKE_N24_W8	0x00000010	SHAKE256-192	24	8

nitz 参数 w 就确定了. 这些参数也确定了 LMS 中所使用的一次性签名 LM-OTS 实例的参数.

LMS 的私钥 一个高度为 h 的 LMS 树所对应的 LMS 实例的私钥, 本质上包含了 2^h 个 LM-OTS 一次性签名 (与 4.2 节介绍的 WOTS 类似) 实例的全部私钥. 令 $u = \dfrac{8n}{w}$,

$$v = \left\lceil \frac{\lfloor \log_2(u \cdot (2^w - 1)) \rfloor + 1}{w} \right\rceil = \left\lfloor \frac{\log_2(u \cdot (2^w - 1))}{w} \right\rfloor + 1,$$

则 LMS 底层所使用的 1 个 LM-OTS 实例的私钥包含 $p = u + v$ 个独立随机生成的 $n = m$ 字节秘密原像, 我们称其为 LM-OTS 的秘密原像数组. 令 I 是一个随机生成的 16 字节比特串,

$$\mathbf{x} = \begin{pmatrix} x_0 \\ x_1 \\ \vdots \\ x_{2^h-1} \end{pmatrix} = \begin{pmatrix} x_0[0] & \cdots & x_0[p-1] \\ x_1[0] & \cdots & x_1[p-1] \\ \vdots & & \vdots \\ x_{2^h-1}[0] & \cdots & x_{2^h-1}[p-1] \end{pmatrix}$$

是 2^h 个 LM-OTS 实例的秘密原像数组 (每个秘密原像数组中有 p 个 n 字节的元素), 则 LMS 的私钥为 $(\texttt{lmstype}, \texttt{otstype}, I, q, \mathbf{x}) \in \mathbb{B}^4 \times \mathbb{B}^4 \times \mathbb{B}^{16} \times \mathbb{B}^4 \times \mathbb{B}^{2^h np}$, 首次生成公私钥对时, $q = 0$. 生成 $\mathbf{x}$ 有两种方法, 在第一种方法中, $\mathbf{x}$ 中的 2^h 个秘密原像数组都是独立随机生成的, 但这一方法需要把 $\mathbf{x}$ 全部保存下来. 在第二种方法中, 在私钥中只保存一个 n 字节秘密种子 SEED 并通过伪随机数发生器生成所有秘密原像数组中的元素. 例如, 对于 $0 \leqslant q < 2^h$ 和 $0 \leqslant i < p$, 令

$$x_q[i] = \texttt{SM3}(I \parallel \texttt{u32str}(q) \parallel \texttt{u16str}(i) \parallel \texttt{u8str}(\texttt{0xFF}) \parallel \text{SEED}).$$

注意, 在标准中通常没有必要规范私钥的实现方式. 一方面, 签名应用可以对其私有的私钥格式进行必要的解析; 另一方面, 签名验证是无需私钥的.

LMS 的公钥 若 LMS 的私钥为 $(\texttt{lmstype}, \texttt{otstype}, I, q, \mathbf{x}) \in \mathbb{B}^4 \times \mathbb{B}^4 \times \mathbb{B}^{16} \times \mathbb{B}^4 \times \mathbb{B}^{2^h np}$. $\mathbf{x} = (x_0, x_1, \cdots, x_{2^h-1})$ 对应了 2^h 个 LM-OTS 实例的私钥 $(\texttt{otstype}, I, j, x_j)$, $0 \leqslant j < 2^h$. 通过这 2^h 个 LM-OTS 实例的私钥, 可以计算它们对应的 LM-OTS 公钥 $(\texttt{otstype}, I, \texttt{u32str}(j), K_j) \in \mathbb{B}^4 \times \mathbb{B}^{16} \times \mathbb{B}^4 \times \mathbb{B}^n$.

$$K_j = \mathsf{H}(I \parallel \texttt{u32str}(j) \parallel \texttt{0x8080} \parallel y_j[0] \parallel \cdots \parallel y_j[p-1]),$$

而 $y_j[i]$ ($0 \leqslant i < p$, $0 \leqslant j < 2^h$) 由算法 27 以 x_j 作为输入计算得到. 我们称 y_j 为 LM-OTS 的公钥像数组. 利用这 2^h 个 LM-OTS 公钥, 可以构造一个高度为 h 的 LMS 树, 这个 LMS 树共有 $2^{h+1}-1$ 个节点, 这些节点从上至下, 从左至右记为

$$\mathfrak{n}_0^{(h)} = T[1],\ \mathfrak{n}_0^{(h-1)} = T[2],\ \mathfrak{n}_1^{(h-1)} = T[3],\ \cdots,\ \mathfrak{n}_{2^h-1}^{(0)} = T[2^{h+1}-1].$$

即在这个 LMS 树中, 根节点为 $T[1]$, 叶子节点为 $T[2^h], T[2^h+1], \cdots, T[2^{h+1}-1]$ (图 7.2 给出了一个高度为 4 的 LMS 树的各个节点的标记规则), 其各个节点的值可以通过以下方程计算:

$$T[r] = \begin{cases} \mathsf{H}(I \parallel \texttt{u32str}(r) \parallel \texttt{u16str}(\texttt{0x8282}) \parallel K_{r-2^h}), & r \geqslant 2^h \\ \mathsf{H}(I \parallel \texttt{u32str}(r) \parallel \texttt{u16str}(\texttt{0x8383}) \parallel T[2r] \parallel T[2r+1]), & 1 \leqslant r < 2^h \end{cases}.$$

该 LMS 树对应的 LMS 公钥为 $(\texttt{lmstype}, \texttt{otstype}, I, T[1]) \in \mathbb{B}^4 \times \mathbb{B}^4 \times \mathbb{B}^{16} \times \mathbb{B}^m$.

算法 27: 计算公钥像数组 $(y[0], y[1], \cdots, y[p-1])$

Input: LM-OTS 实例的秘密原像数组 $x = (x[0], \cdots, x[p-1]) \in \mathbb{B}^{np}$

Output: LM-OTS 实例的公钥像数组 $y = (y[0], \cdots, y[p-1]) \in \mathbb{B}^{np}$

for $0 \leqslant i < p$ **do**
    $tmp \leftarrow x[i]$
    for $0 \leqslant j < 2^w - 1$ **do**
        $tmp \leftarrow \mathsf{H}(I \parallel \texttt{u32str}(q) \parallel \texttt{u16str}(i) \parallel \texttt{u8str}(j) \parallel tmp)$
    $y[i] \leftarrow tmp$
return $\mathbf{y} = (y[0], \cdots, y[p-1])$

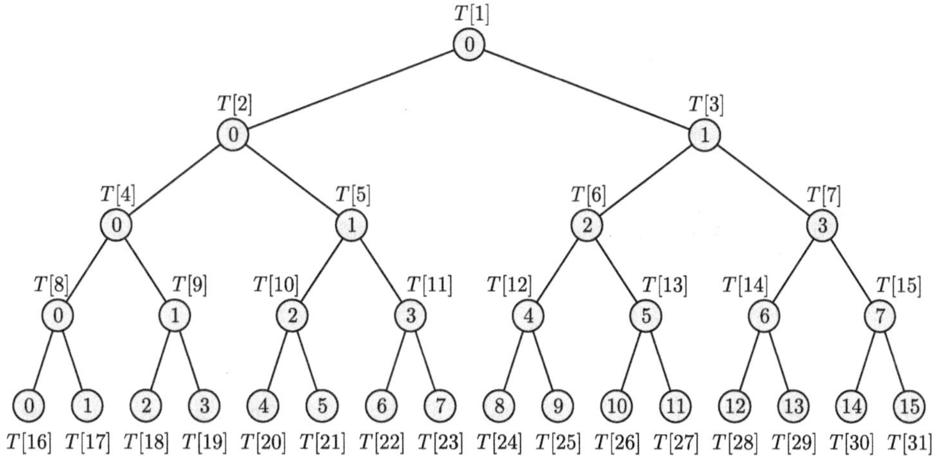

图 7.2 一个高度为 4 的 LMS 树

7.1.2 LMS 的签名算法

设消息为 $\mathsf{msg} \in \mathbb{F}_2^*$, LMS 私钥为 $(\texttt{lmstype}, \texttt{otstype}, I, q, \mathbf{x})$. 首先随机生成 $C \in \mathbb{B}^n$, 计算

$$Q = \mathsf{H}(I \parallel \texttt{u32str}(q) \parallel \texttt{0x8181} \parallel C \parallel \mathsf{msg}).$$

然后, 利用 $\mathbf{x} = (x_0, x_1, \cdots, x_{2^h-1})$ 中的第 q 个 LM-OTS 私钥 $(\texttt{type}, q, I, x_q)$ 对 Q 进行签名. 首先计算 Q 的一个校验值

$$\tau(Q) = \sum_{i=0}^{\frac{8n}{w}-1} (2^w - 1 - \mathsf{coef}(Q, i, w)).$$

然后, 利用算法 28 以 Q 和 x_q 为输入计算 $(z[0],\cdots,z[p-1])$. 注意, 算法 28 第 1 行中需要将 16 比特的 $\texttt{u16str}(\tau(Q))$ 向左移动 γ 位, 不同参数对应的 γ 值如表 7.5 所示. 最终得到 Q 的 LM-OTS 签名

$$\sigma_{\texttt{LMOTS}} = \texttt{otstype} \parallel C \parallel z[0] \parallel \cdots \parallel z[p-1].$$

上述 LM-OTS 签名是由 LMS 树的第 q 个叶子节点对应的 LM-OTS 实例产生的. 连接这个叶子节点和 LMS 树的根节点路径上的节点包括

$$\mathfrak{n}_q^{(0)}, \mathfrak{n}_{\lfloor q/2 \rfloor}^{(1)}, \mathfrak{n}_{\lfloor q/2^2 \rfloor}^{(2)}, \cdots \mathfrak{n}_{\lfloor q/2^{h-1} \rfloor}^{(h-1)}, \mathfrak{n}_0^{(h)}.$$

对于 $0 \leqslant i \leqslant h-1$, 令 $\texttt{path}[i]$ 为节点 $\mathfrak{n}_{\lfloor q/2^i \rfloor}^{(i)}$ 的兄弟节点, 即 $\texttt{path}[i] = \mathfrak{n}_{\lfloor q/2^i \rfloor \oplus 1}^{(i)}$. 称 $\texttt{path} = (\texttt{path}[0],\cdots,\texttt{path}[h-1])$ 为节点 $\mathfrak{n}_q^{(0)}$ 的认证路径. 注意, 通过 LM-OTS 私钥 $(\texttt{otstype}, q, I, x_q)$ 对应的公钥 $(\texttt{otstype}, I, q, K_q)$ 和认证路径 path 可以计算出 LMS 树的根节点. 至此, 消息 msg 的 LMS 签名为

$$\sigma_{\texttt{LMS}} = (\texttt{u32str}(q), \sigma_{\texttt{LMOTS}}, \texttt{lmstype}, (\texttt{path}[0],\cdots,\texttt{path}[h-1])).$$

注意, 计算完该签名后私钥变为 $(\texttt{lmstype}, \texttt{otstype}, I, q+1, \mathbf{x})$. 有人会问, 为什么签名中包含了 lmstype 却没有包含 otstype 呢? 实际上 otstype 已经包含在 $\sigma_{\texttt{LMOTS}}$ 中了. 图 7.3 给出了一个 $h=4$ 的 LMS 实例的签名实例. 若 LMS 的私钥为

$$(\texttt{lmstype}, \texttt{otstype}, I, q=1, \mathbf{x}),$$

则 msg 的签名结果为 $(\texttt{0x00000001}, \sigma_{\texttt{LMOTS}}, \texttt{lmstype}, (\mathfrak{n}_0^{(0)}, \mathfrak{n}_1^{(1)}, \mathfrak{n}_1^{(2)}, \mathfrak{n}_1^{(3)}))$. 实际上是用 LMS 树的第 1 个叶子节点对应的 LM-OTS 私钥对消息 msg 的摘要进行签名, 并提供了第 1 个叶子节点的认证路径.

算法 28: 计算 $(z[0], z[1], \cdots, z[p-1])$

Input: Q 和 LM-OTS 实例的秘密原像数组 $x = (x[0],\cdots,x[p-1]) \in \mathbb{B}^{np}$

Output: LM-OTS 签名中需要暴露的哈希链节点 $z = (z[0],\cdots,z[p-1]) \in \mathbb{B}^{np}$

```
1 S ← Q || u16str(τ(Q)) ≪ γ
2 for 0 ⩽ i < p do
3     a ← coef(S, i, w)
4     tmp ← x[i]
5     for 0 ⩽ j < a do
6         tmp ← H(I || u32str(q) || u16str(i) || u8str(j) || tmp)
7     z[i] ← tmp
8 return z = (z[0], ··· , z[p − 1])
```

表 7.5 γ 的取值

n	w	$u = \dfrac{8n}{w}$	$v = \left\lceil \dfrac{\lfloor \log_2(u(2^w - 1)) \rfloor + 1}{w} \right\rceil$	$p = u + v$	vw	$\gamma = 16 - vw$
32	1	256	9	265	9	7
32	2	128	5	133	10	6
32	4	64	3	67	12	4
32	8	32	2	34	16	0

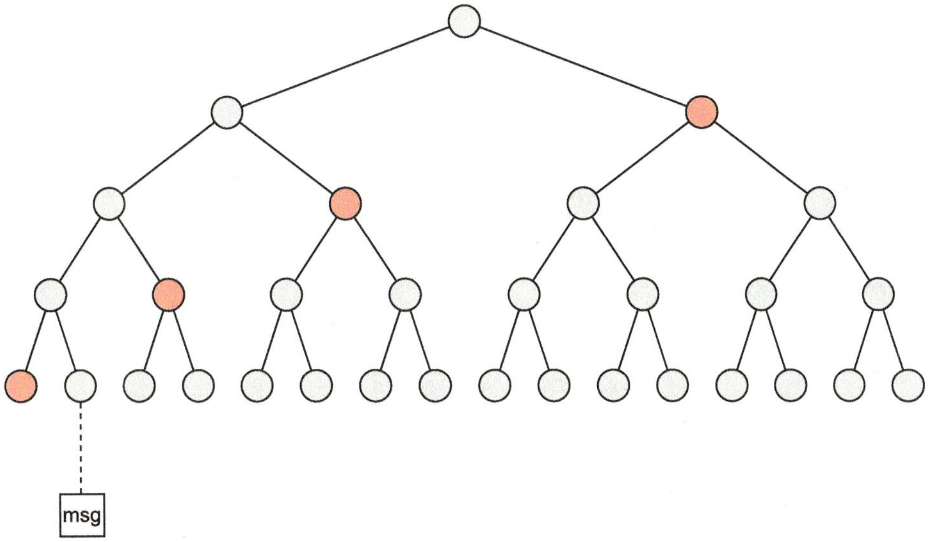

图 7.3 一个高度为 4 的 LMS 树对消息 M 的签名实例

7.1.3 LMS 的签名验证算法

设 σ_{LMS} 是消息 msg 的合法 LMS 签名, 且

$$\begin{cases}\sigma_{\text{LMS}} = (\texttt{u32str}(q), \sigma_{\text{LMOTS}}, \texttt{lmstype}, (\texttt{path}[0], \cdots, \texttt{path}[h-1])) \\ \sigma_{\text{LMOTS}} = \texttt{otstype} \parallel C \parallel z[0] \parallel \cdots \parallel z[p-1]\end{cases}.$$

验签者首先计算 $Q' = \mathsf{H}(I \parallel \texttt{u32str}(q) \parallel \texttt{0x8181} \parallel C \parallel \mathsf{msg})$, 然后计算

$$S' = Q' \parallel \texttt{u16str}(\tau(Q')) \ll \gamma.$$

接下来, 用算法 29 计算 $z' = (z'[0], \cdots, z'[p-1])$. 容易验证, 对于一个合法签名, z' 正好是产生这个签名的 LMS 实例所对应的 LMS 树的第 q 个叶子节点所对应的 LM-OTS 实例的公钥像数组. 通过这个公钥像数组, 可以恢复出 LMS 树第 q 个叶

子节点的值 $K_q = \mathsf{H}(I \parallel \texttt{u32str}(q) \parallel \texttt{0x8080} \parallel z'[0] \parallel \cdots \parallel z'[p-1])$. 通过 K_q 和认证路径 $(\texttt{path}[0], \cdots, \texttt{path}[h-1])$, 又可以计算出 LMS 树的根 $T[1]$. 在签名验证过程中, 通过上述方法计算出 LMS 树的一个假想根 $T'[1]$, 若 LMS 实例的公钥是 $(\texttt{lmstype}, \texttt{otstype}, I, T[1]) \in \mathbb{B}^4 \times \mathbb{B}^4 \times \mathbb{B}^{16} \times \mathbb{B}^m$, 则当 $T'[1] = T[1]$ 时, 签名验证通过, 否则拒绝.

算法 29: 计算 $(z'[0], z'[1], \cdots, z'[p-1])$

Input: LM-OTS S' 和 $(z[0], \cdots, z[p-1])$
Output: $z' = (z'[0], \cdots, z'[p-1])$

for $0 \leqslant i < p$ **do**
　$a \leftarrow \texttt{coef}(S', i, w)$
　$tmp \leftarrow z[i]$
　for $a \leqslant j < 2^w - 1$ **do**
　　$tmp \leftarrow \mathsf{H}(I \parallel \texttt{u32str}(q) \parallel \texttt{u16str}(i) \parallel \texttt{u8str}(j) \parallel tmp)$
　$z'[i] \leftarrow tmp$
return $z' = (z'[0], \cdots, z'[p-1])$

7.2　HSS 数字签名算法

与 LMS 一样, HSS 也提供了一种组织和使用大量 LM-OTS 实例的方法. 在一些场景中, 如果需要较多的签名次数并希望公私钥对生成的时间较短, 则可以使用所谓的分层签名方案 (Hierarchical Signature Scheme, HSS). 如图 7.4 所示, 在 HSS 中, 我们有 L 层 LMS 实例, 包括第 0 层、第 1 层、$\cdots$、第 $L-1$ 层. 同一层内的 LMS 实例对应的 LMS 树的高度相同. 假设第 i 层 LMS 实例的高度都为 h_i $(0 \leqslant i < L)$, 则第 0 层只有 1 个 LMS 树, 当 $0 < i < L$ 时, 第 i 层的 LMS 实例的数量与第 $i-1$ 层 LMS 树的叶子节点的总数相同. 因此, 第 i 层共有 $2^{\sum_{j=0}^{i-1} h_j}$ 个 LMS 树和 $2^{\sum_{j=0}^{i} h_j}$ 个叶子节点. 令 $H = \sum_{j=0}^{L-1} h_j$, 则第 $L-1$ 层共有 2^H 个叶子节点. 这样一个 HSS 树在它的整个生命周期内总共可以执行的签名次数与第 $L-1$ 层 (最底层) 中叶子节点的数量相同, 即 2^H 次. 在每次签名中, 实际上是用第 $L-1$ 层中的某个 LMS 树的某个叶子节点对应的 LM-OTS 私钥对消息的摘要进行签名. 然后, 使用这个叶子节点所在的 LMS 树对应的第 $L-2$ 层中的某个 LMS 树的某个叶子节点对第 $L-1$ 层中这个 LMS 树的根节点进行签名, 以此类推. 第 0 层到第 $L-2$ 层中 LMS 树的叶子节点只用于对其下一层的 LMS 树的根节点进行签名. 注意, HSS 超树结构层数的记录习惯与我们在本章 7.4 节将要介绍的 XMSS-MT 超树结构以及将要在第 9 章介绍的 SPHINCS$^+$ 超树结构层数的记录习惯不同, 在 HSS 超树结构中, 第 0 层是最顶层, 而在 XMSS-MT 超树结构

(图 7.9) 和 SPHINCS$^+$ 超树结构 (图 9.1) 中, 第 0 层是最底层. 另外, 在 XMSS-MT 超树结构和 SPHINCS$^+$ 超树结构每一层中, 所有层中的 XMSS 树的高度都是一样的, 而在 HSS 中, 允许不同层中的 LMS 树采用不同的高度. 图 7.5 给出了一个层数为 3 的 HSS 树是如何对消息 msg 进行签名的. 注意, 在图 7.5 中, 我们只画出了本次签名过程中使用到的 LMS 树. 最后, 表 7.6 中给出了一些 HSS 签名算法的典型参数.

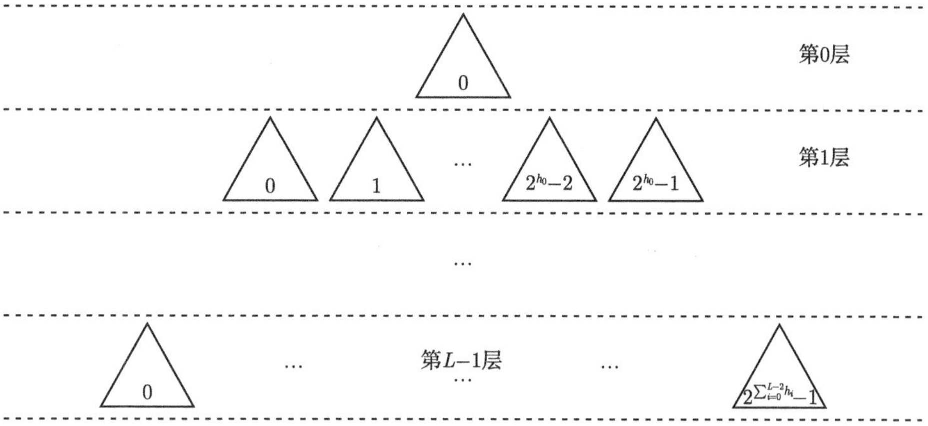

图 7.4 HSS 超树结构, 共有 L 层, 第 i $(0 \leqslant i < L)$ 层中 LMS 树的高度为 h_i

表 7.6 使用 SHA-256 作为底层杂凑函数的 HSS 典型版本, 其中各个尺寸的单位为字节, w 为 Winternitz 参数, h_0/h_1 表示 HSS 实例的层数为 2, 且第 0 层中 LMS 树的高度为 h_0, 第 1 层中 LMS 树的高度为 h_1

h_0/h_1	公钥尺寸	签名尺寸 ($w=4$)	签名尺寸 ($w=8$)	容量
5	60	2352	1296	2^5
10	60	2512	1456	2^{10}
15	60	2672	1616	2^{15}
20	60	2832	1776	2^{20}
15/10	60	5236	3124	2^{25}
15/15	60	5396	3284	2^{30}
20/10	60	5396	3284	2^{30}
20/15	60	5536	3444	2^{35}

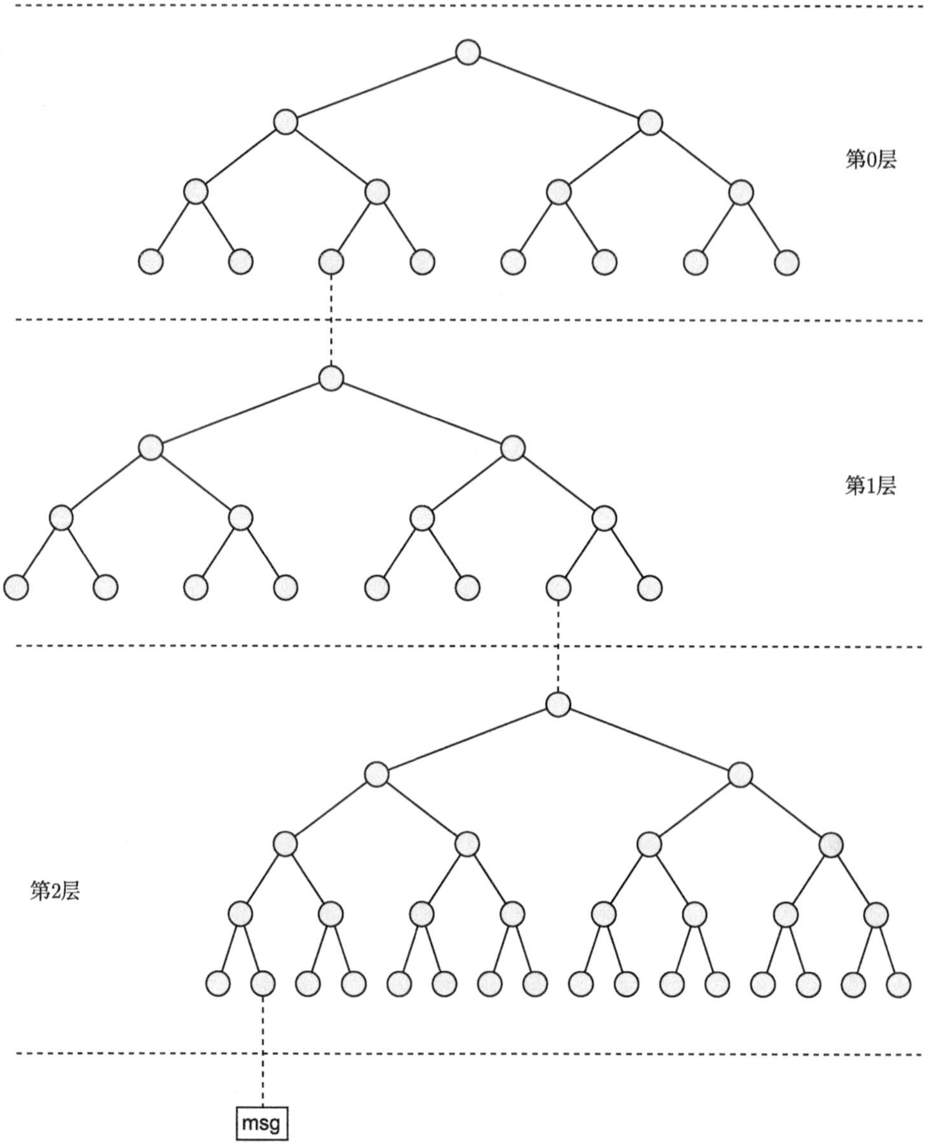

图 7.5 层数为 3 的 HSS 树

7.2.1 HSS 公私钥对生成方法

首先, 利用 7.1.1 节介绍的方法, 生成一个 LMS 公私钥对. 将私钥存入 prv[0], 将公钥存入 pub[0]. 对于每一个 $i \in \{1, 2, \cdots, L-1\}$, 独立随机生成一个 LMS 公私钥对, 这里所谓的随机独立是指 LMS 公私钥中的 I 和 LM-OTS 私钥的秘密原像数组都是独立随机生成的. 将私钥存入 prv[i], 将公钥存入 pub[i]. 同时, 利用 prv[$i-1$] 对应的 LMS 实例对 pub[i] 进行签名, 得到的签名存入 sig[$i-1$], 即 sig[$i-1$] 是第 $i-1$ 层的 LMS 的实例对其下一层 (第 i 层) 一个 LMS 实例的公钥的签名. 到此为止, 我们得到了以下三个数组:

$$\begin{cases} \texttt{prv} = (\texttt{prv}[0], \texttt{prv}[1], \cdots, \texttt{prv}[L-2], \texttt{prv}[L-1]) \\ \texttt{pub} = (\texttt{pub}[0], \texttt{pub}[1], \cdots, \texttt{pub}[L-2], \texttt{pub}[L-1]) \\ \texttt{sig} = (\texttt{sig}[0], \texttt{sig}[1], \cdots, \texttt{sig}[L-2]) \end{cases}.$$

HSS 的私钥包含 prv, pub 和 sig 这三个数组. HSS 的公钥为 u32str(L) ‖ pub[0].

7.2.2 HSS 签名生成与验证

按 L 不同, 消息 msg 的签名可分两种情况表示. 当 $L=1$ 时, 签名可表示为 u32str(0) ‖ sig[0], 其中 sig[0] 是第 0 层 (最顶层) 中唯一的 LMS 树对消息 msg 的签名. 当 $L>1$ 时, 签名可表示为

$$\texttt{u32str}(L-1) \parallel \texttt{pkSig}[0] \parallel \cdots \parallel \texttt{pkSig}[L-2] \parallel \texttt{sig}[L-1].$$

上述签名的生成过程见算法 30. 在算法 30 中 prv[$d-1$].q 表示本次签名将要使用的第 $d-1$ 层中的 LMS 实例的私钥的 q 值, 这个值指出了本次签名将要使用这个 LMS 树的第 q 个叶子节点. prv[$d-1$].q 表示本次签名将要使用的第 $d-1$ 层中的 LMS 实例所对应的 LMS 树的高度. 因此, 算法 30 第 2 行中的条件可以判

算法 30: 生成消息 msg 的签名

```
1  d ← L
2  while prv[d − 1].q = 2^(prv[d−1].h) do
3      d ← d − 1
4      if d = 0 then
5          return FAILURE
6  while d < L do
7      随机独立生成一个 LMS 公私钥对并存入 pub[d] 和 prv[d]
8      sig[d − 1] ← 使用 prv[d − 1] 对公钥 pub[d] 签名
9      d ← d + 1
10 sig[L − 1] ← 使用 prv[L − 1] 对消息 msg 进行签名
11 for 0 ⩽ i < L − 1 do
12     pkSig[i] ← sig[i] ‖ pub[i + 1]
13 return u32str(L − 1) ‖ pkSig[0] ‖ ··· ‖ pkSig[L − 2] ‖ sig[L − 1]
```

断出当前要使用的 $d-1$ 层的这个 LMS 树的叶子节点是否已经消耗殆尽了. 当算法执行完第 2 行至第 5 行后, 需要重新生成 d 层、$d+1$ 层、$\cdots$、$L-1$ 层中的 LMS 树, 并且对这些 LMS 树的公钥重新签名. 这一任务是在第 6 行至第 9 行中完成的. 显然地, 利用 HSS 的公钥、消息 msg 及消息 msg 的 HSS 签名, 可以计算出 $\texttt{prv}[i]$ $(1 \leqslant i < L)$ 所对应的 LMS 公钥和 HSS 公钥的根, 只有当计算出来的全部公钥都与签名及 HSS 公钥匹配时, 签名验证通过. 即在 HSS 签名验证过程中, 实际上是分别验证 $\texttt{pkSig}[0], \cdots, \texttt{pkSig}[L-2], \texttt{sig}[L-1]$, 只有它们都通过验证时, 整体签名才通过验证. 注意, 这与我们在本章 7.4 节将要介绍的 XMSS-MT 以及将要在第 9 章介绍的 SPHINCS^+ 不同, 后两个算法不会分别验证每个 XMSS 签名, 而是直接计算整个超树结构的根并与公钥中的根进行比较, 只要这两个值是匹配的, 签名就通过验证.

7.3 带状态的数字签名算法 XMSS

XMSS 数字签名算法与 LMS 数字签名算法类似, 它给出了一种利用一个高度为 h 的 Merkle 树组织 2^h 个一次性签名实例 (对应 2^h 个公私钥对) 的方法, 我们称这个树为一个 XMSS 树. 一个高为 h 的 XMSS 树的每个叶子节点对应于一个 WOTS^+ 一次性签名的实例 (公私钥对), 其中 WOTS^+ 的设计原理与第 4 章中介绍的 Winternitz 一次性签名的设计原理类似. 每当给一个新的消息进行签名时, XMSS 数字签名算法都会选取一个没有使用过的叶子节点所对应的 WOTS^+ 一次性签名实例对这一消息进行签名, 可以理解为每一次签名都消耗一个叶子节点对应的一次性签名. 因此, 一个高为 h 的 XMSS 树可以满足 2^h 个不同消息的签名. 图 7.6 给出了一个高度 $h=4$ 的 XMSS 树. 当使用这个 XMSS 树对应的签名算法对消息进行签名时, 叶子节点的消耗顺序为 $\mathfrak{n}_0^{(0)}, \mathfrak{n}_1^{(0)}, \cdots, \mathfrak{n}_{15}^{(0)}$.

在介绍 XMSS 算法前, 先引入几个辅助函数. 令 X 是一个比特串, 用 $\texttt{msb}(X,\ell)$ 和 $\texttt{lsb}(X,\ell)$ 分别表示 X 的最高 ℓ 比特和最低 ℓ 比特. 例如, 若 $X = \texttt{0x0F}$, 则 $\texttt{msb}(X,4)=\texttt{0000}$, $\texttt{lsb}(X,4)=\texttt{1111}$. $\texttt{toByte}(x,y)$ 将非负整数 x 转化成 y 字节的字节序列. 例如, $\texttt{toByte}(8,1) = \texttt{0x08} = \texttt{0000 1000}$, $\texttt{toByte}(255,2) = (\texttt{0x00}, \texttt{0xFF})$. 若 $\log_2(w)$ 整除 8, 则 $\texttt{base}_w(X,l)$ 将一个字节序列 X 转化为 $\mathbb{Z}_w^l$ 中的一个整数序列, 其具体细节见算法 31. 例如, 若 $X = (\texttt{0xFF}, \texttt{0x1A}, \texttt{0xE2}, \texttt{0xCD})$, 则

$$\begin{cases} \texttt{base}_4(X,16) = (3,3,3,3,0,1,2,2,3,2,0,2,3,0,3,1) \\ \texttt{base}_{16}(X,8) = (15,15,1,10,14,2,12,13) \end{cases}.$$

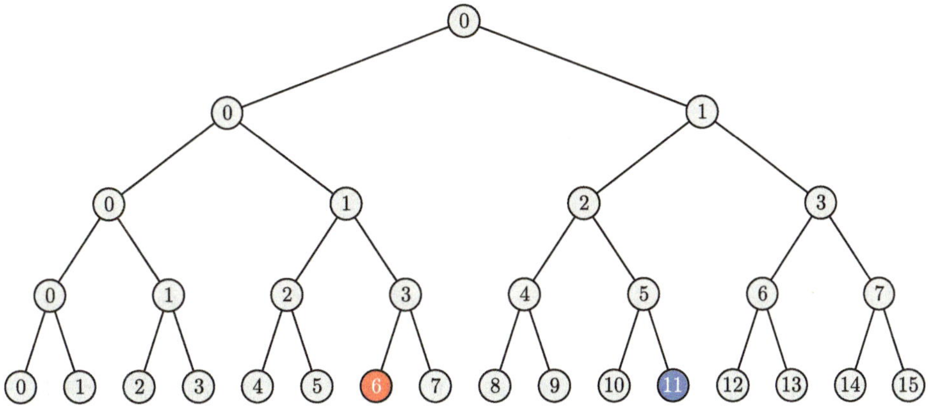

图 7.6 高度为 4 的 XMSS 树

算法 31: $\texttt{base}_w()$ 函数

Input: 字节序列 X

Output: $\mathbb{Z}_w^l$ 中的整数序列

$in \leftarrow 0$, $out \leftarrow 0$, $total \leftarrow 0$, $bits \leftarrow 0$

for $i = 0, \cdots, l-1$ **do**

  if $bits = 0$ **then**

    $total \leftarrow X[in]$

    $in \leftarrow in + 1$

    $bits \leftarrow 8$

  $bits \leftarrow bits - \log_2(w)$

  /* *total* 的高 *bits* 位 */

  $Y[out] \leftarrow (total \gg bits) \wedge (w-1)$

  $out \leftarrow out + 1$

return Y

7.3.1 XMSS 及 XMSS-MT 中使用的函数

在 XMSS 及 XMSS-MT 中需要使用以下函数:

$$\begin{cases} \mathbf{F}: \mathbb{B}^n \times \mathbb{B}^n \to \mathbb{B}^n \\ \mathbf{H}: \mathbb{B}^n \times \mathbb{B}^{2n} \to \mathbb{B}^n \\ \mathbf{H}_{\texttt{MSG}}: \mathbb{B}^{3n} \times \mathbb{B}^* \to \mathbb{B}^n \\ \mathbf{PRF}: \mathbb{B}^n \times \mathbb{B}^{32} \to \mathbb{B}^n \\ \mathbf{PRF}_{\texttt{Keygen}}^{\texttt{WOTS}^+}: \mathbb{B}^n \times \mathbb{B}^n \times \mathbb{B}^{32} \to \mathbb{B}^n \\ \mathbf{PRF}_{\texttt{KeygenMT}}^{\texttt{XMSS}}: \mathbb{B}^n \times \mathbb{B}^n \times \mathbb{B}^{32} \to \mathbb{B}^n \end{cases},$$

它们的定义如表 7.7 所示. 其中, **F** 用于计算 XMSS 树中叶子节点所对应的 $\mathtt{WOTS}^+$ 一次性签名实例所对应的哈希链 (见算法 35 第 13 行), **H** 用于计算 $\mathtt{WOTS}^+$ 实例公钥像数组的 L-Tree 压缩根和 XMSS 树的各个节点 (见算法 40 和算法 39 调用的算法 32 的第 8 行), $\mathbf{H}_{\mathtt{MSG}}$ 用在随机化的 Hash-and-Sign 范式中计算任意长消息的摘要值 (见算法 42 第 5 行和算法 49 第 7 行), **PRF** 用于计算调用 **F** 和 **H** 时输入的随机化因子 K 和掩码 BM(见算法 35 第 10 行和第 12 行以及算法 32 第 3, 5, 7 行), 也用于计算随机化的 Hash-and-Sign 范式中 $\mathbf{H}_{\mathtt{MSG}}$ 的随机化因子 (见算法 42 第 4 行和算法 49 第 6 行), $\mathbf{PRF}^{\mathtt{WOTS}^+}_{\mathtt{Keygen}}$ 可通过 XMSS 树对应的秘密种子 $\mathsf{K}_{\mathtt{WOTS}^+}$ 生成该 XMSS 树叶子节点所对应的 $\mathtt{WOTS}^+$ 实例的秘密原像数组 (在 XMSS 和 XMSS-MT 中均需使用, 见算法 34 第 8 行), $\mathbf{PRF}^{\mathtt{XMSS}}_{\mathtt{KeygenMT}}$(只在 XMSS-MT 中使用) 通过 XMSS-MT 私钥中的全局秘密种子 $\mathsf{K}_{\mathtt{MT}}$ 生成 XMSS-MT 超树结构中每个 XMSS 树的秘密种子 $\mathsf{K}_{\mathtt{WOTS}^+}$(见算法 46 第 5 行), 利用 $\mathsf{K}_{\mathtt{WOTS}^+}$ 可以生成这个 XMSS 树的叶子节点所对应的 $\mathtt{WOTS}^+$ 实例的秘密原像数组. 注意, 在 **PRF**, $\mathbf{PRF}^{\mathtt{WOTS}^+}_{\mathtt{Keygen}}$ 和 $\mathbf{PRF}^{\mathtt{XMSS}}_{\mathtt{KeygenMT}}$ 中都有一个 32 字节的输入, 这个输入实际上都是一个 32 字节的地址 ADRS, 其具体结构见 7.3.2 节.

表 7.7　XMSS 和 XMSS-MT 中使用的函数

杂凑函数	安全参数 n	函数	函数定义
SHA-256	32	$\mathbf{F}(K,X)$	$\mathtt{SHA\text{-}256}(\mathtt{toByte}(0,32)\|K\|X)$
		$\mathbf{H}(K,X)$	$\mathtt{SHA\text{-}256}(\mathtt{toByte}(1,32)\|K\|X)$
		$\mathbf{H}_{\mathtt{MSG}}(K,X)$	$\mathtt{SHA\text{-}256}(\mathtt{toByte}(2,32)\|K\|X)$
		$\mathbf{PRF}(K,X)$	$\mathtt{SHA\text{-}256}(\mathtt{toByte}(3,32)\|K\|X)$
		$\mathbf{PRF}^{\mathtt{WOTS}^+}_{\mathtt{Keygen}}(K,S,X)$	$\mathtt{SHA\text{-}256}(\mathtt{toByte}(4,32)\|K\|S\|X)$
		$\mathbf{PRF}^{\mathtt{XMSS}}_{\mathtt{KeygenMT}}(K,S,X)$	$\mathtt{SHA\text{-}256}(\mathtt{toByte}(5,32)\|K\|S\|X)$
SHA-256/192	24	$\mathbf{F}(K,X)$	$\mathtt{SHA\text{-}256/192}(\mathtt{toByte}(0,4)\|K\|X)$
		$\mathbf{H}(K,X)$	$\mathtt{SHA\text{-}256/192}(\mathtt{toByte}(1,4)\|K\|X)$
		$\mathbf{PRF}(K,X)$	$\mathtt{SHA\text{-}256/192}(\mathtt{toByte}(3,4)\|K\|X)$
		$\mathbf{PRF}^{\mathtt{WOTS}^+}_{\mathtt{Keygen}}(K,S,X)$	$\mathtt{SHA\text{-}256/192}(\mathtt{toByte}(4,4)\|K\|S\|X)$
		$\mathbf{PRF}^{\mathtt{XMSS}}_{\mathtt{KeygenMT}}(K,S,X)$	$\mathtt{SHA\text{-}256/192}(\mathtt{toByte}(5,4)\|K\|S\|X)$
SHAKE-256	32	$\mathbf{F}(K,X)$	$\mathtt{SHAKE\text{-}256}(\mathtt{toByte}(0,32)\|K\|X,256)$
		$\mathbf{H}(K,X)$	$\mathtt{SHAKE\text{-}256}(\mathtt{toByte}(0,32)\|K\|X,256)$
		$\mathbf{H}_{\mathtt{MSG}}(K,X)$	$\mathtt{SHAKE\text{-}256}(\mathtt{toByte}(0,32)\|K\|X,256)$
		$\mathbf{PRF}(K,X)$	$\mathtt{SHAKE\text{-}256}(\mathtt{toByte}(0,32)\|K\|X,256)$
		$\mathbf{PRF}^{\mathtt{WOTS}^+}_{\mathtt{Keygen}}(K,S,X)$	$\mathtt{SHAKE\text{-}256}(\mathtt{toByte}(0,32)\|K\|S\|X,256)$
		$\mathbf{PRF}^{\mathtt{XMSS}}_{\mathtt{KeygenMT}}(K,S,X)$	$\mathtt{SHAKE\text{-}256}(\mathtt{toByte}(0,32)\|K\|S\|X,256)$
SHAKE-256	24	$\mathbf{F}(K,X)$	$\mathtt{SHAKE\text{-}256}(\mathtt{toByte}(0,4)\|K\|X,192)$
		$\mathbf{H}(K,X)$	$\mathtt{SHAKE\text{-}256}(\mathtt{toByte}(0,4)\|K\|X,192)$
		$\mathbf{H}_{\mathtt{MSG}}(K,X)$	$\mathtt{SHAKE\text{-}256}(\mathtt{toByte}(0,4)\|K\|X,192)$
		$\mathbf{PRF}(K,X)$	$\mathtt{SHAKE\text{-}256}(\mathtt{toByte}(0,4)\|K\|X,192)$
		$\mathbf{PRF}^{\mathtt{WOTS}^+}_{\mathtt{Keygen}}(K,S,X)$	$\mathtt{SHAKE\text{-}256}(\mathtt{toByte}(0,4)\|K\|S\|X,192)$
		$\mathbf{PRF}^{\mathtt{XMSS}}_{\mathtt{KeygenMT}}(K,S,X)$	$\mathtt{SHAKE\text{-}256}(\mathtt{toByte}(0,4)\|K\|S\|X,192)$

7.3.2 ADRS 数据结构

XMSS 和 XMSS-MT 引入了 ADRS 数据结构, 用于标识各个组件在整个 XMSS 树及 XMSS-MT 超树中的相对位置. ADRS 地址数据结构如图 7.7 所示, 不同类型的 ADRS 数据结构包含不同的字段. `layerAddr` 指明了相关计算位于 XMSS-MT 超树结构的哪一层. 例如, 对于图 7.9 所示的超树结构, 若相关计算发生于红色的数据结构 (XMSS 树), 则与该计算关联的地址数据结构的 $\texttt{layerAddr} = \texttt{toByte}(d-2,4)$. 对于 XMSS 数字签名算法, 由于只有唯一一个 XMSS 树, 因此总有 $\text{ADRS}.\texttt{layerAddr} = 0$. `treeAddr` 则标识了相关计算发生在 `layerAddr` 层的哪一个 XMSS 树上, 因为第 i 层上只有 $2^{(d-1-i)h'}$ 个 XMSS 树, 因此 ADRS.`treeAddr` 的取值范围为

$$\{0,1,\cdots,2^{(d-1-\text{ADRS}.\texttt{layerAddr})h'}-1\}.$$

例如, 若相关计算发生于图 7.9 所示的蓝色 XMSS 树中, 则

$$\text{ADRS}.\texttt{treeAddr} = 2^{(d-1)h'} - 2^{h'} + 1.$$

对于 XMSS 算法, 因为有且仅有一个 XMSS 树, 总有 $\text{ADRS}.\texttt{treeAddr} = 0$. `addrType` 标识了 ADRS 地址数据结构的类型.

(a) OTS地址	(b) L-Tree地址	(c) Hash-Tree地址
layerAddr (32 比特)	**layerAddr** (32 比特)	**layerAddr** (32 比特)
treeAddr (64 比特)	**treeAddr** (64 比特)	**treeAddr** (64 比特)
addrType=0x00000000 (32 比特)	**addrType=0x00000001** (32 比特)	**addrType=0x00000002** (32 比特)
OTSAddress (32 比特)	**ltreeAddress** (32 比特)	**padding=0x00000000** (32 比特)
chainAddr (32 比特)	**treeHeight** (32 比特)	**treeHeight** (32 比特)
hashAddr (32 比特)	**treeIndex** (32 比特)	**treeIndex** (32 比特)
keyAndMask (32 比特)	**keyAndMask** (32 比特)	**keyAndMask** (32 比特)

图 7.7 XMSS 和 XMSS-MT 地址 ADRS 地址数据结构

当 ADRS 是一个 OTS 地址时, $\texttt{addrType} = \texttt{0x00000000}$, 其结构如图 7.7(a) 所示. `OTSAddress` 标识了相关计算发生在由 (`layerAddr`, `treeAddr`) 所确定的 XMSS 树的哪一个叶子点所对应的 WOTS^+ 实例. 例如, 若相关计算发生于如图 7.6 所示的 XMSS 树的红色叶子节点上, 则 $\text{ADRS}.\texttt{OTSAddress} = \texttt{toByte}(6,4)$. `chainAddr` 标识了相关计算发生于由

$$(\texttt{layerAddr}, \texttt{treeAddr}, \texttt{OTSAddress})$$

所确定的叶子节点对应的 WOTS^+ 实例的哪一条哈希链上, 若这个 WOTS^+ 实例有 `len` 条哈希链, 则 $\texttt{chainAddr} \in \{0,1,\cdots,\texttt{len}-1\}$. `hashAddr` 标识了 **F** 计算作用于由

$$(\texttt{layerAddr}, \texttt{treeAddr}, \texttt{OTSAddress}, \texttt{chainAddr})$$

所确定的哈希链的第几个节点上. 若一条哈希链中包含 w 个节点, 则 **hashAddr** $\in \{0, 1, \cdots, w-2\}$. 注意, 这里 **hashAddr** 的最大值是 $w-2$ 而不是 $w-1$, 这是因为每一条哈希链中的第 $w-1$ 个节点是终点, **F** 不会再作用于终点上了. **keyAndMask** 用于标识相关计算是用于生成 **F** 的随机化因子 K 还是随机掩码 BM. 在算法 35 中, **keyAndMask** $\in \{0, 1\}$, ADRS.**keyAndMask** $= 0$ 表示该 ADRS 将被用来生成随机化因子 K, ADRS.**keyAndMask** $= 1$ 表示该 ADRS 将被用来生成掩码 M. 在算法 32 中, **keyAndMask** $\in \{0, 1, 2\}$, ADRS.**keyAndMask** $= 0$ 表示该 ADRS 将被用来生成随机化因子 K, ADRS.**keyAndMask** $= 1$ 表示该 ADRS 将被用来生成左掩码 BM_0, ADRS.**keyAndMask** $= 2$ 表示该 ADRS 将被用来生成右掩码 BM_1.

算法 32: RandHash($\mathfrak{n}_{\text{Left}}, \mathfrak{n}_{\text{Right}}$, SEED, ADRS)

Input: n 字节的比特串 $\mathfrak{n}_{\text{Left}}$、$n$ 字节的比特串 $\mathfrak{n}_{\text{Right}}$、$n$ 字节的公开种子 SEED、32 字节的 OTS 地址或 L-Tree 地址 ADRS

Output: n 字节比特串 $\mathfrak{n}_{\text{Parent}}$

ASSERT ADRS.**addrType** $= X$
ADRS.**keyAndMask** $\leftarrow 0$
$K \leftarrow \textbf{PRF}(\text{SEED}, \text{ADRS})$
ADRS.**keyAndMask** $\leftarrow 1$
$BM_0 \leftarrow \textbf{PRF}(\text{SEED}, \text{ADRS})$
ADRS.**keyAndMask** $\leftarrow 2$
$BM_1 \leftarrow \textbf{PRF}(\text{SEED}, \text{ADRS})$
$\mathfrak{n}_{\text{Parent}} \leftarrow \textbf{H}(K, (\mathfrak{n}_{\text{Left}} \oplus BM_0) \,\|\, (\mathfrak{n}_{\text{Right}} \oplus BM_1))$
return $\mathfrak{n}_{\text{Parent}}$

当 ADRS 是一个 L-Tree 地址时, **addrType** $=$ 0x00000001 时, 其结构如图 7.7(b) 所示. L-Tree 地址是在计算 WOTS$^+$ 公钥像数组的 L-Tree 压缩根时配合 RandHash 函数使用的 (见算法 39). **ltreeAddress** 标识了相关计算发生在由

$$(\texttt{layerAddr}, \texttt{treeAddr})$$

所确定的 XMSS 树的哪一个叶子点所对应的 WOTS$^+$ 实例. 若 XMSS 树的高度为 h', 则 ADRS.**ltreeAddress** 的取值范围为 $\{0, 1, \cdots, 2^{h'} - 1\}$. 例如, 若相关计算发生于如图 7.6 所示的 XMSS 树的蓝色叶子节点上, 则 ADRS.**ltreeAddress** $= 11$. 元组

$$(\texttt{layerAddr}, \texttt{treeAddr}, \texttt{ltreeAddress})$$

完全确定了一个 L-Tree, 这个 L-Tree 的节点是通过调用 RandHash (算法 32) 计算出来的. **treeHeight** 标识了 RandHash 函数的 2 个输入 L-Tree 节点的高度 (见算法 39 的第 3 行和第 11 行). 如图 7.8(a) 所示, 当计算

$$\mathfrak{n}_0^{(1)} = \texttt{RandHash}(\mathfrak{n}_0^{(0)}, \mathfrak{n}_1^{(0)}, \text{SEED}, \text{ADRS})$$

时, ADRS.treeHeight = 0. 如图 7.8(b) 所示, 当计算

$$\mathfrak{n}_1^{(2)} = \texttt{RandHash}(\mathfrak{n}_4^{(1)}, \mathfrak{n}_5^{(1)}, \mathrm{SEED}, \mathrm{ADRS})$$

时, ADRS.treeHeight = 1. 注意, 这与第 9 章中介绍的无状态数字签名算法 SPHINCS$^+$ 中使用地址数据结构的习惯有所不同, 在 SPHINCS$^+$ 中, treeHeight 标识了 XMSS 树节点计算过程中目标节点的高度, 即 2 个输入节点的父节点的高度. treeIndex 标识了 RandHash 函数所计算的目标节点在其相应高度上的位置. 如图 7.8(b) 所示, 当我们计算 $\mathfrak{n}_1^{(2)} = \texttt{RandHash}(\mathfrak{n}_4^{(1)}, \mathfrak{n}_5^{(1)}, \mathrm{SEED}, \mathrm{ADRS})$ 时, ADRS.treeIndex = 1. keyAndMask 用于标识相关计算是用于生成 **F** 的随机化因子 K 还是随机掩码 BM.

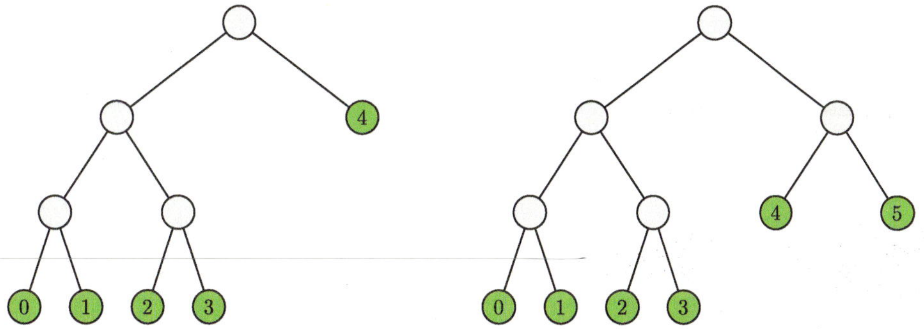

(a) RandHash($\mathfrak{n}_0^{(0)}$, $\mathfrak{n}_1^{(0)}$, SEED, ADRS) (b) RandHash($\mathfrak{n}_4^{(1)}$, $\mathfrak{n}_5^{(1)}$, SEED, ADRS)

图 7.8 计算 L-Tree 时 ADRS.treeHeight 的设定

当 ADRS 是 Hash-Tree 地址时, addrType = 0x00000002, Hash-Tree 地址如图 7.7(c) 所示. Hash-Tree 地址是在构建 XMSS 树时配合 RandHash 函数使用的. 例如, TreeHash(算法 40) 便使用了 Hash-Tree 地址. 元组 (layerAddr, treeAddr) 确定了一个 XMSS 树. 这个 XMSS 树的节点是通过调用 RandHash (算法 32) 计算出来的. treeHeight 标识了 RandHash 函数的 2 个输入 XMSS 节点的高度 (见算法 40 的第 18 行和第 23 行). 如图 7.6 所示, 当计算节点

$$\mathfrak{n}_3^{(2)} = \texttt{RandHash}(\mathfrak{n}_6^{(1)}, \mathfrak{n}_7^{(1)}, \mathrm{SEED}, \mathrm{ADRS})$$

时, ADRS.treeHeight = 1. 注意, 这与第 9 章中介绍的无状态数字签名算法 SPHINCS$^+$ 中使用地址数据结构的习惯有所不同, 在 SPHINCS$^+$ 中, treeHeight 标识了 XMSS 树节点计算过程中目标节点的高度, 即 2 个输入节点的父节点的高度. treeIndex 标识了 RandHash 函数所计算的目标节点在其相应高度上的位置. 若 XMSS 树的高度为 h, 当目标节点的高度为 t 时, treeIndex 的取值范围

为 $\{0,1,\cdots,2^{h-t}-1\}$. 如图 7.6 所示, 当计算 $\mathfrak{n}_1^{(2)} = \texttt{RandHash}(\mathfrak{n}_4^{(1)}, \mathfrak{n}_5^{(1)}, \text{SEED}, \text{ADRS})$ 时, ADRS.treeIndex = 1. keyAndMask 用于标识相关计算是用于生成 **F** 的随机化因子 K 还是随机掩码 BM.

7.3.3 WOTS$^+$ 一次性签名

在 XMSS 算法及 XMSS-MT 算法中, 每个 XMSS 树的叶子节点对应于一个 WOTS$^+$ 一次性签名实例. WOTS$^+$ 一次性签名的消息空间是 $\mathbb{B}^n$, 令 $\mathsf{md} \in \mathbb{B}^n$,

$$\texttt{len}_1 = \left\lceil \frac{8n}{\log_2(w)} \right\rceil, \quad \texttt{len}_2 = \left\lfloor \frac{\log_2((w-1)\cdot \texttt{len}_1)}{\log_2(w)} \right\rfloor + 1, \quad \texttt{len} = \texttt{len}_1 + \texttt{len}_2,$$

定义编码函数 $\texttt{Encode}: \mathbb{F}_2^{8n} \to [w]^{\texttt{len}_1+\texttt{len}_2}$, 使得

$$\mathsf{m} = \texttt{Encode}(\mathsf{md}) = (\mathsf{m}[0], \mathsf{m}[1], \cdots, \mathsf{m}[\texttt{len}-1]),$$

且当 $0 \leqslant j < \texttt{len}_1$ 时, $\mathsf{m}[j] = \texttt{coef}(\mathsf{md}, j, \log_2(w))$, 当 $\texttt{len}_1 \leqslant j < \texttt{len}$ 时,

$$\mathsf{m}[j] = \texttt{coef}(\texttt{toBinary}(\tau(\mathsf{md}), \texttt{len}_2 \cdot \log_2(w)), j - \texttt{len}_1, \log_2(w)),$$

其中 $\tau(\mathsf{md}) = \sum_{i=0}^{\texttt{len}_1-1}(w-1-\texttt{coef}(\mathsf{md}, i, \log_2(w)))$. 算法 33 给出了一种 Encode() 编码的实现方法, 其中移位偏移量 γ 的取值见表 7.8. 由第 5 章定理 2 可知, $\mathcal{C} = \{\texttt{Encode}(x) : x \in \mathbb{F}_2^{8n}\}$ 构成了一个不可比集. WOTS$^+$ 的私钥

$$sk_{\texttt{WOTS+}} = (sk_{\texttt{WOTS+}}[0], sk_{\texttt{WOTS+}}[1], \cdots, sk_{\texttt{WOTS+}}[\texttt{len}-1])$$

包含 len 个 n 字节比特串, 我们称其为一个 WOTS$^+$ 实例的秘密原像数组. $sk_{\texttt{WOTS+}}$ 的计算过程见算法 34. 可见, 秘密原像数组是通过 $\mathbf{PRF}_{\texttt{Keygen}}^{\texttt{WOTS}^+}$ 基于秘密种子 $\mathsf{K}_{\texttt{WOTS+}}$、公开种子 SEED 和一个 OTS 地址 ADRS 生成的 (见算法 34 第 8 行). 注意, 算法 34 的第 1 行已经隐式地执行了 ADRS.addrType ← 0. 以秘密原像数组 $sk_{\texttt{WOTS+}}$ 中的 len 个元素为起点, 我们可以利用算法 36 计算 len 条长度为 $w-1$ 的哈希链 (包括始点和终点在内共有 w 个节点), 这些哈希链的终点构成了 WOTS$^+$ 的公钥像数组

$$pk_{\texttt{WOTS+}} = (pk_{\texttt{WOTS+}}[0], pk_{\texttt{WOTS+}}[1], \cdots, pk_{\texttt{WOTS+}}[\texttt{len}-1]).$$

每条哈希链的计算都是通过调用算法 35 所示的 chain() 函数完成的. 可以看出, 输入 chain() 函数的 OTS 地址的 hashAddr 字段标识了它所作用的节点的位置索引. 因此, hashAddr 的取值范围为 $\{0,1,\cdots,w-2\}$.

WOTS$^+$ 签名算法 给定 SEED 和 OTS 地址 ADRS, 可以根据算法 37 计算一个 n 字节消息 md (在 XMSS 和 XMSS-MT 中, md 是某一个消息 $\mathsf{msg} \in \mathbb{F}_2^*$ 的 n 字

节摘要) 的 WOTS$^+$ 签名 $\sigma_{\texttt{WOTS}^+}$. 这一签名过程, 本质上是通过暴露这个 WOTS$^+$ 实例对应的 len 条哈希链中的一些特定节点完成的. 注意, 在 XMSS 和 XMSS-MT 中, 是不需要显式地验证 WOTS$^+$ 签名的, 对 WOTS$^+$ 签名的验证是隐式的. 若 $\sigma_{\texttt{WOTS}^+}$ 是消息 md 的合法签名 (包含了该 WOTS$^+$ 实例中 len 条哈希链中的 len 个节点), 则可以利用算法 38 计算 WOTS$^+$ 的公钥像数组. 在 XMSS 和 XMSS-MT 中, 可以利

算法 33: Encode(md)

Input: n 字节消息 md

Output: n 字节消息 md 的编码

$csum \leftarrow 0$

$\mathsf{m} \leftarrow \texttt{base}_w(\mathsf{md}, \texttt{len}_1)$

for $i = 0, \cdots, \texttt{len}_1 - 1$ **do**

  $csum \leftarrow csum + w - 1 - \mathsf{m}[i]$

$\gamma \leftarrow 8 - ((\texttt{len}_2 \cdot \log_2(w)) \bmod 8)$

$csum \leftarrow csum \ll \gamma$

$\ell \leftarrow \left\lceil \dfrac{\texttt{len}_2 \cdot \log_2(w)}{8} \right\rceil$

$\mathsf{m} \leftarrow \mathsf{m} \,\|\, \texttt{base}_w(\texttt{toByte}(csum, \ell), \texttt{len}_2)$

return m

表 7.8 算法 33 中移位偏移量 γ 和 ℓ 的取值

n	w	$\texttt{len}_1$	$\texttt{len}_2$	len	$(\texttt{len}_2 \cdot \log_2(w)) \bmod 8$	γ	ℓ
32	16	64	3	67	$12 \bmod 8 = 4$	4	2
24	16	48	3	51	$12 \bmod 8 = 4$	4	2

算法 34: $\texttt{genPrivKey}_{\texttt{WOTS}^+}(\mathsf{K}_{\texttt{WOTS}^+}, \text{SEED}, \texttt{idx}, L, T)$

Input: n 字节的比特串 $\mathsf{K}_{\texttt{WOTS}^+}$、公开的 n 字节种子 SEED、非负整数 idx、XMSS 树所在的层数 L 和 树地址 T

Output: len 个 n 字节的秘密原像

$\text{ADRS} \leftarrow \texttt{toByte}(0, 32)$

$\text{ADRS}.\texttt{layerAddr} \leftarrow L$

$\text{ADRS}.\texttt{treeAddr} \leftarrow T$

$\text{ADRS}.\texttt{OTSAddress} \leftarrow \texttt{idx}$

$\text{ADRS}.\texttt{hashAddr} \leftarrow 0$

for $i = 0, \cdots, \texttt{len} - 1$ **do**

  $\text{ADRS}.\texttt{chainAddr} \leftarrow i$

  $sk[i] \leftarrow \mathbf{PRF}^{\texttt{WOTS}^+}_{\texttt{Keygen}}(\mathsf{K}_{\texttt{WOTS}^+}, \text{SEED} \,\|\, \text{ADRS})$

return sk

算法 35: chain($X, start, steps$, SEED, ADRS)

Input: n 字节的初始节点 X、节点 X 的位置、计算的步数 $steps$、公开的 n 字节种子 SEED、OTS 地址 ADRS

Output: 被计算的哈希链的终止节点

```
ASSERT ADRS.addrType = 0
ASSERT ADRS.hashAddr = start
if steps = 0 then
    return X
if start + steps > w − 1 then
    return NULL
tmp ← chain(X, start, steps − 1, SEED, ADRS)
ADRS.hashAddr ← start + steps − 1
ADRS.keyAndMask ← 0
K ← PRF(SEED, ADRS)
ADRS.keyAndMask ← 1
BM ← PRF(SEED, ADRS)
return F(K, tmp ⊕ BM)
```

算法 36: $\texttt{genPubKey}_{\texttt{WOTS+}}$($sk$, SEED, ADRS)

Input: 有 len 个 n 字节元素的秘密原像数组 sk、公开的 n 字节种子 SEED、OTS 地址 ADRS

Output: 具有 len 个 n 字节比特串的数组 pk

```
for i = 0, ··· , len − 1 do
    ADRS.chainAddr ← i
    pk[i] ← chain(sk[i], 0, w − 1, SEED, ADRS)
return pk
```

算法 37: $\texttt{Sign}_{\texttt{WOTS+}}$($sk$, md, SEED, ADRS)

Input: 有 len 个 n 字节元素的秘密原像数组 sk、n 字节消息 md、公开的 n 字节种子 SEED、OTS 地址 ADRS

Output: 消息 md 的 $\texttt{WOTS}^+$ 签名 sig

```
m ← Encode(md) = (m[0], ··· , m[len − 1])
for i = 0, ··· , len − 1 do
    ADRS.chainAddr ← i
    sig[i] ← chain(sk[i], 0, m[i], SEED, ADRS)
return sig
```

算法 38: ComputePubKey$_{\text{WOTS}^+}(\sigma, \text{md}, \text{SEED}, \text{ADRS})$

Input: 消息 md 的 WOTS$^+$ 签名 σ、n 字节消息 md、公开的 n 字节种子 SEED、OTS 地址 ADRS

Output: 生成 σ 的 WOTS$^+$ 实例的公钥像数组

```
m ← Encode(md) = (m[0], ··· , m[len − 1])
for i = 0, ··· , len − 1 do
    ADRS.chainAddr ← i
    pk[i] ← chain(σ[i], 0, w − 1 − m[i], SEED, ADRS)
return pk
```

用这个公钥像数组计算相应的 XMSS 树的叶子节点, 配合其他信息, 可以计算出整个 XMSS 树或 XMSS-MT 超树的根节点, 并通过将其和公钥中的根节点进行比较来验证签名的合法性.

7.3.4 XMSS 公私钥对生成方法

首先, 根据要使用的杂凑函数、Winternitz 参数 w、每个秘密原像的尺寸 (字节数 n)、XMSS 树的高度确定算法参数的数值标识 type. 例如, 如果选择 SHA-256 作为底层杂凑函数, 令每个秘密原像元素的尺寸为 $n = 32$ 字节, 并设定 XMSS 树的高度为 $h = 16$ (从而可以满足 2^{16} 个不同消息的签名), 则 type = XMSS-SHA2_16_256 = 0x00000002 (表 7.9). 更多参数对应的数值标识见表 7.9—表 7.12. XMSS 的私钥为 $(\texttt{idx}, \mathsf{K}_{\text{WOTS}^+}, \mathsf{K}_{\text{PRF}}, \texttt{root}, \text{SEED})$, 其中 $\texttt{idx} \in \mathbb{B}^8$ 是当前 XMSS 树下一个没有使用过的叶子节点的索引, 其取值范围为 $\{0, 1, \cdots, 2^h - 1\}$, idx 在密钥生成时设置成 0x0000000000000000, $\mathsf{K}_{\text{WOTS}^+}$ 是一个 n 字节的秘密种子, 用来生成 XMSS 树叶子节点所对应的 WOTS$^+$ 实例的秘密原像数组; K_{PRF} 是一个 n 字节的秘密值, 在 XMSS 及 XMSS-MT 中作为 **PRF** 的密钥使用, 用来生成 Hash-and-Sign 范式中的随机化因子 (见算法 42 第 4 行和第 5 行); $\texttt{root} \in \mathbb{B}^n$ 是 XMSS 树的根; SEED 是一个公开的 n 字节种子, 用来配合 **PRF** 计算构造哈希链、L-Tree 和 XMSS 树时使用的 **F** 函数和 **H** 函数所需要的随机化因子和掩码, 其具体使用方式见算法 35 和算法 32. XMSS 的公钥为 (type, root, SEED), 其生成方法见算法 41. 由算法 41 可知, root 是通过调用算法 40 计算的. 在计算 root 时, 首先利用秘密种

表 7.9 SHA-256 作为底层杂凑函数时 XMSS 的参数集

参数名	数值标识	n	w	len	h
XMSS-SHA2_10_256	0x00000001	32	16	67	10
XMSS-SHA2_16_256	0x00000002	32	16	67	16
XMSS-SHA2_20_256	0x00000003	32	16	67	20

表 7.10　SHA-256/192 作为底层杂凑函数时 XMSS 的参数集

参数名	数值标识	n	w	len	h
XMSS-SHA2_10_192	0x00000001	24	16	51	10
XMSS-SHA2_16_192	0x00000002	24	16	51	16
XMSS-SHA2_20_192	0x00000003	24	16	51	20

表 7.11　SHAKE-256/256 作为底层杂凑函数时 XMSS 的参数集

参数名	数值标识	n	w	len	h
XMSS-SHAKE2_10_256	0x00000010	32	16	67	10
XMSS-SHAKE2_16_256	0x00000011	32	16	67	16
XMSS-SHAKE2_20_256	0x00000012	32	16	67	20

表 7.12　SHAKE-256/192 作为底层杂凑函数时 XMSS 的参数集

参数名	数值标识	n	w	len	h
XMSS-SHAKE2_10_192	0x00000013	24	16	51	10
XMSS-SHAKE2_16_192	0x00000014	24	16	51	16
XMSS-SHAKE2_20_192	0x00000015	24	16	51	20

算法 39: LTree($pk_{\texttt{WOTS+}}$, SEED, ADRS)

Input: $pk_{\texttt{WOTS+}} = (pk_{\texttt{WOTS+}}[0], \cdots, pk_{\texttt{WOTS+}}[\texttt{len}-1]) \in (\mathbb{B}^n)^{\texttt{len}}$、$n$ 字节的公开种子 SEED、32 字节的 L-Tree 地址 ADRS

Output: n 字节比特串 $pk_{\texttt{WOTS+}}[0]$(本算法在执行过程中会改变 $pk_{\texttt{WOTS+}}$ 的值)

ASSERT ADRS.addrType $=$ 0x00000001
$l \leftarrow \texttt{len}$
ADRS.treeHeight $\leftarrow 0$
while $l > 1$ **do**
　for $i = 0, \cdots, \left\lfloor \frac{l}{2} \right\rfloor - 1$ **do**
　　ADRS.treeIndex $\leftarrow i$
　　RandHash($pk_{\texttt{WOTS+}}[2i], pk_{\texttt{WOTS+}}[2i+1]$, SEED, ADRS)
　if $l \bmod 2 = 1$ **then**
　　$pk_{\texttt{WOTS+}}\left[\left\lfloor \frac{l}{2} \right\rfloor\right] \leftarrow pk_{\texttt{WOTS+}}[l-1]$
　$l \leftarrow \left\lceil \frac{l}{2} \right\rceil$
　ADRS.treeHeight $\leftarrow$ ADRS.treeHeight $+ 1$
return $pk_{\texttt{WOTS+}}[0]$

算法 40: $\mathrm{TreeHash}(\mathsf{K}_{\mathrm{WOTS+}}, \mathrm{SEED}, s, t, L, T)$

Input: 一个 XMSS 实例的私钥元素 $\mathsf{K}_{\mathrm{WOTS+}}$、公开的 n 字节种子 SEED、叶子节点序号 s、目标高度 t、层数 L、XMSS 树位置索引 T

Output: n 字节比特串

1　**ASSERT** $s \bmod 2^t = 0$
2　**ASSERT** $\mathrm{ADRS.addrType} = 2$
3　$\mathrm{ADRS} \leftarrow \mathrm{toByte}(0, 32)$
4　$\mathrm{ADRS.layerAddr} \leftarrow L$
5　$\mathrm{ADRS.treeAddr} \leftarrow T$
6　$\mathrm{Stack} \leftarrow [\,]$
7　**for** $i = 0, \cdots, 2^t - 1$ **do**
8　　$\mathrm{ADRS.addrType} \leftarrow 0$
9　　$\mathrm{ADRS.OTSAddress} \leftarrow s + i$
10　　$a \leftarrow \mathrm{ADRS.layerAddr}, \quad b \leftarrow \mathrm{ADRS.treeAddr}$
11　　$sk \leftarrow \mathrm{genPrivKey}_{\mathrm{WOTS+}}(\mathsf{K}_{\mathrm{WOTS+}}, \mathrm{SEED}, s + i, a, b)$
12　　$pk \leftarrow \mathrm{genPubKey}_{\mathrm{WOTS+}}(sk, \mathrm{SEED}, \mathrm{ADRS})$
13　　$\mathrm{ADRS.addrType} \leftarrow 1$
14　　$\mathrm{ADRS.ltreeAddress} \leftarrow s + i$
15　　$node \leftarrow \mathrm{LTree}(pk, \mathrm{SEED}, \mathrm{ADRS})$
16　　$\mathrm{ADRS.addrType} \leftarrow 2$
17　　$\mathrm{ADRS.padding} \leftarrow 0$
18　　$\mathrm{ADRS.treeHeight} \leftarrow 0$
19　　$\mathrm{ADRS.treeIndex} \leftarrow i + s$
20　　**while** $\mathrm{Stack} \neq \varnothing$ and $\mathrm{Stack.topNode.Height} = node.\mathrm{Height}$ **do**
21　　　$\mathrm{ADRS.treeIndex} \leftarrow \dfrac{\mathrm{ADRS.treeIndex} - 1}{2}$
22　　　$node \leftarrow \mathrm{RandHash}(\mathrm{Stack}.pop(), node, \mathrm{SEED}, \mathrm{ADRS})$
23　　　$\mathrm{ADRS.treeHeight} \leftarrow \mathrm{ADRS.treeHeight} + 1$
24　　$\mathrm{Stack}.push(node)$
25　**return** $\mathrm{Stack}.pop()$

子 $\mathsf{K}_{\mathrm{WOTS+}}$ 生成 XMSS 树的所有叶子节点对应的 WOTS^+ 实例的公钥, 然后再计算 WOTS^+ 实例的公钥像数组的 L-Tree 压缩根并将它们作为叶子节点构造 XMSS 树并得到它的根 $\mathrm{root} = \mathrm{TreeHash}(\mathsf{K}_{\mathrm{WOTS+}}, \mathrm{SEED}, 0, h, 0, 0)$.

算法 41: $\texttt{genKey}_{\texttt{XMSS}}()$

Output: 公私钥对 $SK \parallel PK$

产生新鲜真随机数 $\mathsf{K}_{\texttt{WOTS+}}$
产生新鲜真随机数 SEED
产生新鲜真随机数 $\mathsf{K}_{\texttt{PRF}}$
$\texttt{root} \leftarrow \texttt{TreeHash}(\mathsf{K}_{\texttt{WOTS+}}, \mathrm{SEED}, 0, h, 0, 0)$
$\texttt{idx} \leftarrow 0$
$SK \leftarrow \texttt{idx} \parallel \mathsf{K}_{\texttt{WOTS+}} \parallel \mathsf{K}_{\texttt{PRF}} \parallel \texttt{root} \parallel \mathrm{SEED}$
$PK \leftarrow \texttt{type} \parallel \texttt{root} \parallel \mathrm{SEED}$
return $SK \parallel PK$

7.3.5 XMSS 数字签名生成方法

令私钥为 $(\texttt{idx}, \mathsf{K}_{\texttt{WOTS+}}, \mathsf{K}_{\texttt{PRF}}, \texttt{root}, \mathrm{SEED})$, 则消息 $\mathsf{msg} \in \mathbb{F}_2^*$ 的签名计算过程如算法 42 所示. 首先计算 msg 的 n 字节摘要值

$$\begin{cases} \gamma = \mathbf{PRF}(\mathsf{K}_{\texttt{PRF}}, \texttt{toByte}(\texttt{idx}, 32)) \\ \mathsf{md} = \mathbf{H}_{\texttt{MSG}}(\gamma \parallel \texttt{root} \parallel \texttt{toByte}(\texttt{idx}, n), \mathsf{msg}) \end{cases}.$$

然后, 利用这个 XMSS 树的第 idx 个叶子节点对应的 $\texttt{WOTS}^+$ 实例对 md 进行签名, 得到的签名值为 $\sigma_{\texttt{WOTS+}}$. 这里使用的 $\texttt{WOTS}^+$ 私钥为

$$sk_{\texttt{WOTS+}} = \texttt{genPrivKey}_{\texttt{WOTS+}}(\mathsf{K}_{\texttt{WOTS+}}, \texttt{idx}, \mathrm{ADRS}.\texttt{layerAddr}, \mathrm{ADRS}.\texttt{treeAddr}),$$

其中, $\texttt{genPrivKey}_{\texttt{WOTS+}}$ 如算法 34 所示. 之后, 通过算法 43 计算 XMSS 树的第 idx 个叶子节点的认证路径 $Auth = (Auth[0], \cdots, Auth[h-1])$. 上述 $\texttt{WOTS}^+$ 签名是由 XMSS 树的第 idx 个叶子节点对应的 $\texttt{WOTS}^+$ 实例产生的. 连接这个叶子节点和 XMSS 树的根节点的路径上的节点包括

$$\mathfrak{n}_{\texttt{idx}}^{(0)}, \mathfrak{n}_{\lfloor \texttt{idx}/2 \rfloor}^{(1)}, \mathfrak{n}_{\lfloor \texttt{idx}/2^2 \rfloor}^{(2)}, \cdots, \mathfrak{n}_{\lfloor \texttt{idx}/2^{h-1} \rfloor}^{(h-1)}, \mathfrak{n}_0^{(h)}.$$

对于 $0 \leqslant i \leqslant h-1$, 令 $\texttt{path}[i]$ 为节点 $\mathfrak{n}_{\lfloor \texttt{idx}/2^i \rfloor}^{(i)}$ 的兄弟节点, 即 $Auth[i] = \mathfrak{n}_{\lfloor \texttt{idx}/2^i \rfloor \oplus 1}^{(i)}$. 我们称 $Auth = (Auth[0], \cdots, Auth[h-1])$ 为节点 $\mathfrak{n}_{\texttt{idx}}^{(0)}$ 的认证路径. 最终, 消息 msg 的数字签名为

$$\sigma = \texttt{idx} \parallel \gamma \parallel \sigma_{\texttt{WOTS+}} \parallel Auth.$$

最后强调, 在输出数字签名之前, 为了防止未来一次性签名的重用, 一定要将私钥中的 idx 累加 1 (见算法 42 第 2 行).

算法 42: $\texttt{Sign}_{\texttt{XMSS}}(SK, \mathsf{msg})$

Input: XMSS 私钥 SK、消息 msg

Output: 消息 msg 的 XMSS 签名

$idx \leftarrow SK.\texttt{idx}$

$SK.\texttt{idx} \leftarrow SK.\texttt{idx} + 1$

$\mathrm{ADRS} \leftarrow \texttt{toByte}(0, 32)$

$\gamma \leftarrow \mathbf{PRF}(\mathsf{K}_{\texttt{PRF}}, \texttt{toByte}(idx, 32))$

$\mathsf{md} \leftarrow \mathbf{H}_{\texttt{MSG}}(\gamma \parallel SK.\texttt{root} \parallel \texttt{toByte}(idx, n), \mathsf{msg})$

$\mathrm{ADRS}.\texttt{addrType} \leftarrow 0$

$\mathrm{ADRS}.\texttt{OTSAddress} \leftarrow idx$

$sk \leftarrow \texttt{genPrivKey}_{\texttt{WOTS+}}(SK.\mathsf{K}_{\texttt{WOTS+}}, idx, \mathrm{ADRS}.\texttt{layerAddr}, \mathrm{ADRS}.\texttt{treeAddr})$

$\sigma_{\texttt{WOTS+}} \leftarrow \texttt{Sign}_{\texttt{WOTS+}}(sk, \mathsf{md}, SK.\mathrm{SEED}, \mathrm{ADRS})$

$Auth \leftarrow \texttt{buildAuth}(SK.\mathsf{K}_{\texttt{WOTS+}}, \mathrm{SEED}, idx, 0, 0)$

$\sigma_{\texttt{XMSS}} \leftarrow idx \parallel \gamma \parallel \sigma_{\texttt{WOTS+}} \parallel Auth$

return $\sigma_{\texttt{XMSS}}$

算法 43: $\texttt{buildAuth}(\mathsf{K}_{\texttt{WOTS+}}, \mathrm{SEED}, i, L, T)$

Input: 一个 XMSS 实例的私钥元素 $\mathsf{K}_{\texttt{WOTS+}}$、$n$ 字节公开种子 SEED WOTS$^+$ 实例索引 i、层数 L、XMSS 树位置索引 T

Output: 第 i 个 WOTS$^+$ 实例的认证路径

for $j = 0, \cdots, h/d - 1$ **do**

  $k \leftarrow \left\lfloor \dfrac{i}{2^j} \right\rfloor \oplus 1$

  $Auth[j] \leftarrow \texttt{TreeHash}(\mathsf{K}_{\texttt{WOTS+}}, \mathrm{SEED}, k \cdot 2^j, j, L, T)$

return $Auth$

7.3.6 XMSS 签名验证过程

在描述 XMSS 签名验证过程前, 我们指出, 对于消息 msg 的一个合法的 XMSS 签名 $\sigma = \texttt{idx} \parallel \gamma \parallel \sigma_{\texttt{WOTS+}} \parallel Auth$, 可以通过 XMSS 公钥 $PK = (\texttt{type}, \texttt{root}, \mathrm{SEED})$ 和

$$\mathsf{md} \leftarrow \mathbf{H}_{\texttt{MSG}}(\gamma \parallel PK.\texttt{root} \parallel \texttt{toByte}(\texttt{idx}, n), \mathsf{msg})$$

计算出 XMSS 树的根节点. 计算方法见算法 44. XMSS 的签名验证过程见算法 45. 对于一个消息 msg 的合法签名

$$\sigma_{\texttt{XMSS}} = \texttt{idx} \parallel \gamma \parallel \sigma_{\texttt{WOTS+}} \parallel Auth.$$

首先, 利用 idx 和 γ 计算消息 msg 的摘要值 (这也是为什么签名中需要给出 idx 的值)$\mathsf{md} = \mathbf{H}_{\texttt{MSG}}(\gamma \parallel \texttt{root} \parallel \texttt{toByte}(\texttt{idx}, n), \mathsf{msg})$. 基于摘要值 md 和 WOTS$^+$ 签名 $\sigma_{\texttt{WOTS+}}$, 可以利用算法 38 计算产生 WOTS$^+$ 签名 $\sigma_{\texttt{WOTS+}}$ 的 WOTS$^+$ 实例的公钥

算法 44: RootFromSig(σ, md, SEED, L, T)

    Input: XMSS 签名 $\sigma = idx \parallel \gamma \parallel \sigma_{\text{WOTS+}} \parallel Auth$、随机化的 Hash-and-Sign 范式产生
        的消息摘要 md、公钥 PK

    Output: 由 sig 产生的根节点

1　ADRS ← toByte(0, 32)
2　ADRS.layerAddr ← L
3　ADRS.treeAddr ← T
4　ADRS.addrType ← 0
5　ADRS.OTSAddress ← idx

6　$pk_{\text{WOTS+}}$ ← ComputePubKey$_{\text{WOTS+}}$($\sigma_{\text{WOTS+}}$, md, SEED, ADRS)

7　ADRS.addrType ← 1
8　ADRS.ltreeAddress ← idx
9　$node[0]$ ← LTree($pk_{\text{WOTS+}}$, SEED, ADRS)

10　ADRS.addrType ← 2
11　ADRS.padding ← 0
12　ADRS.treeIndex ← idx

13　**for** $i = 0, \cdots, h/d - 1$ **do**
14　 ADRS.treeHeight ← i
15　 **if** $\lfloor idx\_sig/2^i \rfloor \bmod 2 = 0$ **then**
16　 ADRS.treeIndex ← ADRS.treeIndex$/2$
17　 $node[1]$ ← RandHash($node[0]$, $Auth[i]$, SEED, ADRS)

18　 **if** $\lfloor idx\_sig/2^i \rfloor \bmod 2 \neq 0$ **then**
19　 ADRS.treeIndex ← (ADRS.treeIndex $- 1)/2$
20　 $node[1]$ ← RandHash($node[0]$, $Auth[i]$, SEED, ADRS)
21　 $node[0]$ ← $node[1]$

22　**return** $node[0]$

算法 45: Verify$_{\text{XMSS}}$(σ, PK, msg)

    Input: XMSS 签名 $\sigma = idx \parallel \gamma \parallel \sigma_{\text{WOTS+}} \parallel Auth$、公钥 PK、消息 msg
    Output: VALID 或 INVALID

1　ADRS ← toByte(0, 32)
2　md ← H$_{\text{MSG}}$($\gamma \parallel PK.\text{root} \parallel$ toByte(idx, n), msg)
3　$node$ ← RootFromSig(σ, md, PK.SEED)
4　**if** $node = PK.\text{root}$ **then**
5　 **return** VALID
6　**else**
7　 **return** INVALID

像数组, 从而可以计算出 XMSS 树的第 idx 个叶子节点. 再利用这个叶子节点和认证路径 $Auth$, 可以计算出 XMSS 树的根节点, 若计算出的根节点和 XMSS 公钥中的 root 一致, 则签名验证通过.

7.4 带状态的数字签名算法 XMSS-MT

XMSS-MT 与 XMSS 的关系和 HSS 与 LMS 的关系类似. 如图 7.9 所示, 每个 XMSS-MT 实例对应于一个由大量相同高度的 XMSS 树构成的超树结构. 这些 XMSS 树按一定的规则分布在不同的层上. 此后, 令每个 XMSS 树的高度为 h', 它们分布在 d 层中, 则称这个超树结构的总高度为 $h = h'd$. 每一层中的每一个 XMSS 树有 $2^{h'}$ 个叶子节点, 每个叶子节点的值为一个 WOTS$^+$ 实例的公钥像数组的 L-Tree 压缩根 (n 字节). 在这个超树结构中, 第 $d-1$ 层 (最顶层) 只有 $2^{0 \cdot h'} = 1$ 个 XMSS 树, 第 i 层有 $2^{(d-1-i)h'}$ 个 XMSS 树和 $2^{(d-1-i)h'} \cdot 2^{h'} = 2^{(d-i)h'}$ 个叶子节点. 第 0 层 (最底层) 有 $2^{(d-1)h'} = 2^{h-h'}$ 个 XMSS 树和 $2^{h-h'} \cdot 2^{h'} = 2^h$ 个叶子节点, 其值为 2^h 个 WOTS$^+$ 实例的公钥像数组的 L-Tree 压缩根. 如图 7.9 所示, 若第 i 层中的 $2^{(d-1-i)h'}$ 个 XMSS 树关联的地址数据结构 (包括 OTS 地址、L-Tree 地址和 Hash-Tree 地址) 为 ADRS, 则 ADRS.layerAddr $= i$,

$$\text{ADRS.}\mathtt{treeAddr} \in \{0, \cdots, 2^{(d-1-i)h'} - 1\}.$$

可见, (layerAddr, treeAddr) 可以完全定位一个 XMSS-MT 超树结构中的 XMSS 树.

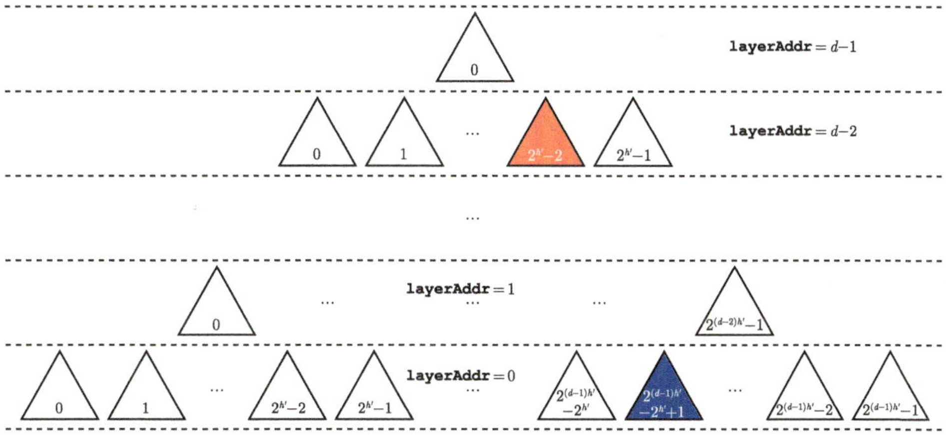

图 7.9 XMSS-MT 的超树结构, 每个三角形代表一个 XMSS 树, 三角形中的数字标识了 XMSS 树的 treeAddr

在 XMSS-MT 超树结构中, 除最顶层的那个 XMSS 树外, 第 i 层的任意一个 XMSS 树都对应第 $i+1$ 层的一个 XMSS 树的叶子节点. 更具体地, 第 i 层的第 j 个 XMSS

树 $\Phi_j^{(i)}$ 对应于第 $i+1$ 层的第 j quo $2^{h'}$① 个 XMSS 树的第 $j \bmod 2^{h'}$ 个叶子节点. 令 $\texttt{idx} \in \{0,\cdots,2^h-1\}$ 是最底层 XMSS 树全部叶子节点的索引,

$$\begin{cases}\Psi = [\Phi_{j_0}^{(0)}, \Phi_{j_1}^{(1)}, \cdots, \Phi_{j_{d-2}}^{(d-2)}, \Phi_{j_{d-1}}^{(d-1)}] \\ \varphi = [\texttt{Leaf}(\Phi_{j_0}^{(0)}, t_0), \texttt{Leaf}(\Phi_{j_1}^{(1)}, t_1), \cdots, \texttt{Leaf}(\Phi_{j_{d-1}}^{(d-1)}, t_{d-1})]\end{cases}, \tag{7.1}$$

且 $j_0 = \texttt{idx}$ quo $2^{h'}$, $j_{k+1} = j_k$ quo $2^{h'}$ $(0 \leqslant k < d)$, $t_0 = \texttt{idx} \bmod 2^{h'}$, $t_{k+1} = j_k \bmod 2^{h'}$. 则称 Ψ 是由第 idx 个末梢叶子节点激活的 XMSS 树链, 而称 φ 为第 idx 个末梢叶子节点激活的 XMSS 叶子节点链. 例如, 图 7.10 给出了一个由第 21 个末梢叶子节点激活的 XMSS 树链和 XMSS 叶子节点链.

当利用一个 XMSS-MT 实例对某个消息 msg 进行签名时, 首先根据当前的私钥在最底层选择一个末梢叶子节点, 假设这个叶子节点是第 idx 个末梢叶子节点, 且它激活的 XMSS 树链和 XMSS 叶子链如方程 (7.1) 所示, 则先用叶子节点 $\texttt{Leaf}(\Phi_{j_0}^{(0)}, t_0)$ 对应的 $\texttt{WOTS}^+$ 实例对 msg 的摘要进行签名, 计算 $\texttt{Leaf}(\Phi_{j_0}^{(0)}, t_0)$ 在 $\Phi_{j_0}^{(0)}$ 中的认证路径, 然后再用 $\texttt{Leaf}(\Phi_{j_1}^{(1)}, t_1)$ 对 $\Phi_{j_0}^{(0)}$ 的根进行签名, 计算 $\texttt{Leaf}(\Phi_{j_1}^{(1)}, t_1)$ 在 $\Phi_{j_1}^{(1)}$ 中的认证路径, 以此类推, 最后用 $\texttt{Leaf}(\Phi_{j_{d-1}}^{(d-1)}, t_{d-1})$ 对 $\Phi_{j_{d-2}}^{(d-2)}$ 的根进行签名, 并计算 $\texttt{Leaf}(\Phi_{j_{d-1}}^{(d-1)}, t_{d-1})$ 在 $\Phi_{j_{d-1}}^{(d-1)}$ 中的认证路径.

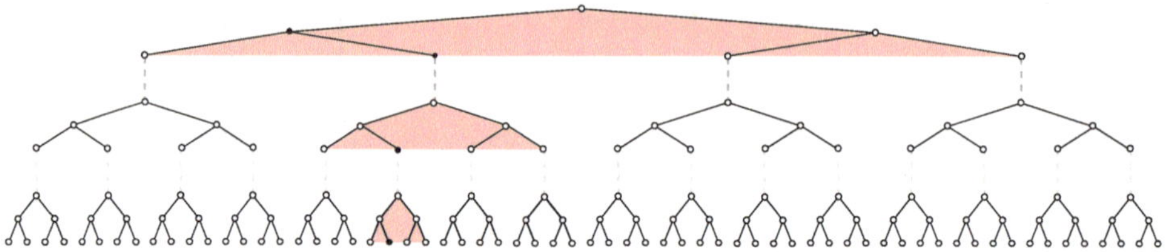

图 7.10　一个 3 层的 XMSS-MT 的超树以及第 21 个末梢叶子节点激活的 XMSS 树链和叶子节点链

7.4.1　XMSS-MT 公私钥对生成方法

首先, 根据要使用的杂凑函数、Winternitz 参数 w、每个 $\texttt{WOTS}^+$ 实例中秘密原像数组中秘密原像的尺寸 (字节数 n)、XMSS-MT 超树的总高度 h 及其层数 d 确定算法参数的数值标识 type. 例如, 若选择 SHAKE-256 作为底层杂凑函数, 令每个秘密原像元素的尺寸为 $n=32$ 字节, Winternitz 参数 $w=16$, 并设定 XMSS-MT 超树的总高度为 $h=20$ (从而可以满足 2^{20} 个不同消息的签名), 层数为 2, 则

① 若 a, b 是正整数, 则 a quo b 表示 $\left\lfloor \dfrac{a}{b} \right\rfloor$, 例如, 5 quo 3=1, 5 quo 2=2.

如表 7.15 所示,

$$\texttt{type} = \text{XMSSMT-SHAKE256\_20/2\_256} = \text{0x00000029}.$$

更多的参数选择及其对应的数值标识见表 7.13—表 7.16.

表 7.13 SHA-256 作为底层杂凑函数时 XMSS-MT 的参数集

参数名	数值标识	n	w	len	h	d
XMSSMT-SHA2_20/2_256	0x00000001	32	16	67	20	2
XMSSMT-SHA2_20/4_256	0x00000002	32	16	67	20	4
XMSSMT-SHA2_40/2_256	0x00000003	32	16	67	40	2
XMSSMT-SHA2_40/4_256	0x00000004	32	16	67	40	4
XMSSMT-SHA2_40/8_256	0x00000005	32	16	67	40	8
XMSSMT-SHA2_60/3_256	0x00000006	32	16	67	60	3
XMSSMT-SHA2_60/6_256	0x00000007	32	16	67	60	6
XMSSMT-SHA2_60/12_256	0x00000008	32	16	67	60	12

表 7.14 SHA-256/192 作为底层杂凑函数时 XMSS-MT 的参数集

参数名	数值标识	n	w	len	h	d
XMSSMT-SHA2_20/2_192	0x00000021	24	16	51	20	2
XMSSMT-SHA2_20/4_192	0x00000022	24	16	51	20	4
XMSSMT-SHA2_40/2_192	0x00000023	24	16	51	40	2
XMSSMT-SHA2_40/4_192	0x00000024	24	16	51	40	4
XMSSMT-SHA2_40/8_192	0x00000025	24	16	51	40	8
XMSSMT-SHA2_60/3_192	0x00000026	24	16	51	60	3
XMSSMT-SHA2_60/6_192	0x00000027	24	16	51	60	6
XMSSMT-SHA2_60/12_192	0x00000028	24	16	51	60	12

表 7.15 SHAKE-256 作为底层杂凑函数时 XMSS-MT 的参数集

参数名	数值标识	n	w	len	h	d
XMSSMT-SHAKE256_20/2_256	0x00000029	32	16	67	20	2
XMSSMT-SHAKE256_20/4_256	0x0000002A	32	16	67	20	4
XMSSMT-SHAKE256_40/2_256	0x0000002B	32	16	67	40	2
XMSSMT-SHAKE256_40/4_256	0x0000002C	32	16	67	40	4
XMSSMT-SHAKE256_40/8_256	0x0000002D	32	16	67	40	8
XMSSMT-SHAKE256_60/3_256	0x0000002E	32	16	67	60	3
XMSSMT-SHAKE256_60/6_256	0x0000002F	32	16	67	60	6
XMSSMT-SHAKE256_60/12_256	0x00000030	32	16	67	60	12

表 7.16 SHAKE-256/192 作为底层杂凑函数时 XMSS-MT 的参数集

参数名	数值标识	n	w	len	h	d
XMSSMT-SHAKE256_20/2_192	0x00000031	24	16	51	20	2
XMSSMT-SHAKE256_20/4_192	0x00000032	24	16	51	20	4
XMSSMT-SHAKE256_40/2_192	0x00000033	24	16	51	40	2
XMSSMT-SHAKE256_40/4_192	0x00000034	24	16	51	40	4
XMSSMT-SHAKE256_40/8_192	0x00000035	24	16	51	40	8
XMSSMT-SHAKE256_60/3_192	0x00000036	24	16	51	60	3
XMSSMT-SHAKE256_60/6_192	0x00000037	24	16	51	60	6
XMSSMT-SHAKE256_60/12_192	0x00000038	24	16	51	60	12

XMSS-MT 的私钥为 $(\mathtt{idx}, \mathsf{K}_{\mathtt{MT}}, \mathsf{K}_{\mathtt{PRF}}, \mathtt{root}, \mathrm{SEED})$, 其中 $\mathtt{idx} \in \mathbb{B}^{\lceil h/8 \rceil}$ 表示下一个没有使用过的叶子节点 (WOTS$^+$ 实例) 的索引, 它所对应的整数的取值范围为 $\{0, 1, \cdots, 2^h - 1\}$, 在密钥生成时 idx 被设置成 0, $\mathsf{K}_{\mathtt{MT}}$ 是一个 n 字节的秘密值. 注意, 在 XMSS-MT 超树结构中的每个 XMSS 树都对应了 $2^{h'}$ 个 WOTS$^+$ 实例, 每个 XMSS 树的 WOTS$^+$ 实例的秘密原像数组都是通过这个 XMSS 树自身的秘密种子 $\mathsf{K}_{\mathtt{WOTS+}}$ 生成的. 而每个 XMSS 树的秘密种子 $\mathsf{K}_{\mathtt{WOTS+}}$ 又是利用 $\mathsf{K}_{\mathtt{MT}}$ 这个全局秘密种子生成的. 如算法 46 第 5 行所示, 利用 $\mathsf{K}_{\mathtt{MT}}$ 可以生成 XMSS-MT 超树结构中每个 XMSS 树对应的

$$\mathsf{K}_{\mathtt{WOTS+}} = \mathbf{PRF}^{\mathtt{XMSS}}_{\mathtt{KeygenMT}}(\mathsf{K}_{\mathtt{MT}}, \mathrm{SEED} \parallel \mathrm{ADRS}).$$

每个 XMSS 树再利用 $\mathsf{K}_{\mathtt{WOTS+}}$ 生成这个 XMSS 树叶子节点所对应的 WOTS$^+$ 实例. $\mathsf{K}_{\mathtt{PRF}}$ 是一个 n 字节的秘密值, 在 XMSS-MT 中作为 **PRF** 的密钥使用, 用来生成 Hash-and-Sign 范式中的随机化因子 (见算法 42 第 4 行). $\mathtt{root} \in \mathbb{B}^n$ 是 XMSS-MT 超树中 $d-1$ 层那唯一一个 XMSS 树的根 (如算法 47 第 3 行和第 4 所示). SEED 是一个公开的 n 字节种子, 配合 **PRF** 生成构建 WOTS$^+$ 哈希链、L-Tree 和 XMSS 树时 **F** 和 **H** 所需要的随机化因子和掩码, 具体细节见算法 35 和算法 32. XMSS 的公钥为 $(\mathtt{idx}, \mathtt{root}, \mathrm{SEED})$.

算法 46: $\mathtt{genKey}^{\mathtt{WOTS}^+}_{\mathtt{Sub\text{-}XMSS}}(\mathsf{K}_{\mathtt{MT}}, \mathsf{K}_{\mathtt{PRF}}, L, T, \mathrm{SEED})$

Input: n 字节真随机比特串 $\mathsf{K}_{\mathtt{MT}}$、XMSS 树所在的层数 L、XMSS 树索引 T

Output: $\mathsf{K}_{\mathtt{WOTS+}}$

1 $\mathrm{ADRS} \leftarrow \mathtt{toByte}(0, 32)$

2 $\mathrm{ADRS}.\mathtt{addrType} \leftarrow 2$

3 $\mathrm{ADRS}.\mathtt{layerAddr} \leftarrow L$

4 $\mathrm{ADRS}.\mathtt{treeAddr} \leftarrow T$

5 $\mathsf{K}_{\mathtt{WOTS+}} \leftarrow \mathbf{PRF}^{\mathtt{XMSS}}_{\mathtt{KeygenMT}}(\mathsf{K}_{\mathtt{MT}}, \mathrm{SEED} \parallel \mathrm{ADRS})$

6 **return** $\mathsf{K}_{\mathtt{WOTS+}}$

算法 47: $\texttt{genKey}_{\texttt{XMSS-MT}}()$

Output: 公私钥对 $SK_{MT} \parallel PK_{MT}$

$\texttt{idx} \leftarrow \texttt{toByte}\left(0, \left\lceil \frac{h}{8} \right\rceil\right)$

产生新鲜真随机数 K_{MT}, $\mathsf{K}_{\mathsf{PRF}}$, SEED

$\mathsf{K}_{\texttt{WOTS}^+} \leftarrow \texttt{genKey}^{\texttt{WOTS}^+}_{\texttt{Sub-XMSS}}(\mathsf{K}_{\mathsf{MT}}, \mathsf{K}_{\mathsf{PRF}}, d-1, 0, \mathrm{SEED})$

$\texttt{root} \leftarrow \texttt{TreeHash}(\mathsf{K}_{\texttt{WOTS}^+}, \mathrm{SEED}, 0, h/d, d-1, 0)$

$SK_{\mathsf{MT}} \leftarrow \texttt{idx} \parallel \mathsf{K}_{\mathsf{MT}} \parallel \mathsf{K}_{\mathsf{PRF}} \parallel \texttt{root} \parallel \mathrm{SEED}$

$PK_{\mathsf{MT}} \leftarrow \texttt{type} \parallel \texttt{root} \parallel \mathrm{SEED}$

return $SK_{\mathsf{MT}} \parallel PK_{\mathsf{MT}}$

7.4.2 XMSS-MT 签名生成方法

在描述 XMSS-MT 的签名算法前, 先来介绍一下 treeSig 算法. 如算法 48 所示, treeSig 的输出是一个 n 字节数据 (某个消息 msg $\in \mathbb{F}_2^*$ 的 n 字节摘要或某个 XMSS 树的 n 字节根) 的 XMSS 签名. 这个签名包含了第 L 层中第 T 个 XMSS 树的第 j 个叶子节点产生的 WOTS$^+$ 签名和这个 XMSS 树关于第 j 个叶子节点的认证路径. 下面描述如何利用 treeSig 产生消息 msg 的 XMSS-MT 签名. 令私钥为 $(\texttt{idx}, \mathsf{K}_{\mathsf{MT}}, \mathsf{K}_{\mathsf{PRF}}, \texttt{root}, \mathrm{SEED})$, 第 idx 个末梢叶子节点激活的 XMSS 树链和 XMSS 叶子节点链为

$$\begin{cases} \Psi = [\Phi^{(0)}_{j_0}, \Phi^{(1)}_{j_1}, \cdots, \Phi^{(d-2)}_{j_{d-2}}, \Phi^{(d-1)}_{j_{d-1}}] \\ \varphi = [\texttt{Leaf}(\Phi^{(0)}_{j_0}, t_0), \texttt{Leaf}(\Phi^{(1)}_{j_1}, t_1), \cdots, \texttt{Leaf}(\Phi^{(d-1)}_{j_{d-1}}, t_{d-1})] \end{cases},$$

且 $j_0 = \texttt{idx}\ \mathrm{quo}\ 2^{h'}$, $j_{k+1} = j_k\ \mathrm{quo}\ 2^{h'}$ $(0 \leqslant k < d)$, $t_0 = \texttt{idx} \bmod 2^{h'}$, $t_{k+1} = j_k \bmod 2^{h'}$. 注意, 因为 $0 \leqslant j_0 < 2^h$, 所以 j_0 可以使用一个 h 位的二进制串表示. 令 $j_0 = b_{h-1} \cdot 2^{h-1} + \cdots + b_{h'} \cdot 2^{h'} + b_{h'-1} \cdot 2^{h'-1} + \cdots + b_1 \cdot 2 + b_0$, 则

$$j_0 = (b_{h-1} \cdot 2^{h-h'-1} + \cdots + b_{h'}) \cdot 2^{h'} + (b_{h'-1} \cdot 2^{h'-1} + \cdots + b_1 \cdot 2 + b_0),$$

即 $j_0 = \texttt{idx} = \texttt{idxTree} \cdot 2^{h'} + \texttt{idxLeaf}$, 其中 $\texttt{idxTree} = j_0 \gg h'$, $\texttt{idxLeaf} = \texttt{lsb}(j_0, h')$. 类似地, $j_{k+1} = j_k \gg h'$, $t_{k+1} = \texttt{lsb}(t_k, h')$. 当给 msg $\in \mathbb{F}_2^*$ 进行签名时, 首先计算 msg 的 n 字节摘要值

$$\begin{cases} \mathbf{R} = \mathbf{PRF}(\mathsf{K}_{\mathsf{PRF}}, \texttt{toByte}(\texttt{idx}, 32)) \\ \mathsf{md} = \mathbf{H}_{\mathsf{MSG}}(\mathbf{R} \parallel \texttt{root} \parallel \texttt{toByte}(\texttt{idx}, n), \mathsf{msg}) \end{cases}.$$

算法 48: $\texttt{treeSig}(\mathsf{m}, \mathsf{K}_{\texttt{WOTS+}}, \mathrm{SEED}, j, L, T)$

Input: n 字节摘要或某个 XMSS 树的 n 字节根、某个 XMSS 实例的私钥 $\mathsf{K}_{\texttt{WOTS+}}$、$n$ 字节公开种子 SEED、叶子节点索引 $j \in \{0, \cdots, 2^{h'} - 1\}$、层数 L、XMSS 树位置索引 T

Output: WOTS$^+$ 签名 $\sigma_{\texttt{WOTS+}}$ 和认证路径 $Auth$

$Auth \leftarrow \texttt{buildAuth}(\mathsf{K}_{\texttt{WOTS+}}, \mathrm{SEED}, j, L, T)$
$\mathrm{ADRS} \leftarrow \texttt{toByte}(0, 32)$
$\mathrm{ADRS}.\texttt{layerAddr} \leftarrow L$
$\mathrm{ADRS}.\texttt{treeAddr} \leftarrow T$
$\mathrm{ADRS}.\texttt{OTSAddress} \leftarrow idx$
$sk_{\texttt{WOTS+}} \leftarrow \texttt{genPrivKey}_{\texttt{WOTS+}}(\mathsf{K}_{\texttt{WOTS+}}, \mathrm{SEED}, j, L, T)$
$\sigma_{\texttt{WOTS+}} \leftarrow \texttt{Sign}_{\texttt{WOTS+}}(sk_{\texttt{WOTS+}}, \mathsf{m}, \mathrm{SEED}, \mathrm{ADRS})$
return $\sigma_{\texttt{WOTS+}} \parallel Auth$

算法 49: $\texttt{Sign}_{\texttt{XMSS-MT}}(SK_{\texttt{MT}}, \mathsf{msg})$

Input: XMSS-MT 私钥 $SK_{\texttt{MT}}$、消息 msg

Output: 消息 msg 的 XMSS 签名以及更新后的私钥

$\mathrm{ADRS} \leftarrow \texttt{toByte}(0, 32)$
$\mathrm{SEED} \leftarrow SK_{\texttt{MT}}.\mathrm{SEED}$
$\mathsf{K}_{\mathsf{PRF}} \leftarrow SK_{\texttt{MT}}.\mathsf{K}_{\mathsf{PRF}}$
$idx \leftarrow SK_{\texttt{MT}}.\texttt{idx}$
$SK_{\texttt{MT}}.\texttt{idx} \leftarrow SK_{\texttt{MT}}.\texttt{idx} + 1$
$\mathbf{R} \leftarrow \mathbf{PRF}(\mathsf{K}_{\mathsf{PRF}}, \texttt{toByte}(idx, 32))$
$\mathsf{md} \leftarrow \mathbf{H}_{\mathsf{MSG}}(\mathbf{R} \parallel SK_{\texttt{MT}}.\texttt{root} \parallel \texttt{toByte}(idx, n), \mathsf{msg})$
$\texttt{idxTree} \leftarrow \texttt{msb}(idx, h - h/d)$
$\texttt{idxLeaf} \leftarrow \texttt{lsb}(idx, h/d)$
$\mathsf{K}_{\texttt{WOTS+}} \leftarrow \texttt{genKey}^{\texttt{WOTS+}}_{\texttt{Sub-XMSS}}(\mathsf{K}_{\mathsf{MT}}, \mathsf{K}_{\mathsf{PRF}}, 0, \texttt{idxTree}, \mathrm{SEED})$
$\theta_{\texttt{XMSS}} \leftarrow \texttt{treeSig}(\mathsf{md}, \mathsf{K}_{\texttt{WOTS+}}, \texttt{idxLeaf}, 0, \texttt{idxTree})$
$\sigma_{\texttt{MT}} \leftarrow idx \parallel \gamma \parallel \theta_{\texttt{XMSS}}$
$L \leftarrow 0$
$T \leftarrow \texttt{idxTree}$
for $j = 1, \cdots, d - 1$ **do**
　$root \leftarrow \texttt{TreeHash}(\mathsf{K}_{\texttt{WOTS+}}, \mathrm{SEED}, 0, h/d, L, T)$
　$\texttt{idxTree} \leftarrow \texttt{msb}(\texttt{idxTree}, h - (h/d) \cdot j)$
　$\texttt{idxLeaf} \leftarrow \texttt{lsb}(\texttt{idxTree}, h/d)$
　$\mathsf{K}_{\texttt{WOTS+}} \leftarrow \texttt{genKey}^{\texttt{WOTS+}}_{\texttt{Sub-XMSS}}(\mathsf{K}_{\mathsf{MT}}, \mathsf{K}_{\mathsf{PRF}}, j, \texttt{idxTree}, \mathrm{SEED})$
　$\theta_{\texttt{XMSS}} \leftarrow \texttt{treeSig}(\mathsf{md}, \mathsf{K}_{\texttt{WOTS+}}, \texttt{idxLeaf}, j, \texttt{idxTree})$
　$\sigma_{\texttt{MT}} \leftarrow \sigma_{\texttt{MT}} \parallel \theta_{\texttt{XMSS}}$
return $\sigma_{\texttt{MT}}$

然后, 利用 $\Phi_{j_0}^{(0)}$ 的叶子节点 $\texttt{Leaf}(\Phi_{j_0}^{(0)}, t_0)$ 产生 md 的 XMSS 签名 $\theta_{\texttt{XMSS}}(0)$, 再利用 $\Phi_{j_1}^{(1)}$ 的叶子节点 $\texttt{Leaf}(\Phi_{j_1}^{(1)}, t_1)$ 产生 XMSS 树 $\Phi_{j_0}^{(0)}$ 的根的 XMSS 签名 $\theta_{\texttt{XMSS}}(1)$, $\cdots$, 利用 $\Phi_{j_{d-2}}^{(d-2)}$ 的叶子节点 $\texttt{Leaf}(\Phi_{j_{d-2}}^{(d-2)}, t_{d-2})$ 产生 XMSS 树 $\Phi_{j_{d-3}}^{(d-3)}$ 的根的 XMSS 签名 $\theta_{\texttt{XMSS}}(d-2)$, 最后, 利用 $\Phi_{j_{d-1}}^{(d-1)}$ 的叶子节点 $\texttt{Leaf}(\Phi_{j_{d-1}}^{(d-1)}, t_{d-1})$ 产生 XMSS 树 $\Phi_{j_{d-2}}^{(d-2)}$ 的根的 XMSS 签名 $\theta_{\texttt{XMSS}}(d-2)$. 消息 msg 的 XMSS-MT 数字签名为

$$\sigma_{\texttt{XMSS-MT}} = \theta_{\texttt{XMSS}}(0) \parallel \theta_{\texttt{XMSS}}(1) \parallel \cdots \parallel \theta_{\texttt{XMSS}}(d-1).$$

7.4.3 XMSS-MT 签名验证过程

XMSS-MT 的签名验证过程见算法 50. 一个消息 msg 的合法 XMSS-MT 签名为

$$\sigma_{\texttt{MT}} = idx \parallel \mathbf{R} \parallel \theta_{\texttt{XMSS}}(0) \parallel \cdots \parallel \theta_{\texttt{XMSS}}(d-1).$$

算法 50: $\texttt{Verify}_{\texttt{XMSS-MT}}(\sigma_{\texttt{MT}}, PK_{\texttt{MT}}, \mathsf{msg})$

Input: XMSS-MT 签名 $\sigma_{\texttt{MT}} = idx \parallel \gamma \parallel \theta_{\texttt{XMSS}}(0) \parallel \cdots \parallel \theta_{\texttt{XMSS}}(d-1)$、XMSS-MT 公钥 $PK_{\texttt{MT}}$、消息 msg

Output: VALID 或 INVALID

SEED $\leftarrow PK_{\texttt{MT}}$.SEED
md $\leftarrow \mathbf{H}_{\texttt{MSG}}(\gamma \parallel PK_{\texttt{MT}}.\texttt{root} \parallel \texttt{toByte}(idx, n), \mathsf{msg})$
idxLeaf $\leftarrow \texttt{lsb}(idx, h/d)$
idxTree $\leftarrow \texttt{msb}(idx, h - h/d)$
$L \leftarrow 0$
$T \leftarrow$ idxTree
$node \leftarrow \texttt{RootFromSig}(\theta_{\texttt{XMSS}}(0), \mathsf{md}, PK_{\texttt{MT}}, L, T)$
for $j = 1, \cdots, d-1$ **do**
  idxLeaf $\leftarrow \texttt{lsb}(\texttt{idxTree}, h/d)$
  idxTree $\leftarrow \texttt{msb}(\texttt{idxTree}, h - (h/d) \cdot j)$,
  $L \leftarrow j$
  $T \leftarrow$ idxTree
  $node \leftarrow \texttt{RootFromSig}(\theta_{\texttt{XMSS}}(j), node, PK_{\texttt{MT}}, L, T)$
if $node = PK.\texttt{root}$ **then**
  return VALID
else
  return INVALID

首先, 利用 idx 计算消息 msg 的摘要值 (这也是为什么签名中需要给出 idx

的值)

$$\mathsf{md} = \mathbf{H}_{\mathsf{MSG}}(\mathbf{R} \parallel \mathtt{root} \parallel \mathtt{toByte}(idx, n), \mathsf{msg}).$$

基于摘要值 md 和 $\mathtt{WOTS}^+$ 签名 $\sigma_{\mathtt{WOTS}^+}$, 可以利用算法 38 计算产生 $\mathtt{WOTS}^+$ 签名 $\sigma_{\mathtt{WOTS}^+}$ 的 $\mathtt{WOTS}^+$ 实例的公钥像数组, 从而可以计算出 XMSS 树的第 idx 个叶子节点. 再利用这个叶子节点和认证路径 $Auth$, 可以计算出 XMSS 树的根节点, 利用这个根节点和 XMSS 签名 $\sigma^{(i)}$ 可以计算出上一层 XMSS 树的根, 以此类推, 可以计算出最顶层 XMSS 树的根. 若计算出的根节点和 XMSS-MT 公钥中的 root 一致, 则签名验证通过.

7.5 状态管理

本章介绍的 LMS 、HSS 、XMSS 和 XMSS-MT 数字签名算法都是带状态的. 这类数字签名算法的私钥本质上对应了一族一次性签名的实例, 以及一个用于跟踪哪些一次性签名实例已经被使用过的数据结构, 这一数据结构通常是一个计数器或者一个索引, 我们称其为私钥状态. 在每一次签名之后, 这类数字签名的状态都会按一定的规则更新, 从而确保它能正确地跟踪哪些一次性签名实例已经被使用过了. 与传统数字签名算法 (如 RSA 和 ECDSA 等) 不同, 使用这类算法进行签名的签名者需要小心地维护其私钥状态, 从而避免这类算法中所使用的一次性签名实例的重用. 可见, 确保私钥状态的正确更新对保证这类签名算法的安全性至关重要, 这为该类算法的应用带来了额外的复杂性. 因此, 带状态的数字签名更适合于私钥载体高度可控的应用场景. 比如, 在软件更新数字签名或根 CA 及运营 CA 证书签名中, 签名操作是在中心服务器上完成的, 攻击者较难物理地接触到私钥载体, 从而降低了私钥状态被攻击的风险, 而在一般的终端上使用这类签名, 则私钥状态遭受物理攻击的风险较大.

本节并不打算给出安全私钥状态管理的具体解决方案, 而是提醒这类算法的实现者和应用者了解相关的风险, 从而在实际应用中采用恰当的方法保证系统的安全性. 第一, 在算法实现中要确保在每次签名后私钥状态都得到了正确的更新. 因此, 签名操作和状态更新从外部看应该是一个不可分割的原子操作, 且一般情况下, 我们在实现中应先进行状态更新, 然后再计算并输出消息的签名. 在系统中, 私钥有可能在多个位置出现. 例如, 在进行签名时, 我们有可能需要从非易失存储中将私钥载入内存, 然后再进行签名和私钥状态更新, 此时需要确保内存中的私钥和非易失存储中私钥状态的同步. 第二, 在私钥备份、私钥导出、私钥导入及从备份中恢复私钥的过程中, 也要注意签名设备中的私钥和其他私钥版本之间的同步性. 第三, 要特别注意在 (多个) 虚拟机中使用带状态数字签名时的私钥状态同步问题. 最后, 若可以获得一个签名者签过的所有消息的签名, 则给定一个新的签名, 验签者可以检验这个签名是否重用了已使用过的一次性签名实例. 总之, 对于带状态的数字签名, 安全的私钥状态的管理是一个较为复杂的问题, 需要根据应用场景对具体问题进行具体分析. 文献 [17, 19, 56, 57] 给出了一些具体的私钥状态安全管理方案, 谷歌等企业也公开了一些关于安全私钥状态管理的专利[58].

第 8 章 树遍历算法

本章将介绍三个 Merkle 树遍历算法, 包括经典树遍历算法[59](8.2 节)、对数树遍历算法[60](8.3 节) 和分形树遍历算法[61](8.4 节). 这些算法可以顺序地输出一个 Merkle 树的所有叶子节点 (从左到右) 的认证路径, 因此可以在第 7 章介绍的带状态数字签名的签名生成算法中应用. 关于 Merkle 树遍历算法的更多内容, 读者可以参考文献 [62-64].

一个高度为 H 的完美二叉树, 共有 $H+1$ 组高度分别为 $0, 1, \cdots, H$ 的节点, 其中高度为 0 的节点称为叶子节点, 高度为 H 的节点称为根节点. 在这个树中, 高度为 h $(0 \leqslant h \leqslant H)$ 的节点共有 2^{H-h} 个. 因此, 一个高度为 H 的完美二叉树共有 $\sum_{h=0}^{H} 2^{H-h} = 2^{H+1} - 1$ 个节点. 图 8.1 给出了一个高度为 $H = 5$ 的完美二叉树, 这个树共有 32 个叶子节点. 通常情况下, 我们把这个树中相同高度的节点从左到右编号. 例如, 这个树的叶子节点从左到右编号为 $0, 1, \cdots, 31$. 用 $\mathfrak{n}_j^{(h)}$ 表示高度为 h 的第 j 个节点. 因此, $\mathfrak{n}_j^{(0)}$ 表示高度为 0 的第 j 个节点. 令 $\mathfrak{n}_j^{(i)}$ 是高度为 i 的第 j 个节点, 则它是其父节点的左子节点当且仅当 $j \mod 2 = 0$, 且 $\mathfrak{n}_j^{(i)}$ 和 $\mathfrak{n}_{j+1}^{(i)}$ 是兄弟节点, 当且仅当 $\mathfrak{n}_j^{(i)}$ 是左节点, 且它们的父节点为 $\mathfrak{n}_{j/2}^{(i+1)}$, 这里称 $\mathfrak{n}_{j+1}^{(i)}$ 为右节点. 如图 8.1 所示, $(\mathfrak{n}_4^{(2)}, \mathfrak{n}_5^{(2)})$ 是一对兄弟节点, 且它们的父节点为 $\mathfrak{n}_2^{(3)}$.

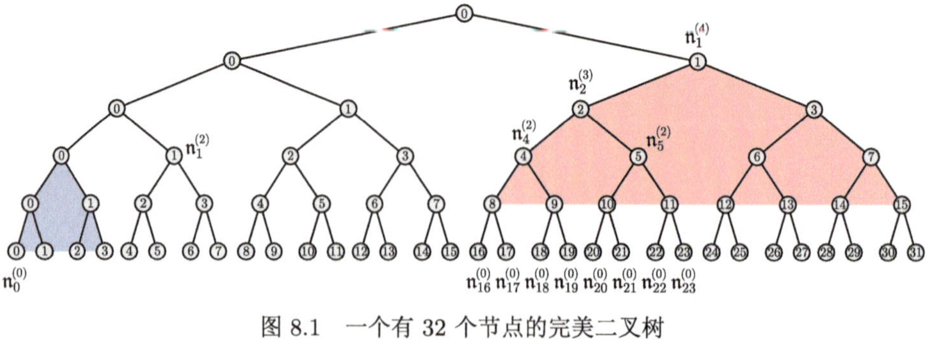

图 8.1 一个有 32 个节点的完美二叉树

在本章的分析中, 需要考虑一个树中的特定子树, 为了方便描述, 我们给出表示这些子树的符号. 用 $\mathsf{RootTree}(\mathfrak{n}_j^{(h)}, d)$ 表示一个以 $\mathfrak{n}_j^{(h)}$ 为根节点、高度为 d 的

子树. 这个子树的叶子节点为

$$\{\mathfrak{n}_{j\cdot 2^d}^{(h-d)}, \mathfrak{n}_{j\cdot 2^d+1}^{(h-d)}, \cdots, \mathfrak{n}_{(j+1)\cdot 2^d-1}^{(h-d)}\}.$$

如图 8.1 所示, 红色部分给出了子树 $\mathsf{RootTree}(\mathfrak{n}_1^{(4)}, 3)$. 另外, 若 h 满足 $j \mod 2^h = 0$, 则 $\mathfrak{n}_j^{(0)}$ 和 h 可以确定一个有 2^h 个叶子节点的子树 $\texttt{LeafTree}(\mathfrak{n}_j^{(0)}, h)$. 这个子树的根节点是 $\mathfrak{n}_{j/2^h}^{(h)}$, 叶子节点是 $\{\mathfrak{n}_j^{(0)}, \cdots, \mathfrak{n}_{j+2^h-1}^{(0)}\}$. 如图 8.1 所示, 蓝色部分给出了子树 $\texttt{LeafTree}(\mathfrak{n}_0^{(0)}, 2)$, $\texttt{LeafTree}(\mathfrak{n}_0^{(0)}, 5)$ 就是整个树, 而 $\texttt{LeafTree}(\mathfrak{n}_4^{(0)}, 2)$ 的根节点为 $\mathfrak{n}_1^{(2)}$, 叶子节点为 $\{\mathfrak{n}_4^{(0)}, \mathfrak{n}_5^{(0)}, \mathfrak{n}_6^{(0)}, \mathfrak{n}_7^{(0)}\}$. 根据上述定义, 总有

$$\texttt{LeafTree}(\mathfrak{n}_{j\cdot 2^d}^{(0)}, d) = \mathsf{RootTree}(\mathfrak{n}_j^{(d)}, d).$$

最后, 令 $\hbar(j) = \max\{h \in \mathbb{Z} : j \mod 2^h = 0\}$, 定义

$$\texttt{LeafTree}(\mathfrak{n}_j^{(0)}) = \texttt{LeafTree}(\mathfrak{n}_j^{(0)}, \hbar(j)).$$

在本章中介绍的完美二叉树都属于 Merkle 树, 即通过两个兄弟节点可以计算出它们的父节点. 当我们要构造一个 Merkle 树或得到一个 Merkle 树当中的特定节点时, 我们可以使用 8.1 节介绍的 TreeHash 算法.

8.1 TreeHash 算法

如算法 51 所示, 对于一个高度为 H 的完美二叉树, TreeHash 可以用于计算这个树中的任意一个节点. TreeHash 算法的输入包括 2^H 个叶子节点、叶子节点 $\mathfrak{n}_s^{(0)}$ 和目标高度 h. TreeHash 使用了一个栈数据结构, 当它执行结束后, 它的栈中有且仅有一个元素, 该元素就是它的输入参数所确定的子树 $\texttt{LeafTree}(\mathfrak{n}_s^{(0)}, h)$ 的根. 注意, 只有当 $s \mod 2^h = 0$ 时, 子树 $\texttt{LeafTree}(\mathfrak{n}_s^{(0)}, h)$ 才具有良好定义. 因此, 我们在算法 51 的第 1 行中对这一条件进行检查.

我们称算法 51 的第 6 行至第 9 行为一次 *update*() 操作, 第 13 行也为一次 *update*() 操作. TreeHash 算法根据当前栈顶元素的情况, 选择执行不同的 *update*() 操作. 当栈顶的两个元素高度相同时, 这两个元素出栈, 计算它们的父节点并压入栈中. 否则, 我们将下一个叶子节点压入栈中. 反复执行上述 *update*() 操作, 直到栈中只剩下 $\texttt{LeafTree}(\mathfrak{n}_s^{(0)}, h)$ 的根节点.

为了更好地理解算法 51, 对于图 8.2 给出的高度为 4 的完美二叉树, 我们跟踪一下 $\texttt{TreeHash}(\mathfrak{n}_0^{(0)}, 4)$ 执行时栈的变化情况 (如图 8.3 所示). 可以看出, 在 $\texttt{TreeHash}(\mathfrak{n}_0^{(0)}, 4)$ 执行过程中, 栈中最多只会存储 $4+1=5$ 个节点的值, 这 5 个节点的值如图 8.4 所示. 更一般地, $\texttt{TreeHash}(\mathfrak{n}_s^{(0)}, h)$ 在执行过程中不会允许 2 个

高度相同的节点在栈中存在超过 1 轮. 栈中元素最多时有 $h+1$ 个节点, 其中高度为 $h-1$ 的节点 1 个、高度为 $h-2$ 的节点 1 个、$\cdots$、高度为 1 的节点 1 个、高度为 0 的节点 2 个.

算法 51: `TreeHash` 算法

Input: 2^H 个叶子节点 $\mathfrak{n}_0^{(0)}, \cdots, \mathfrak{n}_{2^H-1}^{(0)}$, 初始叶子节点索引 s, 以及目标高度 h

Output: `LeafTree`$(\mathfrak{n}_s^{(0)}, h)$ 的根节点

Assert $s \mod 2^h = 0$
$j \leftarrow s$
将 `Stack` 初始化成一个空栈
while True **do**
　　if *top 2 nodes on* `Stack` *are of equal height* **then**
　　　　$\mathfrak{n}_{\mathrm{R}} \leftarrow$ `Stack`.*pop*()
　　　　$\mathfrak{n}_{\mathrm{L}} \leftarrow$ `Stack`.*pop*()
　　　　$\mathfrak{n}_{\mathrm{Parent}} \leftarrow f(\mathfrak{n}_{\mathrm{L}}, \mathfrak{n}_{\mathrm{R}})$
　　　　`Stack`.*push*($\mathfrak{n}_{\mathrm{Parent}}$)
　　　　if $\mathfrak{n}_{\mathrm{Parent}}.height = h$ **then**
　　　　　　return $\mathfrak{n}_{\mathrm{Parent}}$
　　else
　　　　`Stack`.*push*($\mathfrak{n}_j^{(0)}$)
　　　　if $h = 0$ **then**
　　　　　　return $\mathfrak{n}_j^{(0)}$
　　　　else
　　　　　　$j \leftarrow j+1$

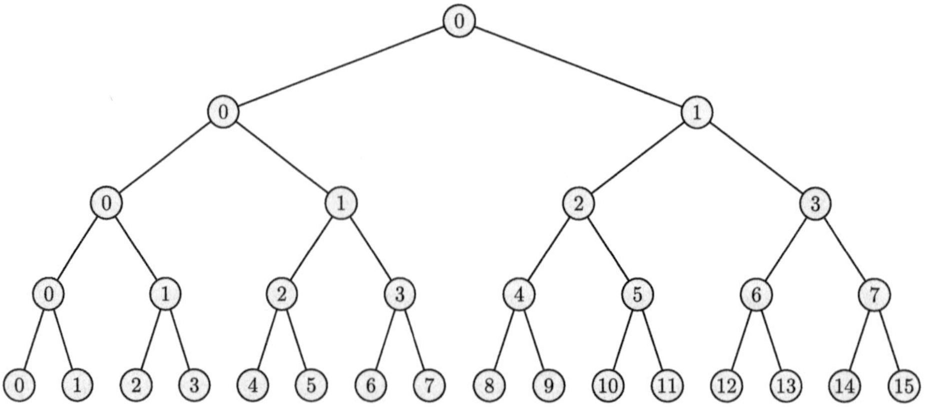

图 8.2　高度为 4 的完美二叉树

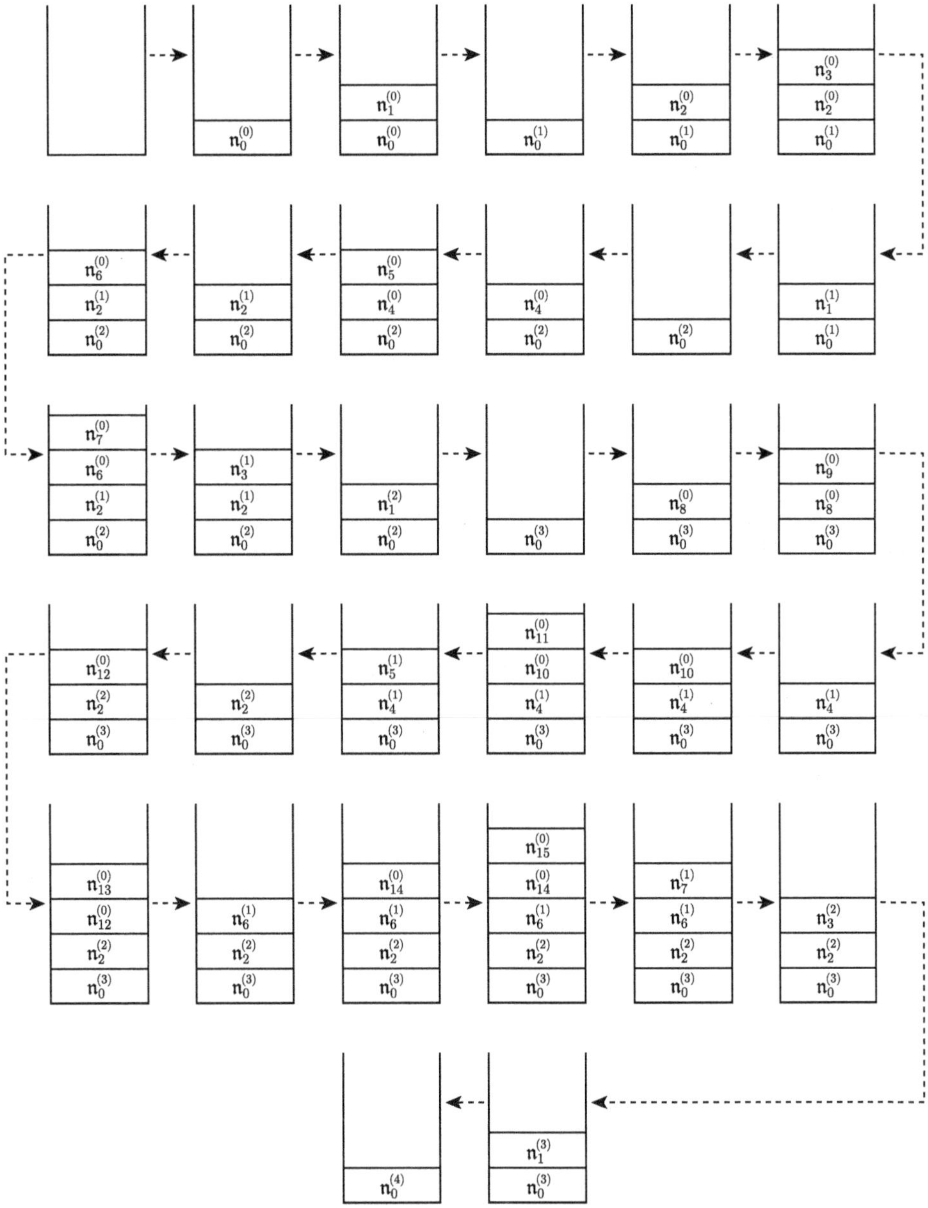

图 8.3 TreeHash 算法执行过程中栈的变化情况

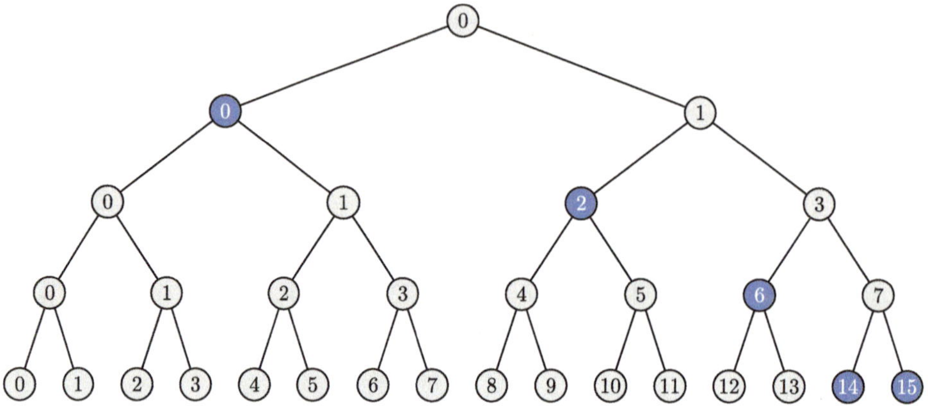

图 8.4 目标高度为 4 的 `TreeHash` 算法执行过程中栈中元素最多的情况

图 8.5 到图 8.19 展现了 $\texttt{TreeHash}(\mathfrak{n}_8^{(0)},3)$ 在执行过程中访问过的节点. 从这个访问节点的顺序可以看出, `TreeHash` 算法可以写成递归形式:

$$\texttt{TreeHash}(\mathfrak{n}_j^{(0)},h)=f(\texttt{TreeHash}(\mathfrak{n}_j^{(0)},h-1),\texttt{TreeHash}(\mathfrak{n}_{j+2^{h-1}}^{(0)},h-1)). \quad (8.1)$$

用 $\gamma(h)$ 表示计算 $\texttt{TreeHash}(\mathfrak{n}_j^{(0)},h)$ 所需 *update*() 操作的次数. 由方程 (8.1) 可知,

$$\gamma(h)=\gamma(h-1)+\gamma(h-1)+1=2\gamma(h-1)+1.$$

由 $\gamma(0)=1$, 可以推出 $\gamma(h)=2^{h+1}-1$. 从另一个角度看, `TreeHash` 算法执行过程中会对 $\texttt{LeafTree}(\mathfrak{n}_s^{(0)},h)$ 中的每个节点访问且仅访问一次, 因此 $2^{h+1}-1$ 正好是这个子树的节点数. 例如, 由图 8.5 到图 8.19 可知, $\texttt{TreeHash}(\mathfrak{n}_8^{(0)},3)$ 一共执行了 $\gamma(3)=2^{3+1}-1=15$ 次 *update*() 操作.

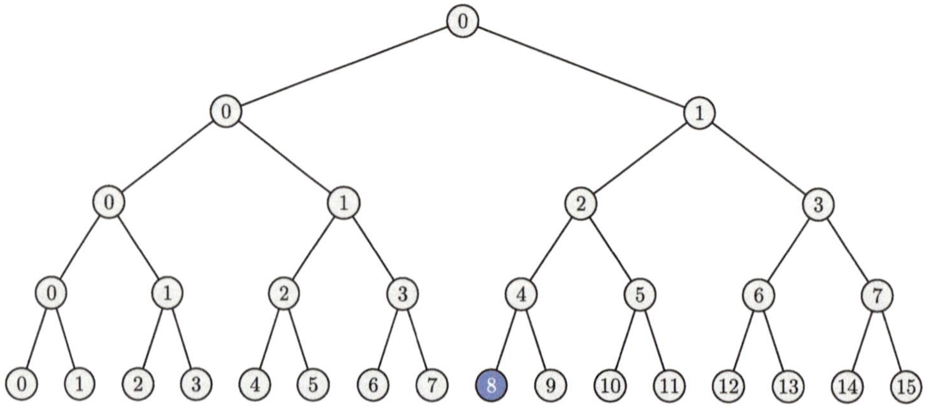

图 8.5 $\texttt{TreeHash}(\mathfrak{n}_8^{(0)},3)$ 执行过程中访问过的节点 (第 0 轮)

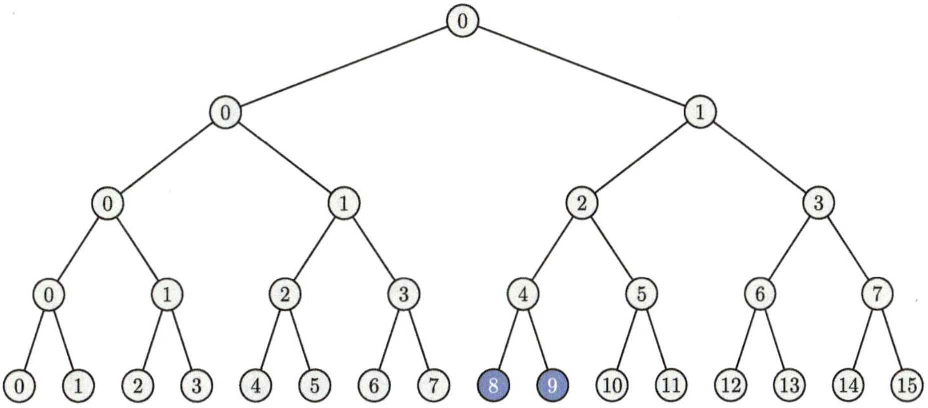

图 8.6 TreeHash$(\mathfrak{n}_8^{(0)}, 3)$ 执行过程中访问过的节点 (第 1 轮)

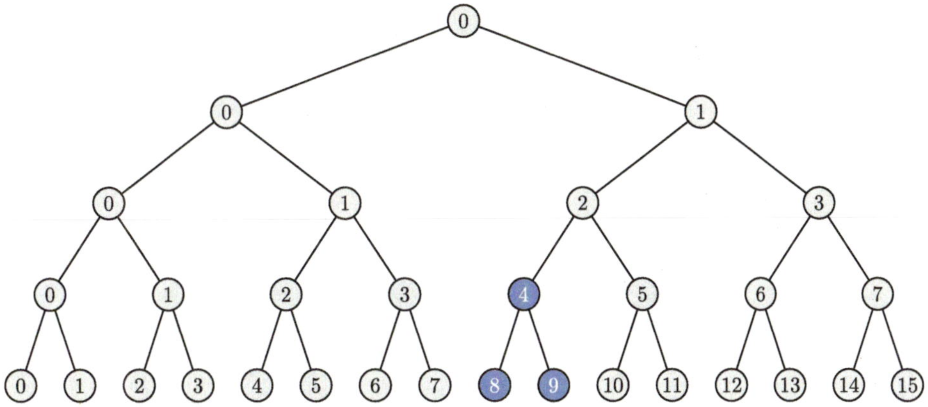

图 8.7 TreeHash$(\mathfrak{n}_8^{(0)}, 3)$ 执行过程中访问过的节点 (第 2 轮)

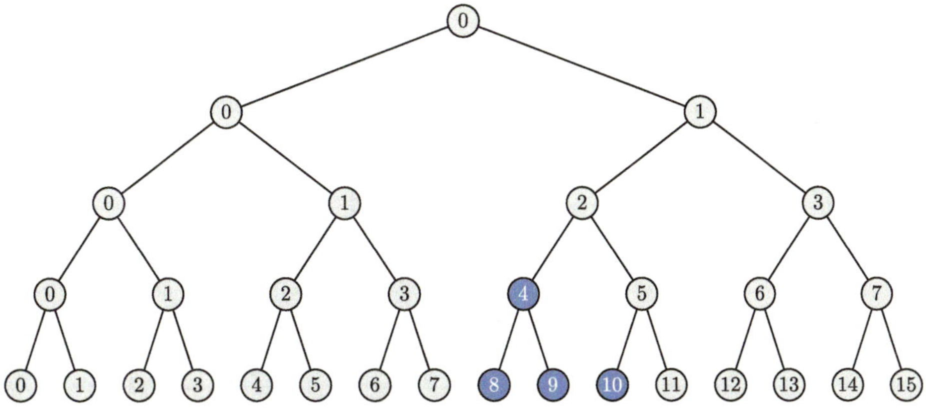

图 8.8 TreeHash$(\mathfrak{n}_8^{(0)}, 3)$ 执行过程中访问过的节点 (第 3 轮)

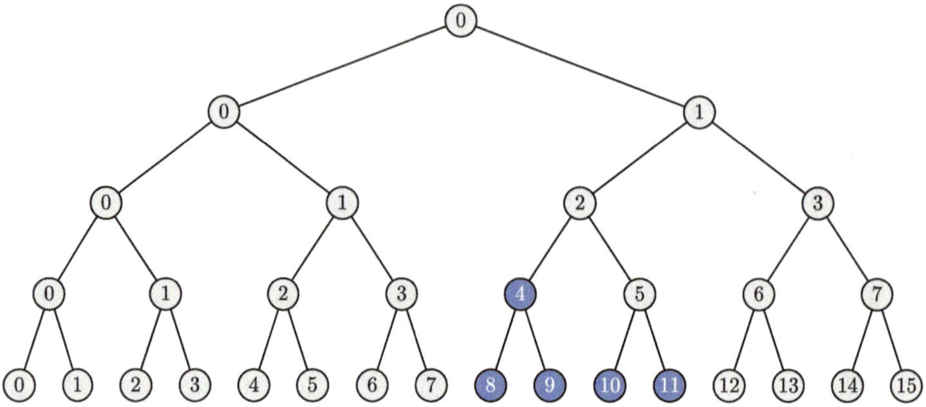

图 8.9　$\texttt{TreeHash}(\mathfrak{n}_8^{(0)}, 3)$ 执行过程中访问过的节点 (第 4 轮)

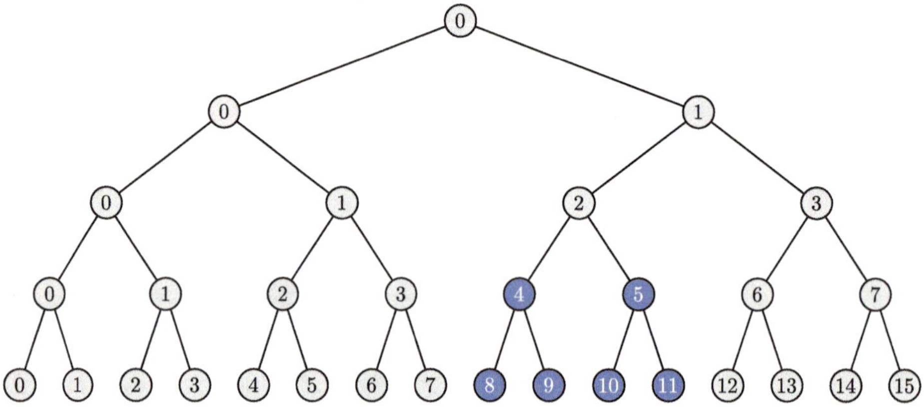

图 8.10　$\texttt{TreeHash}(\mathfrak{n}_8^{(0)}, 3)$ 执行过程中访问过的节点 (第 5 轮)

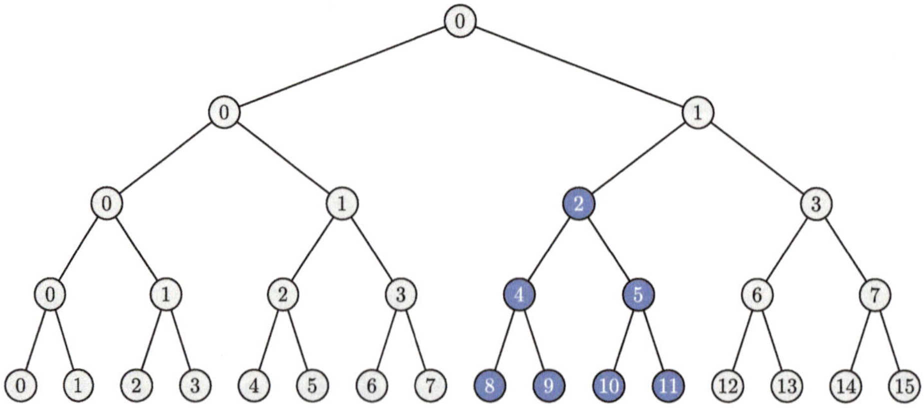

图 8.11　$\texttt{TreeHash}(\mathfrak{n}_8^{(0)}, 3)$ 执行过程中访问过的节点 (第 6 轮)

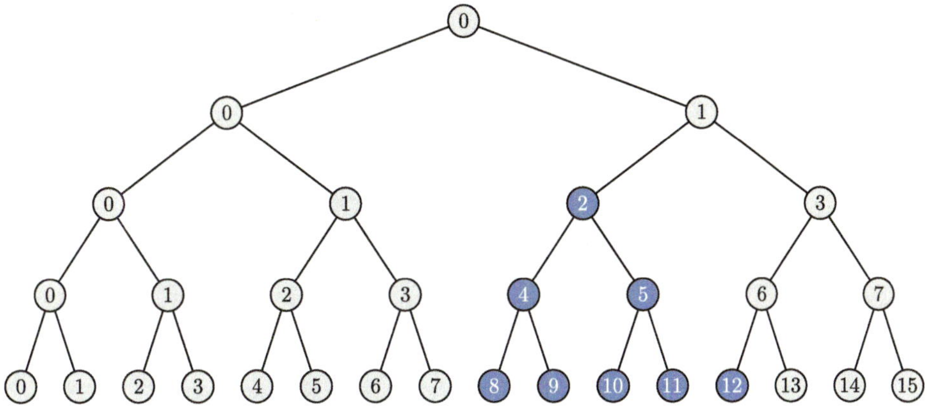

图 8.12 TreeHash($n_8^{(0)}$, 3) 执行过程中访问过的节点 (第 7 轮)

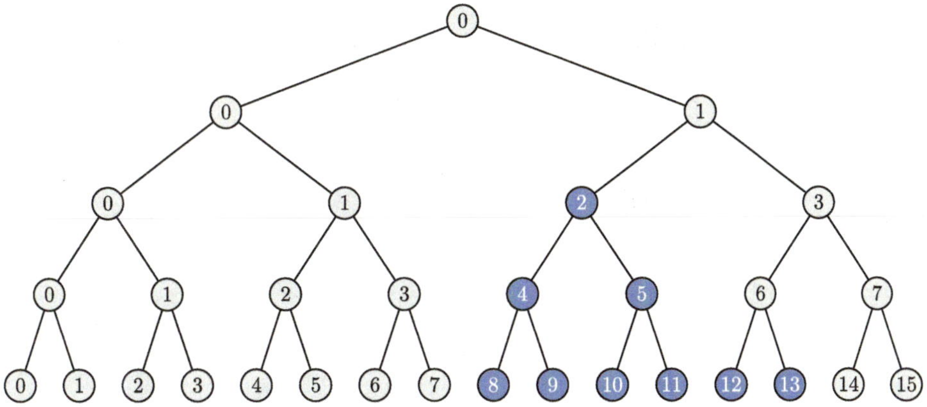

图 8.13 TreeHash($n_8^{(0)}$, 3) 执行过程中访问过的节点 (第 8 轮)

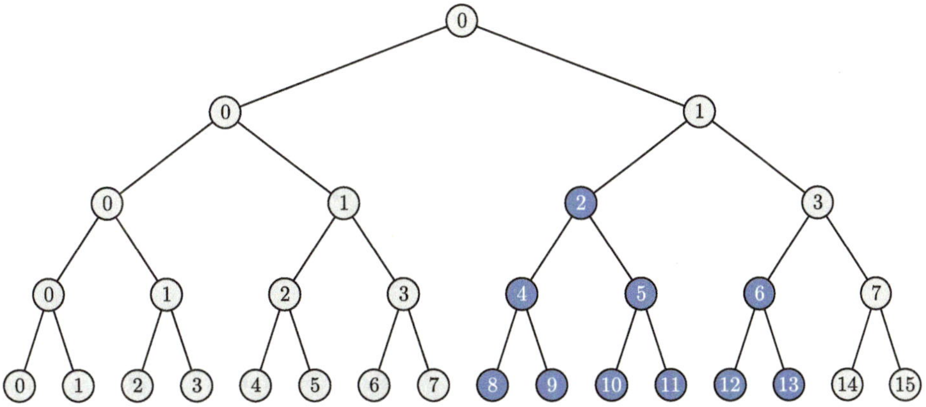

图 8.14 TreeHash($n_8^{(0)}$, 3) 执行过程中访问过的节点 (第 9 轮)

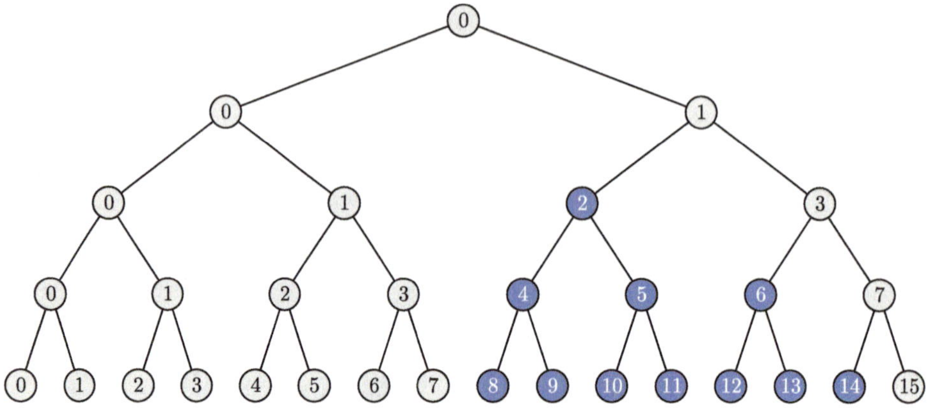

图 8.15　TreeHash($\mathfrak{n}_8^{(0)}$, 3) 执行过程中访问过的节点 (第 10 轮)

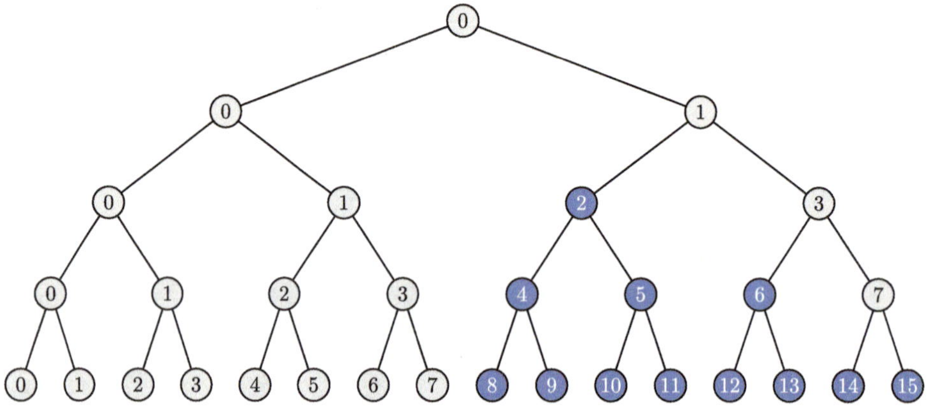

图 8.16　TreeHash($\mathfrak{n}_8^{(0)}$, 3) 执行过程中访问过的节点 (第 11 轮)

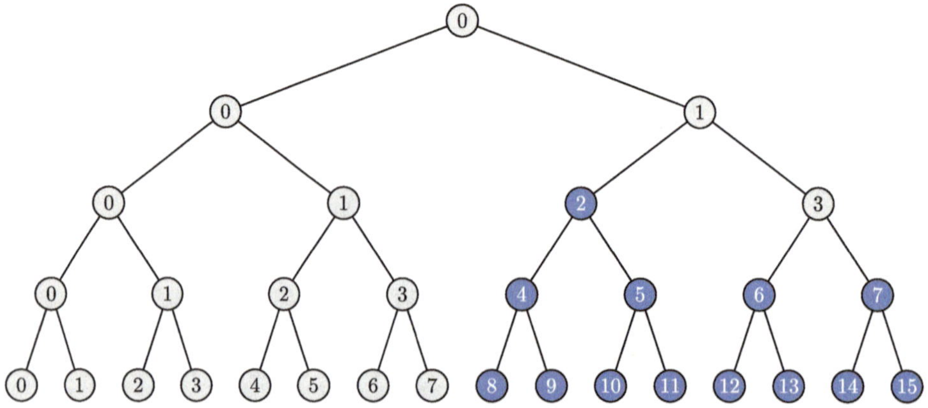

图 8.17　TreeHash($\mathfrak{n}_8^{(0)}$, 3) 执行过程中访问过的节点 (第 12 轮)

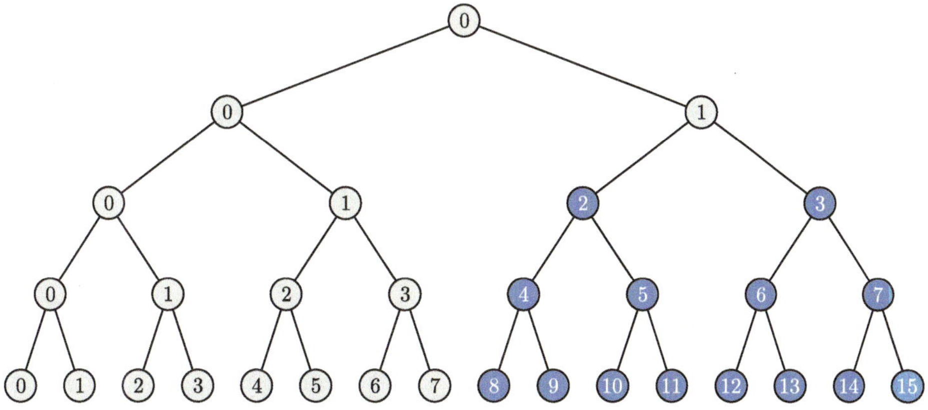

图 8.18 $\texttt{TreeHash}(\mathfrak{n}_8^{(0)}, 3)$ 执行过程中访问过的节点 (第 13 轮)

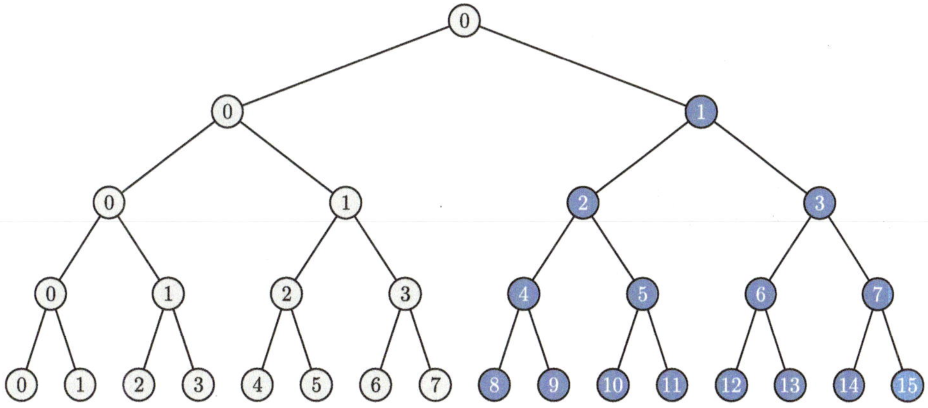

图 8.19 $\texttt{TreeHash}(\mathfrak{n}_8^{(0)}, 3)$ 执行过程中访问过的节点 (第 14 轮)

8.2 经典 Merkle 树遍历算法

对于一个高度为 H、有 2^H 个叶子节点的 Merkle 树, 该算法可以按顺序输出叶子节点 $\mathfrak{n}_0^{(0)}, \cdots, \mathfrak{n}_{2^H-1}^{(0)}$ 的认证路径. 注意, 认证路径总是相对于一个叶子节点给出的. 例如, 若 $\texttt{Auth} = (\texttt{Auth}_0, \cdots, \texttt{Auth}_{H-1})$ 是某个叶子节点 $\mathfrak{n}$ 的认证路径, 则记这个认证路径上的第 i 个元素 $\texttt{Auth}_i$ 为 $\texttt{AuthPath}(\mathfrak{n}, i)$. 在描述算法前, 我们先观察一下从 $\mathfrak{n}_0^{(0)}$ 到 $\mathfrak{n}_{2^H-1}^{(0)}$, 认证路径是如何变化的. 为了更加直观, 图 8.20 到图 8.35 按顺序给出了一个高度为 $H = 4$ 的 Merkle 树的所有叶子节点的认证路径. 从这个例子中, 我们可以观察到如下规律.

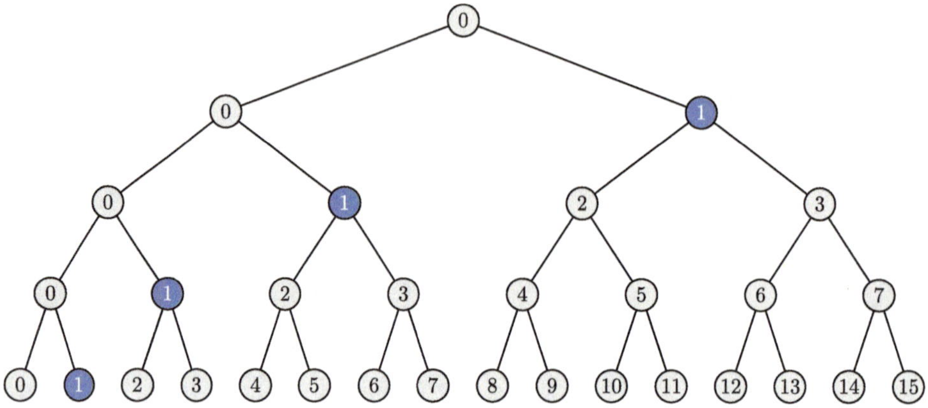

图 8.20　$\mathfrak{n}_0^{(0)}$ 的认证路径

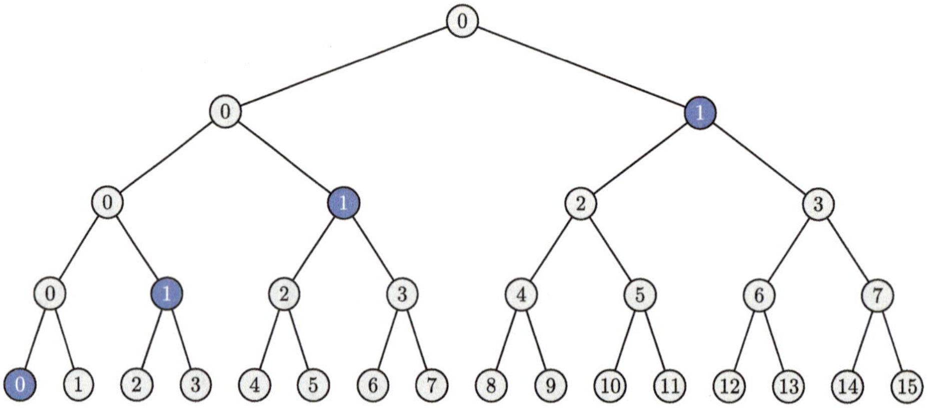

图 8.21　$\mathfrak{n}_1^{(0)}$ 的认证路径

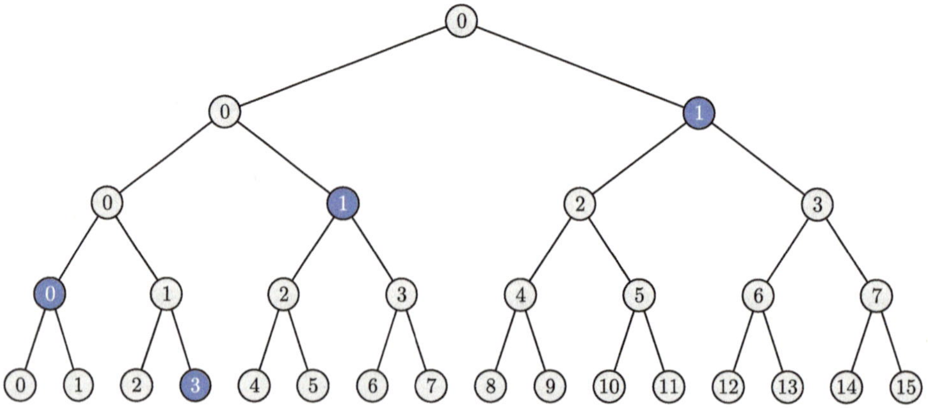

图 8.22　$\mathfrak{n}_2^{(0)}$ 的认证路径

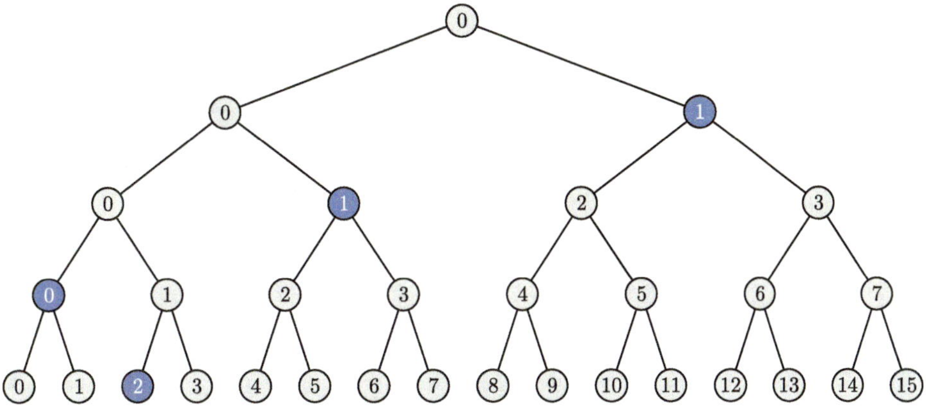

图 8.23 $\mathfrak{n}_3^{(0)}$ 的认证路径

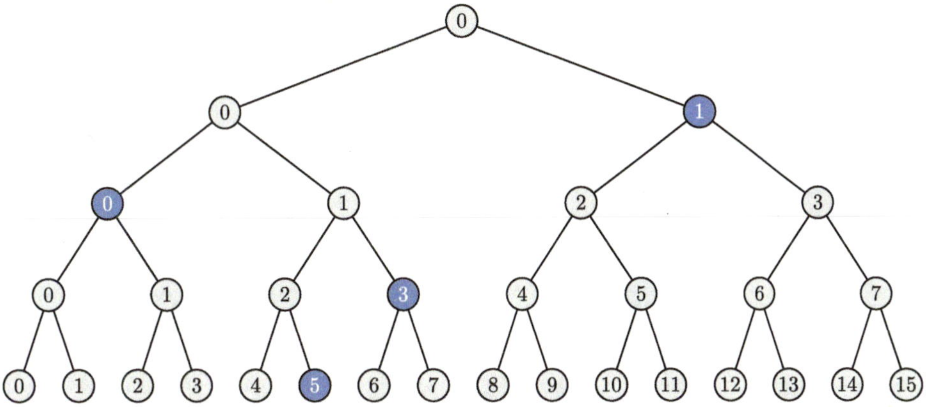

图 8.24 $\mathfrak{n}_4^{(0)}$ 的认证路径

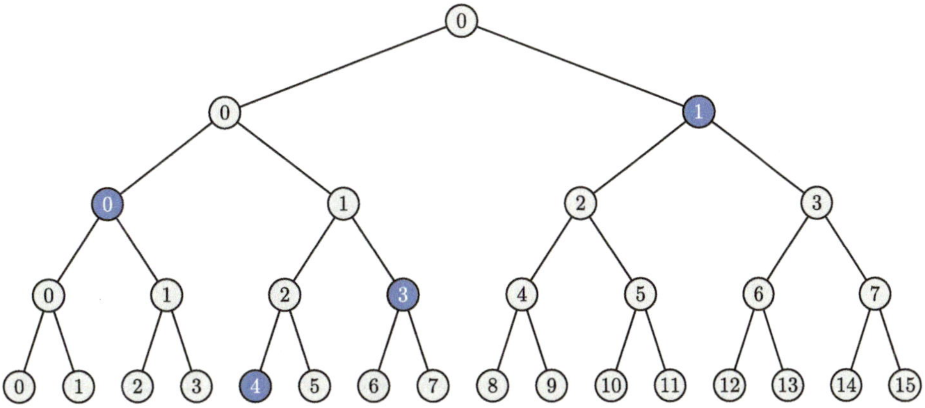

图 8.25 $\mathfrak{n}_5^{(0)}$ 的认证路径

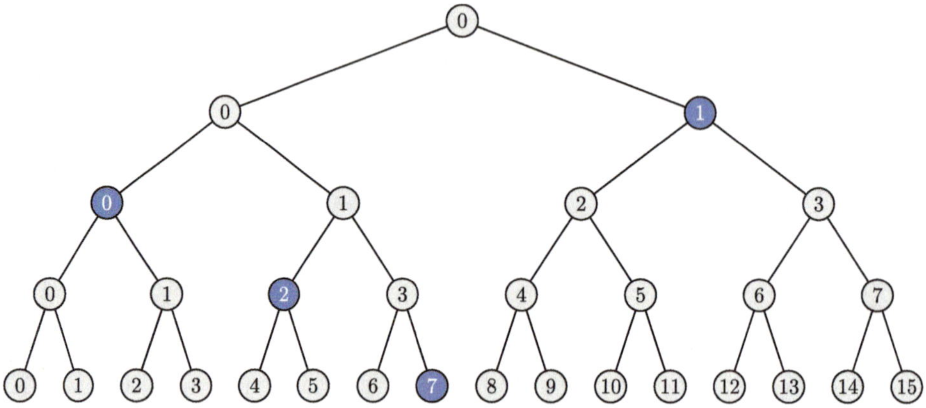

图 8.26　$\mathfrak{n}_6^{(0)}$ 的认证路径

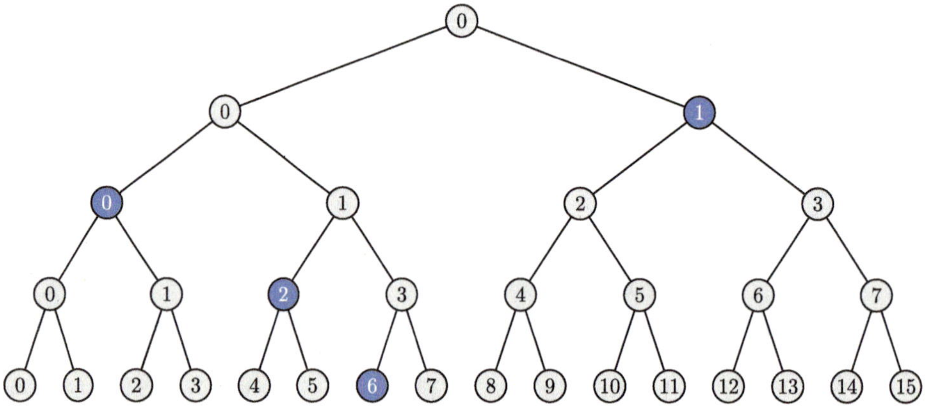

图 8.27　$\mathfrak{n}_7^{(0)}$ 的认证路径

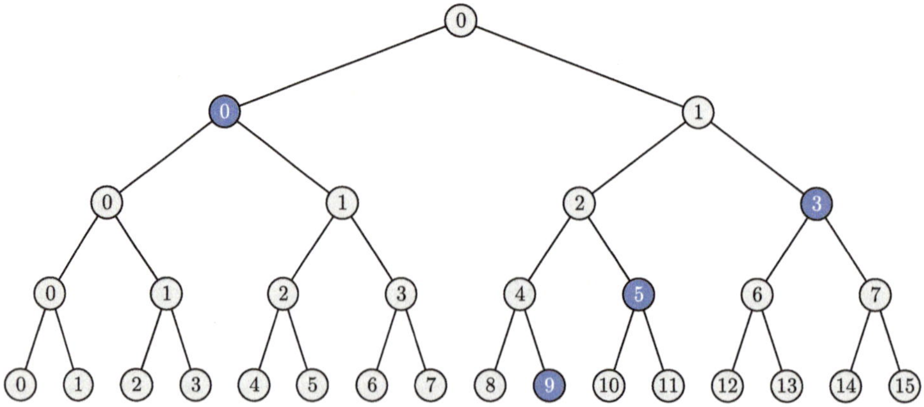

图 8.28　$\mathfrak{n}_8^{(0)}$ 的认证路径

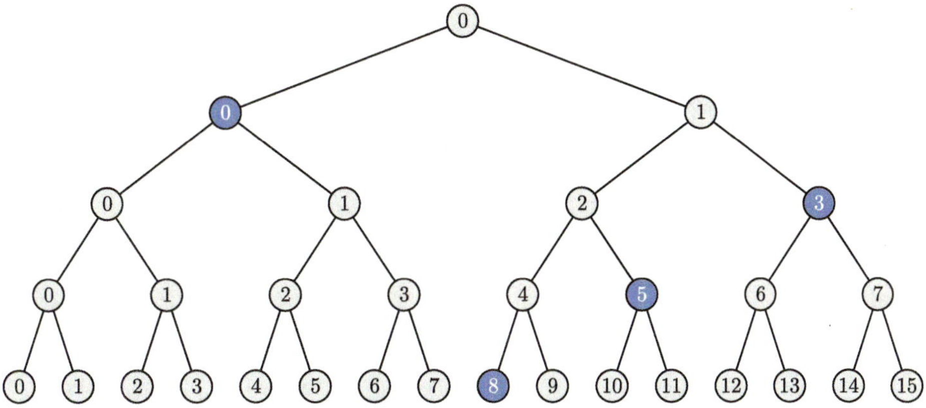

图 8.29 $\mathfrak{n}_9^{(0)}$ 的认证路径

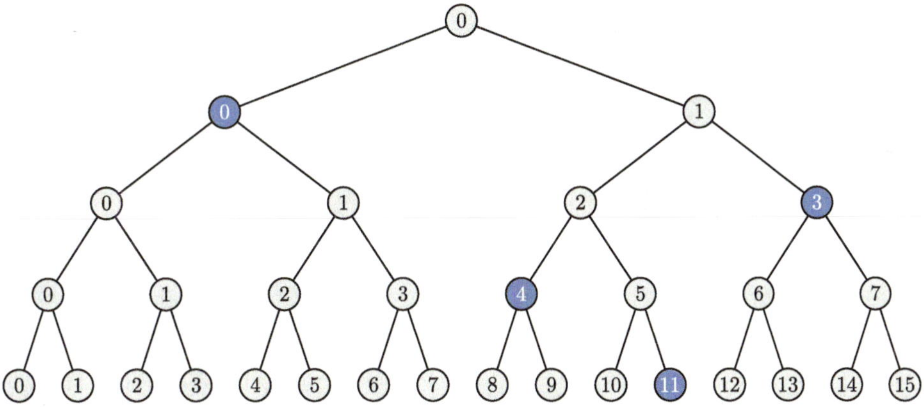

图 8.30 $\mathfrak{n}_{10}^{(0)}$ 的认证路径

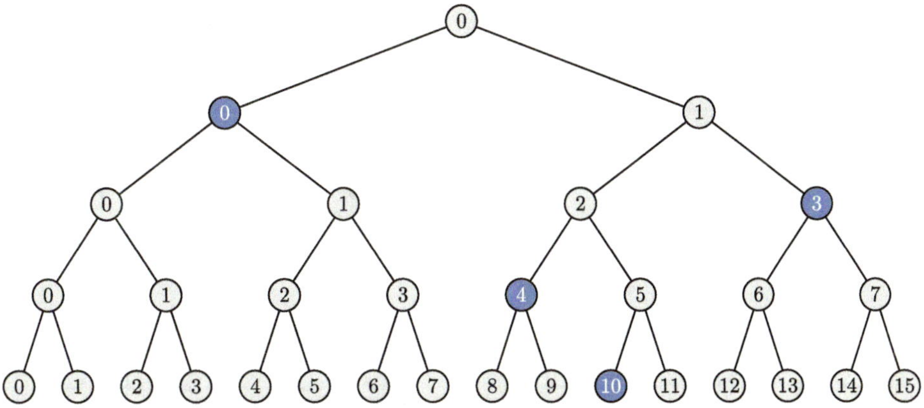

图 8.31 $\mathfrak{n}_{11}^{(0)}$ 的认证路径

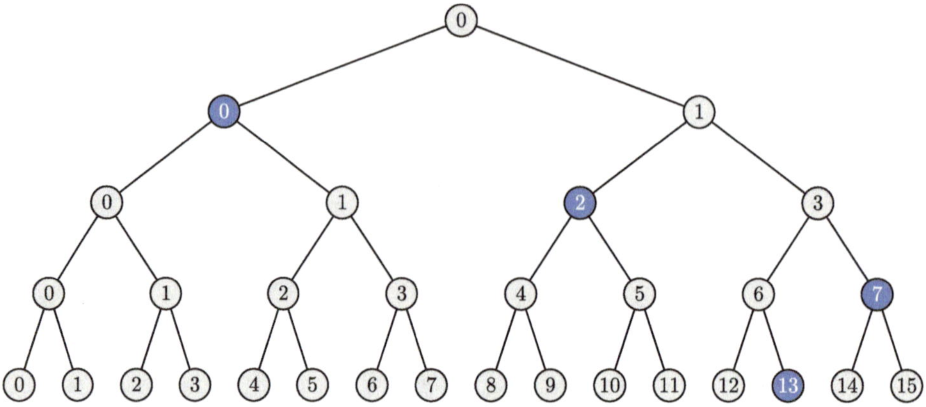

图 8.32　$\mathfrak{n}_{12}^{(0)}$ 的认证路径

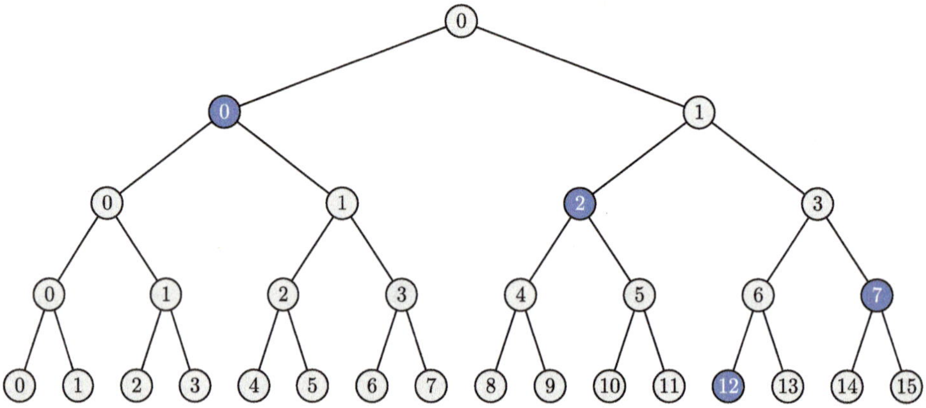

图 8.33　$\mathfrak{n}_{13}^{(0)}$ 的认证路径

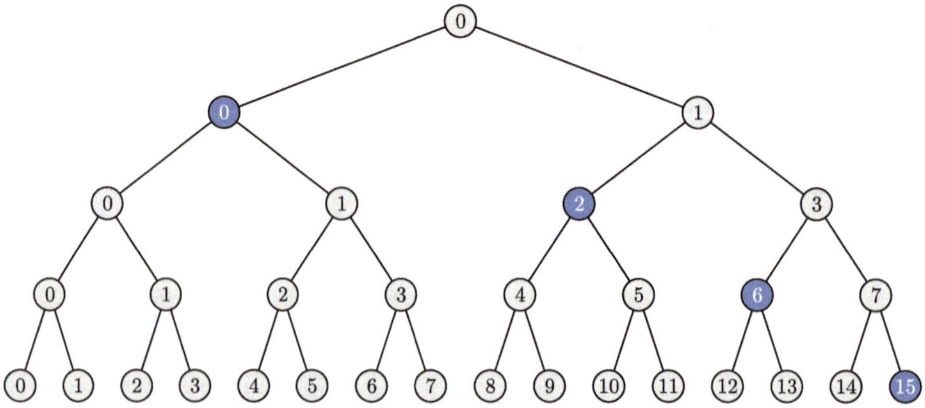

图 8.34　$\mathfrak{n}_{14}^{(0)}$ 的认证路径

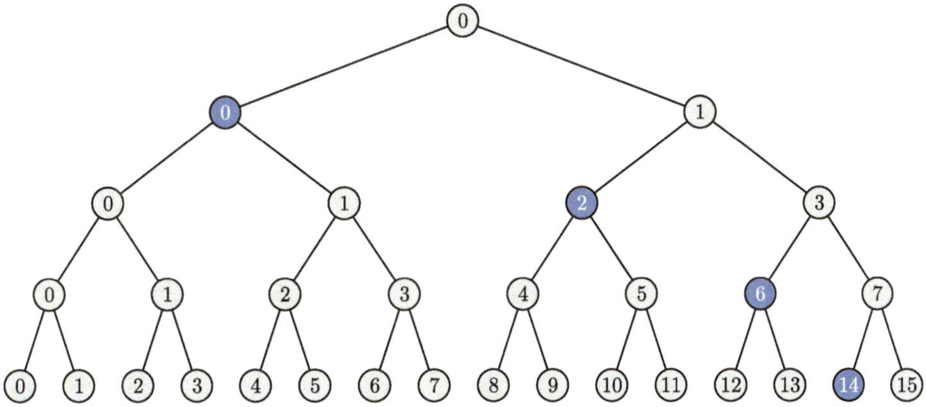

图 8.35 $\mathfrak{n}_{15}^{(0)}$ 的认证路径

第一, 从图 8.20 到图 8.35, $\texttt{Auth}_0$ 的值是左右节点依次交替变化的, 且它从右节点开始, 左节点结束. 第二, 每当 $\texttt{Auth}_0$ 从左节点变成右节点时, $\texttt{Auth}_1$ 也会同时发生变化. 更一般地, $\texttt{Auth}_h$ 的值也是左右节点依次交替变化的, 且它从右节点开始, 左节点结束. 每当 $\texttt{Auth}_h$ 的值从左节点变到右节点时, $\texttt{Auth}_{h+1}$ 也会同时发生变化. 例如, 从图 8.21 到图 8.22, $\texttt{Auth}_0$ 从 $\mathfrak{n}_0^{(0)}$ 变成 $\mathfrak{n}_3^{(0)}$, 而 $\texttt{Auth}_1$ 从 $\mathfrak{n}_1^{(1)}$ 变成 $\mathfrak{n}_0^{(1)}$; 从图 8.23 到图 8.24, $\texttt{Auth}_0$ 从 $\mathfrak{n}_2^{(0)}$ 变成 $\mathfrak{n}_5^{(0)}$, $\texttt{Auth}_1$ 从 $\mathfrak{n}_0^{(1)}$ 变成 $\mathfrak{n}_3^{(1)}$, $\texttt{Auth}_2$ 从 $\mathfrak{n}_1^{(2)}$ 变成 $\mathfrak{n}_0^{(2)}$.

图 8.36 到 图 8.39 展示了 $\texttt{Auth}_h$ 的具体变化顺序. $\texttt{Auth}_0$ 的变化顺序为 $\mathfrak{n}_1^{(0)} \to \mathfrak{n}_0^{(0)} \to \mathfrak{n}_3^{(0)} \to \mathfrak{n}_2^{(0)} \to \mathfrak{n}_5^{(0)} \to \mathfrak{n}_4^{(0)} \to \mathfrak{n}_7^{(0)} \to \mathfrak{n}_6^{(0)} \to \mathfrak{n}_9^{(0)} \to \mathfrak{n}_8^{(0)} \to \mathfrak{n}_{11}^{(0)} \to \mathfrak{n}_{10}^{(0)} \to \mathfrak{n}_{13}^{(0)} \to \mathfrak{n}_{12}^{(0)} \to \mathfrak{n}_{15}^{(0)} \to \mathfrak{n}_{14}^{(0)}$. $\texttt{Auth}_1$ 的变化顺序为 $\mathfrak{n}_1^{(1)} \to \mathfrak{n}_0^{(1)} \to \mathfrak{n}_3^{(1)} \to \mathfrak{n}_2^{(1)} \to \mathfrak{n}_5^{(1)} \to \mathfrak{n}_4^{(1)} \to \mathfrak{n}_7^{(1)} \to \mathfrak{n}_6^{(1)}$. $\texttt{Auth}_2$ 的变化顺序为 $\mathfrak{n}_1^{(2)} \to \mathfrak{n}_0^{(2)} \to \mathfrak{n}_3^{(2)} \to \mathfrak{n}_2^{(2)}$.

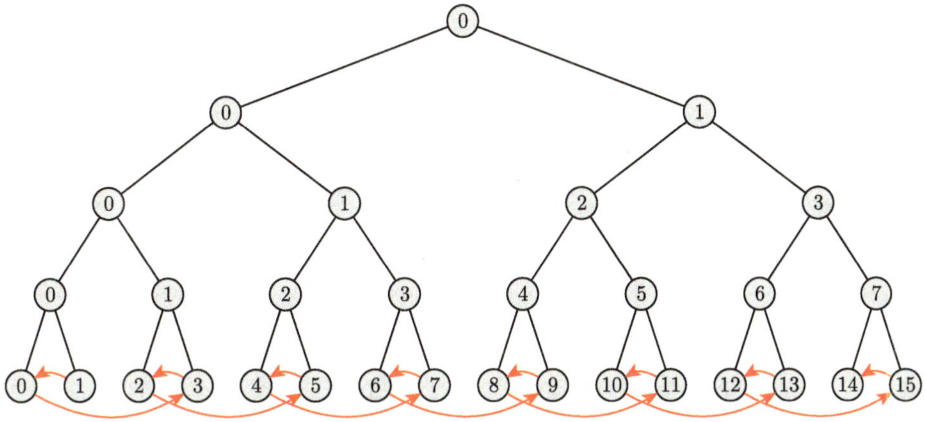

图 8.36 $\texttt{Auth}_0$ 的变化过程

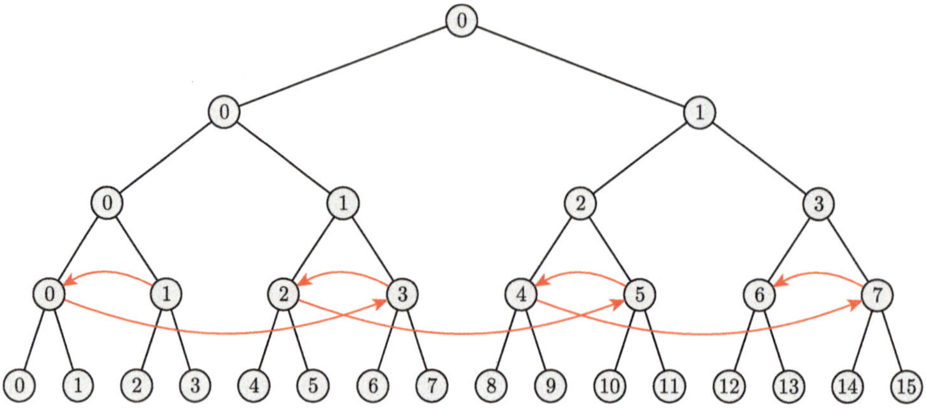

图 8.37　**Auth**$_1$ 的变化路径

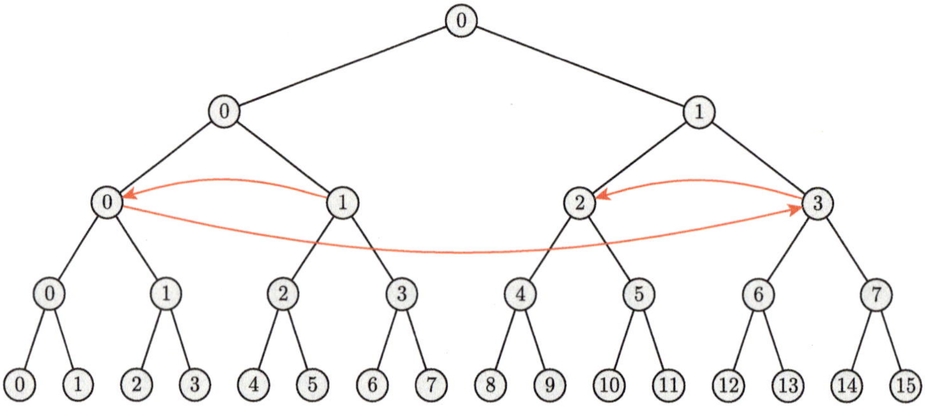

图 8.38　**Auth**$_2$ 的变化路径

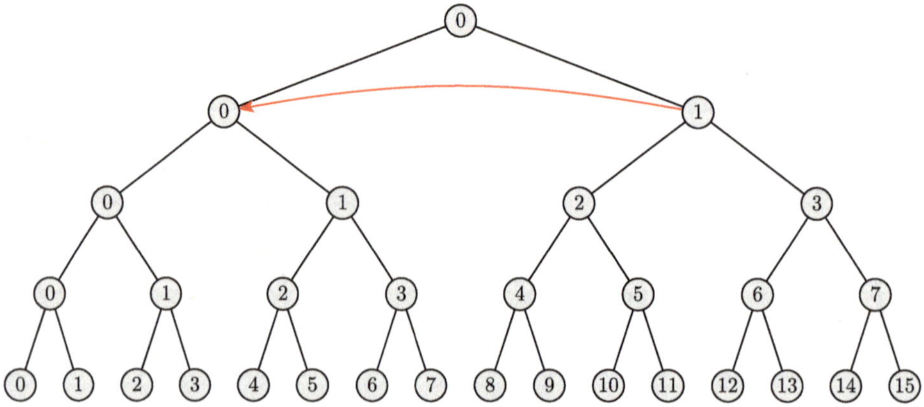

图 8.39　**Auth**$_3$ 的变化路径

$\texttt{Auth}_3$ 的变化顺序为 $\mathfrak{n}_1^{(3)} \to \mathfrak{n}_0^{(3)}$. 图 8.40 同步展现了 $\texttt{Auth}_h(0 \leqslant h < 5)$ 随时间变化的情况. 可以看出, $\texttt{Auth}_0$ 的变化 $\mathfrak{n}_0^{(0)} \to \mathfrak{n}_3^{(0)}$ 和 $\texttt{Auth}_1$ 的变化 $\mathfrak{n}_1^{(1)} \to \mathfrak{n}_0^{(1)}$ 是在同一个轮次中发生的. 类似地, $\texttt{Auth}_0$ 的变化 $\mathfrak{n}_6^{(0)} \to \mathfrak{n}_9^{(0)}$, $\texttt{Auth}_1$ 的变化 $\mathfrak{n}_2^{(1)} \to \mathfrak{n}_5^{(1)}$, $\texttt{Auth}_2$ 的变化 $\mathfrak{n}_0^{(2)} \to \mathfrak{n}_3^{(2)}$ 和 $\texttt{Auth}_3$ 的变化 $\mathfrak{n}_1^{(3)} \to \mathfrak{n}_0^{(3)}$ 是同时发生的. 在讨论算法 52 的细节前, 我们先给出几个重要的引理.

引理 17 $(j+1) \bmod 2^h = 0$ 当且仅当 $\mathfrak{n}_{j+1}^{(0)}, \mathfrak{n}_{j+2}^{(0)}, \cdots, \mathfrak{n}_{j+2^h}^{(0)}$ 这 2^h 个节点可以构成一个子树, 且这个子树为 $\texttt{LeafTree}(\mathfrak{n}_{j+1}^{(0)}, h)$. 令 $j+1 = d \cdot 2^h$, 则 $\texttt{LeafTree}(\mathfrak{n}_{j+1}^{(0)}, h) = \mathsf{RootTree}(\mathfrak{n}_d^{(h)}, h)$.

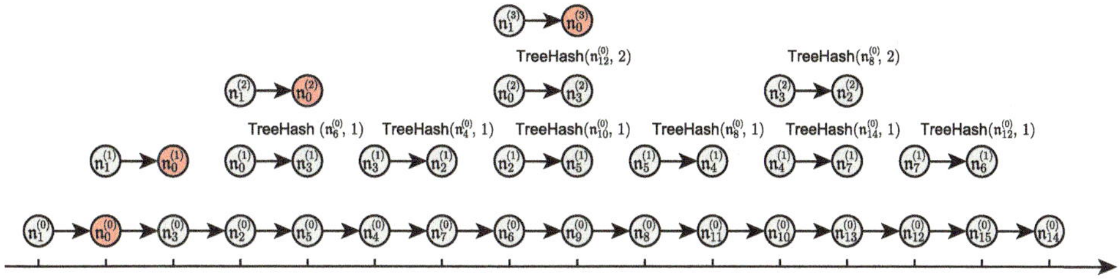

图 8.40 $\texttt{Auth}_h$ 随时间的变化情况

例如, 当 $H = 5$ 时, 如图 8.1 所示, 子树 $\texttt{LeafTree}(\mathfrak{n}_{16}^{(0)}, 3) = \mathsf{RootTree}(\mathfrak{n}_2^{(3)}, 3)$ 的叶子节点为 $\mathfrak{n}_{16}^{(0)}, \mathfrak{n}_{17}^{(0)}, \cdots, \mathfrak{n}_{23}^{(0)}$.

引理 18 令 $\texttt{Auth}$ 是 $\mathfrak{n}_j^{(0)}$ 的认证路径, $\texttt{Auth}'$ 是 $\mathfrak{n}_{j+1}^{(0)}$ 的认证路径. 则 $\texttt{Auth}'_h \neq \texttt{Auth}_h$ 当且仅当 $(j+1) \bmod 2^h = 0$.

证明 若 $(j+1) \bmod 2^h = r$, 且 $0 < r < 2^h$, 不妨令 $j+1 = d \cdot 2^h + r$, 则 $\mathfrak{n}_j^{(0)}$ 和 $\mathfrak{n}_{j+1}^{(0)}$ 是同一个子树 $\texttt{LeafTree}(\mathfrak{n}_{d \cdot 2^h}^{(0)}, h) = \mathsf{RootTree}(\mathfrak{n}_d^{(h)}, h)$ 的叶子节点, 一定有

$$\texttt{AuthPath}(\mathfrak{n}_j^{(0)}, h) = \texttt{AuthPath}(\mathfrak{n}_{j+1}^{(0)}, h). \qquad \square$$

例如, 当 $H = 4$ 时, 由图 8.40 可知, $\texttt{Auth}_0$ 在 $\mathfrak{n}_1^{(0)}$-轮、$\mathfrak{n}_2^{(0)}$-轮、$\cdots$、$\mathfrak{n}_{15}^{(0)}$-轮中发生了变化. $\texttt{Auth}_1$ 在 $\mathfrak{n}_2^{(0)}$-轮、$\mathfrak{n}_4^{(0)}$-轮、$\cdots$、$\mathfrak{n}_{14}^{(0)}$-轮中发生了变化. $\texttt{Auth}_2$ 在 $\mathfrak{n}_4^{(0)}$-轮、$\mathfrak{n}_8^{(0)}$-轮、$\mathfrak{n}_{12}^{(0)}$-轮中发生了变化. $\texttt{Auth}_3$ 只在 $\mathfrak{n}_8^{(0)}$-轮中发生了变化.

引理 19 若整数 $j \geqslant 0$ 且 $j+1 = d \cdot 2^h$, 则

$$(j+1+2^h) \oplus 2^h = \begin{cases} j+1+2^h+2^h, & d \text{ 是奇数} \\ j+1, & d \text{ 是偶数} \end{cases}.$$

证明 令 $j+1+2^h$ 的二进制表示为 $b_{n-1}b_{n-2}\cdots b_h \cdots b_1 b_0$. 若 d 是奇数,

则 $b_h = 0$, 因此, $(j+1+2^h) \oplus 2^h = b_{n-1}b_{n-2}\cdots 0 \cdots b_1 b_0 \oplus 00\cdots 1 \cdots 00 = j+1+2^h+2^h$. 若 d 是奇数, 则 $b_h = 1$, $(j+1+2^h) \oplus 2^h = b_{n-1}b_{n-2}\cdots 1 \cdots b_1 b_0 \oplus 00\cdots 1 \cdots 00 = j+1+2^h-2^h$. 表 8.1 给出了当 $(j+1) \mod 2^h = 0$ 时, $(j+1+2^h) \oplus 2^h$ 的值. □

表 8.1 当 $(j+1) \mod 2^h = 0$ 时, $(j+1+2^h) \oplus 2^h$ 的值

	0	1	2	3	4	5	6	7	8	9	10	11	12	13	14
$h=0$	3	2	5	4	7	6	9	8	11	10	13	12	15	14	17
$h=1$	—	6	—	4	—	10	—	8	—	14	—	12	—	—	—
$h=3$	—	—	12	—	—	—	—	8	—	—	—	—	—	—	—

推论 1 若 $(j+1) \mod 2^h = 0$, 则 $(j+1+2^h) \oplus 2^h \mod 2^h = 0$.

引理 20 令 Auth 是叶子节点 $\mathfrak{n}^{(0)}_{j+1+2^h}$ 的认证路径, 且 $(j+1) \mod 2^h = 0$, 则

$$\mathtt{Auth}_h = \mathfrak{n}^{(h)}_{\frac{(j+1+2^h)\oplus 2^h}{2^h}},$$

即 $\mathtt{Auth}_h$ 是子树 $\mathtt{LeafTree}(\mathfrak{n}^{(0)}_{(j+1+2^h)\oplus 2^h}, h)$ 的根节点.

证明 因为 $(j+1) \mod 2^h = 0$, 所以 $(j+1+2^h) \mod 2^h = 0$. 因此, 可以考察子树 $\mathtt{LeafTree}(\mathfrak{n}^{(0)}_{j+1}, h)$ 和子树 $\mathtt{LeafTree}(\mathfrak{n}^{(0)}_{j+1+2^h}, h)$. 子树 $\mathtt{LeafTree}(\mathfrak{n}^{(0)}_{j+1}, h)$ 的根为 $\mathfrak{n}^{(h)}_{\frac{j+1}{2^h}}$, 子树 $\mathtt{LeafTree}(\mathfrak{n}^{(0)}_{j+1+2^h}, h)$ 的根为 $\mathfrak{n}^{(h)}_{\frac{j+1+2^h}{2^h}}$. 若 $d = \dfrac{j+1}{2^h}$ 是偶数, 则如图 8.41 所示, $\mathtt{LeafTree}(\mathfrak{n}^{(0)}_{j+1}, h)$ 的根节点 $\mathfrak{n}^{(h)}_{\frac{j+1}{2^h}}$ 是其父节点 $\mathfrak{n}^{(h+1)}_{\frac{j+1}{2^{h+1}}}$ 的左节点, $\mathtt{LeafTree}(\mathfrak{n}^{(0)}_{j+1+2^h}, h)$ 的根节点 $\mathfrak{n}^{(h)}_{\frac{j+1+2^h}{2^h}}$ 是其父节点 $\mathfrak{n}^{(h+1)}_{\frac{j+1}{2^{h+1}}}$ 的右节点, 因此

$$\mathtt{Auth}_h = \mathfrak{n}^{(h)}_{\frac{j+1}{2^h}}.$$

若 $d = \dfrac{j+1}{2^h}$ 是奇数, 则如图 8.42 所示, $\mathtt{LeafTree}(\mathfrak{n}^{(0)}_{j+1}, h)$ 的根节点 $\mathfrak{n}^{(h)}_{\frac{j+1}{2^h}}$ 是其父节点 $\mathfrak{n}^{(h+1)}_{\frac{j+1}{2^{h+1}}}$ 的右节点, $\mathtt{LeafTree}(\mathfrak{n}^{(0)}_{j+1+2^h}, h)$ 的根节点 $\mathfrak{n}^{(h)}_{\frac{j+1+2^h}{2^h}}$ 是其父节点 $\mathfrak{n}^{(h+1)}_{\frac{j+1+2^h}{2^{h+1}}}$ 的左节点, 而子树 $\mathtt{LeafTree}(\mathfrak{n}^{(0)}_{j+1+2^h+2^h}, h)$ 的根节点 $\mathfrak{n}^{(h)}_{\frac{j+1+2^h+2^h}{2^h}}$ 是其父节点 $\mathfrak{n}^{(h+1)}_{\frac{j+1+2^h}{2^{h+1}}}$ 的右节点. 因此

$$\mathtt{Auth}_h = \mathfrak{n}^{(h)}_{\frac{j+1+2^h+2^h}{2^h}}. \qquad \square$$

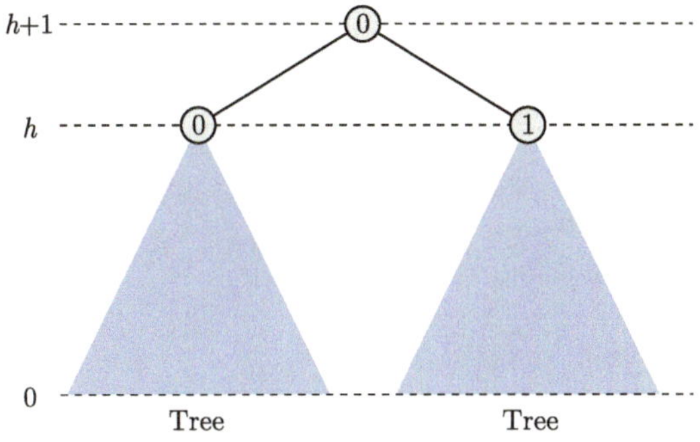

图 8.41 d 是偶数

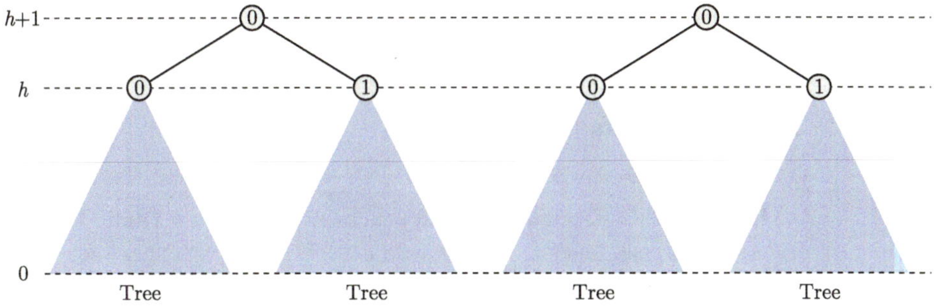

图 8.42 d 是奇数

例如, 当 $H = 4$ 时, 由表 8.1 可知, $\mathtt{AuthPath}(\mathfrak{n}^{(0)}_{0+1+2^0}, 0)$ 是 $\mathtt{LeafTree}(\mathfrak{n}^{(0)}_3, 0)$ 的根节点 $\mathfrak{n}^{(0)}_3$(图 8.20). $\mathtt{AuthPath}(\mathfrak{n}^{(0)}_{5+1+2^1}, 1)$ 是 $\mathtt{LeafTree}(\mathfrak{n}^{(0)}_{5+1+2^1+2^1}, 1)$ 的根节点 $\mathfrak{n}^{(5)}_1$(图 8.28).

8.2.1 算法描述

经典树遍历算法[59] 如算法 52 所示. 该算法在 2^H 个轮次中依次输出叶子节点 $\mathfrak{n}^{(0)}_0, \cdots, \mathfrak{n}^{(0)}_{2^H-1}$ 的认证路径. 我们称这些轮次为 $\mathfrak{n}^{(0)}_0$-轮、$\mathfrak{n}^{(0)}_1$-轮、$\cdots$、$\mathfrak{n}^{(0)}_{2^H-1}$-轮. 该算法维护了 H 个栈, 分别为 $\mathtt{Stack}_0, \mathtt{Stack}_1, \cdots, \mathtt{Stack}_{H-1}$. 这 H 个栈将用于执行 H 个独立的 TreeHash 算法实例, 用来计算 $\mathtt{Auth}_0, \mathtt{Auth}_1, \cdots, \mathtt{Auth}_{H-1}$ 在不同轮次中所需要的更新. 用 $\mathtt{AuthPath}(\mathfrak{n}^{(0)}_j, h)$ 表示 $\mathfrak{n}^{(0)}_j$ 的第 h 个认证节点. 如图 8.20 所示, $\mathtt{AuthPath}(\mathfrak{n}^{(0)}_0, 2) = \mathfrak{n}^{(2)}_1$.

算法 52: 经典 Merkle 树遍历算法

Input: 全部 2^H 个叶子节点 $\mathfrak{n}_0^{(0)}, \cdots, \mathfrak{n}_{2^H-1}^{(0)}$

Output: 每个叶子节点的认证路径 $\texttt{Auth} = (\texttt{Auth}[0], \cdots, \texttt{Auth}[H-1])$

1 **for** $h = 0, \cdots, H-1$ **do**
2     $\texttt{Stack}_h \leftarrow [\mathfrak{n}_0^{(h)}]$
3     $\texttt{Stack}_h.\mathit{initialized} \leftarrow$ False
4     $\texttt{Auth}[h] \leftarrow \mathfrak{n}_1^{(h)}$
5 **for** $j = 0, \cdots, 2^H - 1$ **do**
6   **Output** $\texttt{Auth} = (\texttt{Auth}[0], \cdots, \texttt{Auth}[H-1])$
7   **if** $j < 2^H - 1$ **then**
8   **for** 所有 h 使得 $(j+1) \bmod 2^h = 0$ **do**
9   /* 此时 $\texttt{Stack}_h$ 中有且仅有 1 个节点 */
10             $\texttt{Auth}[h] \leftarrow \texttt{Stack}_h.\mathit{pop}()$
11             $s \leftarrow (j + 1 + 2^h) \oplus 2^h$
12   **if** $s < 2^H$ **then**
13                 $\texttt{Stack}_h.\mathit{init}(\mathfrak{n}_s^{(0)}, h)$
14                 $\texttt{Stack}_h.\mathit{initialized} \leftarrow$ True
15   **else**
16                 $\texttt{Stack}_h.\mathit{initialized} \leftarrow$ False
17   **for** $h = 0, \cdots, H-1$ **do**
18   **if** $\texttt{Stack}_h.\mathit{initialized} =$ True and $\texttt{Stack}_h.\texttt{MaxHeight} < h$ **then**
19                 $\texttt{Stack}_h.\mathit{update}()$
20   **if** $\texttt{Stack}_h.\texttt{MaxHeight} < h$ **then**
21                     $\texttt{Stack}_h.\mathit{update}()$

在执行 $\mathfrak{n}_0^{(0)}$-轮之前 (形式上我们可以认为这是 $\mathfrak{n}_{-1}^{(0)}$-轮), 算法 52 会在第 1 行至第 4 行中对 Auth 和 $\texttt{Stack}_h$ 进行初始化, 其中 Auth 中存储了 $\mathfrak{n}_0^{(0)}$ 的认证路径, $\texttt{Stack}_h$ 中存储了 $\texttt{AuthPath}(\mathfrak{n}_{(-1+1)+2^h}^{(0)}, h)$. 通常 $\texttt{AuthPath}(\mathfrak{n}_{(j+1)+2^h}^{(0)}, h)$ 是通过启动一个 TreeHash 算法计算出来的, 但当 $j = -1$ 时例外. 如算法 52 第 6 行所示, 该算法在执行 $\mathfrak{n}_j^{(0)}$-轮时输出 $\mathfrak{n}_j^{(0)}$ 的认证路径 Auth, 这个认证路径是在 $\mathfrak{n}_{j-1}^{(0)}$-轮中更新完成的, 这一更新是通过把 Auth 中的某些元素换成某些 $\texttt{Stack}_h$ 中的元素完成的, 这些栈中的元素是在 $\mathfrak{n}_{j-2}^{(0)}$-轮中或在更早的轮次之中就已经计算完成的. 注意, 当 $j = 0$ 时有一点例外, $\mathfrak{n}_0^{(0)}$-轮输出的认证路径确实是在 $\mathfrak{n}_{-1}^{(0)}$ 轮就准备好了. 但是, 它不是通过把 Auth 中的某些元素换成某些 $\texttt{Stack}_h$ 中的元素完成的. 这一初始化阶段, 我们可以认为需要的节点在 $\mathfrak{n}_{-2}^{(0)}$ 轮就天然存在了. 另外我们指出, $\texttt{Stack}_{H-1}$ 在算法的整个生命周期中一个 TreeHash 算法也不会启动, 即不会

执行 $\texttt{Stack}_{H-1}.init(\mathfrak{n}_s^{(0)}, H-1)$ 这条指令. 这是因为, 若在 $\mathfrak{n}_j^{(0)}$-轮次执行了这个指令, 意味着

$$\begin{cases} j < 2^H - 1 \\ (j+1) \bmod 2^H = 0 \\ (j+1+2^H) \oplus 2^H < 2^H \end{cases},$$

而这样的 j 是不存在的. 实际上, 在算法 52 的整个生命周期中, $\texttt{Auth}_{H-1}$ 只需更新一次, 即从 $\mathfrak{n}_1^{(H-1)}$ 变成 $\mathfrak{n}_0^{(H-1)}$, 且节点 $\mathfrak{n}_0^{(H-1)}$ 已经在初始化过程中准备好了. 例如, 当 $H=4$ 时, $\texttt{Stack}_h$ 中存储了图 8.40 中的红色节点, 为将来 $\texttt{Auth}$ 的更新做好了准备. 根据上述讨论, 算法 52 第 17 行中的 $H-1$ 实际上可以改为 $H-2$, 并不影响算法的执行结果, 但为了与已有文献保持一致, 我们没有进行这一修改.

当 $(j+1) \bmod 2^h = 0$ 时, 根据引理 18, $\mathfrak{n}_{j+1}^{(0)}$ 的认证路径的第 h 个元素 $\texttt{Auth}_h$ 相较 $\mathfrak{n}_j^{(0)}$ 的认证路径的第 h 个元素一定发生了变化. 因此, 执行第 10 行将 $\texttt{Stack}_h$ 中的唯一一个元素 $\texttt{AuthPath}(\mathfrak{n}_{j+1}^{(0)}, h)$ 赋值给 $\texttt{Auth}_h$, 其中 $\texttt{AuthPath}(\mathfrak{n}_{j+1}^{(0)}, h)$ 在 $\mathfrak{n}_{j-1}^{(0)}$-轮 (或更早) 就已经在 $\texttt{Stack}_h$ 中完成计算了. 下一次 $\texttt{Auth}_h$ 发生变化是输出 $\mathfrak{n}_{j+1+2^h}^{(0)}$ 的认证路径时发生的, 且在这一次变化中, $\texttt{Auth}_h$ 变成了子树$\texttt{LeafTree}(\mathfrak{n}_{(j+1+2^h)\oplus 2^h}^{(0)}, h)$ 的根节点 (引理 20). 在 $\mathfrak{n}_j^{(0)}$-轮中, 启动了计算子树 $\texttt{LeafTree}(\mathfrak{n}_{(j+1+2^h)\oplus 2^h}^{(0)}, h)$ 根节点的 $\texttt{TreeHash}$ 算法实例 (第 13 行), 该算法在前 $\dfrac{2^{h+1}-2}{2}$ 轮中每轮执行 2 次 $update()$ 操作, 在最后一轮中执行 1 次 $update()$ 操作, 总共执行了 $2^{h+1}-1$ 次 $update()$ 操作, 并在 $\mathfrak{n}_{j+2^h-1}^{(0)}$-轮完成 $\texttt{LeafTree}(\mathfrak{n}_{(j+1+2^h)\oplus 2^h}^{(0)}, h)$ 根节点的计算, 在 $\mathfrak{n}_{j+2^h}^{(0)}$-轮输出 $\mathfrak{n}_{j+2^h}^{(0)}$ 的认证路径后, $\texttt{Auth}_h$ 更新成 $\texttt{LeafTree}(\mathfrak{n}_{(j+1+2^h)\oplus 2^h}^{(0)}, h)$ 的根节点, 并在 $\mathfrak{n}_{j+2^h+1}^{(0)}$-轮中输出. 总的来说, 在 $\mathfrak{n}_k^{(0)}$-轮中, 算法首先输出 $\mathfrak{n}_k^{(0)}$ 的认证路径, 将 $\texttt{Auth}$ 更新为 $\mathfrak{n}_{k+1}^{(0)}$ 的认证路径, 然后对 $\texttt{Stack}_0, \cdots, \texttt{Stack}_{H-1}$ 中的一些栈进行 $update()$ 操作, 为后续认证路径的输出做好准备. 也就是说, 若 $\mathfrak{n}_k^{(0)}$ 的认证路径中高度为 h 的元素相对于 $\mathfrak{n}_{k-1}^{(0)}$ 的认证路径中高度为 h 的元素产生了变化, 则这个新的元素必须在 $\mathfrak{n}_{k-2}^{(0)}$-轮中就准备好, 并作为唯一一个元素存放在 $\texttt{Stack}_h$ 中, 这个元素是通过 $\texttt{TreeHash}$ 算法计算出来的. 由此可知, 最后一个叶子节点 $\mathfrak{n}_{2^H-1}^{(0)}$ 认证的计算在 $\mathfrak{n}_{2^H-3}^{(0)}$-轮中就已经完成了. 因此, $\mathfrak{n}_{2^H-2}^{(0)}$-轮和 $\mathfrak{n}_{2^H-1}^{(0)}$-轮中不会再启动任何新的 $\texttt{TreeHash}$ 算法实例. 注意, 在 $\mathfrak{n}_{2^H-1}^{(0)}$-轮中, 最后一个叶子节点 $\mathfrak{n}_{2^H-1}^{(0)}$ 输出后, 整个算法的任务已完成, 无须再做任何后续操作 (认证路径更新和栈更新等操作).

为了让读者更好地理解算法 52, 图 8.43 至图 8.56 给出了经典树遍历算法在

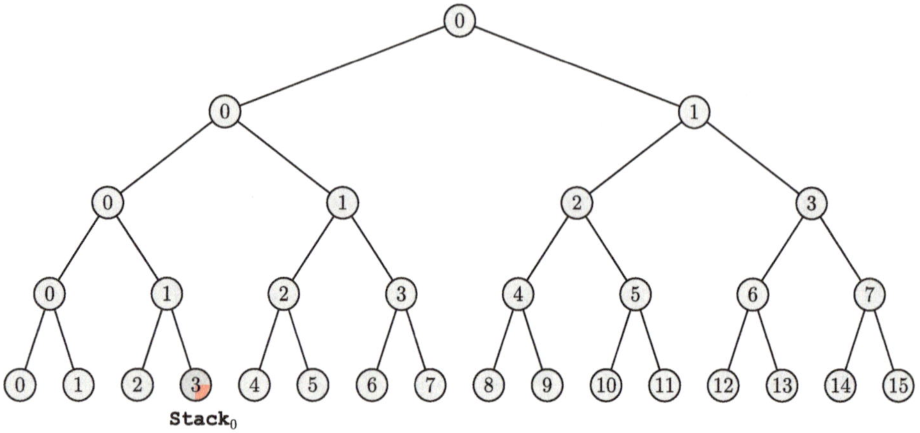

图 8.43　$\mathfrak{n}_0^{(0)}$-轮, 首先输出 $\mathfrak{n}_0^{(0)}$ 的认证路径 $\mathtt{Auth} = [\mathfrak{n}_1^{(0)}, \mathfrak{n}_1^{(1)}, \mathfrak{n}_1^{(2)}, \mathfrak{n}_1^{(3)}]$. 这一认证路径在 $\mathfrak{n}_{-1}^{(0)}$-轮结束时就计算好了. 在下一轮即 $\mathfrak{n}_{0+1}^{(0)}$-轮中, 只有 $\mathtt{Auth}_0$ 需要更新, 将 $\mathtt{Stack}_0$ 中唯一的元素弹出并赋值给 $\mathtt{Auth}_0$, 这一元素在 $\mathfrak{n}_{1-2}^{(0)}$-轮结束之前就计算好了 . 此时, 在 $\mathfrak{n}_0^{(0)}$-轮结束前, $\mathtt{Auth}$ 已变成了 $\mathfrak{n}_{0+1}^{(0)}$ 的认证路径. $\mathtt{Auth}_0$ 利用 $\mathtt{Stack}_0$ 中的唯一元素完成了首次更新, 将 $\mathtt{Stack}_0$ 初始化(为 $\mathfrak{n}_{0+1+2^0}^{(0)}$-轮中 $\mathtt{Auth}_0$ 的更新做准备), 并启动计算 $\mathfrak{n}_3^{(0)}$ 的 TreeHash 实例, 该 TreeHash 实例在本轮完成 $\mathfrak{n}_3^{(0)}$ 的计算

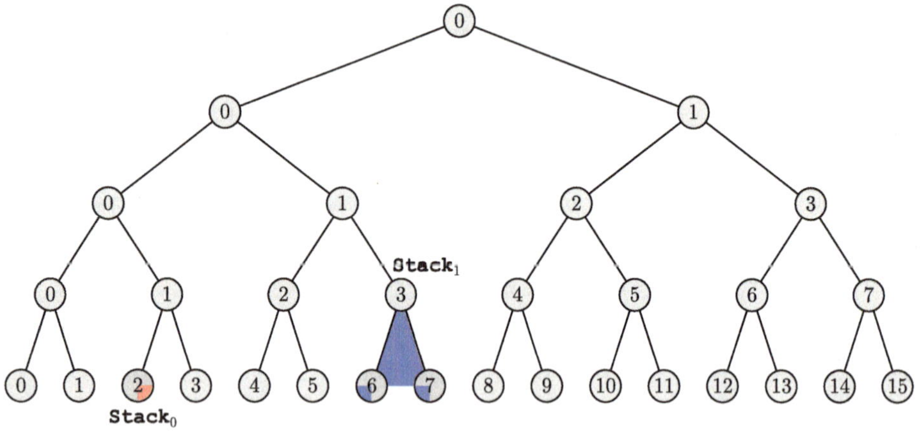

图 8.44　$\mathfrak{n}_1^{(0)}$-轮, 首先输出 $\mathfrak{n}_1^{(0)}$ 的认证路径 $\mathtt{Auth} = [\underline{\mathfrak{n}_0^{(0)}}, \mathfrak{n}_1^{(1)}, \mathfrak{n}_1^{(2)}, \mathfrak{n}_1^{(3)}]$, 其中 $\mathfrak{n}_0^{(0)}$ 在 $\mathfrak{n}_{1-2}^{(0)} = \mathfrak{n}_{-1}^{(0)}$-轮就在栈 $\mathtt{Stack}_0$ 中计算好了. 因为 $(1+1) \bmod 2^0 = 0$ 且 $(1+1) \bmod 2^1 = 0$, 根据引理 18, 在下一轮即 $\mathfrak{n}_{1+1}^{(0)}$-轮中, $\mathtt{Auth}_0$ 和 $\mathtt{Auth}_1$ 需要更新. $\mathtt{Auth}_0$ 更新成 $\mathtt{Stack}_0$ 中唯一的元素 $\mathfrak{n}_3^{(0)}$, 这个元素在 $\mathfrak{n}_0^{(0)}$-轮就计算完成了. 其次, 重新初始化 $\mathtt{Stack}_0$, 启动计算 $\mathfrak{n}_2^{(0)}$ 的 TreeHash 算法, 为计算 $\mathfrak{n}_{1+1+2^0}^{(0)}$ 的认证路径的第 0 个节点做准备. $\mathtt{Auth}_1$ 更新成 $\mathtt{Stack}_1$ 中唯一的元素 $\mathfrak{n}_0^{(1)}$, 这个元素在 $\mathfrak{n}_{-1}^{(0)}$-轮 ($\mathfrak{n}_0^{(0)}$-轮结束前) 就计算完成了. 最后, 重新初始化 $\mathtt{Stack}_1$, 启动计算 $\mathfrak{n}_3^{(1)}$ 的 TreeHash 算法, 为计算 $\mathfrak{n}_{1+1+2^1}^{(0)}$ 的认证路径的第 1 个节点做准备

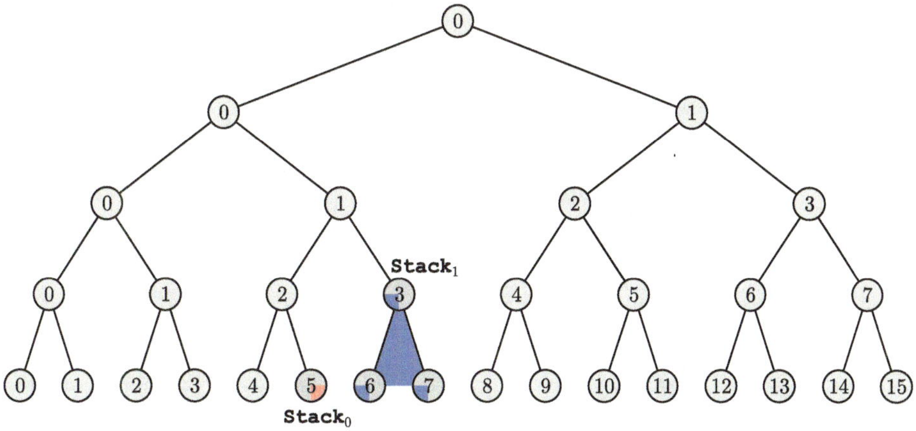

图 8.45 $\mathfrak{n}_2^{(0)}$-轮, 首先输出 $\mathfrak{n}_2^{(0)}$ 的认证路径 $\mathtt{Auth} = [\underline{\mathfrak{n}_3^{(0)}}, \underline{\mathfrak{n}_0^{(1)}}, \mathfrak{n}_1^{(2)}, \mathfrak{n}_1^{(3)}]$, 其中 $\mathfrak{n}_0^{(3)}$ 在 $\mathfrak{n}_{2-2}^{(0)} = \mathfrak{n}_0^{(0)}$-轮就在栈 $\mathtt{Stack}_0$ 中计算好了, 而 $\mathfrak{n}_0^{(1)}$ 在 $\mathfrak{n}_{-1}^{(0)}$-轮 ($\mathfrak{n}_0^{(0)}$-轮前) 就在栈 $\mathtt{Stack}_1$ 中准备好了. 因为 $(2+1) \bmod 2^0 = 0$, 根据引理 18, 在下一轮即 $\mathfrak{n}_{2+1}^{(0)}$-轮中, $\mathtt{Auth}_0$ 需要更新. $\mathtt{Auth}_0$ 更新成 $\mathtt{Stack}_0$ 中唯一的元素 $\mathfrak{n}_2^{(0)}$, 这个元素在 $\mathfrak{n}_1^{(0)}$-轮就计算完成了 (图 8.44). 然后, 重新初始化 $\mathtt{Stack}_0$, 启动计算 $\mathfrak{n}_5^{(0)}$ 的 TreeHash 算法, 为计算 $\mathfrak{n}_{2+1+2^0}^{(0)}$ 的认证路径的第 0 个节点做准备. 在本轮中, $\mathtt{Stack}_1$ 继续 *update*() 操作, 完成了 $\mathfrak{n}_3^{(1)}$ 的计算

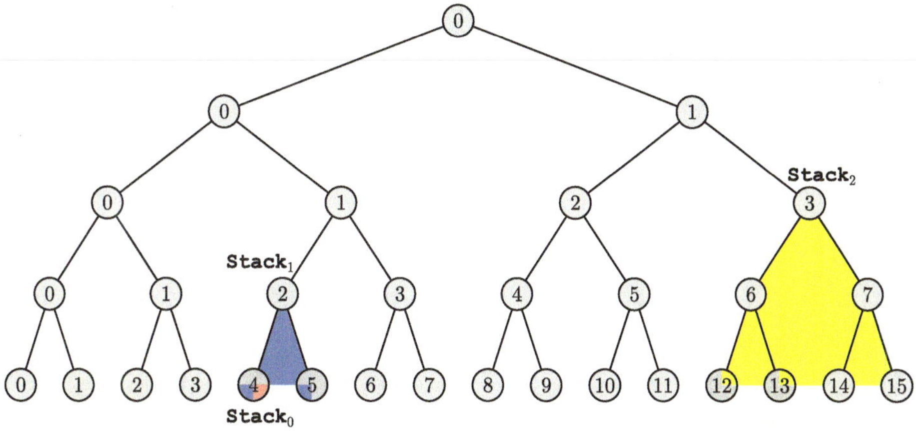

图 8.46 $\mathfrak{n}_3^{(0)}$-轮, 首先输出 $\mathfrak{n}_3^{(0)}$ 的认证路径 $\mathtt{Auth} = [\underline{\mathfrak{n}_2^{(0)}}, \mathfrak{n}_0^{(1)}, \mathfrak{n}_1^{(2)}, \mathfrak{n}_1^{(3)}]$, 其中 $\mathfrak{n}_2^{(0)}$ 在 $\mathfrak{n}_{3-2}^{(0)} = \mathfrak{n}_1^{(0)}$-轮就在栈 $\mathtt{Stack}_0$ 中计算好了. 因为 $(3+1) \bmod 2^0 = 0$, $(3+1) \bmod 2^1 = 0$, $(3+1) \bmod 2^2 = 0$, 根据引理 18, 在下一轮即 $\mathfrak{n}_{3+1}^{(0)}$-轮中, $\mathtt{Auth}_0$, $\mathtt{Auth}_1$ 和 $\mathtt{Auth}_2$ 都有变化. $\mathtt{Auth}_0$ 更新成 $\mathtt{Stack}_0$ 中唯一的元素 $\mathfrak{n}_5^{(0)}$, 这个元素在 $\mathfrak{n}_2^{(0)}$-轮就计算完成了 (图 8.45). 其次, 重新初始化 $\mathtt{Stack}_0$, 启动计算 $\mathfrak{n}_4^{(0)}$ 的 TreeHash 算法, 为计算 $\mathfrak{n}_{3+1+2^0}^{(0)}$ 的认证路径的第 0 个节点做准备. 在本轮中, $\mathtt{Stack}_1$ 继续 *update*() 操作, 完成了 $\mathfrak{n}_3^{(1)}$ 的计算. $\mathtt{Auth}_1$ 更新成 $\mathtt{Stack}_1$ 中唯一的元素 $\mathfrak{n}_3^{(1)}$, 这个元素在 $\mathfrak{n}_2^{(0)}$-轮就计算完成了 (图 8.45). 然后, 重新初始化 $\mathtt{Stack}_1$, 启动计算 $\mathfrak{n}_2^{(1)}$ 的 TreeHash 算法, 为计算 $\mathfrak{n}_{3+1+2^1}^{(0)}$ 的认证路径的第 1 个节点做准备. $\mathtt{Auth}_2$ 更新成 $\mathtt{Stack}_2$ 中唯一的元素 $\mathfrak{n}_0^{(1)}$, 这个元素在 $\mathfrak{n}_{-1}^{(0)}$-轮 ($\mathfrak{n}_2^{(0)}$ 轮结束前) 就准备好了. 最后, 重新初始化 $\mathtt{Stack}_1$, 启动计算 $\mathfrak{n}_3^{(2)}$ 的 TreeHash 算法, 为计算 $\mathfrak{n}_{3+1+2^2}^{(0)}$ 的认证路径的第 2 个节点做准备

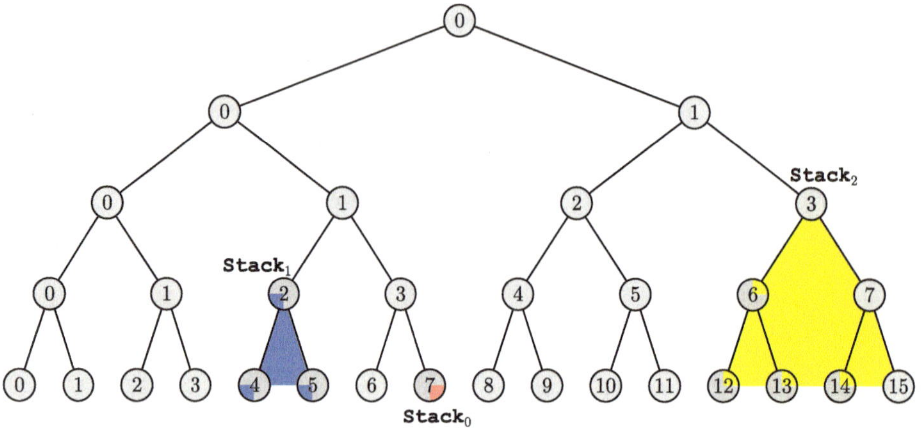

图 8.47　$\mathtt{n}_4^{(0)}$-轮, 首先输出 $\mathtt{n}_4^{(0)}$ 的认证路径 $\mathtt{Auth}=[\underline{\mathtt{n}_5^{(0)}},\underline{\mathtt{n}_3^{(1)}},\underline{\mathtt{n}_0^{(2)}},\mathtt{n}_1^{(3)}]$, 其中 $\mathtt{n}_5^{(0)}$ 在 $\mathtt{n}_{4-2}^{(0)}=\mathtt{n}_2^{(0)}$-轮就在栈 $\mathtt{Stack}_0$ 中计算好了, $\mathtt{n}_3^{(1)}$ 在 $\mathtt{n}_{4-2}^{(0)}=\mathtt{n}_2^{(0)}$-轮就在栈 $\mathtt{Stack}_1$ 中计算好了, $\mathtt{n}_0^{(2)}$ 在 $\mathtt{n}_{-1}^{(0)}$-轮 ($\mathtt{n}_2^{(0)}$-轮结束前) 就在栈 $\mathtt{Stack}_2$ 中准备好了. 因为 $(4+1)\bmod 2^0=0$, 根据引理 18, 在下一轮即 $\mathtt{n}_{4+1}^{(0)}$-轮中, $\mathtt{Auth}_0$ 有变化. $\mathtt{Auth}_0$ 更新成 $\mathtt{Stack}_0$ 中唯一的元素 $\mathtt{n}_4^{(0)}$, 这个元素在 $\mathtt{n}_3^{(0)}$-轮就计算完成了 (图 8.46). 然后, 重新初始化 $\mathtt{Stack}_0$, 启动计算 $\mathtt{n}_7^{(0)}$ 的 TreeHash 算法, 为计算 $\mathtt{n}_{4+1+2^0}^{(0)}$ 的认证路径的第 0 个节点做准备. 在本轮中, $\mathtt{Stack}_1$ 继续 *update*() 操作, 完成了 $\mathtt{n}_2^{(1)}$ 的计算

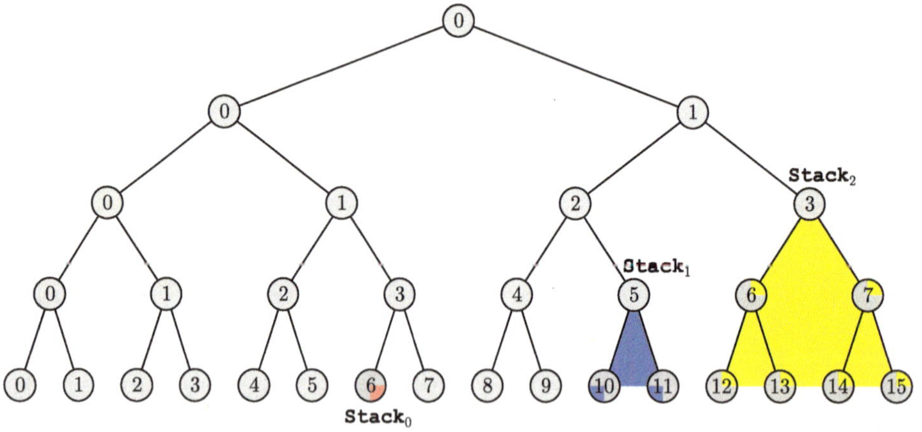

图 8.48　$\mathtt{n}_5^{(0)}$-轮, 首先输出 $\mathtt{n}_5^{(0)}$ 的认证路径 $\mathtt{Auth}=[\underline{\mathtt{n}_4^{(0)}},\mathtt{n}_3^{(1)},\mathtt{n}_0^{(2)},\mathtt{n}_1^{(3)}]$, 其中 $\mathtt{n}_4^{(0)}$ 在 $\mathtt{n}_{4-2}^{(0)}=\mathtt{n}_2^{(0)}$-轮就在栈 $\mathtt{Stack}_0$ 中计算好了. 因为 $(5+1)\bmod 2^0=0$, $(5+1)\bmod 2^1=0$, 根据引理 18, 在下一轮即 $\mathtt{n}_{5+1}^{(0)}$-轮中, $\mathtt{Auth}_0$ 和 $\mathtt{Auth}_1$ 都有变化. $\mathtt{Auth}_0$ 更新成 $\mathtt{Stack}_0$ 中唯一的元素 $\mathtt{n}_7^{(0)}$, 这个元素在 $\mathtt{n}_4^{(0)}$-轮就计算完成了 (图 8.47). 其次, 重新初始化 $\mathtt{Stack}_0$, 启动计算 $\mathtt{n}_6^{(0)}$ 的 TreeHash 算法, 为计算 $\mathtt{n}_{5+1+2^0}^{(0)}$ 的认证路径的第 0 个节点做准备. $\mathtt{Auth}_1$ 更新成 $\mathtt{Stack}_1$ 中唯一的元素 $\mathtt{n}_2^{(1)}$, 这个元素在 $\mathtt{n}_4^{(0)}$-轮就计算完成了 (图 8.47). 最后, 重新初始化 $\mathtt{Stack}_1$, 启动计算 $\mathtt{n}_5^{(1)}$ 的 TreeHash 算法, 为计算 $\mathtt{n}_{5+1+2^1}^{(0)}$ 的认证路径的第 1 个节点做准备

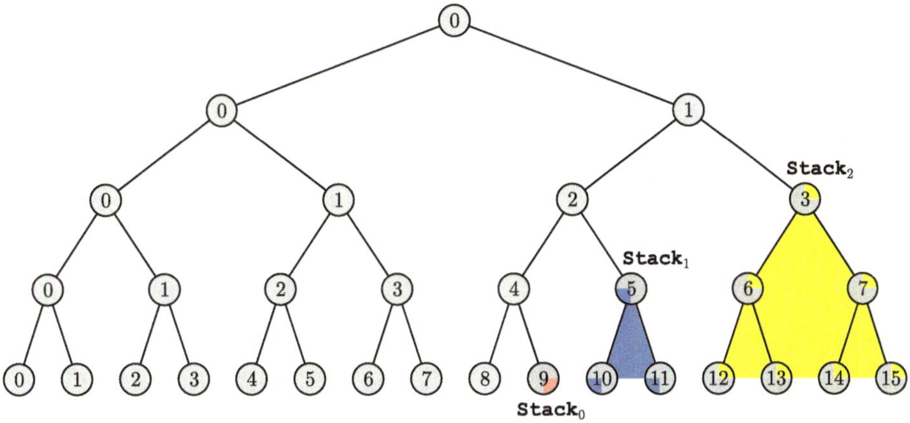

图 8.49 $\mathfrak{n}_6^{(0)}$-轮, 首先输出 $\mathfrak{n}_6^{(0)}$ 的认证路径 $\texttt{Auth} = [\underline{\mathfrak{n}_7^{(0)}}, \underline{\mathfrak{n}_2^{(1)}}, \mathfrak{n}_0^{(2)}, \mathfrak{n}_1^{(3)}]$, 其中 $\mathfrak{n}_7^{(0)}$ 在 $\mathfrak{n}_{6-2}^{(0)} = \mathfrak{n}_4^{(0)}$-轮就在栈 $\texttt{Stack}_0$ 中计算好了, $\mathfrak{n}_2^{(1)}$ 在 $\mathfrak{n}_{6-2}^{(0)} = \mathfrak{n}_4^{(0)}$-轮就在栈 $\texttt{Stack}_1$ 中计算好了. 因为 $(6+1) \bmod 2^0 = 0$, 根据引理 18, 在下一轮即 $\mathfrak{n}_{6+1}^{(0)}$-轮中, $\texttt{Auth}_0$ 有变化. $\texttt{Auth}_0$ 更新成 $\texttt{Stack}_0$ 中唯一的元素 $\mathfrak{n}_6^{(0)}$, 这个元素在 $\mathfrak{n}_5^{(0)}$-轮就计算完成了 (图 8.48). 然后, 重新初始化 $\texttt{Stack}_0$, 启动计算 $\mathfrak{n}_9^{(0)}$ 的 TreeHash 算法, 为计算 $\mathfrak{n}_{6+1+2^0}^{(0)}$ 的认证路径的第 0 个节点做准备. 在本轮中, $\texttt{Stack}_1$ 继续 *update*() 操作, 完成了 $\mathfrak{n}_5^{(1)}$ 的计算, $\texttt{Stack}_2$ 也完成了 $\mathfrak{n}_3^{(2)}$ 的计算

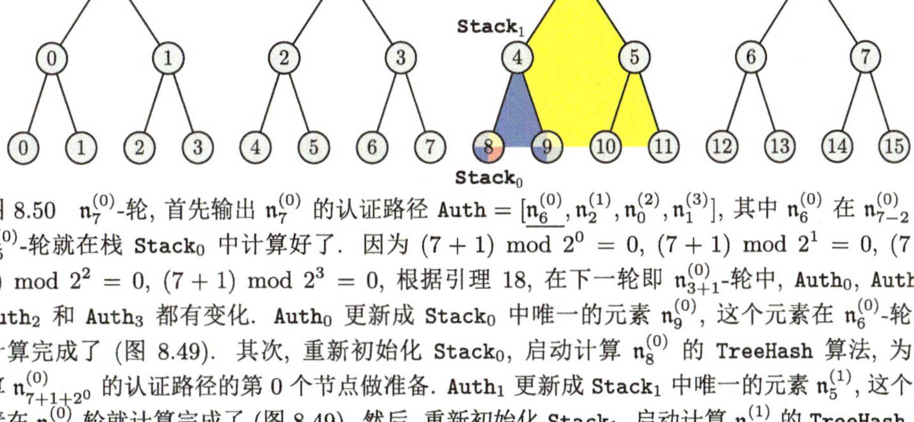

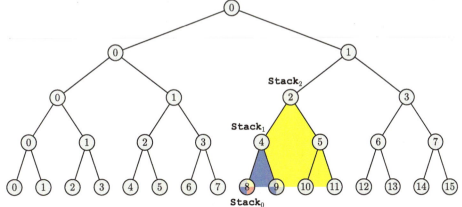

图 8.50 $\mathfrak{n}_7^{(0)}$-轮, 首先输出 $\mathfrak{n}_7^{(0)}$ 的认证路径 $\texttt{Auth} = [\underline{\mathfrak{n}_6^{(0)}}, \mathfrak{n}_2^{(1)}, \mathfrak{n}_0^{(2)}, \mathfrak{n}_1^{(3)}]$, 其中 $\mathfrak{n}_6^{(0)}$ 在 $\mathfrak{n}_{7-2}^{(0)} = \mathfrak{n}_5^{(0)}$-轮就在栈 $\texttt{Stack}_0$ 中计算好了. 因为 $(7+1) \bmod 2^0 = 0$, $(7+1) \bmod 2^1 = 0$, $(7+1) \bmod 2^2 = 0$, $(7+1) \bmod 2^3 = 0$, 根据引理 18, 在下一轮即 $\mathfrak{n}_{3+1}^{(0)}$-轮中, $\texttt{Auth}_0$, $\texttt{Auth}_1$, $\texttt{Auth}_2$ 和 $\texttt{Auth}_3$ 都有变化. $\texttt{Auth}_0$ 更新成 $\texttt{Stack}_0$ 中唯一的元素 $\mathfrak{n}_9^{(0)}$, 这个元素在 $\mathfrak{n}_6^{(0)}$-轮就计算完成了 (图 8.49). 其次, 重新初始化 $\texttt{Stack}_0$, 启动计算 $\mathfrak{n}_8^{(0)}$ 的 TreeHash 算法, 为计算 $\mathfrak{n}_{7+1+2^0}^{(0)}$ 的认证路径的第 0 个节点做准备. $\texttt{Auth}_1$ 更新成 $\texttt{Stack}_1$ 中唯一的元素 $\mathfrak{n}_5^{(1)}$, 这个元素在 $\mathfrak{n}_6^{(0)}$-轮就计算完成了 (图 8.49). 然后, 重新初始化 $\texttt{Stack}_1$, 启动计算 $\mathfrak{n}_4^{(1)}$ 的 TreeHash 算法, 为计算 $\mathfrak{n}_{7+1+2^1}^{(0)}$ 的认证路径的第 1 个节点做准备. $\texttt{Auth}_2$ 更新成 $\texttt{Stack}_2$ 中唯一的元素 $\mathfrak{n}_3^{(2)}$, 这个元素在 $\mathfrak{n}_6^{(0)}$-轮中就计算好了. 最后, 重新初始化 $\texttt{Stack}_2$, 启动计算 $\mathfrak{n}_2^{(2)}$ 的 TreeHash 算法, 为计算 $\mathfrak{n}_{7+1+2^2}^{(0)}$ 的认证路径的第 2 个节点做准备. $\texttt{Auth}_3$ 更新成 $\texttt{Stack}_3$ 中唯一的元素 $\mathfrak{n}_0^{(3)}$, 这个元素在 $\mathfrak{n}_{-1}^{(0)}$-轮 ($\mathfrak{n}_6^{(0)}$-轮结束前) 中就准备好了

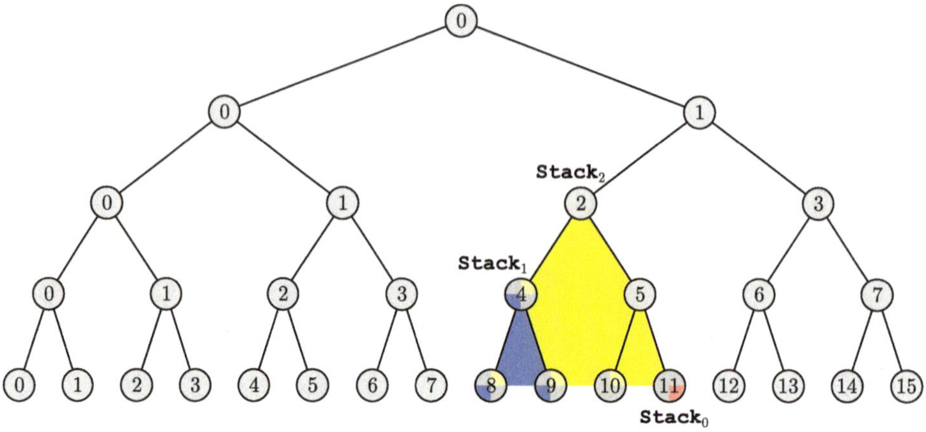

图 8.51　$\mathtt{n}_8^{(0)}$-轮, 首先输出 $\mathtt{n}_8^{(0)}$ 的认证路径 $\mathtt{Auth} = [\underline{\mathtt{n}_9^{(0)}}, \underline{\mathtt{n}_5^{(1)}}, \underline{\mathtt{n}_3^{(2)}}, \underline{\mathtt{n}_0^{(3)}}]$, 其中 $\mathtt{n}_9^{(0)}$ 在 $\mathtt{n}_{8-2}^{(0)} = \mathtt{n}_6^{(0)}$-轮就在栈 $\mathtt{Stack}_0$ 中计算好了, $\mathtt{n}_5^{(1)}$ 在 $\mathtt{n}_{8-2}^{(0)} = \mathtt{n}_6^{(0)}$-轮就在栈 $\mathtt{Stack}_1$ 中计算好了, $\mathtt{n}_3^{(2)}$ 在 $\mathtt{n}_{8-2}^{(0)} = \mathtt{n}_6^{(0)}$-轮就在栈 $\mathtt{Stack}_2$ 中计算好了, $\mathtt{n}_0^{(3)}$ 在 $\mathtt{n}_{-1}^{(0)}$-轮 ($\mathtt{n}_6^{(0)}$-轮结束前) 就在栈 $\mathtt{Stack}_3$ 中准备好了. 因为 $(8+1) \bmod 2^0 = 0$, 根据引理 18, 在下一轮即 $\mathtt{n}_{8+1}^{(0)}$-轮中, $\mathtt{Auth}_0$ 有变化. $\mathtt{Auth}_0$ 更新成 $\mathtt{Stack}_0$ 中唯一的元素 $\mathtt{n}_8^{(0)}$, 这个元素在 $\mathtt{n}_7^{(0)}$-轮就计算完成了 (图 8.50). 然后, 重新初始化 $\mathtt{Stack}_0$, 启动计算 $\mathtt{n}_{11}^{(0)}$ 的 TreeHash 算法, 为计算 $\mathtt{n}_{8+1+2^0}^{(0)}$ 的认证路径的第 0 个节点做准备

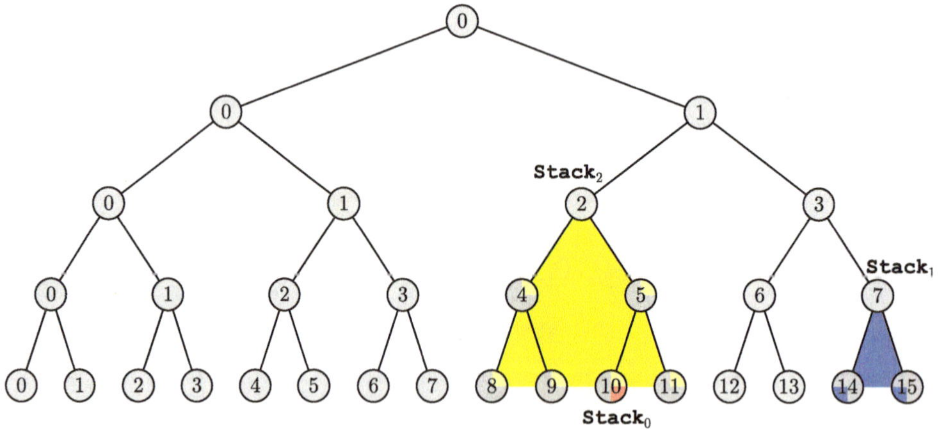

图 8.52　$\mathtt{n}_9^{(0)}$-轮, 首先输出 $\mathtt{n}_9^{(0)}$ 的认证路径 $\mathtt{Auth} = [\underline{\mathtt{n}_8^{(0)}}, \mathtt{n}_5^{(1)}, \mathtt{n}_3^{(2)}, \mathtt{n}_0^{(3)}]$, 其中 $\mathtt{n}_8^{(0)}$ 在 $\mathtt{n}_{9-2}^{(0)} = \mathtt{n}_7^{(0)}$-轮就在栈 $\mathtt{Stack}_0$ 中计算好了. 因为 $(9+1) \bmod 2^0 = 0$, $(9+1) \bmod 2^1 = 0$, 根据引理 18, 在下一轮即 $\mathtt{n}_{9+1}^{(0)}$-轮中, $\mathtt{Auth}_0$ 和 $\mathtt{Auth}_1$ 都有变化. $\mathtt{Auth}_0$ 更新成 $\mathtt{Stack}_0$ 中唯一的元素 $\mathtt{n}_{11}^{(0)}$, 这个元素在 $\mathtt{n}_8^{(0)}$-轮就计算完成了 (图 8.51). 其次, 重新初始化 $\mathtt{Stack}_0$, 启动计算 $\mathtt{n}_{10}^{(0)}$ 的 TreeHash 算法, 为计算 $\mathtt{n}_{9+1+2^0}^{(0)}$ 的认证路径的第 0 个节点做准备. $\mathtt{Auth}_1$ 更新成 $\mathtt{Stack}_1$ 中唯一的元素 $\mathtt{n}_7^{(1)}$, 这个元素在 $\mathtt{n}_8^{(0)}$-轮就计算完成了 (图 8.51). 最后, 重新初始化 $\mathtt{Stack}_1$, 启动计算 $\mathtt{n}_2^{(1)}$ 的 TreeHash 算法, 为计算 $\mathtt{n}_{9+1+2^1}^{(0)}$ 的认证路径的第 1 个节点做准备

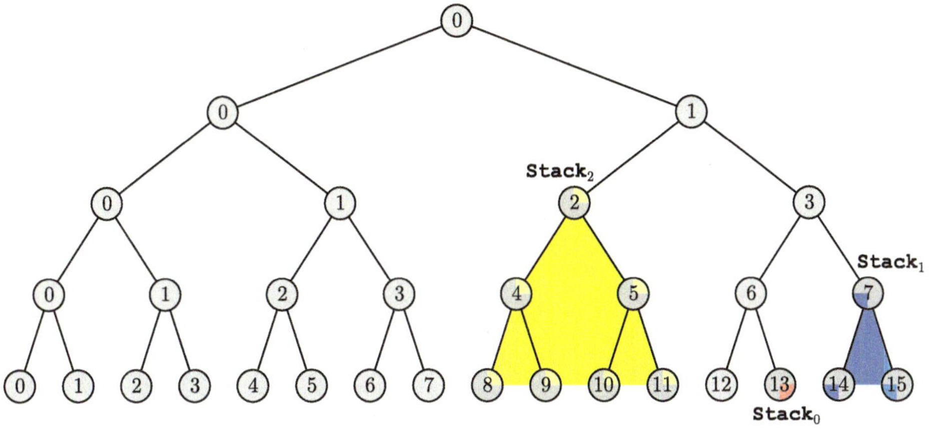

图 8.53 $\mathfrak{n}_{10}^{(0)}$-轮, 首先输出 $\mathfrak{n}_{10}^{(0)}$ 的认证路径 $\texttt{Auth} = [\underline{\mathfrak{n}_{11}^{(0)}, \mathfrak{n}_4^{(1)}}, \mathfrak{n}_3^{(2)}, \mathfrak{n}_0^{(3)}]$, 其中 $\mathfrak{n}_{11}^{(0)}$ 在 $\mathfrak{n}_{10-2}^{(0)} = \mathfrak{n}_8^{(0)}$-轮就在栈 $\texttt{Stack}_0$ 中计算好了, $\mathfrak{n}_4^{(1)}$ 在 $\mathfrak{n}_{10-2}^{(0)} = \mathfrak{n}_8^{(0)}$-轮就在栈 $\texttt{Stack}_1$ 中计算好了. 因为 $(10+1) \bmod 2^0 = 0$, 根据引理 18, 在下一轮即 $\mathfrak{n}_{10+1}^{(0)}$-轮中, $\texttt{Auth}_0$ 有变化. $\texttt{Auth}_0$ 更新成 $\texttt{Stack}_0$ 中唯一的元素 $\mathfrak{n}_{10}^{(0)}$, 这个元素在 $\mathfrak{n}_9^{(0)}$-轮就计算完成了 (图 8.52). 然后, 重新初始化 $\texttt{Stack}_0$, 启动计算 $\mathfrak{n}_{13}^{(0)}$ 的 TreeHash 算法, 为计算 $\mathfrak{n}_{10+1+2^0}^{(0)}$ 的认证路径的第 0 个节点做准备

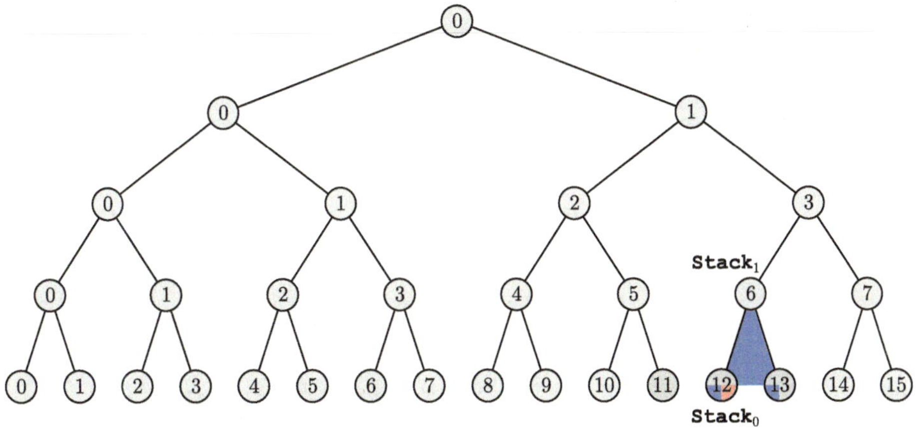

图 8.54 $\mathfrak{n}_{11}^{(0)}$-轮, 首先输出 $\mathfrak{n}_{11}^{(0)}$ 的认证路径 $\texttt{Auth} = [\underline{\mathfrak{n}_{10}^{(0)}}, \mathfrak{n}_4^{(1)}, \mathfrak{n}_3^{(2)}, \mathfrak{n}_0^{(3)}]$, 其中 $\mathfrak{n}_{10}^{(0)}$ 在 $\mathfrak{n}_{11-2}^{(0)} = \mathfrak{n}_9^{(0)}$-轮就在栈 $\texttt{Stack}_0$ 中计算好了. 因为 $(11+1) \bmod 2^0 = 0$, $(11+1) \bmod 2^1 = 0$, $(11+1) \bmod 2^2 = 0$, 根据引理 18, 在下一轮即 $\mathfrak{n}_{11+1}^{(0)}$-轮中, $\texttt{Auth}_0$ 和 $\texttt{Auth}_1$ 都有变化. $\texttt{Auth}_0$ 更新成 $\texttt{Stack}_0$ 中唯一的元素 $\mathfrak{n}_{13}^{(0)}$, 这个元素在 $\mathfrak{n}_{10}^{(0)}$-轮就计算完成了 (图 8.53). 其次, 重新初始化 $\texttt{Stack}_0$, 启动计算 $\mathfrak{n}_{12}^{(0)}$ 的 TreeHash 算法, 为计算 $\mathfrak{n}_{11+1+2^0}^{(0)}$ 的认证路径的第 0 个节点做准备. $\texttt{Auth}_1$ 更新成 $\texttt{Stack}_1$ 中唯一的元素 $\mathfrak{n}_7^{(1)}$, 这个元素在 $\mathfrak{n}_{10}^{(0)}$-轮就计算完成了 (图 8.53). 最后, 重新初始化 $\texttt{Stack}_1$, 启动计算 $\mathfrak{n}_6^{(1)}$ 的 TreeHash 算法, 为计算 $\mathfrak{n}_{11+1+2^1}^{(0)}$ 的认证路径的第 1 个节点做准备. $\texttt{Auth}_2$ 更新成 $\texttt{Stack}_2$ 中唯一的元素 $\mathfrak{n}_2^{(2)}$, 这个元素在 $\mathfrak{n}_{10}^{(0)}$-轮就计算完成了 (图 8.53)

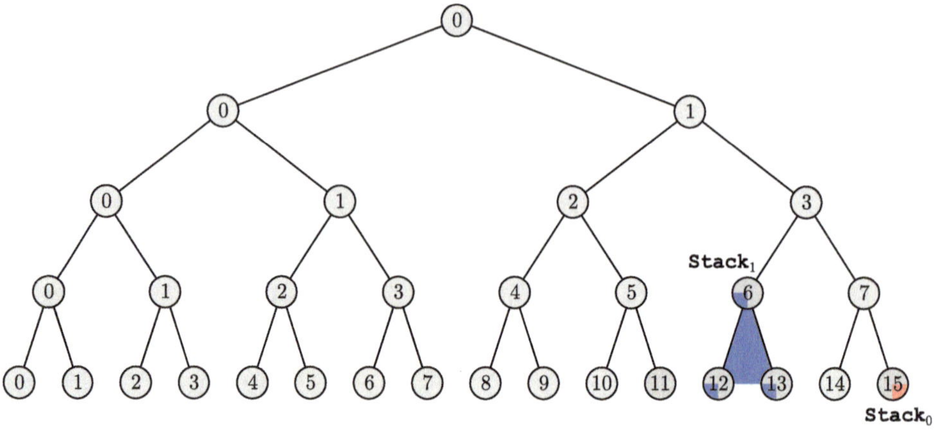

图 8.55 $\mathfrak{n}_{12}^{(0)}$-轮, 首先输出 $\mathfrak{n}_{12}^{(0)}$ 的认证路径 $\mathtt{Auth}=[\underline{\mathfrak{n}_{13}^{(0)}},\underline{\mathfrak{n}_{7}^{(1)}},\underline{\mathfrak{n}_{2}^{(2)}},\mathfrak{n}_{0}^{(3)}]$, 其中 $\mathfrak{n}_{13}^{(0)}$ 在 $\mathfrak{n}_{12-2}^{(0)}=\mathfrak{n}_{10}^{(0)}$-轮就在栈 $\mathtt{Stack}_0$ 中计算好了, $\mathfrak{n}_{7}^{(1)}$ 在 $\mathfrak{n}_{12-2}^{(0)}=\mathfrak{n}_{10}^{(0)}$-轮就在栈 $\mathtt{Stack}_1$ 中计算好了, $\mathfrak{n}_{2}^{(2)}$ 在 $\mathfrak{n}_{12-2}^{(0)}=\mathfrak{n}_{10}^{(0)}$-轮就在栈 $\mathtt{Stack}_2$ 中计算好了. 因为 $(12+1) \bmod 2^0=0$, 根据引理 18, 在下一轮即 $\mathfrak{n}_{12+1}^{(0)}$-轮中, $\mathtt{Auth}_0$ 有变化. $\mathtt{Auth}_0$ 更新成 $\mathtt{Stack}_0$ 中唯一的元素 $\mathfrak{n}_{12}^{(0)}$, 这个元素在 $\mathfrak{n}_{11}^{(0)}$-轮就计算完成了 (图 8.54). 然后, 重新初始化 $\mathtt{Stack}_0$, 启动计算 $\mathfrak{n}_{15}^{(0)}$ 的 TreeHash 算法, 为计算 $\mathfrak{n}_{12+1+2^0}^{(0)}$ 的认证路径的第 0 个节点做准备

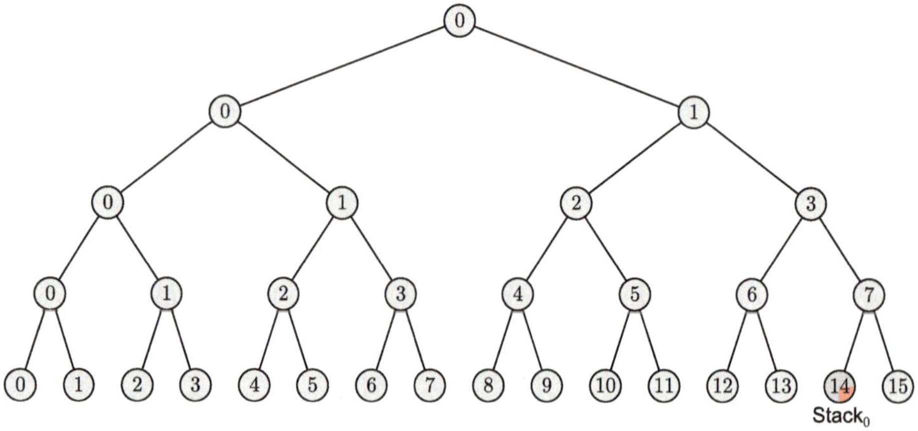

图 8.56 $\mathfrak{n}_{13}^{(0)}$-轮, 首先输出 $\mathfrak{n}_{12}^{(0)}$ 的认证路径 $\mathtt{Auth}=[\underline{\mathfrak{n}_{12}^{(0)}},\mathfrak{n}_{7}^{(1)},\mathfrak{n}_{2}^{(2)},\mathfrak{n}_{0}^{(3)}]$, 其中 $\mathfrak{n}_{12}^{(0)}$ 在 $\mathfrak{n}_{13-2}^{(0)}=\mathfrak{n}_{11}^{(0)}$-轮就在栈 $\mathtt{Stack}_0$ 中计算好了. 因为 $(13+1) \bmod 2^0=0$, $(13+1) \bmod 2^1=0$, 根据引理 18, 在下一轮即 $\mathfrak{n}_{13+1}^{(0)}$-轮中, $\mathtt{Auth}_0$ 和 $\mathtt{Auth}_1$ 都有变化. $\mathtt{Auth}_0$ 更新成 $\mathtt{Stack}_0$ 中唯一的元素 $\mathfrak{n}_{15}^{(0)}$, 这个元素在 $\mathfrak{n}_{12}^{(0)}$-轮就计算完成了 (图 8.55). 然后, 重新初始化 $\mathtt{Stack}_0$, 启动计算 $\mathfrak{n}_{14}^{(0)}$ 的 TreeHash 算法, 为计算 $\mathfrak{n}_{13+1+2^0}^{(0)}$ 的认证路径的第 0 个节点做准备. $\mathtt{Auth}_1$ 更新成 $\mathtt{Stack}_1$ 中唯一的元素 $\mathfrak{n}_{6}^{(1)}$, 这个元素在 $\mathfrak{n}_{12}^{(0)}$-轮就计算完成了 (图 8.55)

一个具有 16 个叶子节点的完美二叉树上的执行情况. 在这个实例中, $\texttt{Stack}_0$ 在 $\mathfrak{n}_0^{(0)}$-轮、$\mathfrak{n}_1^{(0)}$-轮、$\mathfrak{n}_2^{(0)}$-轮、···、$\mathfrak{n}_{13}^{(0)}$-轮中被初始化, $\texttt{Stack}_1$ 在 $\mathfrak{n}_1^{(0)}$-轮、$\mathfrak{n}_3^{(0)}$-轮、$\mathfrak{n}_7^{(0)}$-轮、···、$\mathfrak{n}_{13}^{(0)}$-轮中被初始化, $\texttt{Stack}_1$ 在 $\mathfrak{n}_2^{(0)}$-轮、$\mathfrak{n}_3^{(0)}$-轮、$\mathfrak{n}_7^{(0)}$-轮、$\mathfrak{n}_{11}^{(0)}$-轮中被初始化, 而 $\texttt{Stack}_3$ 从来没有被初始化过. 表 8.2 和表 8.3 给出各个轮次中每个栈的变化情况.

表 8.2 经典树遍历算法执行时认证路径及栈的变化情况 (前 8 轮)

Leaf j	$\texttt{Stack}_0$	$\texttt{Stack}_1$	$\texttt{Stack}_2$	$\texttt{Stack}_3$	$\texttt{Auth}$
0	$[\mathfrak{n}_0^{(0)}]$	$[\mathfrak{n}_0^{(1)}]$	$[\mathfrak{n}_0^{(2)}]$	$[\mathfrak{n}_0^{(3)}]$	$(\mathfrak{n}_1^{(0)}, \mathfrak{n}_1^{(1)}, \mathfrak{n}_1^{(2)}, \mathfrak{n}_1^{(3)})$
$\texttt{Auth}$ 中被更新了的元素: $\texttt{Auth}[0]$ 初始化了的栈: $\texttt{Stack}_0$					
1	$[\mathfrak{n}_3^{(0)}]$	$[\mathfrak{n}_0^{(1)}]$	$[\mathfrak{n}_0^{(2)}]$	$[\mathfrak{n}_0^{(3)}]$	$(\mathfrak{n}_0^{(0)}, \mathfrak{n}_1^{(1)}, \mathfrak{n}_1^{(2)}, \mathfrak{n}_1^{(3)})$
$\texttt{Auth}$ 中被更新了的元素: $\texttt{Auth}[0]$, $\texttt{Auth}[1]$ 初始化了的栈: $\texttt{Stack}_0, \texttt{Stack}_1$					
2	$[\mathfrak{n}_2^{(0)}]$	$[\mathfrak{n}_6^{(0)}, \mathfrak{n}_7^{(0)}]$	$[\mathfrak{n}_0^{(2)}]$	$[\mathfrak{n}_0^{(3)}]$	$(\mathfrak{n}_3^{(0)}, \mathfrak{n}_0^{(1)}, \mathfrak{n}_1^{(2)}, \mathfrak{n}_1^{(3)})$
$\texttt{Auth}$ 中被更新了的元素: $\texttt{Auth}[0]$ 初始化了的栈: $\texttt{Stack}_0, \texttt{Stack}_1$					
3	$[\mathfrak{n}_5^{(0)}]$	$[\mathfrak{n}_3^{(1)}]$	$[\mathfrak{n}_0^{(2)}]$	$[\mathfrak{n}_0^{(3)}]$	$(\mathfrak{n}_2^{(0)}, \mathfrak{n}_0^{(1)}, \mathfrak{n}_1^{(2)}, \mathfrak{n}_1^{(3)})$
$\texttt{Auth}$ 中被更新了的元素: $\texttt{Auth}[0]$, $\texttt{Auth}[1]$, $\texttt{Auth}[2]$ 初始化了的栈: $\texttt{Stack}_0, \texttt{Stack}_1, \texttt{Stack}_2$					
4	$[\mathfrak{n}_4^{(0)}]$	$[\mathfrak{n}_4^{(0)}, \mathfrak{n}_5^{(0)}]$	$[\mathfrak{n}_{12}^{(0)}, \mathfrak{n}_{13}^{(0)}]$	$[\mathfrak{n}_0^{(3)}]$	$(\mathfrak{n}_5^{(0)}, \mathfrak{n}_3^{(1)}, \mathfrak{n}_0^{(2)}, \mathfrak{n}_1^{(3)})$
$\texttt{Auth}$ 中被更新了的元素: $\texttt{Auth}[0]$ 初始化了的栈: $\texttt{Stack}_0, \texttt{Stack}_1, \texttt{Stack}_2$					
5	$[\mathfrak{n}_7^{(0)}]$	$[\mathfrak{n}_2^{(1)}]$	$[\mathfrak{n}_6^{(1)}, \mathfrak{n}_{14}^{(0)}]$	$[\mathfrak{n}_0^{(3)}]$	$(\mathfrak{n}_4^{(0)}, \mathfrak{n}_3^{(1)}, \mathfrak{n}_0^{(2)}, \mathfrak{n}_1^{(3)})$
$\texttt{Auth}$ 中被更新了的元素: $\texttt{Auth}[0]$, $\texttt{Auth}[1]$ 初始化了的栈: $\texttt{Stack}_0, \texttt{Stack}_1, \texttt{Stack}_2$					
6	$[\mathfrak{n}_6^{(0)}]$	$[\mathfrak{n}_{10}^{(0)}, \mathfrak{n}_{11}^{(0)}]$	$[\mathfrak{n}_6^{(1)}, \mathfrak{n}_7^{(1)}]$	$[\mathfrak{n}_0^{(3)}]$	$(\mathfrak{n}_7^{(0)}, \mathfrak{n}_2^{(1)}, \mathfrak{n}_0^{(2)}, \mathfrak{n}_1^{(3)})$
$\texttt{Auth}$ 中被更新了的元素: $\texttt{Auth}[0]$ 初始化了的栈: $\texttt{Stack}_0, \texttt{Stack}_1, \texttt{Stack}_2$					
7	$[\mathfrak{n}_9^{(0)}]$	$[\mathfrak{n}_5^{(1)}]$	$[\mathfrak{n}_3^{(2)}]$	$[\mathfrak{n}_0^{(3)}]$	$(\mathfrak{n}_6^{(0)}, \mathfrak{n}_2^{(1)}, \mathfrak{n}_0^{(2)}, \mathfrak{n}_1^{(3)})$
$\texttt{Auth}$ 中被更新了的元素: $\texttt{Auth}[0]$, $\texttt{Auth}[1]$, $\texttt{Auth}[2]$, $\texttt{Auth}[3]$ 初始化了的栈: $\texttt{Stack}_0, \texttt{Stack}_1, \texttt{Stack}_2$					

表 8.3　经典树遍历算法执行时认证路径及栈的变化情况 (后 8 轮)

Leaf j	$\texttt{Stack}_0$	$\texttt{Stack}_1$	$\texttt{Stack}_2$	$\texttt{Stack}_3$	$\texttt{Auth}$
8	$[\mathfrak{n}_8^{(0)}]$	$[\mathfrak{n}_8^{(0)}, \mathfrak{n}_9^{(0)}]$	$[\mathfrak{n}_8^{(0)}, \mathfrak{n}_9^{(0)}]$	[ ]	$(\mathfrak{n}_9^{(0)}, \mathfrak{n}_5^{(1)}, \mathfrak{n}_3^{(2)}, \mathfrak{n}_0^{(3)})$
Auth 中被更新了的元素: Auth[0] 初始化了的栈: $\texttt{Stack}_0, \texttt{Stack}_1, \texttt{Stack}_2$					
9	$[\mathfrak{n}_{11}^{(0)}]$	$[\mathfrak{n}_4^{(1)}]$	$[\mathfrak{n}_4^{(1)}, \mathfrak{n}_{10}^{(0)}]$	[ ]	$(\mathfrak{n}_8^{(0)}, \mathfrak{n}_5^{(1)}, \mathfrak{n}_3^{(2)}, \mathfrak{n}_0^{(3)})$
Auth 中被更新了的元素: Auth[0], Auth[1] 初始化了的栈: $\texttt{Stack}_0, \texttt{Stack}_1, \texttt{Stack}_2$					
10	$[\mathfrak{n}_{10}^{(0)}]$	$[\mathfrak{n}_{14}^{(0)}, \mathfrak{n}_{15}^{(0)}]$	$[\mathfrak{n}_4^{(1)}, \mathfrak{n}_5^{(1)}]$	[ ]	$(\mathfrak{n}_{11}^{(0)}, \mathfrak{n}_4^{(1)}, \mathfrak{n}_3^{(2)}, \mathfrak{n}_0^{(3)})$
Auth 中被更新了的元素: Auth[0] 初始化了的栈: $\texttt{Stack}_0, \texttt{Stack}_1, \texttt{Stack}_2$					
11	$[\mathfrak{n}_{13}^{(0)}]$	$[\mathfrak{n}_7^{(1)}]$	$[\mathfrak{n}_2^{(2)}]$	[ ]	$(\mathfrak{n}_{10}^{(0)}, \mathfrak{n}_4^{(1)}, \mathfrak{n}_3^{(2)}, \mathfrak{n}_0^{(3)})$
Auth 中被更新了的元素: Auth[0], Auth[1], Auth[2] 初始化了的栈: $\texttt{Stack}_0, \texttt{Stack}_1$					
12	$[\mathfrak{n}_{12}^{(0)}]$	$[\mathfrak{n}_{12}^{(0)}, \mathfrak{n}_{13}^{(0)}]$	[ ]	[ ]	$(\mathfrak{n}_{13}^{(0)}, \mathfrak{n}_7^{(1)}, \mathfrak{n}_2^{(2)}, \mathfrak{n}_0^{(3)})$
Auth 中被更新了的元素: Auth[0] 初始化了的栈:$\texttt{Stack}_0, \texttt{Stack}_1$					
13	$[\mathfrak{n}_{15}^{(0)}]$	$[\mathfrak{n}_6^{(1)}]$	[ ]	[ ]	$(\mathfrak{n}_{12}^{(0)}, \mathfrak{n}_7^{(1)}, \mathfrak{n}_2^{(2)}, \mathfrak{n}_0^{(3)})$
Auth 中被更新了的元素: Auth[0], Auth[1] 初始化了的栈: $\texttt{Stack}_0$					
14	$[\mathfrak{n}_{14}^{(0)}]$	[ ]	[ ]	[ ]	$(\mathfrak{n}_{15}^{(0)}, \mathfrak{n}_6^{(1)}, \mathfrak{n}_2^{(2)}, \mathfrak{n}_0^{(3)})$
Auth 中被更新了的元素: Auth[0] 初始化了的栈:					
15	[ ]	[ ]	[ ]	[ ]	$(\mathfrak{n}_{14}^{(0)}, \mathfrak{n}_6^{(1)}, \mathfrak{n}_2^{(2)}, \mathfrak{n}_0^{(3)})$
Auth 中被更新了的元素: 初始化了的栈:					

8.2.2　算法复杂度分析

令 $N = 2^H$. 算法 52 在执行过程中维护了 H 个栈, 分别为 $\texttt{Stack}_0, \cdots, \texttt{Stack}_{H-1}$, 由 8.1 节可知, 这 H 个栈最多需要存储 $(0+1)+(1+1)+\cdots+(H-1+1) = \dfrac{1}{2}H(H+1)$ 个节点. 因此, 算法 52 的存储复杂度为 $\mathcal{O}\left(\dfrac{1}{2}\log_2^2 N\right)$. 另外, 算法 52 在执行过程中的每个轮次里, 每个栈所承载的 TreeHash 算法最多执行 2 次 *update*() 操作. 因此, 每个轮次的复杂度为 $\mathcal{O}(2H) = \mathcal{O}(2\log_2 N)$.

8.3 对数 Merkle 树遍历算法

对数 Merkle 树遍历算法[60] 实际上是经典树遍历算法的一个变种, 在经典树遍历算法中每轮有多个并行执行的 `TreeHash` 算法, 每个算法维护了一个栈 $\texttt{Stack}_h$, 这几个 `TreeHash` 是被同等对待的. 对数 Merkle 树遍历算法本质上就是对这些 `TreeHash` 算法执行 *update*() 操作的优先级做了一个重新编排, 避免了每个栈中都同时存储了很多元素, 从而降低了空间复杂度.

8.3.1 经典树遍历算法和对数树遍历算法的比较

算法 52 的第 17 行到第 21 行部分和算法 53 的第 17 行到第 21 行部分分别是经典树遍历算法和对数树遍历算法中唯一不同的片段. 算法 52 的每个轮次

算法 53: 对数 Merkle 树遍历算法

Input: 全部 2^H 个叶子节点 $\mathfrak{n}_0^{(0)}, \cdots, \mathfrak{n}_{2^H-1}^{(0)}$

Output: 每个叶子节点的认证路径 $\texttt{Auth} = (\texttt{Auth}[0], \cdots, \texttt{Auth}[H-1])$

1 **for** $h = 0, \cdots, H-1$ **do**
2     $\texttt{Stack}_h \leftarrow [\mathfrak{n}_0^{(h)}]$
3     $\texttt{Stack}_h.\textit{initialized} \leftarrow \text{False}$
4     $\texttt{Auth}[h] \leftarrow \mathfrak{n}_1^{(h)}$
5 **for** $j = 0, \cdots, 2^H - 1$ **do**
6   **Output** $\texttt{Auth} = (\texttt{Auth}[0], \cdots, \texttt{Auth}[H-1])$
7   **if** $j < 2^H - 1$ **then**
8   **for** 所有 h 使得 $(j+1) \bmod 2^h = 0$ **do**
9   /* 此时 $\texttt{Stack}_h$ 中有且仅有 1 个节点 */
10             $\texttt{Auth}[h] \leftarrow \texttt{Stack}_h.\textit{pop}()$
11             $s \leftarrow (j + 1 + 2^h) \oplus 2^h$
12   **if** $s < 2^H$ **then**
13                 $\texttt{Stack}_h.\textit{init}(\mathfrak{n}_s^{(0)}, h)$
14                 $\texttt{Stack}_h.\textit{initialized} \leftarrow \text{True}$
15   **else**
16                 $\texttt{Stack}_h.\textit{initialized} \leftarrow \text{False}$
17   **for** $t = 1, \cdots, 2H - 1$ **do**
18             $h_{\min} \leftarrow \min\limits_{0 \leqslant h < H} \{\texttt{Stack}_h.\textit{low} : \texttt{Stack}_h.\textit{initialized} = \text{True}\}$
19             $h^\star \leftarrow \min\limits_{0 \leqslant h < H} \{h : \texttt{Stack}_h.\textit{initialized} = \text{True}, \texttt{Stack}_h.\textit{low} = h_{\min}\}$
20   **if** $\texttt{Stack}_{h^\star}.\textit{low} < +\infty$ **then**
21                 $\texttt{Stack}_{h^\star}.\textit{update}()$

执行不超过 $2(H-1)=2H-2$ 次 *update*() 操作, 算法 53 的每个轮次执行不超过 $2H-1$ 次 *update*() 操作, 这些 *update*() 操作被分配到被初始化 (*intialized* = True) 过的栈上. 注意, 在经典树遍历算法和对数树遍历算法的每个轮次中, 某一个栈是否初始化只与轮次有关. 因此, 在同一轮次中, 两个算法被初始化的栈也是相同的, 另外, 与经典树遍历算法一样, 若算法 53 的输入对应了一个高度为 H 的 Merkle 树, 则在算法 53 整个生命周期中, $\texttt{Stack}_{H-1}$ 从来没有被初始化过, 且这个栈中最多只存储了一个元素.

定义 8 对于一个栈 $\texttt{Stack}_h$, 从这个栈执行初始化操作 $init(\mathfrak{n}_j^{(0)},h)$, 到这个栈完成它所承载的 TreeHash $(\mathfrak{n}_j^{(0)},h)$ 的计算称为这个栈的一个生命周期 $\Delta(\texttt{Stack}_h)$. 注意, 在 $\Delta(\texttt{Stack}_h)$ 中, $\texttt{Stack}_h$ 执行且只执行了一次 *init*() 操作.

下面我们解释, 算法 53 中的第 17 行为什么设定的循环次数是 $2H-1$ 呢? 假设 $\texttt{Stack}_h$ 在 $\mathfrak{n}_j^{(0)}$-轮进行了初始化 *init*() 操作, 由算法 53 第 8 行可知, 这意味着 $(j+1) \bmod 2^h=0$, 即 $\mathfrak{n}_{j+1}^{(0)}$ 的认证路径的第 h 个节点相对 $\mathfrak{n}_j^{(0)}$ 的认证路径的第 h 个节点发生了变化. 由 $(j+1) \bmod 2^h=0$ 可知, $(j+1+2^h) \bmod 2^h=0$, 因此, $\mathfrak{n}_{j+1+2^h}^{(0)}$ 的认证路径的第 h 个节点相对 $\mathfrak{n}_{j+2^h}^{(0)}$ 的认证路径的第 h 个节点发生了改变. $\texttt{Stack}_h$ 的初始化, 正是为了这一改变进行的. 因此, 算法 53 第 17 行循环次数的设定, 必须保证 $\texttt{Stack}_h$ 能在 $\mathfrak{n}_{j+1+2^h-2}^{(0)}=\mathfrak{n}_{j+2^h-1}^{(0)}$-轮结束前完成 1 个生命周期的计算. 在 $\mathfrak{n}_j^{(0)},\cdots,\mathfrak{n}_{j+2^h-1}^{(0)}$-轮这 2^h 个轮次中, $\texttt{Stack}_i$ $(0\leqslant i<h)$ 总共轮回了 $\dfrac{2^h}{2^i}=2^{h-i}$ 个生命周期, 而在每个生命周期中, $\texttt{Stack}_i$ 需要完成 $2^{i+1}-1$ 次 *update*() 操作. 总体上, $\texttt{Stack}_0,\cdots,\texttt{Stack}_h$ 共需要

$$\Omega=\sum_{i=0}^{h}2^{h-i}(2^{i+1}-1)=(h+1)2^{h+1}-(1+2+\cdots+2^h)=h\cdot 2^{h+1}+1$$

次 *updatc*() 操作. 而当算法 53 中的第 17 行设定成 $2H-1$ 时, 2^h 个轮次中一共可以提供 $\mathfrak{C}=(2H-1)\cdot 2^h$ 次 *update*() 操作. 而当 $0\leqslant h\leqslant H-1$ 时,

$$\mathfrak{C}-\Omega=(2H-2h-1)\cdot 2^h-1\geqslant 0,$$

即提供了足够多次的 *update*() 操作. 但是, 若将循环次数设置为 $2H-2$, 则

$$\begin{cases}\mathfrak{C}=(2H-2)\cdot 2^h\\ \mathfrak{C}-\Omega=(H-h-1)\cdot 2^{h+1}-1\end{cases}.$$

当 $h=H-1$ 时, $\mathfrak{C}-\Omega<0$. 注意, 前面已经讲过 $\texttt{Stack}_{H-1}$ 不会被初始化, h 的最大取值实际上是 $H-2$, 因此, 算法 53 中的第 17 行将循环次数设置为 $2H-2$ 就足够了, 但为了与现有文献保持一致, 我们没有做这一修改.

8.3.2 对数树遍历算法中栈更新的优先级

在算法 53 中, 若 $\texttt{Stack}_h.initialized$ = True, 按如下规则定义 $\texttt{Stack}_h.low$. 若 $\texttt{Stack}_h.low$ 是空栈 (还没有执行过 *update*() 操作), 则 $\texttt{Stack}_h.low = h$. 令 $\texttt{Stack}_h$ 中存储的所有元素对应的节点的最高高度为 $\texttt{Stack}_h.\texttt{MaxHeight}$, 若 $\texttt{Stack}_h.\texttt{MaxHeight} = h$, 则 $\texttt{Stack}_h = +\infty$. 若 $\texttt{Stack}_h$ 执行过至少一次 *update*() 操作但未完成其计算目标, 则 $\texttt{Stack}_h.low$ 为 $\texttt{Stack}_h$ 中所有节点的最小高度. 另外, 把所有 *initialized* = True 的栈分成三类, 包括空栈 (还没有执行过 *update*() 操作)、完成栈 (完成了其初始化时确定的计算目标) 和活跃栈 (执行过至少一次 *update*() 操作但未完成其计算目标). 注意, 在算法 53 执行过程中, $\texttt{Stack}_0$ 只可能是空栈或完成栈, 因为它执行一次 *update*() 操作就完成了它所承载的 TreeHash 算法.

对于 2 个空栈 $\texttt{Stack}_j$ 和 $\texttt{Stack}_{j'}$, $\texttt{Stack}_j.low = j$ 和 $\texttt{Stack}_{j'} = j'$, 优先更新 $\texttt{Stack}_{\min\{j,j'\}}$. 对于任一个完成栈 $\texttt{Stack}_j.low = +\infty$, $\texttt{Stack}_j.\texttt{MaxHeight} = j$, 不会再执行任何 *update*() 操作, 因此不在考虑范围内. 对于 2 个活跃栈 $\texttt{Stack}_j$ 和 $\texttt{Stack}_{j'}$, 若 $\texttt{Stack}_j.low = \texttt{Stack}_{j'}.low$, 优先更新 $\texttt{Stack}_{\min\{j,j'\}}$, 若 $\texttt{Stack}_j.low < \texttt{Stack}_{j'}.low$, 优先更新 $\texttt{Stack}_j$. 令 $\texttt{Stack}_j$ 是空栈, $\texttt{Stack}_{j'}$ 是活跃栈, 若 $\texttt{Stack}_{j'}.low < j$, 则 $\texttt{Stack}_{j'}.low < \texttt{Stack}_j.low = j$, 因此优先更新 $\texttt{Stack}_{j'}$, 若 $\texttt{Stack}_{j'}.low = j$, 优先更新 $\texttt{Stack}_{\min\{j,j'\}}$.

引理 21 令 $0 < h < h'$, 在算法 53 执行的某一时刻, $\texttt{Stack}_h$ 和 $\texttt{Stack}_{h'}$ 是 2 个活跃栈, 则 $\texttt{Stack}_h$ 和 $\texttt{Stack}_{h'}$ 中不可能存在高度相同的节点.

证明 因为 $\texttt{Stack}_h$ 和 $\texttt{Stack}_{h'}$ 是活跃栈. 所以, $\texttt{Stack}_h$ 在 $\Delta(\texttt{Stack}_h)$ 中至少执行了一次 *update*() 操作, $\texttt{Stack}_{h'}$ 在 $\Delta(\texttt{Stack}_{h'})$ 中至少执行了一次 *update*() 操作. 我们分两种情况讨论. 在第一种情况中, 假设 $\texttt{Stack}_h$ 在 $\Delta(\texttt{Stack}_h)$ 中的首次 *update*() 操作早于 $\texttt{Stack}_{h'}$ 在 $\Delta(\texttt{Stack}_{h'})$ 中的首次 *update*() 操作. 那么, 当 $\texttt{Stack}_h$ 刚刚完成其首次 *update*() 操作时, $\texttt{Stack}_{h'}.low = h'$. 而又因为 $h < h'$, 在 $\texttt{Stack}_h$ 完成它所承载的 TreeHash 算法前, 总有 $\texttt{Stack}_h.low < \texttt{Stack}_{h'}.low = h'$. 所以, 在 $\texttt{Stack}_h$ 完成它所承载的 TreeHash 算法前, $\texttt{Stack}_{h'}$ 不可能执行过 *update*() 操作, 即它是一个空栈.

在第二种情况中, 假设 $\texttt{Stack}_{h'}$ 在 $\Delta(\texttt{Stack}_{h'})$ 中的首次 *update*() 操作早于 $\texttt{Stack}_h$ 在 $\Delta(\texttt{Stack}_h)$ 中的首次 *update*() 操作. 那么, 当 $\texttt{Stack}_{h'}$ 刚刚完成其首次 *update*() 操作时, 有 $\texttt{Stack}_{h'}.low = 0 < h$. 因此, 在 $\texttt{Stack}_{h'}.low = h$ 前, $\texttt{Stack}_h$ 不可能执行过 *update*() 操作. 而在 $\texttt{Stack}_h$ 执行其首次 *update*() 操作时, $\texttt{Stack}_{h'}$ 只存在唯一一个节点, 且该节点的高度为 h. □

为了让读者更好地理解算法 53, 图 8.57 至图 8.70 给出了一个对数树遍历算

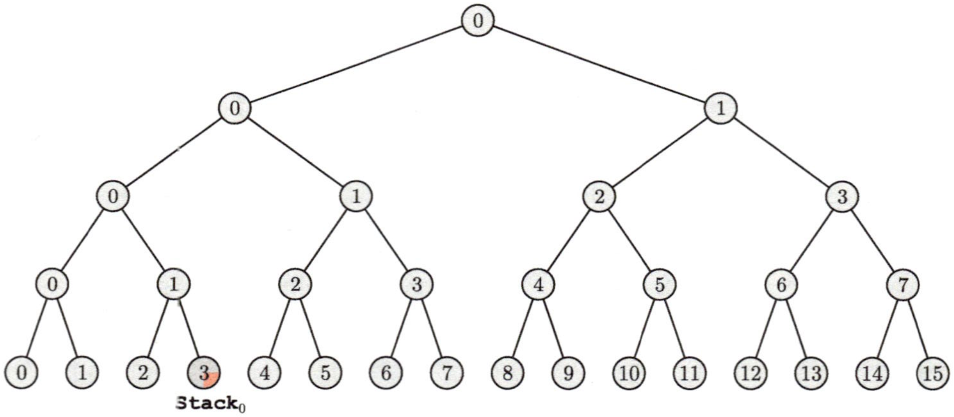

图 8.57　$\mathfrak{n}_0^{(0)}$-轮, 首先输出 $\mathfrak{n}_0^{(0)}$ 的认证路径 Auth $= [\mathfrak{n}_1^{(0)}, \mathfrak{n}_1^{(1)}, \mathfrak{n}_1^{(2)}, \mathfrak{n}_1^{(3)}]$. 因为 $(0+1) \bmod 2^0 = 0$, 根据引理 18, 在下一轮即 $\mathfrak{n}_{0+1}^{(0)}$-轮中, $\mathtt{Auth}_0$ 有变化. $\mathtt{Auth}_0$ 更新成 $\mathtt{Stack}_0$ 中唯一的元素 $\mathfrak{n}_0^{(0)}$, 这个元素在 $\mathfrak{n}_{-1}^{(0)}$-轮就计算完成了. 然后, 重新初始化 $\mathtt{Stack}_0$, 启动计算 $\mathfrak{n}_3^{(0)}$ 的 TreeHash 算法, 为计算 $\mathfrak{n}_{0+1+2^0}^{(0)}$ 的认证路径的第 0 个节点做准备. 在栈更新循环的第 $t=1$ 轮中, $h^\star = 0$, 因此 $\mathtt{Stack}_{h^\star} = \mathtt{Stack}_0$ 进行 1 次 $update()$ 操作, 完成了计算 $\mathfrak{n}_3^{(0)}$ 的任务

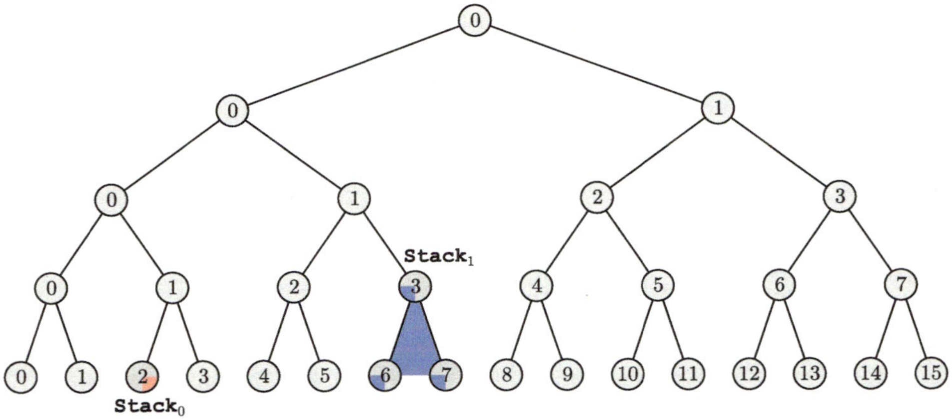

图 8.58 $\mathfrak{n}_1^{(0)}$-轮, 首先输出 $\mathfrak{n}_1^{(0)}$ 的认证路径 $\texttt{Auth} = [\underline{\mathfrak{n}_0^{(0)}}, \mathfrak{n}_1^{(1)}, \mathfrak{n}_1^{(2)}, \mathfrak{n}_1^{(3)}]$, 因为 $(1+1) \bmod 2^0 = 0$, $(1+1) \bmod 2^1 = 0$, 根据引理 18, 在下一轮即 $\mathfrak{n}_{0+1}^{(0)}$-轮中, $\texttt{Auth}_0$ 和 $\texttt{Auth}_1$ 有变化. $\texttt{Auth}_0$ 更新成 $\texttt{Stack}_0$ 中唯一的元素 $\mathfrak{n}_3^{(0)}$, 这个元素在 $\mathfrak{n}_0^{(0)}$-轮就计算完成了. 其次, 重新初始化 $\texttt{Stack}_0$, 启动计算 $\mathfrak{n}_2^{(0)}$ 的 TreeHash 算法, 为计算 $\mathfrak{n}_{1+1+2^0}^{(0)}$ 的认证路径的第 0 个节点做准备. $\texttt{Auth}_1$ 更新成 $\texttt{Stack}_1$ 中唯一的元素 $\mathfrak{n}_0^{(1)}$, 这个元素在 $\mathfrak{n}_{-1}^{(0)}$-轮 ($\mathfrak{n}_0^{(0)}$-轮结束前) 就计算完成了. 然后, 重新初始化 $\texttt{Stack}_1$, 启动计算 $\mathfrak{n}_3^{(1)}$ 的 TreeHash 算法, 为计算 $\mathfrak{n}_{1+1+2^1}^{(0)}$ 的认证路径的第 1 个节点做准备. 在栈更新循环的第 $t = 1$ 轮中, $h_{\min} = \min\{\texttt{Stack}_0.low = 0, \texttt{Stack}_1.low = 1\} = 0$, $h^\star = \min\{0, 1\} = 0$, 因此 $\texttt{Stack}_0$ 进行 1 次 $update()$ 操作, 完成了计算 $\mathfrak{n}_2^{(0)}$ 的任务, 此时 $\texttt{Stack}_0.low = +\infty$. 在栈更新循环的第 $t = 2$ 轮中, $h_{\min} = \min\{\texttt{Stack}_0.low = +\infty, \texttt{Stack}_1.low = 1\} = 1$, $h^\star = \min\{1\} = 1$, 因此 $\texttt{Stack}_1$ 进行 1 次 $update()$ 操作, 此时 $\texttt{Stack}_1.low = 0$. 在栈更新循环的第 $t = 3$ 轮中, $h_{\min} = \min\{\texttt{Stack}_0.low = +\infty, \texttt{Stack}_1.low = 0\} = 0$, $h^\star = \min\{1\} = 1$, 因此 $\texttt{Stack}_1$ 进行 1 次 $update()$ 操作, 此时 $\texttt{Stack}_1.low = 0$. 在栈更新循环的第 $t = 4$ 轮中, $h_{\min} = \min\{\texttt{Stack}_0.low = +\infty, \texttt{Stack}_1.low = 0\} = 0$, $h^\star = \min\{1\} = 1$, 因此 $\texttt{Stack}_1$ 进行 1 次 $update()$ 操作, 完成了 $\mathfrak{n}_3^{(1)}$ 的计算, 此时 $\texttt{Stack}_1.low = \infty$

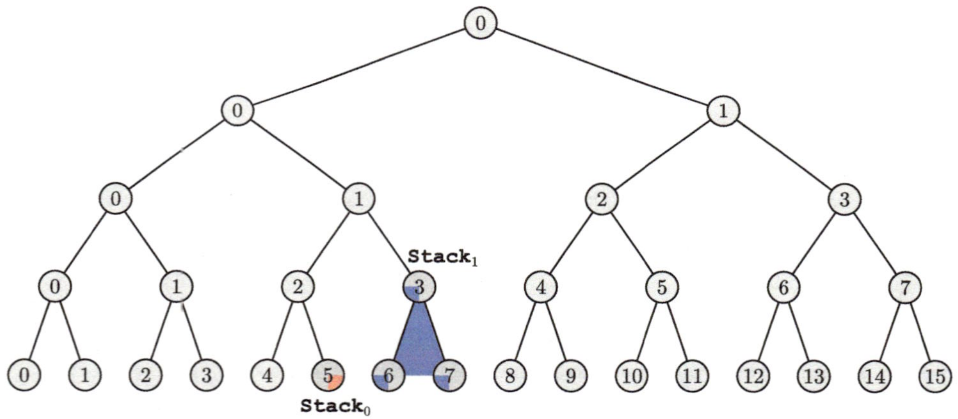

图 8.59　$\mathfrak{n}_2^{(0)}$-轮，首先输出 $\mathfrak{n}_2^{(0)}$ 的认证路径 $\mathtt{Auth} = [\underline{\mathfrak{n}_3^{(0)}}, \underline{\mathfrak{n}_0^{(1)}}, \mathfrak{n}_1^{(2)}, \mathfrak{n}_1^{(3)}]$，因为 $(2+1) \bmod 2^0 = 0$，根据引理 18，在下一轮即 $\mathfrak{n}_{0+2}^{(0)}$-轮中，$\mathtt{Auth}_0$ 有变化．$\mathtt{Auth}_0$ 更新成 $\mathtt{Stack}_0$ 中唯一的元素 $\overline{\mathfrak{n}_2^{(0)}}$，这个元素在 $\mathfrak{n}_1^{(0)}$-轮就计算完成了．然后，重新初始化 $\mathtt{Stack}_0$，启动计算 $\mathfrak{n}_5^{(0)}$ 的 TreeHash 算法，为计算 $\mathfrak{n}_{2+1+2^0}^{(0)}$ 的认证路径的第 0 个节点做准备．在栈更新循环的第 $t=1$ 轮中，$h_{\min} = \min\{\mathtt{Stack}_0.low = 0\} = 0$, $h^{\star} = \min\{0\} = 0$，因此 $\mathtt{Stack}_0$ 进行 1 次 $update()$ 操作，完成了计算 $\mathfrak{n}_5^{(0)}$ 的任务，此时 $\mathtt{Stack}_0.low = +\infty$

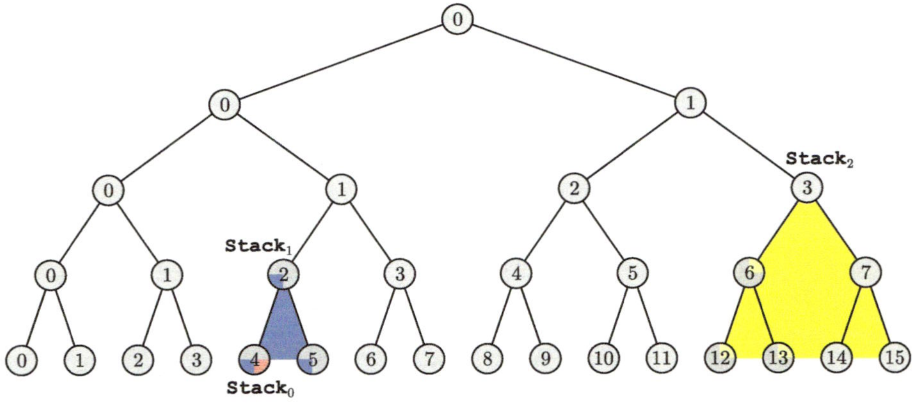

图 8.60　$\mathfrak{n}_3^{(0)}$-轮, 首先输出 $\mathfrak{n}_3^{(0)}$ 的认证路径 Auth $= [\underline{\mathfrak{n}_2^{(0)}}, \mathfrak{n}_0^{(1)}, \mathfrak{n}_1^{(2)}, \mathfrak{n}_1^{(3)}]$, 因为 $(3+1) \bmod 2^0 = 0, (3+1) \bmod 2^1 = 0, (3+1) \bmod 2^2 = 0$, 根据引理 18, 在下一轮即 $\mathfrak{n}_{0+3}^{(0)}$-轮中, Auth$_0$, Auth$_1$ 和 Auth$_2$ 有变化. Auth$_0$ 更新成 Stack$_0$ 中唯一的元素 $\mathfrak{n}_5^{(0)}$, 这个元素在 $\mathfrak{n}_2^{(0)}$-轮就计算完成了. 其次, 重新初始化 Stack$_0$, 启动计算 $\mathfrak{n}_4^{(0)}$ 的 TreeHash 算法, 为计算 $\mathfrak{n}_{3+1+2^0}^{(0)}$ 的认证路径的第 0 个节点做准备. Auth$_1$ 更新成 Stack$_1$ 中唯一的元素 $\mathfrak{n}_3^{(1)}$, 这个元素在 $\mathfrak{n}_1^{(0)}$-轮就计算完成了. 然后, 重新初始化 Stack$_1$, 启动计算 $\mathfrak{n}_2^{(1)}$ 的 TreeHash 算法, 为计算 $\mathfrak{n}_{3+1+2^1}^{(0)}$ 的认证路径的第 1 个节点做准备. Auth$_2$ 更新成 Stack$_2$ 中唯一的元素 $\mathfrak{n}_0^{(2)}$, 这个元素在 $\mathfrak{n}_{-1}^{(0)}$-轮就计算完成了. 最后, 重新初始化 Stack$_2$, 启动计算 $\mathfrak{n}_3^{(2)}$ 的 TreeHash 算法, 为计算 $\mathfrak{n}_{3+1+2^2}^{(0)}$ 的认证路径的第 2 个节点做准备. 在栈更新循环的第 $t=1$ 轮中, $h_{\min} = \min\{\text{Stack}_0.low = 0, \text{Stack}_1.low = 1, \text{Stack}_2.low = 2\} = 0$, $h^\star = \min\{0\} = 0$, 因此 Stack$_0$ 进行 1 次 *update*() 操作, 完成了计算 $\mathfrak{n}_4^{(0)}$ 的任务, 此时 Stack$_0.low = +\infty$. 在栈更新循环的第 $t=2$ 轮中, $h_{\min} = \min\{\text{Stack}_0.low = +\infty, \text{Stack}_1.low = 1, \text{Stack}_2.low = 2\} = 1$, $h^\star = \min\{1\} = 1$, 因此 Stack$_1$ 进行 1 次 *update*() 操作, 此时 Stack$_1.low = 0$. 在栈更新循环的第 $t=3$ 轮中, $h_{\min} = \min\{\text{Stack}_0.low = +\infty, \text{Stack}_1.low = 0, \text{Stack}_2.low = 2\} = 0$, $h^\star = \min\{1\} = 1$, 因此 Stack$_1$ 进行 1 次 *update*() 操作, 此时 Stack$_1.low = 0$. 在栈更新循环的第 $t=4$ 轮中, $h_{\min} = \min\{\text{Stack}_0.low = +\infty, \text{Stack}_1.low = 0, \text{Stack}_2.low = 2\} = 0$, $h^\star = \min\{1\} = 1$, 因此 Stack$_1$ 进行 1 次 *update*() 操作, 完成了 $\mathfrak{n}_2^{(1)}$ 的计算, 此时 Stack$_1.low = \infty$. 在栈更新循环的第 $t=5$ 轮中, $h_{\min} = \min\{\text{Stack}_0.low = +\infty, \text{Stack}_1.low = +\infty, \text{Stack}_2.low = 2\} = 2$, $h^\star = \min\{2\} = 2$, 因此 Stack$_2$ 进行 1 次 *update*() 操作, 此时 Stack$_2.low = 0$. 在栈更新循环的第 $t=6$ 轮中, $h_{\min} = \min\{\text{Stack}_0.low = +\infty, \text{Stack}_1.low = +\infty, \text{Stack}_2.low = 0\} = 0$, $h^\star = \min\{2\} = 2$, 因此 Stack$_2$ 进行 1 次 *update*() 操作, 此时 Stack$_2.low = 0$. 在栈更新循环的第 $t=7$ 轮中, $h_{\min} = \min\{\text{Stack}_0.low = +\infty, \text{Stack}_1.low = +\infty, \text{Stack}_2.low = 0\} = 0$, $h^\star = \min\{2\} = 2$, 因此 Stack$_2$ 进行 1 次 *update*() 操作, 此时 Stack$_2.low = 1$

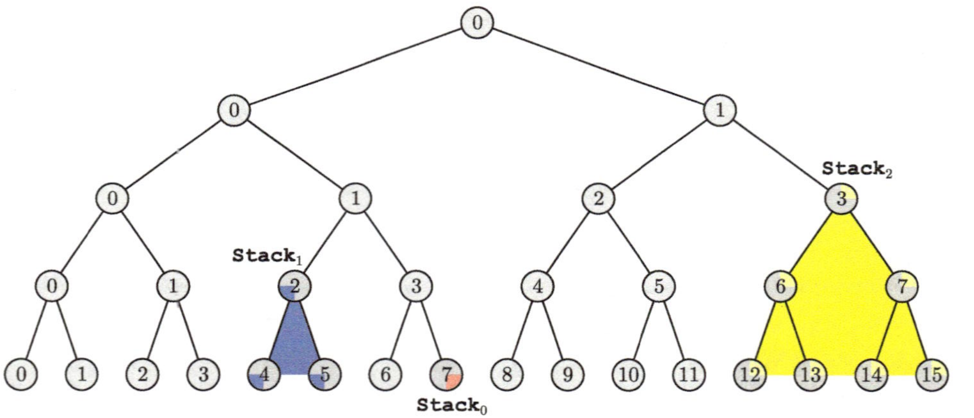

图 8.61　$\mathfrak{n}_4^{(0)}$-轮, 首先输出 $\mathfrak{n}_4^{(0)}$ 的认证路径 $\texttt{Auth} = [\underline{\mathfrak{n}_5^{(0)}}, \underline{\mathfrak{n}_3^{(1)}}, \underline{\mathfrak{n}_0^{(2)}}, \mathfrak{n}_1^{(3)}]$, 因为 $(4+1) \bmod 2^0 = 0$, 根据引理 18, 在下一轮即 $\mathfrak{n}_{0+4}^{(0)}$-轮中, $\texttt{Auth}_0$ 有变化. $\texttt{Auth}_0$ 更新成 $\texttt{Stack}_0$ 中唯一的元素 $\mathfrak{n}_4^{(0)}$, 这个元素在 $\mathfrak{n}_3^{(0)}$-轮就计算完成了. 然后, 重新初始化 $\texttt{Stack}_0$, 启动计算 $\mathfrak{n}_7^{(0)}$ 的 TreeHash 算法, 为计算 $\mathfrak{n}_{4+1+2^0}^{(0)}$ 的认证路径的第 0 个节点做准备. 在栈更新循环的第 $t=1$ 轮中, $h_{\min} = \min\{\texttt{Stack}_0.low = 0, \texttt{Stack}_2.low = 1\} = 0$, $h^\star = \min\{0\} = 0$, 因此 $\texttt{Stack}_0$ 进行 1 次 $update()$ 操作, 完成了计算 $\mathfrak{n}_7^{(0)}$ 的任务, 此时 $\texttt{Stack}_0.low = +\infty$. 在栈更新循环的第 $t=2$ 轮中, $h_{\min} = \min\{\texttt{Stack}_0.low = +\infty, \texttt{Stack}_2.low = 1\} = 1$, $h^\star = \min\{2\} = 2$, 因此 $\texttt{Stack}_2$ 进行 1 次 $update()$ 操作, 此时 $\texttt{Stack}_2.low = 0$. 在栈更新循环的第 $t=3$ 轮中, $h_{\min} = \min\{\texttt{Stack}_0.low = +\infty, \texttt{Stack}_2.low = 0\} = 0$, $h^\star = \min\{2\} = 2$, 因此 $\texttt{Stack}_2$ 进行 1 次 $update()$ 操作, 此时 $\texttt{Stack}_2.low = 0$. 在栈更新循环的第 $t=4$ 轮中, $h_{\min} = \min\{\texttt{Stack}_0.low = +\infty, \texttt{Stack}_2.low = 0\} = 0$, $h^\star = \min\{2\} = 2$, 因此 $\texttt{Stack}_2$ 进行 1 次 $update()$ 操作, 此时 $\texttt{Stack}_2.low = 1$. 在栈更新循环的第 $t=5$ 轮中, $h_{\min} = \min\{\texttt{Stack}_0.low = +\infty, \texttt{Stack}_2.low = 1\} = 1$, $h^\star = \min\{2\} = 2$, 因此 $\texttt{Stack}_2$ 进行 1 次 $update()$ 操作, 完成了 $\mathfrak{n}_3^{(2)}$ 的计算, 此时 $\texttt{Stack}_2.low = \infty$

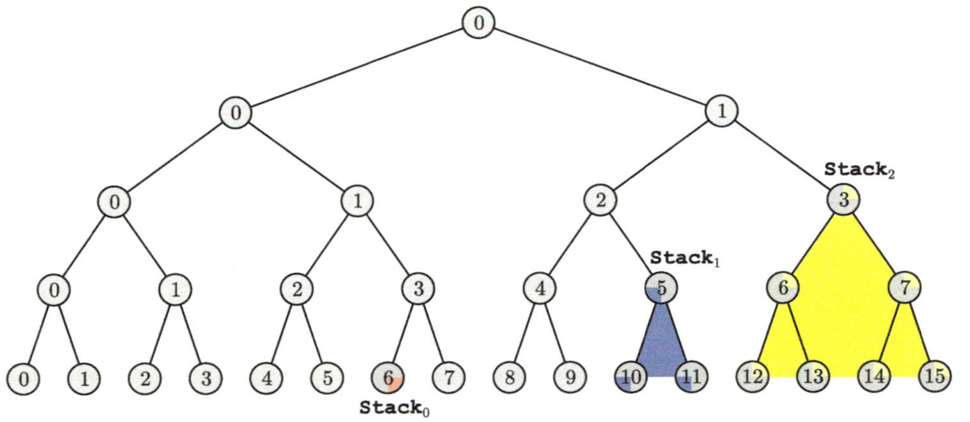

图 8.62 $\mathfrak{n}_5^{(0)}$-轮, 首先输出 $\mathfrak{n}_5^{(0)}$ 的认证路径 $\texttt{Auth} = [\underline{\mathfrak{n}_4^{(0)}}, \mathfrak{n}_3^{(1)}, \mathfrak{n}_0^{(2)}, \mathfrak{n}_1^{(3)}]$, 因为 $(5+1) \bmod 2^0 = 0$, $(5+1) \bmod 2^1 = 0$, 根据引理 18, 在下一轮即 $\mathfrak{n}_{0+5}^{(0)}$-轮中, $\texttt{Auth}_0$ 和 $\texttt{Auth}_1$ 有变化. $\texttt{Auth}_0$ 更新成 $\texttt{Stack}_0$ 中唯一的元素 $\mathfrak{n}_7^{(0)}$, 这个元素在 $\mathfrak{n}_4^{(0)}$-轮就计算完成了. 其次, 重新初始化 $\texttt{Stack}_0$, 启动计算 $\mathfrak{n}_6^{(0)}$ 的 **TreeHash** 算法, 为计算 $\mathfrak{n}_{5+1+2^0}^{(0)}$ 的认证路径的第 0 个节点做准备. $\texttt{Auth}_1$ 更新成 $\texttt{Stack}_1$ 中唯一的元素 $\mathfrak{n}_2^{(1)}$, 这个元素在 $\mathfrak{n}_3^{(0)}$-轮就计算完成了. 最后, 重新初始化 $\texttt{Stack}_1$, 启动计算 $\mathfrak{n}_5^{(1)}$ 的 **TreeHash** 算法, 为计算 $\mathfrak{n}_{5+1+2^1}^{(0)}$ 的认证路径的第 1 个节点做准备. 在栈更新循环的第 $t=1$ 轮中, $h_{\min} = \min\{\texttt{Stack}_0.low = 0, \texttt{Stack}_1.low = 1\} = 0$, $h^\star = \min\{0\} = 0$, 因此 $\texttt{Stack}_0$ 进行 1 次 $update()$ 操作, 完成了计算 $\mathfrak{n}_6^{(0)}$ 的任务, 此时 $\texttt{Stack}_0.low = +\infty$. 在栈更新循环的第 $t=2$ 轮中, $h_{\min} = \min\{\texttt{Stack}_0.low = +\infty, \texttt{Stack}_1.low = 1\} = 1$, $h^\star = \min\{1\} = 1$, 因此 $\texttt{Stack}_1$ 进行 1 次 $update()$ 操作, 此时 $\texttt{Stack}_1.low = 0$. 在栈更新循环的第 $t=3$ 轮中, $h_{\min} = \min\{\texttt{Stack}_0.low = +\infty, \texttt{Stack}_1.low = 0\} = 0$, $h^\star = \min\{1\} = 1$, 因此 $\texttt{Stack}_1$ 进行 1 次 $update()$ 操作, 此时 $\texttt{Stack}_1.low = 0$. 在栈更新循环的第 $t=4$ 轮中, $h_{\min} = \min\{\texttt{Stack}_0.low = +\infty, \texttt{Stack}_1.low = 0\} = 0$, $h^\star = \min\{1\} = 1$, 因此 $\texttt{Stack}_1$ 进行 1 次 $update()$ 操作, 完成了 $\mathfrak{n}_5^{(1)}$ 的计算, 此时 $\texttt{Stack}_1.low = \infty$

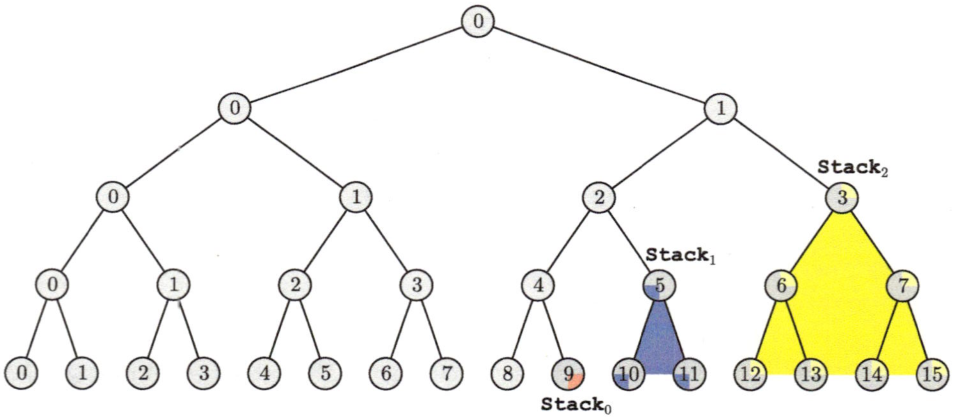

图 8.63　$\mathtt{n}_6^{(0)}$-轮, 首先输出 $\mathtt{n}_6^{(0)}$ 的认证路径 $\mathtt{Auth} = [\underline{\mathtt{n}_7^{(0)}}, \overline{\mathtt{n}_2^{(1)}}, \mathtt{n}_0^{(2)}, \mathtt{n}_1^{(3)}]$, 因为 $(6+1) \bmod 2^0 = 0$, 根据引理 18, 在下一轮即 $\mathtt{n}_{0+6}^{(0)}$-轮中, $\mathtt{Auth}_0$ 有变化. $\mathtt{Auth}_0$ 更新成 $\mathtt{Stack}_0$ 中唯一的元素 $\overline{\mathtt{n}_6^{(0)}}$, 这个元素在 $\mathtt{n}_5^{(0)}$-轮就计算完成了. 然后, 重新初始化 $\mathtt{Stack}_0$, 启动计算 $\mathtt{n}_9^{(0)}$ 的 TreeHash 算法, 为计算 $\mathtt{n}_{6+1+2^0}^{(0)}$ 的认证路径的第 0 个节点做准备. 在栈更新循环的第 $t=1$ 轮中, $h_{\min} = \min\{\mathtt{Stack}_0.low = 0\} = 0$, $h^\star = \min\{0\} = 0$, 因此 $\mathtt{Stack}_0$ 进行 1 次 $update()$ 操作, 完成了计算 $\mathtt{n}_9^{(0)}$ 的任务, 此时 $\mathtt{Stack}_0.low = +\infty$

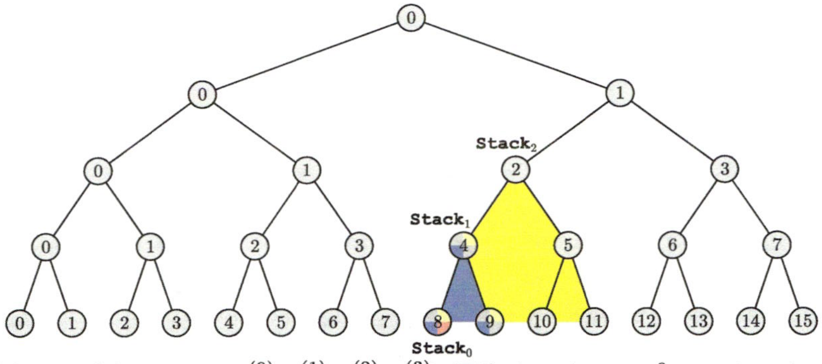

图 8.64 $\mathfrak{n}_7^{(0)}$-轮, 首先输出 $\mathfrak{n}_7^{(0)}$ 的认证路径 $\mathtt{Auth} = [\underline{\mathfrak{n}_6^{(0)}}, \mathfrak{n}_2^{(1)}, \mathfrak{n}_0^{(2)}, \mathfrak{n}_1^{(3)}]$, 因为 $(7+1) \bmod 2^0 = 0, (7+1) \bmod 2^1 = 0, (7+1) \bmod 2^2 = 0, (7+1) \bmod 2^3 = 0$, 根据引理 18, 在下一轮即 $\overline{\mathfrak{n}_{0+7}^{(0)}}$-轮中, $\mathtt{Auth}_0$, $\mathtt{Auth}_1$, $\mathtt{Auth}_2$ 和 $\mathtt{Auth}_3$ 有变化. $\mathtt{Auth}_0$ 更新成 $\mathtt{Stack}_0$ 中唯一的元素 $\mathfrak{n}_9^{(0)}$, 这个元素在 $\mathfrak{n}_6^{(0)}$-轮就计算完成了. 其次, 重新初始化 $\mathtt{Stack}_0$, 启动计算 $\mathfrak{n}_8^{(0)}$ 的 $\mathtt{TreeHash}$ 算法, 为计算 $\mathfrak{n}_{7+1+2^0}^{(0)}$ 的认证路径的第 0 个节点做准备. $\mathtt{Auth}_1$ 更新成 $\mathtt{Stack}_1$ 中唯一的元素 $\mathfrak{n}_5^{(1)}$, 这个元素在 $\mathfrak{n}_5^{(0)}$-轮就计算完成了. 然后, 重新初始化 $\mathtt{Stack}_1$, 启动计算 $\mathfrak{n}_4^{(1)}$ 的 $\mathtt{TreeHash}$ 算法, 为计算 $\mathfrak{n}_{7+1+2^1}^{(0)}$ 的认证路径的第 1 个节点做准备. $\mathtt{Auth}_2$ 更新成 $\mathtt{Stack}_2$ 中唯一的元素 $\mathfrak{n}_3^{(2)}$, 这个元素在 $\mathfrak{n}_4^{(0)}$-轮就计算完成了. 最后, 重新初始化 $\mathtt{Stack}_2$, 启动计算 $\mathfrak{n}_2^{(2)}$ 的 $\mathtt{TreeHash}$ 算法, 为计算 $\mathfrak{n}_{7+1+2^2}^{(0)}$ 的认证路径的第 2 个节点做准备. $\mathtt{Auth}_3$ 更新成 $\mathtt{Stack}_3$ 中唯一的元素 $\mathfrak{n}_0^{(3)}$, 这个元素在 $\mathfrak{n}_{-1}^{(0)}$-轮 ($\mathfrak{n}_0^{(0)}$-轮结束前) 就计算完成了. 因为 $\mathfrak{n}_{7+1+2^3}^{(0)}$ 已经超过叶子最大序号, $\mathtt{Stack}_3$ 无须启动 $\mathtt{TreeHash}$ 算法. 在栈更新循环的第 $t = 1$ 轮中, $h_{\min} = \min\{\mathtt{Stack}_0.low = 0, \mathtt{Stack}_1.low = 1, \mathtt{Stack}_2.low = 2\} = 0$, $h^\star = \min\{0\} = 0$, 因此 $\mathtt{Stack}_0$ 进行 1 次 $update()$ 操作, 完成了计算 $\mathfrak{n}_8^{(0)}$ 的任务, 此时 $\mathtt{Stack}_0.low = +\infty$. 在栈更新循环的第 $t = 2$ 轮中, $h_{\min} = \min\{\mathtt{Stack}_0.low = +\infty, \mathtt{Stack}_1.low = 1, \mathtt{Stack}_2.low = 2\} = 1$, $h^\star = \min\{1\} = 1$, 因此 $\mathtt{Stack}_1$ 进行 1 次 $update()$ 操作, 此时 $\mathtt{Stack}_1.low = 0$. 在栈更新循环的第 $t = 3$ 轮中, $h_{\min} = \min\{\mathtt{Stack}_0.low = +\infty, \mathtt{Stack}_1.low = 0, \mathtt{Stack}_2.low = 2\} = 0$, $h^\star = \min\{1\} = 1$, 因此 $\mathtt{Stack}_1$ 进行 1 次 $update()$ 操作, 此时 $\mathtt{Stack}_1.low = 0$. 在栈更新循环的第 $t = 4$ 轮中, $h_{\min} = \min\{\mathtt{Stack}_0.low = +\infty, \mathtt{Stack}_1.low = 0, \mathtt{Stack}_2.low = 2\} = 0$, $h^\star = \min\{1\} = 1$, 因此 $\mathtt{Stack}_1$ 进行 1 次 $update()$ 操作, 完成了 $\mathfrak{n}_4^{(1)}$ 的计算, 在栈更新循环的第 $t = 5$ 轮中, $h_{\min} = \min\{\mathtt{Stack}_0.low = +\infty, \mathtt{Stack}_1.low = +\infty, \mathtt{Stack}_2.low = 2\} = 2$, $h^\star = \min\{2\} = 2$, 因此 $\mathtt{Stack}_2$ 进行 1 次 $update()$ 操作, 此时 $\mathtt{Stack}_2.low = 0$. 在栈更新循环的第 $t = 6$ 轮中, $h_{\min} = \min\{\mathtt{Stack}_0.low = +\infty, \mathtt{Stack}_1.low = +\infty, \mathtt{Stack}_2.low = 0\} = 0$, $h^\star = \min\{2\} = 2$, 因此 $\mathtt{Stack}_2$ 进行 1 次 $update()$ 操作, 此时 $\mathtt{Stack}_2.low = 0$. 在栈更新循环的第 $t = 7$ 轮中, $h_{\min} = \min\{\mathtt{Stack}_0.low = +\infty, \mathtt{Stack}_1.low = +\infty, \mathtt{Stack}_2.low = 0\} = 0$, $h^\star = \min\{2\} = 2$, 因此 $\mathtt{Stack}_2$ 进行 1 次 $update()$ 操作, 此时 $\mathtt{Stack}_2.low = 1$

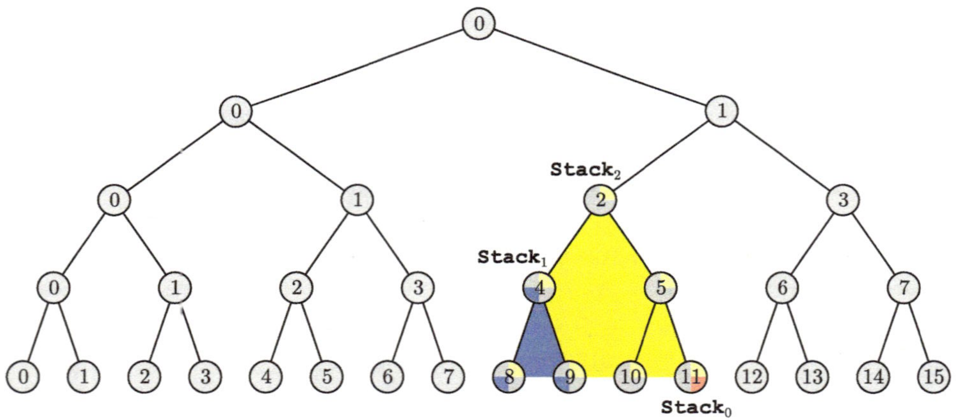

图 8.65 $\mathfrak{n}_8^{(0)}$-轮, 首先输出 $\mathfrak{n}_8^{(0)}$ 的认证路径 Auth $= [\underline{\mathfrak{n}_9^{(0)}}, \underline{\mathfrak{n}_5^{(1)}}, \underline{\mathfrak{n}_3^{(2)}}, \underline{\mathfrak{n}_0^{(3)}}]$, 因为 $(8+1) \bmod 2^0 = 0$, 根据引理 18, 在下一轮即 $\mathfrak{n}_{0+8}^{(0)}$-轮中, $\mathtt{Auth}_0$ 有变化. $\mathtt{Auth}_0$ 更新成 $\mathtt{Stack}_0$ 中唯一的元素 $\mathfrak{n}_8^{(0)}$, 这个元素在 $\mathfrak{n}_7^{(0)}$-轮就计算完成了. 然后, 重新初始化 $\mathtt{Stack}_0$, 启动计算 $\mathfrak{n}_{11}^{(0)}$ 的 TreeHash 算法, 为计算 $\mathfrak{n}_{8+1+2^0}^{(0)}$ 的认证路径的第 0 个节点做准备. 在栈更新循环的第 $t=1$ 轮中, $h_{\min} = \min\{\mathtt{Stack}_0.low = 0, \mathtt{Stack}_2.low = 1\} = 0$, $h^\star = \min\{0\} = 0$, 因此 $\mathtt{Stack}_0$ 进行 1 次 $update()$ 操作, 完成了计算 $\mathfrak{n}_{11}^{(0)}$ 的任务, 此时 $\mathtt{Stack}_0.low = +\infty$. 在栈更新循环的第 $t=2$ 轮中, $h_{\min} = \min\{\mathtt{Stack}_0.low = +\infty, \mathtt{Stack}_2.low = 1\} = 1$, $h^\star = \min\{2\} = 2$, 因此 $\mathtt{Stack}_2$ 进行 1 次 $update()$ 操作, 此时 $\mathtt{Stack}_2.low = 0$. 在栈更新循环的第 $t=3$ 轮中, $h_{\min} = \min\{\mathtt{Stack}_0.low = +\infty, \mathtt{Stack}_2.low = 0\} = 0$, $h^\star = \min\{2\} = 2$, 因此 $\mathtt{Stack}_2$ 进行 1 次 $update()$ 操作, 此时 $\mathtt{Stack}_2.low = 0$. 在栈更新循环的第 $t=4$ 轮中, $h_{\min} = \min\{\mathtt{Stack}_0.low = +\infty, \mathtt{Stack}_2.low = 0\} = 0$, $h^\star = \min\{2\} = 2$, 因此 $\mathtt{Stack}_2$ 进行 1 次 $update()$ 操作, 此时 $\mathtt{Stack}_2.low = 1$. 在栈更新循环的第 $t=5$ 轮中, $h_{\min} = \min\{\mathtt{Stack}_0.low = +\infty, \mathtt{Stack}_2.low = 1\} = 1$, $h^\star = \min\{2\} = 2$, 因此 $\mathtt{Stack}_2$ 进行 1 次 $update()$ 操作, 完成了 $\mathfrak{n}_2^{(2)}$ 的计算, 此时 $\mathtt{Stack}_2.low = +\infty$

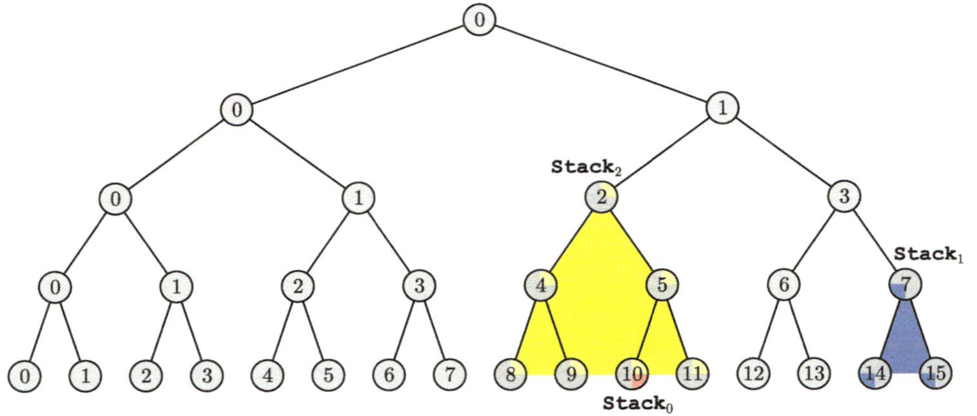

图 8.66　$\mathfrak{n}_9^{(0)}$-轮, 首先输出 $\mathfrak{n}_9^{(0)}$ 的认证路径 Auth $= [\underline{\mathfrak{n}_8^{(0)}}, \mathfrak{n}_5^{(1)}, \mathfrak{n}_3^{(2)}, \mathfrak{n}_0^{(3)}]$, 因为 $(9+1) \bmod 2^0 = 0$, $(9+1) \bmod 2^1 = 0$, 根据引理 18, 在下一轮即 $\mathfrak{n}_{0+1}^{(0)}$-轮中, Auth$_0$ 和 Auth$_1$ 有变化. Auth$_0$ 更新成 Stack$_0$ 中唯一的元素 $\mathfrak{n}_{11}^{(0)}$, 这个元素在 $\mathfrak{n}_8^{(0)}$-轮就计算完成了. 其次, 重新初始化 Stack$_0$, 启动计算 $\mathfrak{n}_{10}^{(0)}$ 的 TreeHash 算法, 为计算 $\mathfrak{n}_{9+1+2^0}^{(0)}$ 的认证路径的第 0 个节点做准备. Auth$_1$ 更新成 Stack$_1$ 中唯一的元素 $\mathfrak{n}_4^{(1)}$, 这个元素在 $\mathfrak{n}_7^{(0)}$-轮就计算完成了. 最后, 重新初始化 Stack$_1$, 启动计算 $\mathfrak{n}_7^{(1)}$ 的 TreeHash 算法, 为计算 $\mathfrak{n}_{9+1+2^1}^{(0)}$ 的认证路径的第 1 个节点做准备. 在栈更新循环的第 $t=1$ 轮中, $h_{\min} = \min\{\text{Stack}_0.low = 0, \text{Stack}_1.low = 1\} = 0$, $h^\star = \min\{0,1\} = 0$, 因此 Stack$_0$ 进行 1 次 *update*() 操作, 完成了计算 $\mathfrak{n}_{10}^{(0)}$ 的任务, 此时 Stack$_0.low = +\infty$. 在栈更新循环的第 $t=2$ 轮中, $h_{\min} = \min\{\text{Stack}_0.low = +\infty, \text{Stack}_1.low = 1\} = 1$, $h^\star = \min\{1\} = 1$, 因此 Stack$_1$ 进行 1 次 *update*() 操作, 此时 Stack$_1.low = 0$. 在栈更新循环的第 $t=3$ 轮中, $h_{\min} = \min\{\text{Stack}_0.low = +\infty, \text{Stack}_1.low = 0\} = 0$, $h^\star = \min\{1\} = 1$, 因此 Stack$_1$ 进行 1 次 *update*() 操作, 此时 Stack$_1.low = 0$. 在栈更新循环的第 $t=4$ 轮中, $h_{\min} = \min\{\text{Stack}_0.low = +\infty, \text{Stack}_1.low = 0\} = 0$, $h^\star = \min\{1\} = 1$, 因此 Stack$_1$ 进行 1 次 *update*() 操作, 完成了 $\mathfrak{n}_7^{(1)}$ 的计算, 此时 Stack$_1.low = \infty$

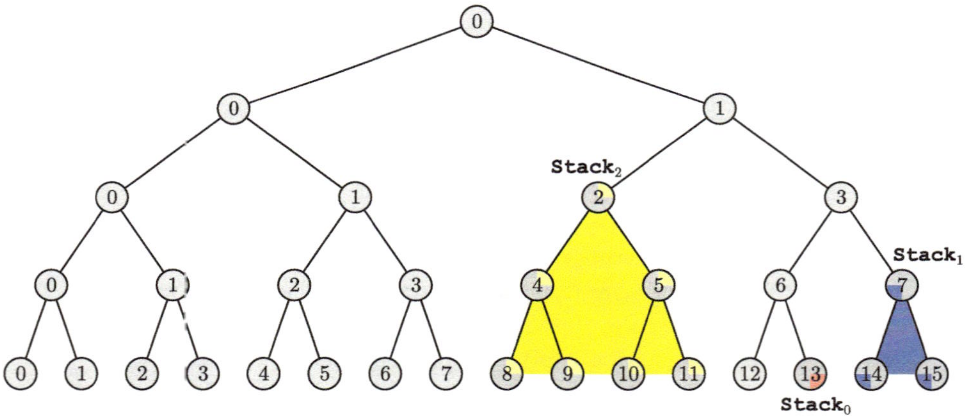

图 8.67　$\mathfrak{n}_{10}^{(0)}$-轮，首先输出 $\mathfrak{n}_{10}^{(0)}$ 的认证路径 Auth $= [\underline{\mathfrak{n}_{11}^{(0)}}, \underline{\mathfrak{n}_{4}^{(1)}}, \mathfrak{n}_{3}^{(2)}, \mathfrak{n}_{0}^{(3)}]$，因为 $(10+1) \bmod 2^0 = 0$，根据引理 18，在下一轮即 $\mathfrak{n}_{0+10}^{(0)}$-轮中，Auth$_0$ 有变化. Auth$_0$ 更新成 Stack$_0$ 中唯一的元素 $\mathfrak{n}_{10}^{(0)}$，这个元素在 $\mathfrak{n}_{9}^{(0)}$-轮就计算完成了. 然后，重新初始化 Stack$_0$，启动计算 $\mathfrak{n}_{13}^{(0)}$ 的 TreeHash 算法，为计算 $\mathfrak{n}_{10+1+2^0}^{(0)}$ 的认证路径的第 0 个节点做准备. 在栈更新循环的第 $t=1$ 轮中，$h_{\min} = \min\{\text{Stack}_0.low = 0\} = 0$，$h^* = \min\{0\} = 0$，因此 Stack$_0$ 进行 1 次 $update()$ 操作，完成了计算 $\mathfrak{n}_{13}^{(0)}$ 的任务，此时 Stack$_0.low = +\infty$

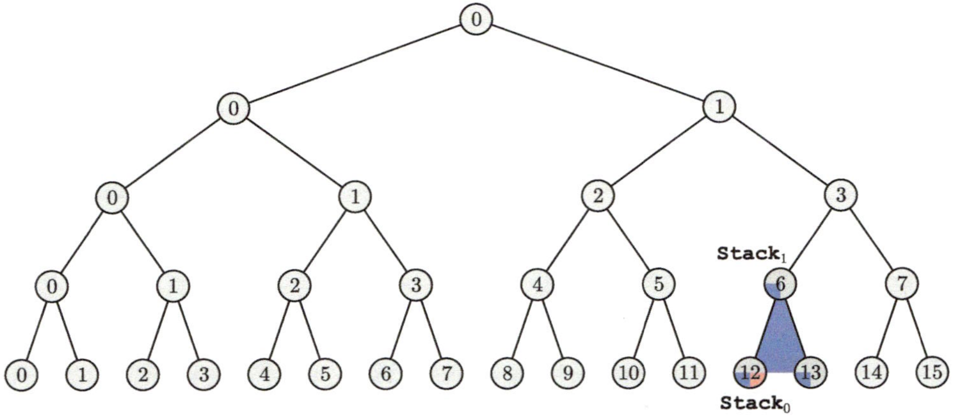

图 8.68 $\mathfrak{n}_{11}^{(0)}$-轮, 首先输出 $\mathfrak{n}_{11}^{(0)}$ 的认证路径 $\texttt{Auth} = [\underline{\mathfrak{n}_{10}^{(0)}}, \mathfrak{n}_4^{(1)}, \mathfrak{n}_3^{(2)}, \mathfrak{n}_0^{(3)}]$, 因为 $(11+1) \bmod 2^0 = 0$, $(11+1) \bmod 2^1 = 0$, $(11+1) \bmod 2^2 = 0$, 根据引理 18, 在下一轮即 $\mathfrak{n}_{0+11}^{(0)}$-轮中, $\texttt{Auth}_0$, $\texttt{Auth}_1$ 和 $\texttt{Auth}_2$ 有变化. $\texttt{Auth}_0$ 更新成 $\texttt{Stack}_0$ 中唯一的元素 $\mathfrak{n}_{13}^{(0)}$, 这个元素在 $\mathfrak{n}_{10}^{(0)}$-轮就计算完成了. 其次, 重新初始化 $\texttt{Stack}_0$, 启动计算 $\mathfrak{n}_{12}^{(0)}$ 的 TreeHash 算法, 为计算 $\mathfrak{n}_{11+1+2^0}^{(0)}$ 的认证路径的第 0 个节点做准备. $\texttt{Auth}_1$ 更新成 $\texttt{Stack}_1$ 中唯一的元素 $\mathfrak{n}_7^{(1)}$, 这个元素在 $\mathfrak{n}_9^{(0)}$-轮就计算完成了. 最后, 重新初始化 $\texttt{Stack}_1$, 启动计算 $\mathfrak{n}_6^{(1)}$ 的 TreeHash 算法, 为计算 $\mathfrak{n}_{11+1+2^1}^{(0)}$ 的认证路径的第 1 个节点做准备. $\texttt{Auth}_2$ 更新成 $\texttt{Stack}_2$ 中唯一的元素 $\mathfrak{n}_2^{(2)}$, 这个元素在 $\mathfrak{n}_8^{(0)}$-轮就计算完成了. 因为 $\mathfrak{n}_{11+1+2^2}^{(0)}$ 已经超过叶子最大序号, $\texttt{Stack}_2$ 无须启动 TreeHash 算法. 在栈更新循环的第 $t = 1$ 轮中, $h_{\min} = \min\{\texttt{Stack}_0.low = 0, \texttt{Stack}_1.low = 1\} = 0$, $h^\star = \min\{0, 1\} = 0$, 因此 $\texttt{Stack}_0$ 进行 1 次 $update()$ 操作, 完成了计算 $\mathfrak{n}_{12}^{(0)}$ 的任务, 此时 $\texttt{Stack}_0.low = +\infty$. 在栈更新循环的第 $t = 2$ 轮中, $h_{\min} = \min\{\texttt{Stack}_0.low = +\infty, \texttt{Stack}_1.low = 1\} = 1$, $h^\star = \min\{1\} = 1$, 因此 $\texttt{Stack}_1$ 进行 1 次 $update()$ 操作, 此时 $\texttt{Stack}_1.low = 0$. 在栈更新循环的第 $t = 3$ 轮中, $h_{\min} = \min\{\texttt{Stack}_0.low = +\infty, \texttt{Stack}_1.low = 0\} = 0$, $h^\star = \min\{1\} = 1$, 因此 $\texttt{Stack}_1$ 进行 1 次 $update()$ 操作, 此时 $\texttt{Stack}_1.low = 0$. 在栈更新循环的第 $t = 4$ 轮中, $h_{\min} = \min\{\texttt{Stack}_0.low = +\infty, \texttt{Stack}_1.low = 0\} = 0$, $h^\star = \min\{1\} = 1$, 因此 $\texttt{Stack}_1$ 进行 1 次 $update()$ 操作, 完成了 $\mathfrak{n}_6^{(1)}$ 的计算, 此时 $\texttt{Stack}_1.low = \infty$

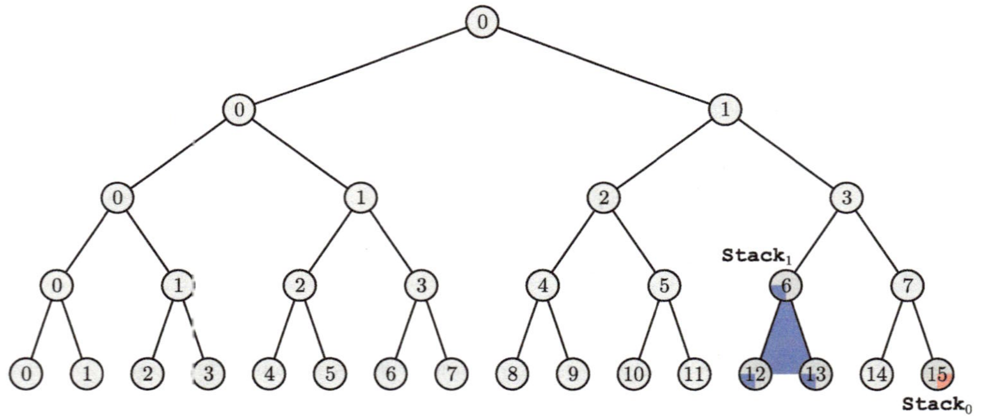

图 8.69 $\mathfrak{n}_{12}^{(0)}$-轮, 首先输出 $\mathfrak{n}_{12}^{(0)}$ 的认证路径 Auth = $[\underline{\mathfrak{n}_{13}^{(0)}}, \underline{\mathfrak{n}_{7}^{(1)}}, \underline{\mathfrak{n}_{2}^{(2)}}, \mathfrak{n}_{0}^{(3)}]$, 因为 $(12+1) \bmod 2^0 = 0$, 根据引理 18, 在下一轮即 $\mathfrak{n}_{0+1}^{(0)}$-轮中, $\mathtt{Auth}_0$ 有变化. $\mathtt{Auth}_0$ 更新成 $\mathtt{Stack}_0$ 中唯一的元素 $\mathfrak{n}_{12}^{(0)}$, 这个元素在 $\mathfrak{n}_{11}^{(0)}$-轮就计算完成了. 然后, 重新初始化 $\mathtt{Stack}_0$, 启动计算 $\mathfrak{n}_{15}^{(0)}$ 的 TreeHash 算法, 为计算 $\mathfrak{n}_{12+1+2^0}^{(0)}$ 的认证路径的第 0 个节点做准备. 在栈更新循环的第 $t=1$ 轮中, $h_{\min} = \min\{\mathtt{Stack}_0.low = 0\} = 0$, $h^{\star} = \min\{0,1\} = 0$, 因此 $\mathtt{Stack}_0$ 进行 1 次 $update()$ 操作, 完成了计算 $\mathfrak{n}_{15}^{(0)}$ 的任务, 此时 $\mathtt{Stack}_0.low = +\infty$

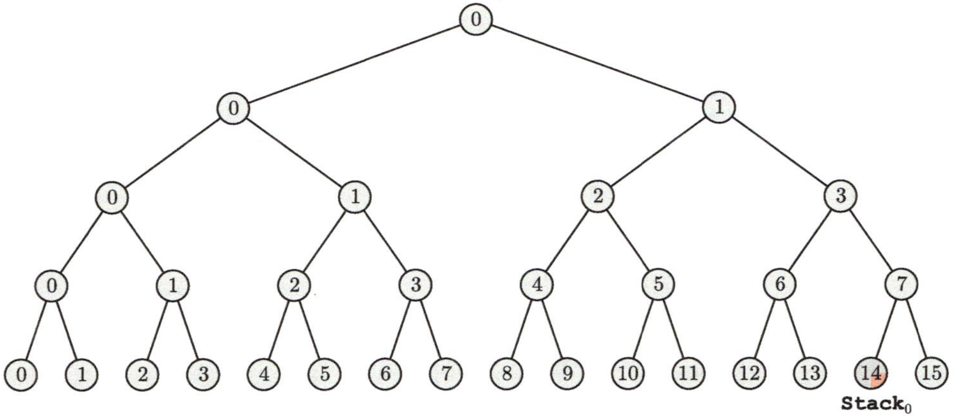

图 8.70　$\mathtt{n}_{13}^{(0)}$-轮, 首先输出 $\mathtt{n}_{13}^{(0)}$ 的认证路径 $\mathtt{Auth} = [\underline{\mathtt{n}_{12}^{(0)}}, \mathtt{n}_7^{(1)}, \mathtt{n}_2^{(2)}, \mathtt{n}_0^{(3)}]$, 因为 $(1+1) \bmod 2^0 = 0$, $(1+1) \bmod 2^1 = 0$, 根据引理 18, 在下一轮即 $\mathtt{n}_{0+13}^{(0)}$-轮中, $\mathtt{Auth}_0$ 和 $\mathtt{Auth}_1$ 有变化. $\mathtt{Auth}_0$ 更新成 $\mathtt{Stack}_0$ 中唯一的元素 $\mathtt{n}_{15}^{(0)}$, 这个元素在 $\mathtt{n}_{12}^{(0)}$-轮就计算完成了. 然后, 重新初始化 $\mathtt{Stack}_0$, 启动计算 $\mathtt{n}_{14}^{(0)}$ 的 TreeHash 算法, 为计算 $\mathtt{n}_{13+1+2^0}^{(0)}$ 的认证路径的第 0 个节点做准备. $\mathtt{Auth}_1$ 更新成 $\mathtt{Stack}_1$ 中唯一的元素 $\mathtt{n}_6^{(1)}$, 这个元素在 $\mathtt{n}_{11}^{(0)}$-轮就计算完成了. 因为 $\mathtt{n}_{13+1+2^1}^{(0)}$ 已经超过叶子最大序号, $\mathtt{Stack}_1$ 无须启动 TreeHash 算法. 在栈更新循环的第 $t=1$ 轮中, $h_{\min} = \min\{\mathtt{Stack}_0.low = 0\} = 0$, $h^{\star} = \min\{0\} = 0$, 因此 $\mathtt{Stack}_0$ 进行 1 次 $update()$ 操作, 完成了计算 $\mathtt{n}_{14}^{(0)}$ 的任务, 此时 $\mathtt{Stack}_0.low = +\infty$

法在一个具有 16 个节点的完美二叉树上的执行过程. 表 8.4 和表 8.5 给出了上述实例执行过程中各个栈的变化情况.

表 8.4　对数遍历算法执行时认证路径及栈的变化情况 (前 8 轮)

Leaf j	$\mathtt{Stack}_0$	$\mathtt{Stack}_1$	$\mathtt{Stack}_2$	$\mathtt{Stack}_3$	$\mathtt{Auth}$
0	$[\mathtt{n}_0^{(0)}]$	$[\mathtt{n}_0^{(1)}]$	$[\mathtt{n}_0^{(2)}]$	$[\mathtt{n}_0^{(3)}]$	$(\mathtt{n}_1^{(0)}, \mathtt{n}_1^{(1)}, \mathtt{n}_1^{(2)}, \mathtt{n}_1^{(3)})$
Auth 中被更新了的元素: Auth[0] 初始化了的栈: $\mathtt{Stack}_0$					
1	$[\mathtt{n}_3^{(0)}]$	$[\mathtt{n}_0^{(1)}]$	$[\mathtt{n}_0^{(2)}]$	$[\mathtt{n}_0^{(3)}]$	$(\mathtt{n}_0^{(0)}, \mathtt{n}_1^{(1)}, \mathtt{n}_1^{(2)}, \mathtt{n}_1^{(3)})$
Auth 中被更新了的元素: Auth[0], Auth[1] 初始化了的栈: $\mathtt{Stack}_0, \mathtt{Stack}_1$					
2	$[\mathtt{n}_2^{(0)}]$	$[\mathtt{n}_3^{(1)}]$	$[\mathtt{n}_0^{(2)}]$	$[\mathtt{n}_0^{(3)}]$	$(\mathtt{n}_3^{(0)}, \mathtt{n}_0^{(1)}, \mathtt{n}_1^{(2)}, \mathtt{n}_1^{(3)})$
Auth 中被更新了的元素: Auth[0] 初始化了的栈: $\mathtt{Stack}_0, \mathtt{Stack}_1$					
3	$[\mathtt{n}_5^{(0)}]$	$[\mathtt{n}_3^{(1)}]$	$[\mathtt{n}_0^{(2)}]$	$[\mathtt{n}_0^{(3)}]$	$(\mathtt{n}_2^{(0)}, \mathtt{n}_0^{(1)}, \mathtt{n}_1^{(2)}, \mathtt{n}_1^{(3)})$
Auth 中被更新了的元素: Auth[0], Auth[1], Auth[2] 初始化了的栈: $\mathtt{Stack}_0, \mathtt{Stack}_1, \mathtt{Stack}_2$					
4	$[\mathtt{n}_4^{(0)}]$	$[\mathtt{n}_2^{(1)}]$	$[\mathtt{n}_6^{(1)}]$	$[\mathtt{n}_0^{(3)}]$	$(\mathtt{n}_5^{(0)}, \mathtt{n}_3^{(1)}, \mathtt{n}_0^{(2)}, \mathtt{n}_1^{(3)})$
Auth 中被更新了的元素: Auth[0] 初始化了的栈: $\mathtt{Stack}_0, \mathtt{Stack}_1, \mathtt{Stack}_2$					
5	$[\mathtt{n}_7^{(0)}]$	$[\mathtt{n}_2^{(1)}]$	$[\mathtt{n}_3^{(2)}]$	$[\mathtt{n}_0^{(3)}]$	$(\mathtt{n}_4^{(0)}, \mathtt{n}_3^{(1)}, \mathtt{n}_0^{(2)}, \mathtt{n}_1^{(3)})$
Auth 中被更新了的元素: Auth[0], Auth[1] 初始化了的栈: $\mathtt{Stack}_0, \mathtt{Stack}_1, \mathtt{Stack}_2$					
6	$[\mathtt{n}_6^{(0)}]$	$[\mathtt{n}_5^{(1)}]$	$[\mathtt{n}_3^{(2)}]$	$[\mathtt{n}_0^{(3)}]$	$(\mathtt{n}_7^{(0)}, \mathtt{n}_2^{(1)}, \mathtt{n}_0^{(2)}, \mathtt{n}_1^{(3)})$
Auth 中被更新了的元素: Auth[0] 初始化了的栈: $\mathtt{Stack}_0, \mathtt{Stack}_1, \mathtt{Stack}_2$					
7	$[\mathtt{n}_9^{(0)}]$	$[\mathtt{n}_5^{(1)}]$	$[\mathtt{n}_3^{(2)}]$	$[\mathtt{n}_0^{(3)}]$	$(\mathtt{n}_6^{(0)}, \mathtt{n}_2^{(1)}, \mathtt{n}_0^{(2)}, \mathtt{n}_1^{(3)})$
Auth 中被更新了的元素: Auth[0], Auth[1], Auth[2], Auth[3] 初始化了的栈: $\mathtt{Stack}_0, \mathtt{Stack}_1, \mathtt{Stack}_2$					

表 8.5 对数遍历算法执行时认证路径及栈的变化情况 (后 8 轮)

Leaf j	$\mathtt{Stack}_0$	$\mathtt{Stack}_1$	$\mathtt{Stack}_2$	$\mathtt{Stack}_3$	$\mathtt{Auth}$
8	$[\mathtt{n}_8^{(0)}]$	$[\mathtt{n}_4^{(1)}]$	$[\mathtt{n}_4^{(1)}]$	$[\,]$	$(\mathtt{n}_9^{(0)},\mathtt{n}_5^{(1)},\mathtt{n}_3^{(2)},\mathtt{n}_0^{(3)})$
Auth 中被更新了的元素: Auth[0] 初始化了的栈: $\mathtt{Stack}_0,\mathtt{Stack}_1,\mathtt{Stack}_2$					
9	$[\mathtt{n}_{11}^{(0)}]$	$[\mathtt{n}_4^{(1)}]$	$[\mathtt{n}_2^{(2)}]$	$[\,]$	$(\mathtt{n}_8^{(0)},\mathtt{n}_5^{(1)},\mathtt{n}_3^{(2)},\mathtt{n}_0^{(3)})$
Auth 中被更新了的元素: Auth[0], Auth[1] 初始化了的栈: $\mathtt{Stack}_0,\mathtt{Stack}_1,\mathtt{Stack}_2$					
10	$[\mathtt{n}_{10}^{(0)}]$	$[\mathtt{n}_7^{(1)}]$	$[\mathtt{n}_2^{(2)}]$	$[\,]$	$(\mathtt{n}_{11}^{(0)},\mathtt{n}_4^{(1)},\mathtt{n}_3^{(2)},\mathtt{n}_0^{(3)})$
Auth 中被更新了的元素: Auth[0] 初始化了的栈: $\mathtt{Stack}_0,\mathtt{Stack}_1,\mathtt{Stack}_2$					
11	$[\mathtt{n}_{13}^{(0)}]$	$[\mathtt{n}_7^{(1)}]$	$[\mathtt{n}_2^{(2)}]$	$[\,]$	$(\mathtt{n}_{10}^{(0)},\mathtt{n}_4^{(1)},\mathtt{n}_3^{(2)},\mathtt{n}_0^{(3)})$
Auth 中被更新了的元素: Auth[0], Auth[1], Auth[2] 初始化了的栈: $\mathtt{Stack}_0,\mathtt{Stack}_1$					
12	$[\mathtt{n}_{12}^{(0)}]$	$[\mathtt{n}_6^{(1)}]$	$[\,]$	$[\,]$	$(\mathtt{n}_{13}^{(0)},\mathtt{n}_7^{(1)},\mathtt{n}_2^{(2)},\mathtt{n}_0^{(3)})$
Auth 中被更新了的元素: Auth[0] 初始化了的栈: $\mathtt{Stack}_0,\mathtt{Stack}_1$					
13	$[\mathtt{n}_{15}^{(0)}]$	$[\mathtt{n}_6^{(1)}]$	$[\,]$	$[\,]$	$(\mathtt{n}_{12}^{(0)},\mathtt{n}_7^{(1)},\mathtt{n}_2^{(2)},\mathtt{n}_0^{(3)})$
Auth 中被更新了的元素: Auth[0], Auth[1] 初始化了的栈: $\mathtt{Stack}_0$					
14	$[\mathtt{n}_{14}^{(0)}]$	$[\,]$	$[\,]$	$[\,]$	$(\mathtt{n}_{15}^{(0)},\mathtt{n}_6^{(1)},\mathtt{n}_2^{(2)},\mathtt{n}_0^{(3)})$
Auth 中被更新了的元素: Auth[0] 初始化了的栈:					
15	$[\,]$	$[\,]$	$[\,]$	$[\,]$	$(\mathtt{n}_{14}^{(0)},\mathtt{n}_6^{(1)},\mathtt{n}_2^{(2)},\mathtt{n}_0^{(3)})$
Auth 中被更新了的元素: 初始化了的栈:					

8.3.3 对数树遍历算法复杂度分析

若算法 53 的输入有 $N = 2^H$ 个叶子节点, 则算法 53 在每个轮次最多执行 $2H-1$ 次 *update*() 操作. 因此, 算法每个轮次的复杂度为 $\mathcal{O}(2\log_2 N)$. 算法 53 的存储开销主要源于存储认证路径的数据结构 $\mathtt{Auth} = (\mathtt{Auth}_0,\cdots,\mathtt{Auth}_{H-1})$ 和栈 $\mathtt{Stack}_0$, $\mathtt{Stack}_1$, $\cdots$, $\mathtt{Stack}_{H-1}$. 其中, Auth 需要存储 $\mathsf{N}_{\mathtt{Auth}} = H$ 个节点, $\mathtt{Stack}_{H-1}$ 最多只需存储 $\mathsf{N}_{\mathtt{Stack}_{H-1}} = 1$ 个节点. 在算法 53 运行的任意时刻, 我们把

$$\mathtt{Stack}_0,\mathtt{Stack}_1,\cdots,\mathtt{Stack}_{H-2}$$

分成三类, 包括空栈、完成栈和活跃栈. 不妨假设有 $\mathsf{n}_{\mathtt{Empty}}$ 个空栈、 $\mathsf{n}_{\mathtt{Complete}}$ 个完成栈和 $\mathsf{n}_{\mathtt{Active}}$ 个活跃栈. $\mathsf{n}_{\mathtt{Active}}$ 个活跃栈中的任意两个栈中都不会有高度相同的

节点, 且在每个活跃栈中, 至多有 2 个高度相同的节点. 假设 $\mathsf{n}_{\texttt{Active}}$ 个活跃栈最多存储 $\mathsf{N}_{\texttt{Active}}$ 个节点, 则

$$\mathsf{N}_{\texttt{Active}} - \mathsf{n}_{\texttt{Active}} \leqslant H - 2 = \#\{0, 1, \cdots, H-3\},$$

即 $\mathsf{N}_{\texttt{Active}} \leqslant \mathsf{n}_{\texttt{Active}} + H - 2$. 综上, 算法 53 最多需要存储的节点数

$$\begin{aligned}\mathsf{N} &\leqslant \mathsf{N}_{\texttt{Auth}} + \mathsf{N}_{\texttt{Stack}_{H-1}} + \mathsf{n}_{\texttt{Complete}} + \mathsf{N}_{\texttt{Active}} \\ &\leqslant H + 1 + \mathsf{n}_{\texttt{Complete}} + \mathsf{n}_{\texttt{Active}} + H - 2 \\ &\leqslant H + 1 + H - 1 + H - 2 = 3H - 2.\end{aligned}$$

因此, 算法 53 的存储复杂度为 $\mathcal{O}(3\log_2 N)$.

8.4　分形 Merkle 树遍历算法

对于一个高度为 $H = h \cdot L$ 的完美二叉树, 可以将其分成 L 层 (从第 1 层到第 L 层), 其中第 k $(1 \leqslant k \leqslant L)$ 层包含 2^{H-kh} 个高度为 h 的子树, 它们是

$$\mathsf{RootTree}(\mathfrak{n}_0^{(kh)}, h),\ \mathsf{RootTree}(\mathfrak{n}_1^{(kh)}, h),\ \cdots,\ \mathsf{RootTree}(\mathfrak{n}_{2^{H-kh}-1}^{(kh)}, h).$$

例如, 可以将图 8.71 所示高度为 8 的完美二叉树分成 4 层, 每层中有若干高度为 2 的子树, 其中第 1 层 (最底层) 共有 $2^{8-1\times 2} = 64$ 个高度为 2 的子树, 第 3 层共有 $2^{8-3\times 2} = 4$ 个高度为 2 的子树, 分别为

$$\mathsf{RootTree}(\mathfrak{n}_0^{(6)}, 2),\ \mathsf{RootTree}(\mathfrak{n}_1^{(6)}, 2),\ \mathsf{RootTree}(\mathfrak{n}_2^{(6)}, 2),\ \mathsf{RootTree}(\mathfrak{n}_3^{(6)}, 2).$$

第 4 层 (最顶层) 只有 $1 = 2^{8-4\times 2}$ 个高度为 2 的子树. 记第 k 层的第 j $(0 \leqslant j < 2^{H-kh})$ 个子树为 $\Phi_j^{(k)}$, 令 $[\Phi_{j_1}^{(1)}, \Phi_{j_2}^{(2)}, \cdots, \Phi_{j_L}^{(L)}]$ 是一个子树序列, 且对于 $1 \leqslant t < L$, $\Phi_{j_t}^{(t)}$ 的根节点是 $\Phi_{j_{t+1}}^{(t+1)}$ 的叶子节点, 则称该子树序列为层叠子树序列. 如图 8.72 所示,

$$[\mathsf{RootTree}(\mathfrak{n}_0^{(2)}, 2), \mathsf{RootTree}(\mathfrak{n}_0^{(4)}, 2), \mathsf{RootTree}(\mathfrak{n}_0^{(6)}, 2), \mathsf{RootTree}(\mathfrak{n}_0^{(8)}, 2)]$$

为一个层叠子树序列, 但图 8.73 所示的子树序列

$$[\mathsf{RootTree}(\mathfrak{n}_{12}^{(2)}, 2), \mathsf{RootTree}(\mathfrak{n}_3^{(4)}, 2), \mathsf{RootTree}(\mathfrak{n}_1^{(6)}, 2), \mathsf{RootTree}(\mathfrak{n}_0^{(8)}, 2)]$$

不是一个层叠子树序列. 令 $\Pi = [\Phi_{j_1}^{(1)}, \Phi_{j_2}^{(2)}, \cdots, \Phi_{j_L}^{(L)}]$ 是一个层叠子树序列, 则 $\Phi_{j_1}^{(1)}$ 的所有叶子节点的认证路径都包含在 Π 中. 如图 8.72 所示, 层叠子树序列

$$[\mathsf{RootTree}(\mathfrak{n}_0^{(2)}, 2), \mathsf{RootTree}(\mathfrak{n}_0^{(4)}, 2), \mathsf{RootTree}(\mathfrak{n}_0^{(6)}, 2), \mathsf{RootTree}(\mathfrak{n}_0^{(8)}, 2)]$$

包含了子树 RootTree($\mathfrak{n}_0^{(2)}$, 2) 所有叶子节点的认证路径. 如图 8.74 所示, 层叠子树序列

$$[\mathsf{RootTree}(\mathfrak{n}_{11}^{(2)},2),\mathsf{RootTree}(\mathfrak{n}_2^{(4)},2),\mathsf{RootTree}(\mathfrak{n}_0^{(6)},2),\mathsf{RootTree}(\mathfrak{n}_0^{(8)},2)]$$

包含了子树 RootTree($\mathfrak{n}_{11}^{(2)}$, 2) 所有叶子节点的认证路径. 对于不同的叶子节点集合及覆盖其认证路径的层叠子树见表 8.6.

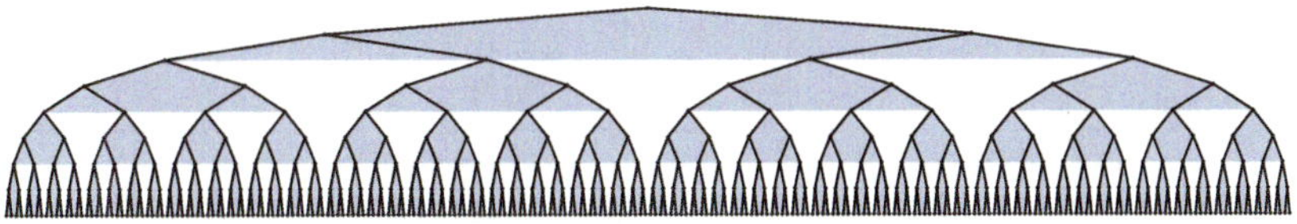

图 8.71 一个分为 4 层的有 256 个节点的完美二叉树

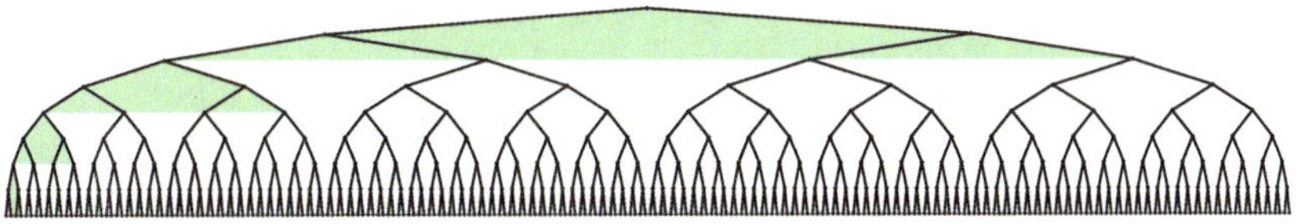

图 8.72 一个有 256 个节点的完美二叉树中的层叠子树序列

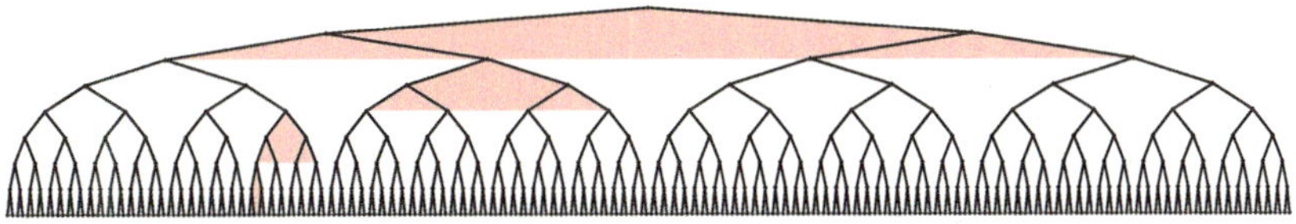

图 8.73 一个有 256 个节点的完美二叉树中的子树序列

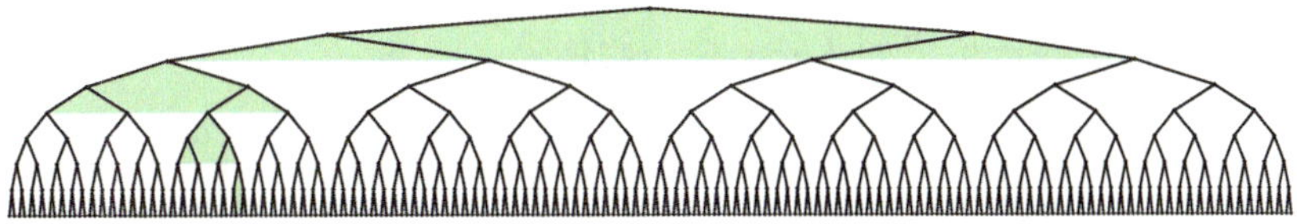

图 8.74 一个有 256 个节点的完美二叉树中的子树序列

表 8.6 叶子节点集合及覆盖其认证路径的层叠子树序列

叶子节点集合	层叠子树序列
$\mathfrak{n}_0^{(0)}, \mathfrak{n}_1^{(0)}, \mathfrak{n}_2^{(0)}, \mathfrak{n}_3^{(0)}$	$[\Phi_0^{(1)}, \Phi_0^{(2)}, \Phi_0^{(3)}, \Phi_0^{(4)}, \Phi_0^{(5)}]$
$\mathfrak{n}_4^{(0)}, \mathfrak{n}_5^{(0)}, \mathfrak{n}_6^{(0)}, \mathfrak{n}_7^{(0)}$	$[\Phi_1^{(1)}, \Phi_0^{(2)}, \Phi_0^{(3)}, \Phi_0^{(4)}, \Phi_0^{(5)}]$
$\mathfrak{n}_8^{(0)}, \mathfrak{n}_9^{(0)}, \mathfrak{n}_{10}^{(0)}, \mathfrak{n}_{11}^{(0)}$	$[\Phi_2^{(1)}, \Phi_0^{(2)}, \Phi_0^{(3)}, \Phi_0^{(4)}, \Phi_0^{(5)}]$
$\mathfrak{n}_{12}^{(0)}, \mathfrak{n}_{13}^{(0)}, \mathfrak{n}_{14}^{(0)}, \mathfrak{n}_{15}^{(0)}$	$[\Phi_3^{(1)}, \Phi_0^{(2)}, \Phi_0^{(3)}, \Phi_0^{(4)}, \Phi_0^{(5)}]$
$\mathfrak{n}_{16}^{(0)}, \mathfrak{n}_{17}^{(0)}, \mathfrak{n}_{18}^{(0)}, \mathfrak{n}_{19}^{(0)}$	$[\Phi_4^{(1)}, \Phi_1^{(2)}, \Phi_0^{(3)}, \Phi_0^{(4)}, \Phi_0^{(5)}]$
$\mathfrak{n}_{20}^{(0)}, \mathfrak{n}_{21}^{(0)}, \mathfrak{n}_{22}^{(0)}, \mathfrak{n}_{23}^{(0)}$	$[\Phi_5^{(1)}, \Phi_1^{(2)}, \Phi_0^{(3)}, \Phi_0^{(4)}, \Phi_0^{(5)}]$
$\mathfrak{n}_{24}^{(0)}, \mathfrak{n}_{25}^{(0)}, \mathfrak{n}_{26}^{(0)}, \mathfrak{n}_{27}^{(0)}$	$[\Phi_6^{(1)}, \Phi_1^{(2)}, \Phi_0^{(3)}, \Phi_0^{(4)}, \Phi_0^{(5)}]$
$\mathfrak{n}_{28}^{(0)}, \mathfrak{n}_{29}^{(0)}, \mathfrak{n}_{30}^{(0)}, \mathfrak{n}_{31}^{(0)}$	$[\Phi_7^{(1)}, \Phi_1^{(2)}, \Phi_0^{(3)}, \Phi_0^{(4)}, \Phi_0^{(5)}]$

续表

叶子节点集合	层叠子树序列
$\mathfrak{n}_{32}^{(0)}, \mathfrak{n}_{33}^{(0)}, \mathfrak{n}_{34}^{(0)}, \mathfrak{n}_{35}^{(0)}$	$[\Phi_8^{(1)}, \Phi_2^{(2)}, \Phi_0^{(3)}, \Phi_0^{(4)}, \Phi_0^{(5)}]$
$\mathfrak{n}_{36}^{(0)}, \mathfrak{n}_{37}^{(0)}, \mathfrak{n}_{38}^{(0)}, \mathfrak{n}_{39}^{(0)}$	$[\Phi_9^{(1)}, \Phi_2^{(2)}, \Phi_0^{(3)}, \Phi_0^{(4)}, \Phi_0^{(5)}]$
$\mathfrak{n}_{40}^{(0)}, \mathfrak{n}_{41}^{(0)}, \mathfrak{n}_{42}^{(0)}, \mathfrak{n}_{43}^{(0)}$	$[\Phi_{10}^{(1)}, \Phi_2^{(2)}, \Phi_0^{(3)}, \Phi_0^{(4)}, \Phi_0^{(5)}]$
$\mathfrak{n}_{44}^{(0)}, \mathfrak{n}_{45}^{(0)}, \mathfrak{n}_{46}^{(0)}, \mathfrak{n}_{47}^{(0)}$	$[\Phi_{11}^{(1)}, \Phi_2^{(2)}, \Phi_0^{(3)}, \Phi_0^{(4)}, \Phi_0^{(5)}]$
$\mathfrak{n}_{48}^{(0)}, \mathfrak{n}_{49}^{(0)}, \mathfrak{n}_{50}^{(0)}, \mathfrak{n}_{51}^{(0)}$	$[\Phi_{12}^{(1)}, \Phi_3^{(2)}, \Phi_0^{(3)}, \Phi_0^{(4)}, \Phi_0^{(5)}]$
$\mathfrak{n}_{52}^{(0)}, \mathfrak{n}_{53}^{(0)}, \mathfrak{n}_{54}^{(0)}, \mathfrak{n}_{55}^{(0)}$	$[\Phi_{13}^{(1)}, \Phi_3^{(2)}, \Phi_0^{(3)}, \Phi_0^{(4)}, \Phi_0^{(5)}]$
$\mathfrak{n}_{56}^{(0)}, \mathfrak{n}_{57}^{(0)}, \mathfrak{n}_{58}^{(0)}, \mathfrak{n}_{59}^{(0)}$	$[\Phi_{14}^{(1)}, \Phi_3^{(2)}, \Phi_0^{(3)}, \Phi_0^{(4)}, \Phi_0^{(5)}]$
$\mathfrak{n}_{60}^{(0)}, \mathfrak{n}_{61}^{(0)}, \mathfrak{n}_{62}^{(0)}, \mathfrak{n}_{63}^{(0)}$	$[\Phi_{15}^{(1)}, \Phi_3^{(2)}, \Phi_0^{(3)}, \Phi_0^{(4)}, \Phi_0^{(5)}]$
$\mathfrak{n}_{64}^{(0)}, \mathfrak{n}_{65}^{(0)}, \mathfrak{n}_{66}^{(0)}, \mathfrak{n}_{67}^{(0)}$	$[\Phi_{16}^{(1)}, \Phi_4^{(2)}, \Phi_1^{(3)}, \Phi_0^{(4)}, \Phi_0^{(5)}]$
$\mathfrak{n}_{68}^{(0)}, \mathfrak{n}_{69}^{(0)}, \mathfrak{n}_{70}^{(0)}, \mathfrak{n}_{71}^{(0)}$	$[\Phi_{17}^{(1)}, \Phi_4^{(2)}, \Phi_1^{(3)}, \Phi_0^{(4)}, \Phi_0^{(5)}]$
$\mathfrak{n}_{72}^{(0)}, \mathfrak{n}_{73}^{(0)}, \mathfrak{n}_{74}^{(0)}, \mathfrak{n}_{75}^{(0)}$	$[\Phi_{18}^{(1)}, \Phi_4^{(2)}, \Phi_1^{(3)}, \Phi_0^{(4)}, \Phi_0^{(5)}]$
$\mathfrak{n}_{76}^{(0)}, \mathfrak{n}_{77}^{(0)}, \mathfrak{n}_{78}^{(0)}, \mathfrak{n}_{79}^{(0)}$	$[\Phi_{19}^{(1)}, \Phi_4^{(2)}, \Phi_1^{(3)}, \Phi_0^{(4)}, \Phi_0^{(5)}]$

8.4.1 算法描述

分形树遍历算法[61] 如算法 54 所示, 该算法在初始化 (算法 54 第 1 行至第 4 行) 完成后, 将执行 2^H 个轮次, 这些轮次分别记为 $\mathfrak{n}_0^{(0)}$-轮、$\mathfrak{n}_1^{(0)}$-轮、$\cdots$、$\mathfrak{n}_{2^H-1}^{(0)}$-轮. 该算法在每个轮次都保存了一个层叠子树序列

$$\mathrm{Exist} = [\mathrm{Exist}_1, \mathrm{Exist}_2, \cdots, \mathrm{Exist}_{L-1}, \mathrm{Exist}_L]$$

和一个子树序列 Desire$=$[Desire$_1$, Desire$_2$, $\cdots$, Desire$_{L-1}$]. 层叠子树序列 Exist 包含了当前轮次所对应的叶子节点的认证路径. 假设当前为 $\mathfrak{n}_j^{(0)}$-轮, 算法可以直接通过层叠子树序列 Exist 输出叶子节点 $\mathfrak{n}_j^{(0)}$ 的认证路径 (算法 54 第 6 行). 在算法执行 $\mathfrak{n}_0^{(0)}$ 前, 层叠子树序列 Exist 被初始化成

$$[\mathsf{RootTree}(\mathfrak{n}_0^{(h)}, h), \mathsf{RootTree}(\mathfrak{n}_0^{(2h)}, h), \cdots, \mathsf{RootTree}(\mathfrak{n}_0^{(Lh)}, h)].$$

这个层叠子树序列包含了 $\mathfrak{n}_0^{(0)}$, $\mathfrak{n}_1^{(0)}$, $\cdots$, $\mathfrak{n}_{2^h-1}^{(0)}$ 这 2^h 个叶子节点的认证路径. Desire$_i$ 用于存储 Exist$_i$ 将来要更新成的子树. 例如, 在算法执行 $\mathfrak{n}_{2^h}^{(0)}$-轮时,

$$\mathrm{Exist}_1 = \mathsf{RootTree}(\mathfrak{n}_0^{(h)}, h)$$

没有覆盖叶子节点 $\mathfrak{n}_{2^h}^{(0)}$ 的认证路径. 为了可以使算法在执行 $\mathfrak{n}_{2^h}^{(0)}$-轮时直接输出 $\mathfrak{n}_{2^h}^{(0)}$ 的认证路径, 算法在执行 $\mathfrak{n}_{2^h-1}^{(0)}$-轮时, 首先输出 $\mathfrak{n}_{2^h-1}^{(0)}$ 的认证路径, 然后将 Exist$_1$ 更新成 Desire$_1$ $=$ $\mathsf{RootTree}(\mathfrak{n}_0^{(h)}, h)$. 我们称 Desire 为更新目标子树序列, 更新目标子树序列并不一定构成一个层叠子树序列. 当

$$\mathrm{Exist} = [\mathsf{RootTree}(\mathfrak{n}_{j_1}^{(h)}, h), \mathsf{RootTree}(\mathfrak{n}_{j_2}^{(2h)}, h), \cdots, \mathsf{RootTree}(\mathfrak{n}_0^{(Lh)}, h)]$$

时, 更新目标子树序列为

$$\text{Desire} = [\mathsf{RootTree}(\mathfrak{n}_{j_1+1}^{(h)}, h), \mathsf{RootTree}(\mathfrak{n}_{j_2+1}^{(2h)}, h), \cdots, \mathsf{RootTree}(\mathfrak{n}_{j_{L-1}+1}^{((L-1)h)}, h)].$$

例如, 对于图 8.75 给出的实例, 算法 54 初始化完成后, Exist 为绿色的子树序列, 而 Desire 为红色的子树序列.

对于图 8.76 给出的实例, 当绿色层叠子树序列 Exist $= [\mathsf{RootTree}(\mathfrak{n}_{11}^{(2)}, 2), \mathsf{RootTree}(\mathfrak{n}_{2}^{(4)}, 2), \mathsf{RootTree}(\mathfrak{n}_{0}^{(6)}, 2), \mathsf{RootTree}(\mathfrak{n}_{0}^{(8)}, 2)]$ 时, 红色的更新目标子树序列为

$$\text{Desire} = [\mathsf{RootTree}(\mathfrak{n}_{12}^{(2)}, 2), \mathsf{RootTree}(\mathfrak{n}_{3}^{(4)}, 2), \mathsf{RootTree}(\mathfrak{n}_{1}^{(6)}, 2)].$$

图 8.77 和图 8.78 给出了另外两种 Exist (绿色) 和 Desire (红色) 的情况, 如图 8.79 所示, 当 Exist $= [\mathsf{RootTree}(\mathfrak{n}_{63}^{(2)}, 2), \mathsf{RootTree}(\mathfrak{n}_{15}^{(4)}, 2), \mathsf{RootTree}(\mathfrak{n}_{3}^{(6)}, 2), \mathsf{RootTree}(\mathfrak{n}_{0}^{(8)}, 2)]$ 时, Desire 是空序列. 注意, 在某个特定时刻, Desire 这个数据对象并不一定包含其所对应的子树的所有节点, 这些节点的计算是通过执行 `TreeHash` 算法完成的.

算法 54: 分形树遍历算法

Input: 全部的 2^H 个叶子节点 $\mathfrak{n}_0^{(0)}, \cdots, \mathfrak{n}_{2^H-1}^{(0)}$

Output: 每个叶子节点的认证路径 $\mathtt{Auth} = (\mathtt{Auth}[0], \cdots, \mathtt{Auth}[H-1])$

for $i = 1, \cdots, L-1$ **do**
    $\text{Exist}_i \leftarrow \mathsf{RootTree}(\mathfrak{n}_0^{(hi)}, h) \backslash \mathfrak{n}_0^{(hi)}$
    $\text{Desire}_i.init(\mathfrak{n}_{2^{hi}}^{(0)}, hi)$
$\text{Exist}_L \leftarrow \mathsf{RootTree}(\mathfrak{n}_0^{(H)}, h) \backslash \mathfrak{n}_0^{(H)}$
for $j = 0, \cdots, 2^H - 1$ **do**
    Output $\mathtt{Auth} = (\mathtt{Auth}_0, \cdots, \mathtt{Auth}_{H-1})$
    for 所有 $i \in \{1, 2, \cdots, L-1\}$ 使得 $(j+1) \mod 2^{hi} = 0$ **do**
        $\text{Exist}_i \leftarrow \text{Desire}_i$
        if $j + 1 + 2^{hi} < 2^H$ **then**
            $\text{Desire}_i \leftarrow \varnothing$
            $\text{Desire}_i.init(j + 1 + 2^{hi}, hi)$
    for $i = 1, \cdots, L-1$ **do**
        if Desire_i 未完成 **then**
            $\text{Desire}_i.grow()$
            if Desire_i 未完成 **then**
                $\text{Desire}_i.grow()$

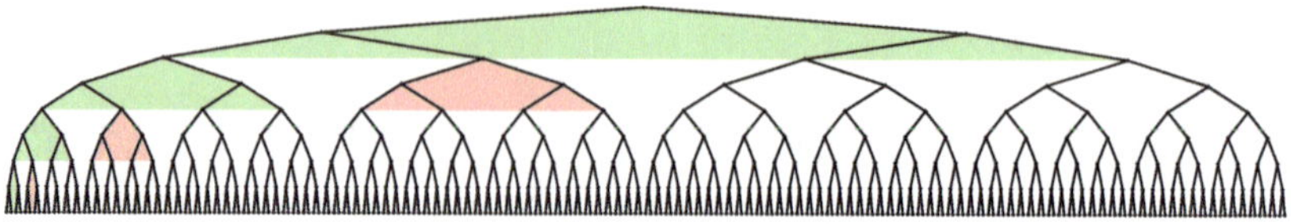

图 8.75　一个有 256 个节点的完美二叉树

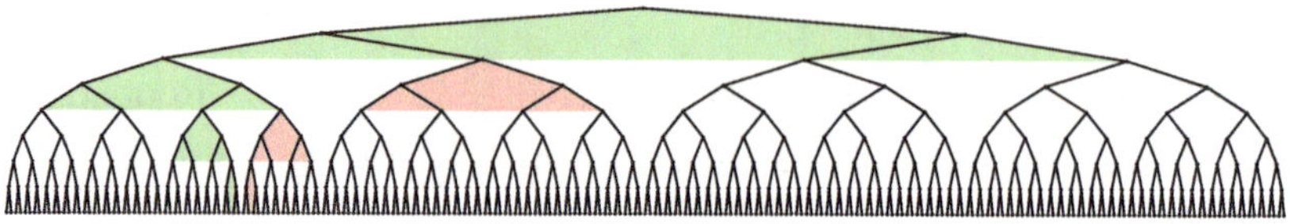

图 8.76　一个有 256 个节点的完美二叉树 Exist 和 Desire 的分布情况 (1)

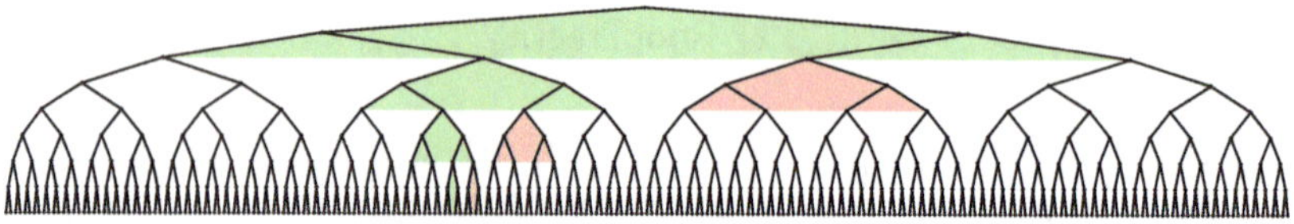

图 8.77　一个有 256 个节点的完美二叉树 Exist 和 Desire 的分布情况 (2)

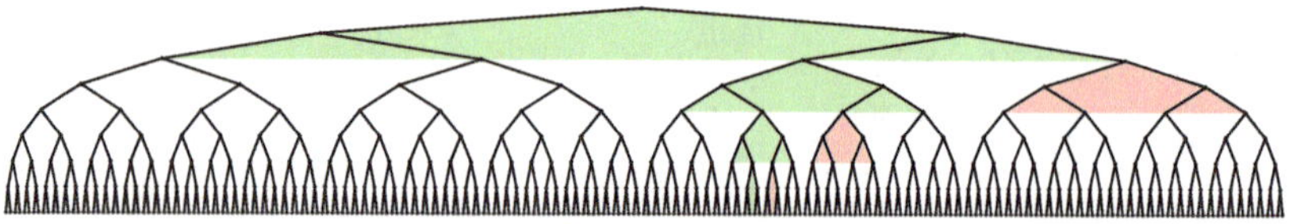

图 8.78　一个有 256 个节点的完美二叉树 Exist 和 Desire 的分布情况 (3)

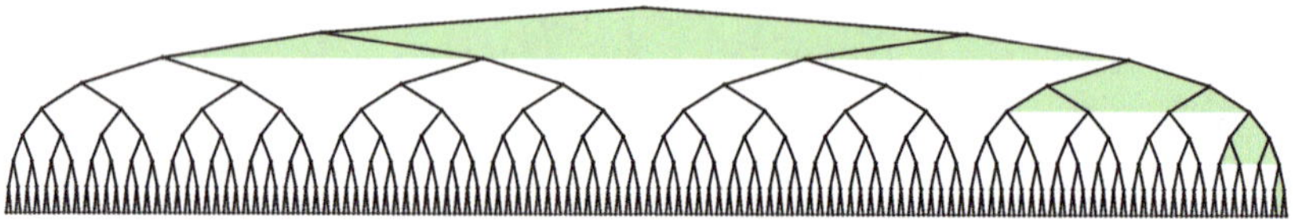

图 8.79　一个有 256 个节点的完美二叉树 Exist 和 Desire 的分布情况 (4)

在 $\mathfrak{n}_j^{(0)}$-轮中, 算法 54 首先输出 $\mathfrak{n}_j^{(0)}$ 的认证路径, 然后判断 Exist_i, $i \in \{1,2,\cdots,L-1\}$ 是否需要更新. Exist_i 需要更新 (变成当前的 Desire_i) 的充要条件是 Exist_i 不能覆盖 $\mathfrak{n}_{j+1}^{(0)}$ 的认证路径的 $[\texttt{Auth}_{(i-1)h}, \texttt{Auth}_{(i-1)h+1}, \cdots, \texttt{Auth}_{ih}]$ 段, 即 $j = (2^h-1) \mod 2^h$. Desire_i 在 $\mathfrak{n}_{k\cdot 2^{hi}+2^{hi}-1}^{(0)}$-轮开始更新, 在 $\mathfrak{n}_{(k+1)\cdot 2^{hi}+2^{hi}-2}^{(0)}$-轮需要完成更新, 从而在 $\mathfrak{n}_{(k+1)\cdot 2^{hi}+2^{hi}-1}^{(0)}$-轮中被重新命名为 Exist_i. 从 $\mathfrak{n}_{k\cdot 2^{hi}+2^{hi}-1}^{(0)}$-轮到 $\mathfrak{n}_{(k+1)\cdot 2^{hi}+2^{hi}-2}^{(0)}$-轮一共经历了 $(k+1)\cdot 2^{hi}+2^{hi}-2-(k\cdot 2^{hi}+2^{hi}-1)+1 = 2^{hi}$ 轮. 由于每轮中 Desire_i 会更新 2 次, 对应的 `TreeHash` 算法在这 2^{hi} 轮中会更新 $2^{hi}\cdot 2 = 2^{hi+1} > 2^{hi+1}-1$ 步, 因此是可以按时完成计算的. 为了更好地理解算法 54, 我们在图 8.80 到图 8.95 中给出分形树遍历算法在一个高度为 $H=4$ 且被分为 4 层的完美二叉树上的执行过程.

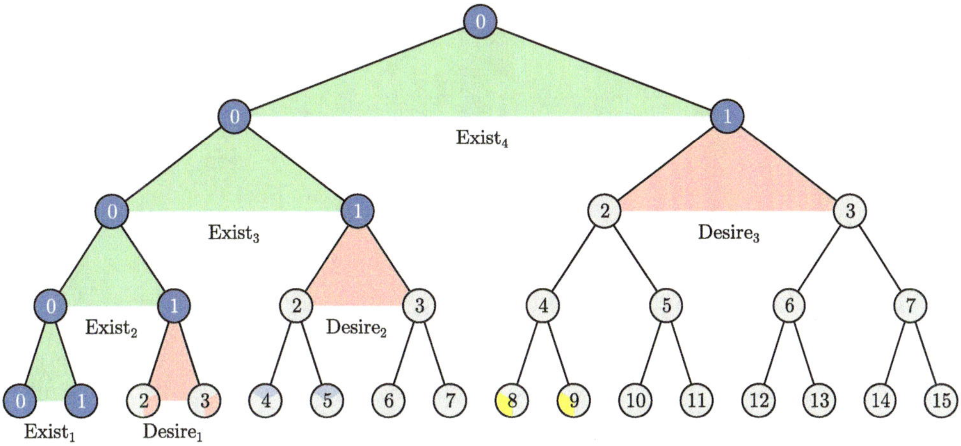

图 8.80 $\mathfrak{n}_0^{(0)}$-轮, 首先输出 $\mathfrak{n}_0^{(0)}$ 的认证路径 **Auth** = $[\mathfrak{n}_1^{(0)}, \mathfrak{n}_1^{(1)}, \mathfrak{n}_1^{(2)}, \mathfrak{n}_1^{(3)}]$. $\mathfrak{n}_{0+1}^{(0)}$ 的认证节点全部都包含在当前的 Exist 层叠子树序列中, 因此不需要对 Exist 做任何更新. 对初始化过的子树 `LeafTree`($\mathfrak{n}_{2^1}^{(0)}$, 1) 执行 2 步 *grow*() 操作, 完成 Desire$_1$ 的计算. 对初始化过的子树 `LeafTree`($\mathfrak{n}_{2^2}^{(0)}$, 2) 执行 2 步 *grow*() 操作, 完成节点 $\mathfrak{n}_4^{(0)}$ 和 $\mathfrak{n}_5^{(0)}$ 的计算. 对初始化过的子树 `LeafTree`($\mathfrak{n}_{2^3}^{(0)}$, 3) 执行 2 步 *grow*() 操作, 完成节点 $\mathfrak{n}_8^{(0)}$ 和 $\mathfrak{n}_9^{(0)}$ 的计算

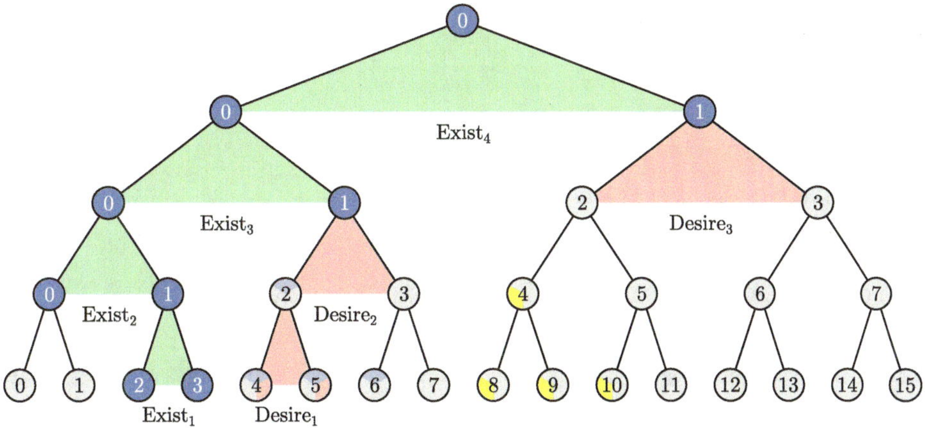

图 8.81 $\mathfrak{n}_1^{(0)}$-轮, 首先输出 $\mathfrak{n}_1^{(0)}$ 的认证路径 **Auth** = $[\underline{\mathfrak{n}_0^{(0)}}, \mathfrak{n}_1^{(1)}, \mathfrak{n}_1^{(2)}, \mathfrak{n}_1^{(3)}]$. 因为 $(1+1) \bmod 2^{1\times1} = 0$, 所以 $\mathfrak{n}_{1+1}^{(0)}$ 的认证路径将不包含在当前的 Exist$_1$ = $\Phi_0^{(1)}$ 中. 将 Exist$_1$ 更换成 Desire$_1$ 的内容, 然后重新初始化 Desire$_1$, 为 $\mathfrak{n}_{1+1+2^{1\times1}}^{(0)}$ 的认证路径的输出做准备. 对初始化过的子树 `LeafTree`($\mathfrak{n}_{1+1+2^{1\times1}}^{(0)}$, 1) 执行 2 步 *grow*() 操作, 完成新的 Desire$_1$ 的计算. 对初始化过的子树 `LeafTree`($\mathfrak{n}_{2^2}^{(0)}$, 2) 执行 2 步 *grow*() 操作, 完成节点 $\mathfrak{n}_2^{(1)}$ 和 $\mathfrak{n}_6^{(0)}$ 的计算. 对初始化过的子树 `LeafTree`($\mathfrak{n}_{2^3}^{(0)}$, 3) 执行 2 步 *grow*() 操作, 完成节点 $\mathfrak{n}_4^{(1)}$ 和 $\mathfrak{n}_{10}^{(0)}$ 的计算

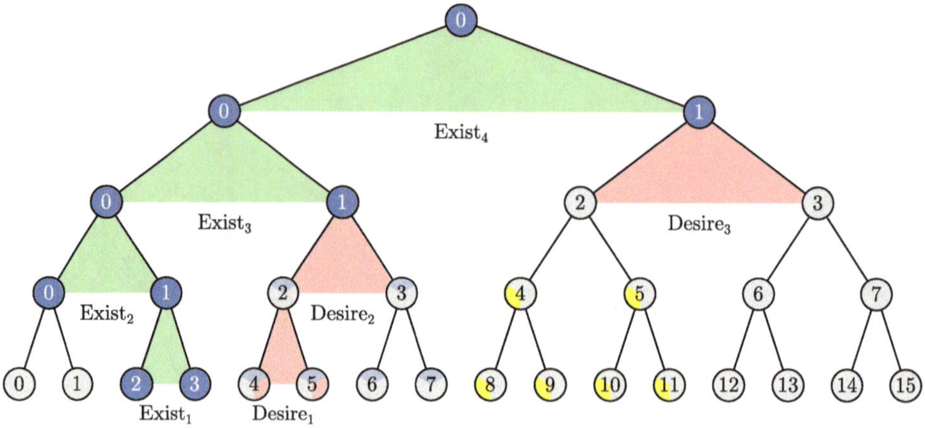

图 8.82　$\mathfrak{n}_2^{(0)}$-轮, 首先输出 $\mathfrak{n}_2^{(0)}$ 的认证路径 `Auth` $= [\underline{\mathfrak{n}_3^{(0)}}, \underline{\mathfrak{n}_0^{(1)}}, \mathfrak{n}_1^{(2)}, \mathfrak{n}_1^{(3)}]$, $\mathfrak{n}_{2+1}^{(0)}$ 的认证节点全部都包含在当前的 Exist 层叠子树序列中, 因此不需要对 Exist 做任何更新. 对初始化过的子树 `LeafTree`$(\mathfrak{n}_4^{(0)}, 1)$ 已完成计算, 不需要进行任何操作. 对初始化过的子树 `LeafTree`$(\mathfrak{n}_4^{(0)}, 2)$ 执行 2 步 *grow*() 操作, 完成节点 $\mathfrak{n}_7^{(0)}$ 和 $\mathfrak{n}_3^{(1)}$ 的计算. 对初始化过的子树 `LeafTree`$(\mathfrak{n}_8^{(0)}, 3)$ 执行 2 步 *grow*() 操作, 完成节点 $\mathfrak{n}_{11}^{(0)}$ 和 $\mathfrak{n}_5^{(1)}$ 的计算

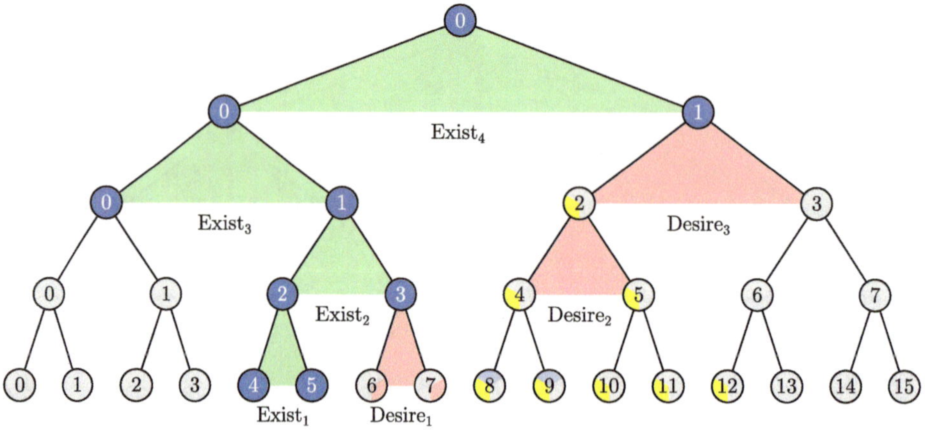

图 8.83　$\mathfrak{n}_3^{(0)}$-轮, 首先输出 $\mathfrak{n}_3^{(0)}$ 的认证路径 `Auth` $= [\underline{\mathfrak{n}_2^{(0)}}, \mathfrak{n}_0^{(1)}, \mathfrak{n}_1^{(2)}, \mathfrak{n}_1^{(3)}]$, 因为 $(3+1) \bmod 2^{1\times 1} = 0$, $(3+1) \bmod 2^{1\times 2} = 0$, 所以 $\mathfrak{n}_{1+1}^{(0)}$ 的认证路径将不包含在当前的 $\text{Exist}_1 = \Phi_1^{(1)}$ 和 $\text{Exist}_2 = \Phi_0^{(2)}$ 中. 将 Exist$_1$ 更换成 Desire$_1$ 的内容, 然后重新初始化 Desire$_1$, 为 $\mathfrak{n}_{3+1+2^{1\times 1}}^{(0)}$ 的认证路径的输出做准备. 同样, 将 Exist$_2$ 更换成 Desire$_2$ 的内容, 然后重新初始化 Desire$_2$, 为 $\mathfrak{n}_{3+1+2^{1\times 2}}^{(0)}$ 的认证路径的输出做准备. 对初始化过的子树 `LeafTree`$(\mathfrak{n}_6^{(0)}, 1)$ 执行 2 步 *grow*() 操作, 完成新的 Desire$_1$ 的计算. 对初始化过的子树 `LeafTree`$(\mathfrak{n}_8^{(0)}, 2)$ 执行 2 步 *grow*() 操作, 完成节点 $\mathfrak{n}_8^{(0)}$ 和 $\mathfrak{n}_9^{(0)}$ 的计算. 对初始化过的子树 `LeafTree`$(\mathfrak{n}_8^{(0)}, 3)$ 执行 2 步 *grow*() 操作, 完成节点 $\mathfrak{n}_2^{(2)}$ 和 $\mathfrak{n}_{12}^{(0)}$ 的计算

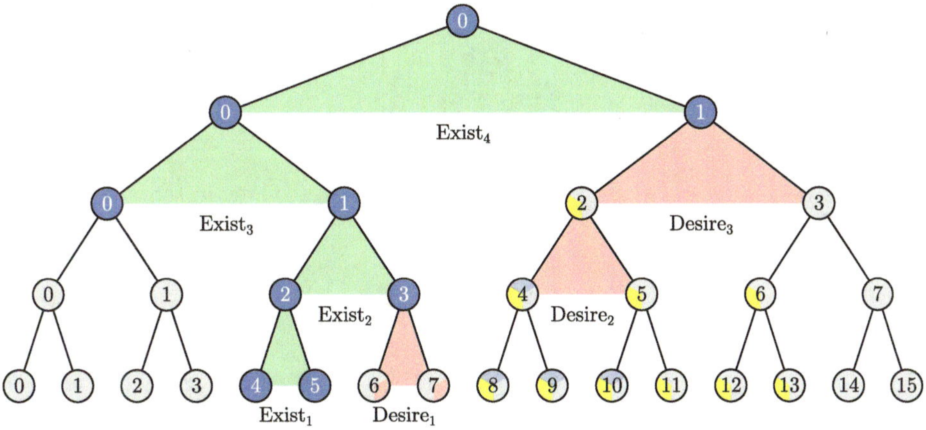

图 8.84 $\mathfrak{n}_4^{(0)}$-轮, 首先输出 $\mathfrak{n}_4^{(0)}$ 的认证路径 $\texttt{Auth} = [\underline{\mathfrak{n}_5^{(0)}}, \underline{\mathfrak{n}_3^{(1)}}, \underline{\mathfrak{n}_0^{(2)}}, \mathfrak{n}_1^{(3)}]$, $\mathfrak{n}_{4+1}^{(0)}$ 的认证节点全部都包含在当前的 Exist 层叠子树序列中, 因此不需要对 Exist 做任何更新. 对初始化过且已完成计算的子树 $\texttt{LeafTree}(\mathfrak{n}_6^{(0)}, 1)$ 无须进行任何操作. 对初始化过的子树 $\texttt{LeafTree}(\mathfrak{n}_8^{(0)}, 2)$ 执行 2 步 *grow*() 操作, 完成节点 $\mathfrak{n}_4^{(1)}$ 和 $\mathfrak{n}_{10}^{(0)}$ 的计算. 对初始化过的子树 $\texttt{LeafTree}(\mathfrak{n}_8^{(0)}, 3)$ 执行 2 步 *grow*() 操作, 完成节点 $\mathfrak{n}_{13}^{(0)}$ 和 $\mathfrak{n}_6^{(1)}$ 的计算

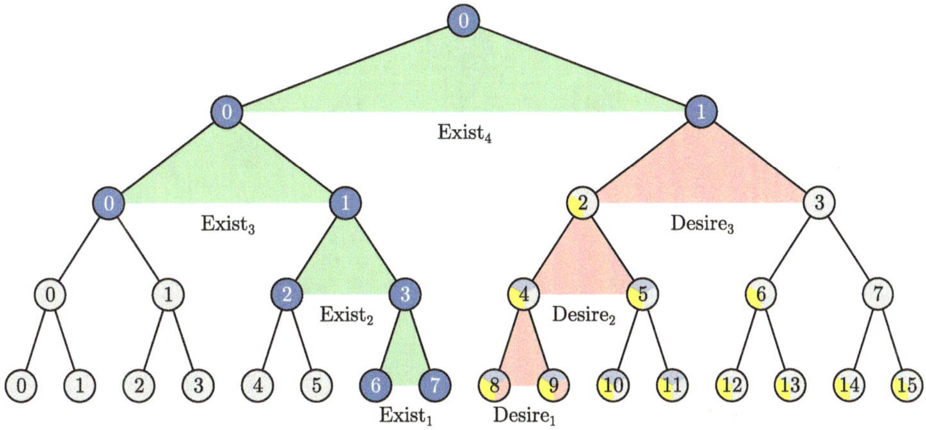

图 8.85 $\mathfrak{n}_5^{(0)}$-轮, 首先输出 $\mathfrak{n}_5^{(0)}$ 的认证路径 $\texttt{Auth} = [\underline{\mathfrak{n}_4^{(0)}}, \mathfrak{n}_3^{(1)}, \mathfrak{n}_0^{(2)}, \mathfrak{n}_1^{(3)}]$, 因为 $(1+1) \bmod 2^{5\times 1} = 0$, 所以 $\mathfrak{n}_{5+1}^{(0)}$ 的认证路径将不包含在当前的 $\text{Exist}_1 = \Phi_2^{(1)}$ 中. 将 Exist_1 更换成 $\text{Desire}_1 = \Phi_3^{(1)}$ 的内容, 然后重新初始化 Desire_1, 为 $\mathfrak{n}_{5+1+2^{1\times 1}}^{(0)} = \mathfrak{n}_8^{(0)}$ 的认证路径的输出做准备. 对初始化过且已完成计算的子树 $\texttt{LeafTree}(\mathfrak{n}_8^{(0)}, 1)$ 执行 2 步 *grow*() 操作, 完成新的 Desire_1 的计算. 对初始化过的子树 $\texttt{LeafTree}(\mathfrak{n}_8^{(0)}, 2)$ 执行 2 步 *grow*() 操作, 完成新的 Desire_2 的计算. 对初始化过的子树 $\texttt{LeafTree}(\mathfrak{n}_8^{(0)}, 3)$ 执行 2 步 *grow*() 操作, 完成节点 $\mathfrak{n}_{14}^{(0)}$ 和 $\mathfrak{n}_{15}^{(0)}$ 的计算

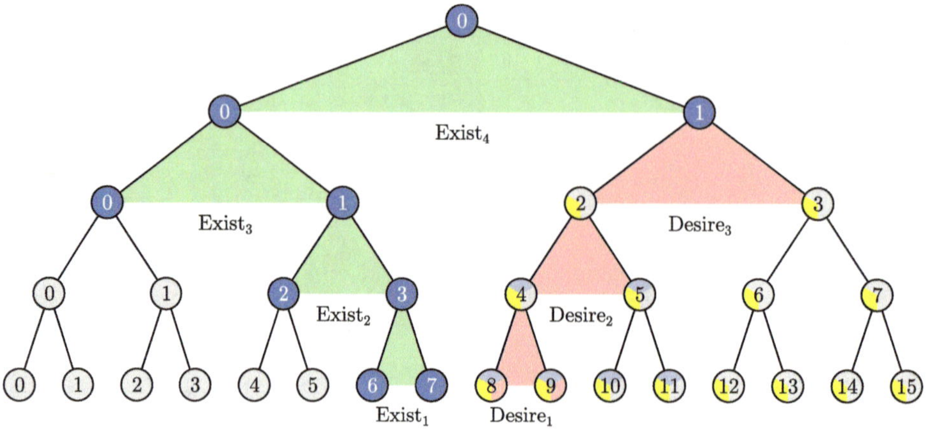

图 8.86　$\mathfrak{n}_6^{(0)}$-轮, 首先输出 $\mathfrak{n}_6^{(0)}$ 的认证路径 `Auth` $= [\underline{\mathfrak{n}_7^{(0)}}, \underline{\mathfrak{n}_2^{(1)}}, \mathfrak{n}_0^{(2)}, \mathfrak{n}_1^{(3)}]$, $\mathfrak{n}_{6+1}^{(0)}$ 的认证节点全部都包含在当前的 Exist 层叠子树序列中, 因此不需要对 Exist 做任何更新. 对初始化且已完成计算的子树 `LeafTree`$(\mathfrak{n}_8^{(0)}, 1)$ 无须执行任何操作. 对初始化且已完成计算的子树 `LeafTree`$(\mathfrak{n}_8^{(0)}, 2)$ 无须执行任何操作. 对初始化过的子树 `LeafTree`$(\mathfrak{n}_8^{(0)}, 3)$ 执行 2 步 *grow*() 操作, 完成节点 $\mathfrak{n}_7^{(1)}$ 和 $\mathfrak{n}_3^{(2)}$ 的计算, 完成了 Desire_3 的计算

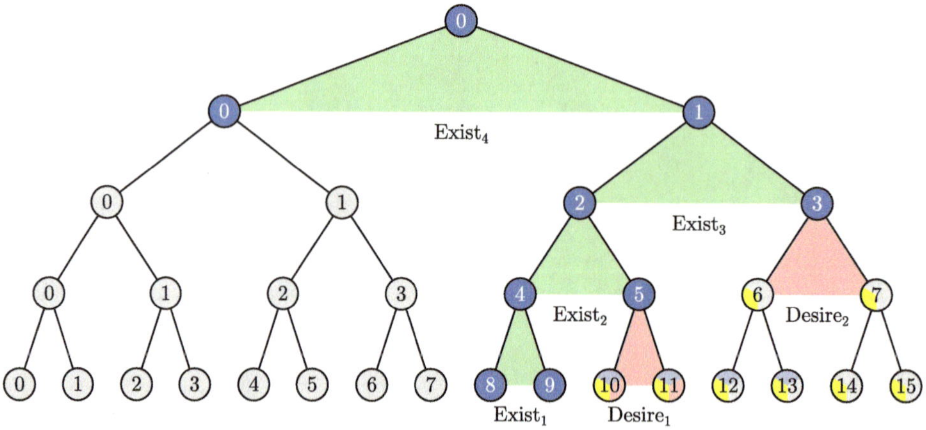

图 8.87　$\mathfrak{n}_7^{(0)}$-轮, 首先输出 $\mathfrak{n}_7^{(0)}$ 的认证路径 `Auth` $= [\underline{\mathfrak{n}_6^{(0)}}, \mathfrak{n}_2^{(1)}, \mathfrak{n}_0^{(2)}, \mathfrak{n}_1^{(3)}]$, 因为 $(7+1) \bmod 2^{1\times 1} = 0$, $(7+1) \bmod 2^{1\times 2} = 0$, $(7+1) \bmod 2^{1\times 3} = 0$, 所以 $\mathfrak{n}_{7+1}^{(0)}$ 的认证路径将不包含在当前的 $\text{Exist}_1 = \Phi_3^{(1)}$, $\text{Exist}_1 = \Phi_1^{(2)}$ 和 $\text{Exist}_2 = \Phi_0^{(3)}$ 中. 将 Exist_1 更换成 $\text{Desire}_1 = \Phi_4^{(1)}$ 的内容, 其次重新初始化 Desire_1, 为 $\mathfrak{n}_{7+1+2^{1\times 1}}^{(0)}$ 的认证路径的输出做准备. 将 Exist_2 更换成 $\text{Desire}_2 = \Phi_2^{(2)}$ 的内容, 最后重新初始化 Desire_2, 为 $\mathfrak{n}_{7+1+2^{1\times 2}}^{(0)}$ 的认证路径的输出做准备. 对初始化过的子树 `LeafTree`$(\mathfrak{n}_{10}^{(0)}, 1)$ 执行 2 步 *grow*() 操作, 完成新的 Desire_1 的计算. 对初始化过的子树 `LeafTree`$(\mathfrak{n}_{12}^{(0)}, 2)$ 执行 2 步 *grow*() 操作, 完成节点 $\mathfrak{n}_{12}^{(0)}$ 和 $\mathfrak{n}_{13}^{(0)}$ 的计算. 对初始化过且已完成计算的 `LeafTree`$(\mathfrak{n}_8^{(0)}, 3)$ 无须任何操作

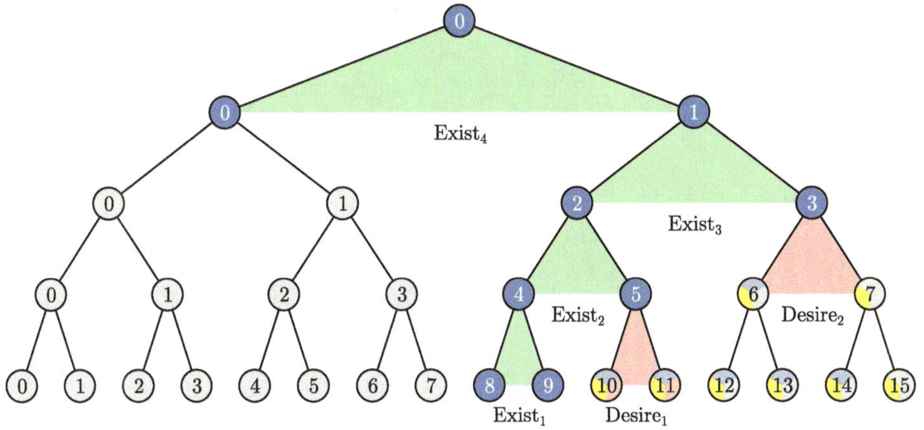

图 8.88 $\mathfrak{n}_8^{(0)}$-轮，首先输出 $\mathfrak{n}_8^{(0)}$ 的认证路径 $\texttt{Auth} = [\underline{\mathfrak{n}_9^{(0)}}, \underline{\mathfrak{n}_5^{(1)}}, \underline{\mathfrak{n}_3^{(2)}}, \underline{\mathfrak{n}_0^{(3)}}]$，$\mathfrak{n}_{8+1}^{(0)}$ 的认证节点全部都包含在当前的 Exist 层叠子树序列中，因此不需要对 Exist 做任何更新．对初始化过且已完成计算的 $\texttt{LeafTree}(\mathfrak{n}_{10}^{(0)}, 1)$，无须进行任何操作．对初始化过的子树 $\texttt{LeafTree}(\mathfrak{n}_{12}^{(0)}, 2)$ 执行 2 步 *grow*() 操作，完成节点 $\mathfrak{n}_6^{(1)}$ 和 $\mathfrak{n}_{14}^{(0)}$ 的计算．对初始化过且已完成计算的 $\texttt{LeafTree}(\mathfrak{n}_8^{(0)}, 3)$，无须进行任何操作

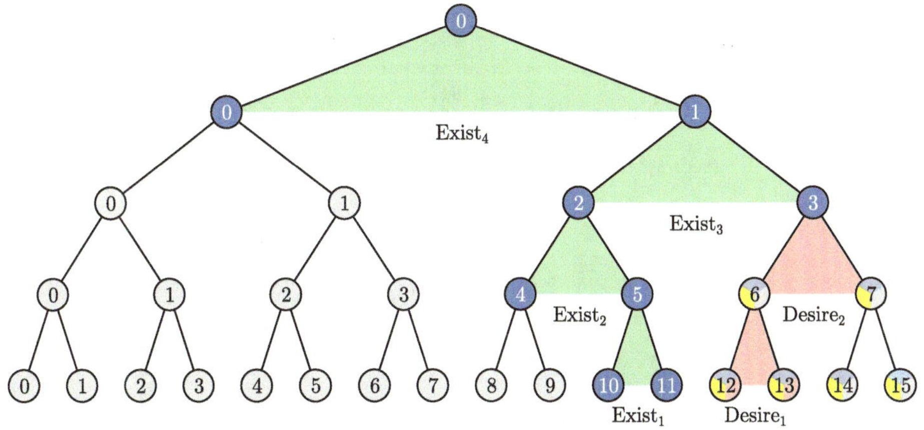

图 8.89 $\mathfrak{n}_9^{(0)}$-轮，首先输出 $\mathfrak{n}_9^{(0)}$ 的认证路径 $\texttt{Auth} = [\underline{\mathfrak{n}_8^{(0)}}, \mathfrak{n}_5^{(1)}, \mathfrak{n}_3^{(2)}, \mathfrak{n}_0^{(3)}]$，因为 $(9+1) \bmod 2^{1\times 1} = 0$，所以 $\mathfrak{n}_{9+1}^{(0)}$ 的认证路径将不包含在当前的 $\overline{\text{Exist}_1} = \Phi_4^{(0)}$ 中．将 Exist_1 更换成 $\text{Desire}_1 = \Phi_5^{(0)}$ 的内容，然后重新初始化 Desire_1，为 $\mathfrak{n}_{9+1+2^{1\times 1}}^{(0)}$ 的认证路径的输出做准备．对初始化过的子树 $\texttt{LeafTree}(\mathfrak{n}_{12}^{(0)}, 1)$ 执行 2 步 *grow*() 操作，完成新的 Desire_1 的计算．对初始化过的子树 $\texttt{LeafTree}(\mathfrak{n}_{12}^{(0)}, 2)$ 执行 2 步 *grow*() 操作，完成节点 Desire_2 的计算．对初始化过且已完成计算的 $\texttt{LeafTree}(\mathfrak{n}_8^{(0)}, 3)$，无须进行任何操作

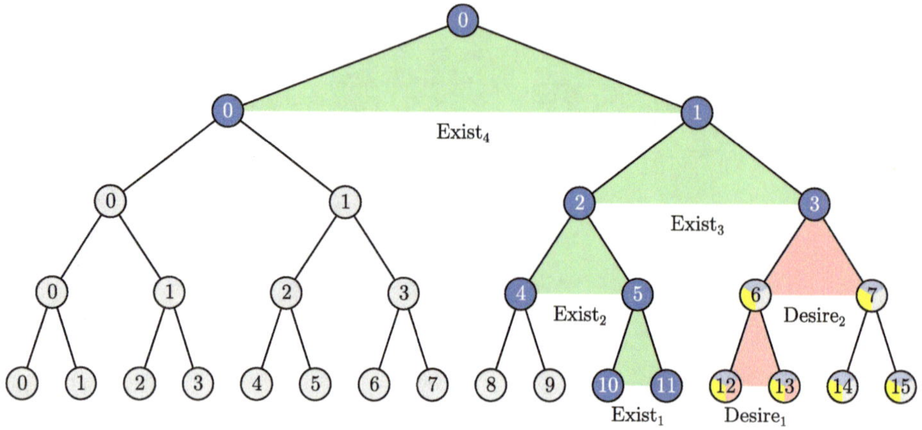

图 8.90　$\mathfrak{n}_{10}^{(0)}$-轮, 首先输出 $\mathfrak{n}_{10}^{(0)}$ 的认证路径 **Auth** $= [\underline{\mathfrak{n}_{11}^{(0)}}, \underline{\mathfrak{n}_{4}^{(1)}}, \mathfrak{n}_{3}^{(2)}, \mathfrak{n}_{0}^{(3)}]$, $\mathfrak{n}_{10+1}^{(0)}$ 的认证节点全部都包含在当前的 Exist 层叠子树序列中, 因此不需要对 Exist 做任何更新. 对初始化过且已完成计算的 LeafTree($\mathfrak{n}_{12}^{(0)}$, 1), 无须进行任何操作. 对初始化过且已完成计算的 LeafTree($\mathfrak{n}_{12}^{(0)}$, 2), 无须进行任何操作

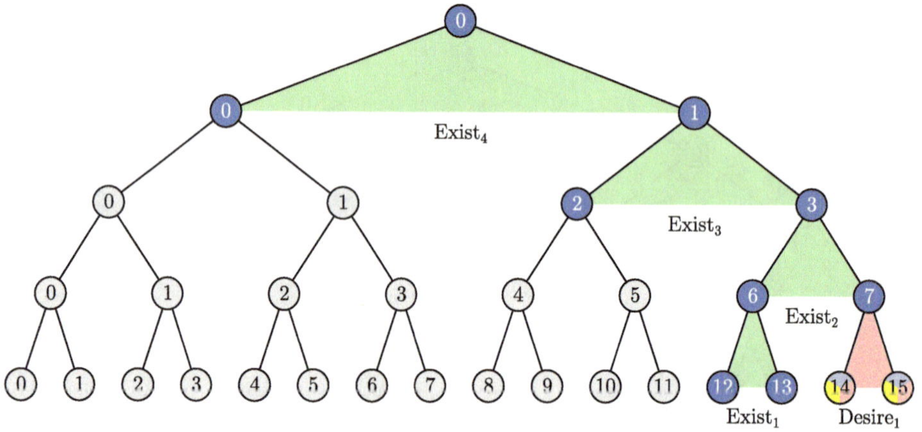

图 8.91　$\mathfrak{n}_{11}^{(0)}$-轮, 首先输出 $\mathfrak{n}_{11}^{(0)}$ 的认证路径 **Auth** $= [\underline{\mathfrak{n}_{10}^{(0)}}, \mathfrak{n}_{4}^{(1)}, \mathfrak{n}_{3}^{(2)}, \mathfrak{n}_{0}^{(3)}]$, 因为 $(11 + 1) \bmod 2^{1\times 1} = 0$, $(11 + 1) \bmod 2^{1\times 2} = 0$, 所以 $\overline{\mathfrak{n}_{11+1}^{(0)}}$ 的认证路径将不包含在当前的 $\text{Exist}_1 = \Phi_5^{(1)}$ 和 $\text{Exist}_2 = \Phi_2^{(2)}$ 中. 将 Exist_1 更换成 Desire_1 的内容, 然后重新初始化 Desire_1, 为 $\mathfrak{n}_{11+1+2^{1\times 1}}^{(0)}$ 的认证路径的输出做准备. 对初始化过的子树 LeafTree($\mathfrak{n}_{14}^{(0)}$, 1) 执行 2 步 *grow*() 操作, 完成新的 Desire_1 的计算

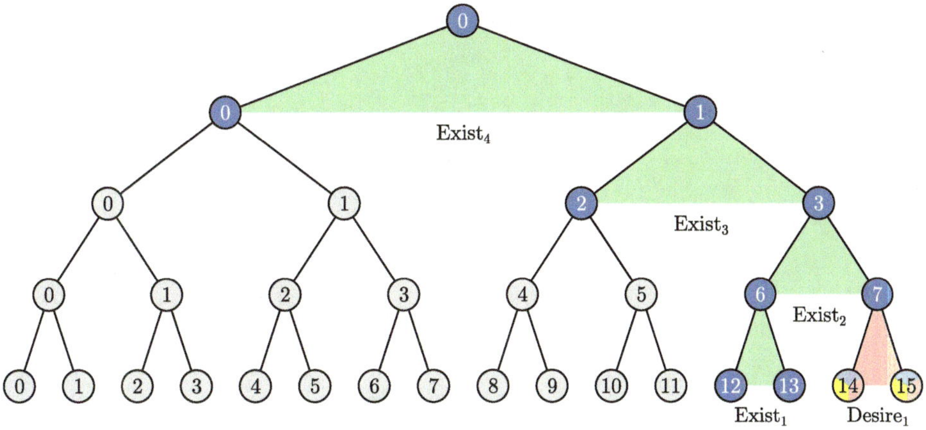

图 8.92 $\mathfrak{n}_{12}^{(0)}$-轮, 首先输出 $\mathfrak{n}_{12}^{(0)}$ 的认证路径 $\texttt{Auth} = [\underline{\mathfrak{n}_{13}^{(0)}}, \underline{\mathfrak{n}_{7}^{(1)}}, \underline{\mathfrak{n}_{2}^{(2)}}, \mathfrak{n}_{0}^{(3)}]$, $\mathfrak{n}_{12+1}^{(0)}$ 的认证节点全部都包含在当前的 Exist 层叠子树序列中, 因此不需要对 Exist 做任何更新. 对初始化过且已完成计算的 $\texttt{LeafTree}(\mathfrak{n}_{14}^{(0)}, 1)$, 无须进行任何操作

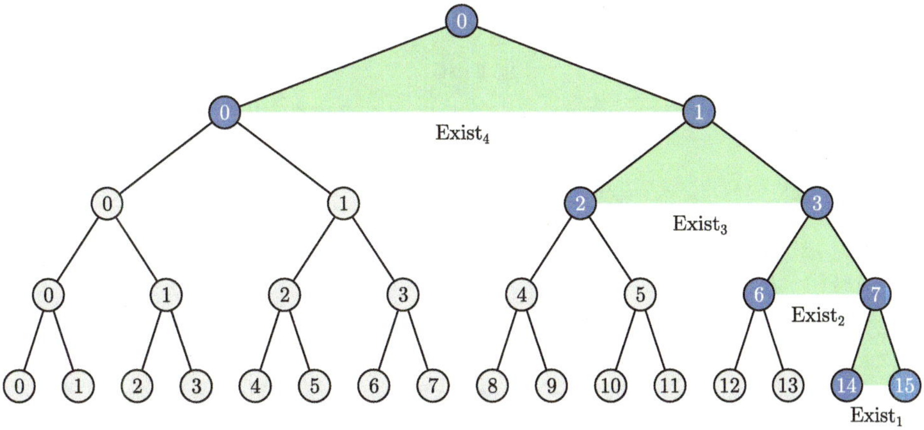

图 8.93 $\mathfrak{n}_{13}^{(0)}$-轮, 首先输出 $\mathfrak{n}_{12}^{(0)}$ 的认证路径 $\texttt{Auth} = [\underline{\mathfrak{n}_{12}^{(0)}}, \mathfrak{n}_{7}^{(1)}, \mathfrak{n}_{2}^{(2)}, \mathfrak{n}_{0}^{(3)}]$, 因为 $(13+1) \bmod 2^{1\times 1} = 0$, 所以 $\mathfrak{n}_{13+1}^{(0)}$ 的认证路径将不包含在当前的 $\text{Exist}_1 = \Phi_6^{(1)}$ 中. 将 Exist_1 更换成 Desire_1 的内容

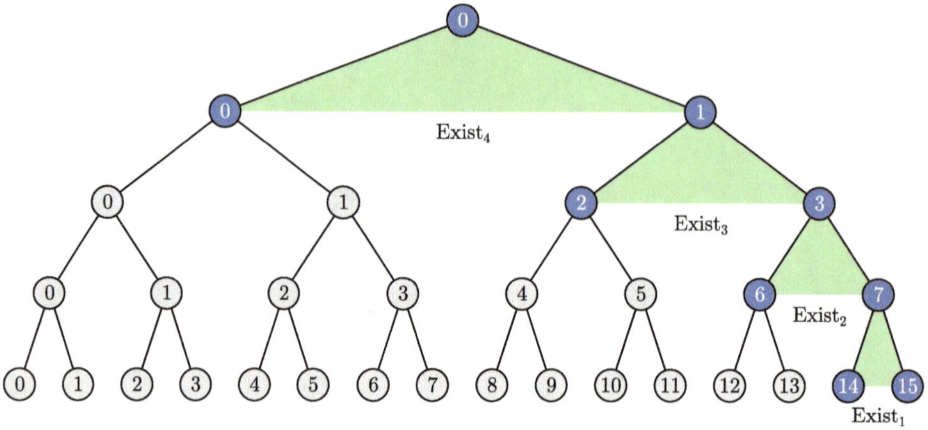

图 8.94 $\mathfrak{n}_{14}^{(0)}$-轮, 首先输出 $\mathfrak{n}_{12}^{(0)}$ 的认证路径 $\texttt{Auth} = [\mathfrak{n}_{15}^{(0)}, \mathfrak{n}_{6}^{(1)}, \mathfrak{n}_{2}^{(2)}, \mathfrak{n}_{0}^{(3)}]$, $\mathfrak{n}_{14+1}^{(0)}$ 的认证节点全部都包含在当前的 Exist 层叠子树序列中, 因此不需要对 Exist 做任何更新

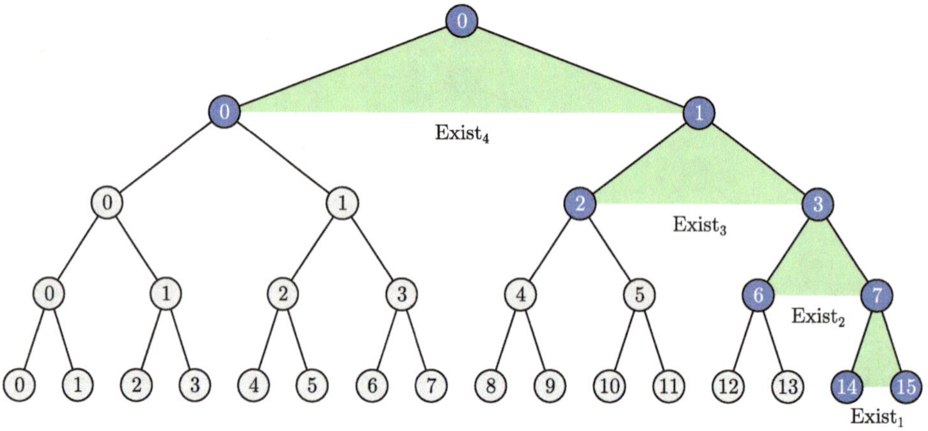

图 8.95 $\mathfrak{n}_{15}^{(0)}$-轮, 首先输出 $\mathfrak{n}_{12}^{(0)}$ 的认证路径 $\texttt{Auth} = [\mathfrak{n}_{14}^{(0)}, \mathfrak{n}_{6}^{(1)}, \mathfrak{n}_{2}^{(2)}, \mathfrak{n}_{0}^{(3)}]$

8.4.2 算法复杂度分析

首先, 算法 54 需要存储 $\text{Exist}_1, \text{Exist}_2, \cdots, \text{Exist}_L$ 和 $\text{Desire}_1, \text{Desire}_2, \cdots, \text{Desire}_{L-1}$. 上述每个数据结构对应一个没有根节点的高为 h 的完全二叉树. 因此, 每个数据结构需要存储 $2^{h+1}-2$ 个节点, 总共需要存储 $(2L-1)(2^{h+1}-2)$ 个节点. 另外, 算法 54 在计算 Desire_i 时使用的 `TreeHash` 算法需要额外存储一些中间节点. 计算 Desire_1 的 `TreeHash` 算法产生的中间节点都是 Desire_1 的一部分, 因此无需额外的存储. 对于 Desire_i $(2 \leqslant i < L)$, 计算它的 `TreeHash` 算法需要额外存储 $(i-1)\cdot h+1$ 个节点, 总共需要存储 $\dfrac{1}{2}(L-1)(L-2)h+(L-2)$ 个节点.

综上, 算法 54 的存储复杂度为

$$(2L-1)(2^{h+1}-2)+\frac{1}{2}(L-1)(L-2)h+(L-2) \leqslant 2^{h+2}L+\frac{1}{2}L^2h = 2^{h+2}\frac{H}{h}+\frac{H^2}{2h}.$$

最后, 算法 54 在每个轮次中输出一个叶子节点的认证路径, 并对每个 Desire_i $(1 \leqslant i < L)$ 最多执行 2 次 $grow()$ 操作. 因此, 每个轮次的时间复杂度约为 $\mathcal{O}(2(L-1)) \approx \mathcal{O}(2L)$.

对于给定的 H, 通过选取不同的 h, 可以对算法的存储复杂度和时间复杂度进行各种权衡. 例如, 若选取 $h = \log_2 H$, 则时间复杂度约为

$$\mathcal{O}(2L) = \mathcal{O}\left(\frac{2H}{h}\right) = \mathcal{O}\left(\frac{2\log_2 N}{\log_2(\log_2 N)}\right).$$

空间复杂度约为

$$\begin{aligned}\mathcal{O}\left(2^{h+2}\frac{H}{h}+\frac{H^2}{2h}\right) &\approx \mathcal{O}\left(4\cdot 2^{\log_2(\log_2 N)}\cdot\frac{\log_2 N}{\log_2(\log_2 N)}+\frac{\log_2^2 N}{2\log_2(\log_2 N)}\right)\\ &= \mathcal{O}\left(\frac{9}{2}\cdot\frac{\log_2^2 N}{\log_2(\log_2 N)}\right).\end{aligned}$$

注意, 可以根据标准中具体的参数分析这些权衡对时间复杂度和空间复杂度的影响.

第 9 章　无状态数字签名算法 SPHINCS$^+$

SPHINCS 是由 Bernstein 等设计的一个基于杂凑函数的无状态数字签名算法[53]. SPHINCS 借鉴了 XMSS [16] 的设计, 通过采用超树 (Hyper Tree, HT) 结构、FTS 签名和随机化叶子节点选择等技术消除了对私钥状态的依赖. 但相对于基于杂凑函数的带状态数字签名, SPHINCS 的签名尺寸更大. SPHINCS$^+$ [24] 是 SPHINCS 的一个改进版本. NIST 在 2016 年 12 月向全球公开了征集后量子公钥密码的相关说明文件[22], 在该文件中, NIST 对所要征集的密码算法的安全等级进行了划分与定义:

- 安全等级 1——安全强度与 AES128 抗密钥恢复攻击的强度相当;
- 安全等级 2——安全强度与 SHA-256 或 SHA3-256 抗碰撞攻击的强度相当;
- 安全等级 3——安全强度与 AES192 抗密钥恢复攻击的强度相当;
- 安全等级 4——安全强度与 SHA-384 或 SHA3-384 抗碰撞攻击的强度相当;
- 安全等级 5——安全强度与 AES256 抗密钥恢复攻击的强度相当.

在 2022 年 11 月 29 日, NIST 在 PQC 竞赛参赛算法中选择了三个签名算法, 并开始对它们进行标准化, 其中就包括 SPHINCS$^+$. 在第四届 NIST 后量子密码标准化会议中, NIST PQC 团队 Dustin Moody 在他的报告[65] 中指出了选择 SPHINCS$^+$ 的原因: 坚实的安全性及其基于与格密码不同的安全性假设. 最终, NIST 在 2024 年 8 月 13 日正式发布了关于基于杂凑函数的无状态数字签名标准 FIPS 205[24]. 关于 SPHINCS$^+$ 的安全性证明, 可以参考文献 [66,67]. 但需要说明的是, Perlner 等指出, 存在一些针对使用 MD 结构杂凑函数 (如 SHA-2 和 SM3) 实例化的 SPHINCS$^+$ 的部分版本的具体攻击[68]. 为了避免这些攻击, NIST 在 FIPS 205 中选择 SHA-512 的截断版本来实例化那些安全目标为第 3 或第 5 等级的 SPHINCS$^+$ 算法实例. 另外, 根据 Perlner 等给出的工作, 使用我国标准商用密码杂凑函数 SM3 实例化的 SPHINCS$^+$ 算法实例[26], 其经典安全强度只有大约 200 比特, 而不是 256 比特. 最后, 标准版的 SPHINCS$^+$ 支持 2^{64} 次签名, 若限制签名的次数, 则可以显著地降低签名尺寸[69]. 在给出 SPHINCS$^+$ 的具体描述前, 我们首先明确其涉及的相关参数.

SPHINCS$^+$ 的构成组件和参数　构成 SPHINCS$^+$ 的组件包括 WOTS$^+$ 一次性签名和 FTS 签名 FORS, 这些组件被组织在一个超树结构中. 后续在描述 FORS 、WOTS$^+$ 和超树结构的实例时, 都采用以下参数:

- n: 表示安全参数为 n 字节, 同时也是 XMSS 树节点的字节数、WOTS$^+$ 实例中秘密原像数组中一个秘密原像的字节数和 FORS 实例中私钥元素的字节数.

- w: WOTS$^+$ 实例的 Winternitz 参数 $w = 16$.

- len: 一个 WOTS$^+$ 实例中秘密原像数组所包含的 n 字节元素的个数, $\mathtt{len} = \mathtt{len}_1 + \mathtt{len}_2$, 其中

$$\mathtt{len}_1 = \frac{8n}{\log_2(w)}, \qquad \mathtt{len}_2 = \left\lfloor \frac{\log_2((w-1)\cdot \mathtt{len}_1)}{\log_2(w)} \right\rfloor + 1$$

分别为 n 字节消息中所包含的 $\log_2(w)$ 比特无符号整数的个数, 以及 n 字节消息所对应的校验值中所包含的 $\log_2(w)$ 比特无符号整数的个数.

- k: 一个 FORS 实例所对应的 FORS 树中包含的高度相同的完美二叉树的个数.

- a: 一个 FORS 树中有 k 个完美二叉树, 每个树的高度.

- t: 一个 FORS 树中的每个完美二叉树有 $t = 2^a$ 个叶子节点.

- h: 超树的总高度.

- d: 超树的层数, 每层中有若干高度为 h/d 的 XMSS 树.

- h': $h' = h/d$ 为超树结构中 XMSS 树的高度.

- m: SPHINCS$^+$ 在对任意长的消息 msg 进行签名时, 会先用一个杂凑函数对消息 msg 进行处理得到消息摘要 md, md 的长度为

$$m = \left\lceil \frac{k\cdot a}{8} \right\rceil + \left\lceil \frac{h-h'}{8} \right\rceil + \left\lceil \frac{h'}{8} \right\rceil \text{字节},$$

即 md 被分成三段, md 的第 0 字节到第 $\left\lceil \frac{k\cdot a}{8} \right\rceil - 1$ 字节记为 $\mathsf{md}\left[0 : \left\lceil \frac{k\cdot a}{8} \right\rceil\right]$, 类似地, 第二段记为 $\mathsf{md}\left[\left\lceil \frac{k\cdot a}{8} \right\rceil : \left\lceil \frac{k\cdot a}{8} \right\rceil + \left\lceil \frac{h-h'}{8} \right\rceil\right]$, 第三段记为 $\mathsf{md}\left[\left\lceil \frac{k\cdot a}{8} \right\rceil + \left\lceil \frac{h-h'}{8} \right\rceil : \left\lceil \frac{k\cdot a}{8} \right\rceil + \left\lceil \frac{h-h'}{8} \right\rceil + \left\lceil \frac{h'}{8} \right\rceil\right]$. 其中, 第一段的前 ka 比特将作为 FORS 签名的输入消息使用 (见算法 65 第 5 行). 注意, 在算法 65 第 13 行中, 整个 $\left\lceil \frac{k\cdot a}{8} \right\rceil$ 字节的 md 作为被签名的消息传入 $\mathtt{sign}_{\mathtt{FORS}}()$ 函数. 但是, 由算法 60 第 2 行可知, 在实际的 FORS 签名过程中, 只用到了传入的 md 的前 ka 比特. 第二段的后 $h - h'$ 比特用来在超树结构最底层 (第 0 层) 的 $2^{h-h'}$ 个 XMSS 树中选择一个 XMSS 树 (见算法 65 第 6 行和第 8 行), 而第三段的后 h' 比特将用来选择前述 XMSS 树的一个叶子节点 (见算法 65 第 7 行和第 9 行).

2024 年 8 月 13 日, NIST 正式发布的关于基于杂凑函数的无状态签名, SPHINCS$^+$ 的标准 FIPS 205 中包含 12 个采用不同参数的数字签名算法, 如表 9.1 所示.

表 9.1　SLH-DSA 参数集

算法	n	h	d	h'	a	k	$\log_2(w)$	m	安全等级	私钥尺寸/字节	公钥尺寸/字节	签名尺寸/字节
SLH-DSA-SHA2-128s SLH-DSA-SHAKE-128s	16	63	7	9	12	14	4	30	1	64	32	7856
SLH-DSA-SHA2-128f SLH-DSA-SHAKE-128f	16	66	22	3	6	33	4	34	1	64	32	17088
SLH-DSA-SHA2-192s SLH-DSA-SHAKE-192s	24	63	7	9	14	17	4	39	3	96	48	16224
SLH-DSA-SHA2-192f SLH-DSA-SHAKE-192f	24	66	22	3	8	33	4	42	3	96	48	35664
SLH-DSA-SHA2-256s SLH-DSA-SHAKE-256s	32	64	8	8	14	22	4	47	5	128	64	29792
SLH-DSA-SHA2-256f SLH-DSA-SHAKE-256f	32	68	17	4	9	35	4	49	5	128	64	49856

9.1　SPHINCS$^+$ 中杂凑函数的使用

令 $m = \left\lceil \frac{k \cdot a}{8} \right\rceil + \left\lceil \frac{h - h'}{8} \right\rceil + \left\lceil \frac{h'}{8} \right\rceil$, 在 SPHINCS$^+$ 中需要使用如下函数:

$$
\begin{cases}
\mathbf{F}: \mathbb{B}^n \times \mathbb{B}^{32} \times \mathbb{B}^n \to \mathbb{B}^n \\
\mathbf{H}: \mathbb{B}^n \times \mathbb{B}^{32} \times \mathbb{B}^{2n} \to \mathbb{B}^n \\
\mathbf{T}_l: \mathbb{B}^n \times \mathbb{B}^{32} \times \mathbb{B}^{ln} \to \mathbb{B}^n, \quad l \in \{k, \mathtt{len}\} \\
\mathbf{PRF}_{\mathtt{MSG}}: \mathbb{B}^n \times \mathbb{B}^n \times \mathbb{B}^* \to \mathbb{B}^n \\
\mathbf{H}_{\mathtt{MSG}}: \mathbb{B}^n \times \mathbb{B}^n \times \mathbb{B}^n \times \mathbb{B}^* \to \mathbb{B}^m \\
\mathbf{PRF}: \mathbb{B}^n \times \mathbb{B}^n \times \mathbb{B}^{32} \to \mathbb{B}^n
\end{cases},
$$

其中, **F** 用于计算 XMSS 树中叶子节点所对应的 WOTS$^+$ 一次性签名实例所对应的哈希链 (见算法 55 第 5 行) 和 FORS 树的叶子节点 (见算法 59 第 6 行).

H 用于计算 XMSS 树和 FORS 树的 (非叶子) 节点 (见算法 62 第 11 行和算法 59 第 12 行). $\mathbf{T}_{\mathtt{len}}$ 用于计算 WOTS+ 实例公钥像数组的 $\mathbf{T}_{\mathtt{len}}$-压缩值 (见算法 56 第 12 行), 该压缩值是某一个 XMSS 树的叶子节点 (见算法 62 第 4 行). $\mathbf{T}_k$ 用于计算 FORS 实例的公钥 (见算法 61 第 21 行). $\mathbf{H}_{\mathtt{MSG}}$ 用在随机化的 Hash-and-Sign 范式中, 计算任意长消息的摘要值 (见算法 65 第 4 行). $\mathbf{PRF}_{\mathtt{MSG}}$ 用于计算调用 $\mathbf{H}_{\mathtt{MSG}}$ 时输入的随机化因子 (见算法 65 第 3 行). **PRF** 用于生成 WOTS+ 实例秘密原像数组中的秘密原像 (见算法 56 第 7 行) 和 FORS 实例的秘密原像 (见算法 58 第 5 行). 在 **F**, **H**, $\mathbf{T}_l$ 和 **PRF** 中都有一个 32 字节的输入, 这个输入实际上都是一个 32 字节的地址 ADRS, 其具体结构见 9.3 节. 上述函数在 SPHINCS+ 的不同版本中的具体实现如表 9.2—表 9.4 所示. 注意, 在 SPHINCS+ 的密钥生成, 签名及验签算法中, **PRF**, **F**, **H** 和 $\mathbf{T}_l$ 会被反复调用, 当使用 SHA-256 和 SHA-512 实例化这些函数时, 为了提高这些算法的执行效率, 对于 SHA-256, 将输入它的 **PK**.seed 补全成一个消息分组的长度, 即 64 字节 (见表 9.3 和表 9.4). 对于 SHA-512, 将输入它的 **PK**.seed 补全成一个消息分组的长度, 即 128 字节. 因为 SHA-256 和 SHA-512 采用了 Merkle-Damgård 结构, 这样做可以使 **PRF**, **F**, **H** 和 $\mathbf{T}_l$ 在计算时重用计算完第一个消息分组后的中间状态, 从而提高相关算法的执行效率. 最后, 表 9.3 和表 9.4 中的 ADRS^c 表示 ADRS 的压缩地址 (见 9.3 节), ADRS^c 的 layerAddr 和 addrType 只取原地址结构中相应字段的最低字节, 其 treeAddr 则只取原地址结构中相应字段的最低 8 字节. 因此, ADRS^c 的大小为 22 字节, 而 ADRS 的大小为 32 字节, 使用压缩地址的目的是减少 SHA-256 和 SHA-512 压缩函数的调用次数.

算法 55: chain(X, i, s, **PK**.seed, ADRS)

Input: n 字节节点值 X、起始节点索引 i、步数 s、公钥公开种子 **PK**.seed、地址 ADRS

Output: n 字节 XMSS 树节点

```
ASSERT ADRS.addrType = WOTS_Hash
tmp ← X
for j = i, ··· , i + s − 1 do
    ADRS.setHashAddress(j)
    tmp ← F(PK.seed, ADRS, tmp)
return tmp
```

表 9.2 使用 SHAKE 的 SLH-DSA 算法实例中主要组件函数的定义, 包括 SLH-DSA-SHAKE-128s, SLH-DSA-SHAKE-128f, SLH-DSA-SHAKE-192s, SLH-DSA-SHAKE-192f, SLH-DSA-SHAKE-256s 和 SLH-DSA-SHAKE-256f 算法

组件函数	函数实现
$\mathbf{PRF}_{\texttt{MSG}}(\mathbf{SK}.\texttt{prf}, \texttt{optRand}, M)$	$\texttt{SHAKE256}(\mathbf{SK}.\texttt{prf} \parallel \texttt{optRand} \parallel \mathbf{SK}.\texttt{seed}, 8n)$
$\mathbf{H}_{\texttt{MSG}}(\mathbf{R}, \mathbf{PK}.\texttt{seed}, \mathbf{PK}.\texttt{root}, M)$	$\texttt{SHAKE256}(\mathbf{R} \parallel \mathbf{PK}.\texttt{seed} \parallel \mathbf{PK}.\texttt{root} \parallel M, 8m)$
$\mathbf{PRF}(\mathbf{PK}.\texttt{seed}, \mathbf{SK}.\texttt{seed}, \mathrm{ADRS})$	$\texttt{SHAKE256}(\mathbf{PK}.\texttt{seed} \parallel \mathrm{ADRS} \parallel \mathbf{SK}.\texttt{seed}, 8n)$
$\mathbf{F}(\mathbf{PK}.\texttt{seed}, \mathrm{ADRS}, M_1)$	$\texttt{SHAKE256}(\mathbf{PK}.\texttt{seed} \parallel \mathrm{ADRS} \parallel M_1, 8n)$
$\mathbf{H}(\mathbf{PK}.\texttt{seed}, \mathrm{ADRS}, M_2)$	$\texttt{SHAKE256}(\mathbf{PK}.\texttt{seed} \parallel \mathrm{ADRS} \parallel M_2, 8n)$
$\mathbf{T}_l(\mathbf{PK}.\texttt{seed}, \mathrm{ADRS}, M_l)$	$\texttt{SHAKE256}(\mathbf{PK}.\texttt{seed} \parallel \mathrm{ADRS} \parallel M_l, 8n)$

表 9.3 使用 SHA-2 的 SLH-DSA 算法 (安全等级 1) 实例中组件函数的定义, 包括 SLH-DSA-SHA2-128s 和 SLH-DSA-SHA2-128f 算法

组件函数	函数实现
$\mathbf{PRF}_{\texttt{MSG}}(\mathbf{SK}.\texttt{prf}, \texttt{optRand}, M)$	$\mathrm{Trunc}_n(\texttt{HMAC-SHA-256}(\mathbf{SK}.\texttt{prf}, \texttt{optRand} \parallel M))$
$\mathbf{H}_{\texttt{MSG}}(\mathbf{R}, \mathbf{PK}.\texttt{seed}, \mathbf{PK}.\texttt{root}, M)$	$\texttt{MGF1-SHA-256}(\mathbf{R} \parallel \mathbf{PK}.\texttt{seed} \parallel \texttt{SHA-256}(\mathbf{R} \parallel \mathbf{PK}.\texttt{seed} \parallel \mathbf{PK}.\texttt{root} \parallel M), m)$
$\mathbf{PRF}(\mathbf{PK}.\texttt{seed}, \mathbf{SK}.\texttt{seed}, \mathrm{ADRS})$	$\mathrm{Trunc}_n(\texttt{SHA-256}(\mathbf{PK}.\texttt{seed} \parallel \texttt{toByte}(0, 64-n) \parallel \mathrm{ADRS}^c \parallel \mathbf{SK}.\texttt{seed}))$
$\mathbf{F}(\mathbf{PK}.\texttt{seed}, \mathrm{ADRS}, M_1)$	$\mathrm{Trunc}_n(\texttt{SHA-256}(\mathbf{PK}.\texttt{seed} \parallel \texttt{toByte}(0, 64-n) \parallel \mathrm{ADRS}^c \parallel M_1))$
$\mathbf{H}(\mathbf{PK}.\texttt{seed}, \mathrm{ADRS}, M_2)$	$\mathrm{Trunc}_n(\texttt{SHA-256}(\mathbf{PK}.\texttt{seed} \parallel \texttt{toByte}(0, 64-n) \parallel \mathrm{ADRS}^c \parallel M_2))$
$\mathbf{T}_l(\mathbf{PK}.\texttt{seed}, \mathrm{ADRS}, M_l)$	$\mathrm{Trunc}_n(\texttt{SHA-256}(\mathbf{PK}.\texttt{seed} \parallel \texttt{toByte}(0, 64-n) \parallel \mathrm{ADRS}^c \parallel M_l))$

表 9.4 使用 SHA-2 的 SLH-DSA 算法 (安全等级 3 和 5) 实例中组件函数的定义, 包括 SLH-DSA-SHA2-192s, SLH-DSA-SHA2-192f, SLH-DSA-SHA2-256s 和 SLH-DSA-SHA2-256f 算法

组件函数	函数实现
$\mathbf{PRF}_{\texttt{MSG}}(\mathbf{SK}.\texttt{prf}, \texttt{optRand}, M)$	$\mathrm{Trunc}_n(\texttt{HMAC-SHA-512}(\mathbf{SK}.\texttt{prf}, \texttt{optRand} \parallel M))$
$\mathbf{H}_{\texttt{MSG}}(\mathbf{R}, \mathbf{PK}.\texttt{seed}, \mathbf{PK}.\texttt{root}, M)$	$\texttt{MGF1-SHA-512}(\mathbf{R} \parallel \mathbf{PK}.\texttt{seed} \parallel \texttt{SHA-512}(\mathbf{R} \parallel \mathbf{PK}.\texttt{seed} \parallel \mathbf{PK}.\texttt{root} \parallel M), m)$
$\mathbf{PRF}(\mathbf{PK}.\texttt{seed}, \mathbf{SK}.\texttt{seed}, \mathrm{ADRS})$	$\mathrm{Trunc}_n(\texttt{SHA-256}(\mathbf{PK}.\texttt{seed} \parallel \texttt{toByte}(0, 64-n) \parallel \mathrm{ADRS}^c \parallel \mathbf{SK}.\texttt{seed}))$
$\mathbf{F}(\mathbf{PK}.\texttt{seed}, \mathrm{ADRS}, M_1)$	$\mathrm{Trunc}_n(\texttt{SHA-256}(\mathbf{PK}.\texttt{seed} \parallel \texttt{toByte}(0, 64-n) \parallel \mathrm{ADRS}^c \parallel M_1))$
$\mathbf{H}(\mathbf{PK}.\texttt{seed}, \mathrm{ADRS}, M_2)$	$\mathrm{Trunc}_n(\texttt{SHA-512}(\mathbf{PK}.\texttt{seed} \parallel \texttt{toByte}(0, 128-n) \parallel \mathrm{ADRS}^c \parallel M_2))$
$\mathbf{T}_l(\mathbf{PK}.\texttt{seed}, \mathrm{ADRS}, M_l)$	$\mathrm{Trunc}_n(\texttt{SHA-512}(\mathbf{PK}.\texttt{seed} \parallel \texttt{toByte}(0, 128-n) \parallel \mathrm{ADRS}^c \parallel M_l))$

9.2 SPHINCS$^+$ 的超树结构

每个 SPHINCS$^+$ 实例对应一个由大量相同高度的完美二叉树构成的超树结构. 这些完美二叉树按一定的规则分布在 d 层上. 此后, 令每个完美二叉树的高度为 h', 则这个超树结构的总高度为 $h = h'd$. 每一层中的每一个完美二叉树实际上是 XMSS 树的变种, 以下简称 XMSS 树. 每个 XMSS 树有 $2^{h'}$ 个叶子节点, 每个叶子节点的值为一个 WOTS$^+$ 实例的公钥像数组的 $\mathbf{T}_{\texttt{len}}$ 压缩值 (n 字节). 在这个超树结构中, 第 $d-1$ 层 (最顶层) 只有 $2^0=1$ 个 XMSS 树, 第 i 层有 $2^{h-(i+1)h'}$ 个 XMSS 树, 第 0 层 (最底层) 有 $2^{h-h'}$ 个 XMSS 树. 最底层的 XMSS 树共有 $2^{h-h'}\cdot 2^{h'}=2^h$ 个叶子节点, 它们的值分别对应 2^h 个 WOTS$^+$ 实例的公钥像数组的 $\mathbf{T}_{\mathtt{len}}$ 压缩值. 这 2^h 个 WOTS$^+$ 实例还对应了 2^h 个 FORS 实例 (见 9.5 节). 每个 FORS 实例对应一个 FORS 树, 其中包含 k 个高度为 a 的完美二叉树. 每个 FORS 实例可以给多个长度为 ka 比特的消息进行签名. 与 XMSS-MT 超树结构类似, 在 SPHINCS$^+$ 超树结构中, 除最顶层的那个 XMSS 树外, 第 i 层的任意一个 XMSS 树都对应第 $i+1$ 层的一个 XMSS 树的叶子节点. 更具体地, 第 i 层的第 j 个 XMSS 树 $\Phi_j^{(i)}$ 对应第 $i+1$ 层的第 j quo $2^{h'}$ 个 XMSS 树的第 $j \bmod 2^{h'}$ 个叶子节点. 令 $\mathtt{idx}\in\{0,\cdots,2^h-1\}$ 是最底层 XMSS 树全部叶子节点的索引,

$$
\begin{cases}\Psi=[\Phi_{j_0}^{(0)},\Phi_{j_1}^{(1)},\cdots,\Phi_{j_{d-2}}^{(d-2)},\Phi_{j_{d-1}}^{(d-1)}]\\ \varphi=[\mathtt{Leaf}(\Phi_{j_0}^{(0)},t_0),\mathtt{Leaf}(\Phi_{j_1}^{(1)},t_1),\cdots,\mathtt{Leaf}(\Phi_{j_{d-1}}^{(d-1)},t_{d-1})]\end{cases}, \tag{9.1}
$$

且 $j_{d-1}=0$, $j_0=\mathtt{idx}$ quo $2^{h'}$, $j_{k+1}=j_k$ quo $2^{h'}$ $(0\leqslant k<d)$, $t_0=\mathtt{idx} \bmod 2^{h'}$, $t_{k+1}=j_k \bmod 2^{h'}$. 则称 Ψ 是由第 idx 个末梢叶子节点激活的 XMSS 树链, 而称 φ 为第 idx 个末梢叶子节点激活的 XMSS 叶子节点链.

一个 SPHINCS$^+$ 实例的私钥为 $(\mathbf{SK}.\mathtt{seed},\mathbf{SK}.\mathtt{prf},\mathbf{PK}.\mathtt{root},\mathbf{PK}.\mathtt{seed})\in\mathbb{B}^n\times\mathbb{B}^n\times\mathbb{B}^n\times\mathbb{B}^n$, 公钥为 $(\mathbf{PK}.\mathtt{root},\mathbf{PK}.\mathtt{seed})\in\mathbb{B}^n\times\mathbb{B}^n$, 其中 $\mathbf{SK}.\mathtt{seed}$ 和 $\mathbf{SK}.\mathtt{prf}$ 是秘密的, $\mathbf{PK}.\mathtt{root}$ 是最顶层的 XMSS 树的根节点的值, $\mathbf{PK}.\mathtt{seed}$ 为一个公开的随机种子. 使用一个 SPHINCS$^+$ 实例对某一消息 $\mathsf{msg}\in\mathbb{F}_2^*$ 进行签名的大致流程如下. 首先, 计算

$$
\begin{cases}\mathbf{R}=\mathbf{PRF}_{\mathtt{MSG}}(\mathbf{SK}.\mathtt{prf},\mathtt{optRand},\mathsf{msg})\\ \mathtt{digest}=\mathbf{H}_{\mathtt{MSG}}(\mathbf{R},\mathbf{PK}.\mathtt{seed},\mathbf{PK}.\mathtt{root},\mathsf{msg})\end{cases},
$$

其中, optRand 的值为 $\mathbf{PK}.\mathtt{seed}$ 或一个新鲜的随机数, 在前一种情况下, SPHINCS$^+$ 为一个确定性签名, 即对同一个消息进行签名得到的签名值是一样的. 然后, 将 m 字节的 digest 分成长度为 $\left\lceil\frac{k\cdot a}{8}\right\rceil$ 字节、$\left\lceil\frac{h-h'}{8}\right\rceil$ 字节和 $\left\lceil\frac{h'}{8}\right\rceil$ 字节的 3 段. 取第 1 段的前 ka 比特记为 md, 第 2 段的后 $h-h'$ 比特记为 idxTree, 第 3 段的后 h' 比特记为 idxLeaf. 设第 0 层的第 idxTree 个 XMSS 树的第 idxLeaf 个叶子节点激活的 XMSS 树链和 XMSS 叶子节点链如方程 (9.1) 所示, 且 $j_0=\mathtt{idxTree}$, $t_0=\mathtt{idxLeaf}$. 接下来, 用 $\Phi_{j_0}^{(0)}$ 的第 t_0 个叶子节点对应的 FORS 实例对 md 进行签名. 然后用 $\Phi_{j_0}^{(0)}$ 的第 t_0 个叶子节点产生上述 FORS 实例的公钥的签名, 再用 $\Phi_{j_1}^{(1)}$ 的第 t_1 个叶子节点产生 $\Phi_{j_0}^{(0)}$ 的根的签名, $\cdots$, 用 $\Phi_{j_{d-2}}^{(d-2)}$ 的第 t_{d-2} 个叶子节点产生 $\Phi_{j_{d-3}}^{(d-3)}$ 的根的签名, 最后, 用 $\Phi_{j_{d-1}}^{(d-1)}$ 的第 t_{d-1} 个叶子节点产生 $\Phi_{j_{d-2}}^{(d-2)}$ 的

根的签名. 消息 msg 的 SPHINCS$^+$ 签名包含上述 1 个 FORS 签名和 d 个 XMSS 签名. 图 9.1 给出了一个总高度为 9、层数为 3 的 SPHINCS$^+$ 的超树结构中由第 0 层

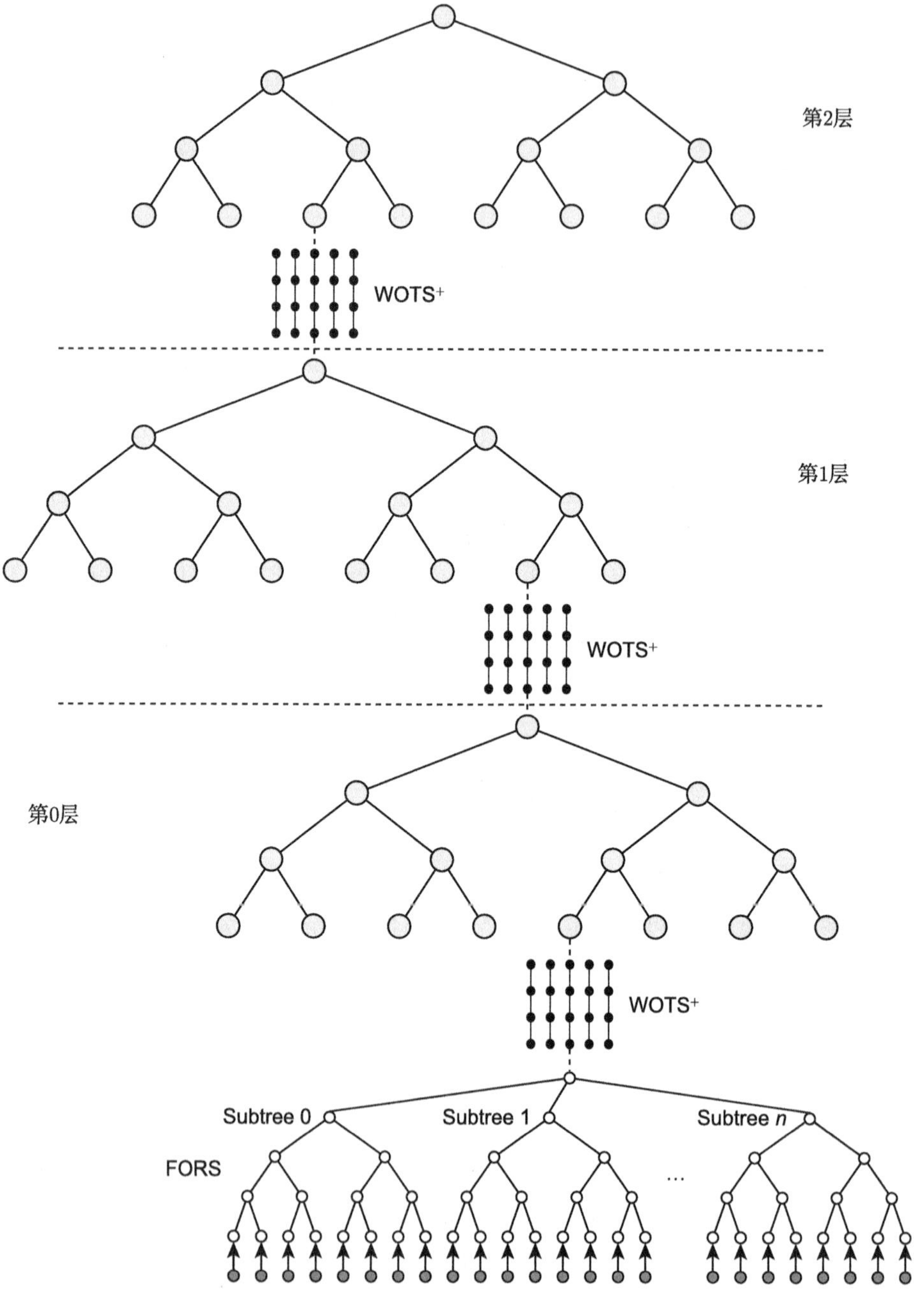

图 9.1　SPHINCS$^+$ 超树结构

第 22 个 XMSS 树的第 4 个叶子节点激活的 XMSS 树序列, 该 SPHINCS$^+$ 实例使用的 FORS 实例的参数为 $k = 3$ 和 $t = 2^a = 2^3 = 8$.

9.3 ADRS 数据结构

在使用相关函数计算 SPHINCS$^+$ 超树结构中的数据元素时, 地址 ADRS 会作为相关函数的输入使用. ADRS 标识了当前函数所计算出的数据元素在 SPHINCS$^+$ 超树中所处的位置. 地址 ADRS 的大小为 32 字节, 根据其类型 (addrType) 的不同, 我们共有 7 种地址. 这 7 种类型的 ADRS 共有的字段有 3 个, 即 layerAddr, treeAddr 和 addrType. layerAddr 占 1 字节的空间, 标识所计算的数据元素所在的层数, 取值范围为 $\{0, 1, \cdots, d-1\}$. treeAddr 占 3 字节的空间, 若所计算的数据元素在第 i 层, 则 treeAddr 的取值范围为 $\{0, 1, \cdots, 2^{h-(i+1)h'} - 1\}$, 标识了所计算的数据元素在第 i 层中的哪个 XMSS 树中. addrType 占 1 字节的空间, 标识了 ADRS 的类型, 取值范围为 $\{\texttt{WOTS\_HAHS} = 0, \texttt{WOTS\_PK} = 1, \texttt{TREE} = 2, \texttt{FORS\_TREE} = 3, \texttt{FORS\_ROOTS} = 4, \texttt{WOTS\_PRF} = 5, \texttt{FORS\_PRF} = 6\}$, 其中 WOTS_HAHS $= 0$ 表示 WOTS$^+$ 杂凑地址, 如图 9.2 所示. WOTS_PRF $= 5$ 表示 WOTS$^+$ 私钥生成地址, 如图 9.3 所示. WOTS_PK $= 1$ 表示 WOTS$^+$ 公钥压缩地址, 如图 9.4 所示. TREE $= 2$ 表示 XMSS 树杂凑地址, 如图 9.5 所示. FORS_TREE $= 3$ 表示 FORS 树杂凑地址, 如图 9.6 所示. FORS_PRF $= 6$ 表示 FORS 私钥生成地址, 如图 9.7 所示. FORS_ROOTS $= 4$ 表示 FORS 树根节点压缩地址, 如图 9.8 所示.

如图 9.2 所示, WOTS$^+$ 杂凑地址的 addrType $=$ WOTS_HASH $= 0$, 该地址在生成 WOTS$^+$ 实例的公钥中计算哈希链调用 **F** 时被使用 (见算法 55 第 1 行和第 5 行). keyPairAddr 标识了该 WOTS$^+$ 实例对应于 XMSS 树的哪一个叶子节点, 其取值范围为 $\{0, 1, \cdots, 2^{h'} - 1\}$. chainAddr 确定了目前计算的是哪一条哈希链, 其取值范围为 $\{0, 1, \cdots, \texttt{len} - 1\}$. hashAddr 标识了 **F** 是作用于当前哈希链中的第几个节点, 其取值范围为 $\{0, 1, \cdots, w-2\}$.

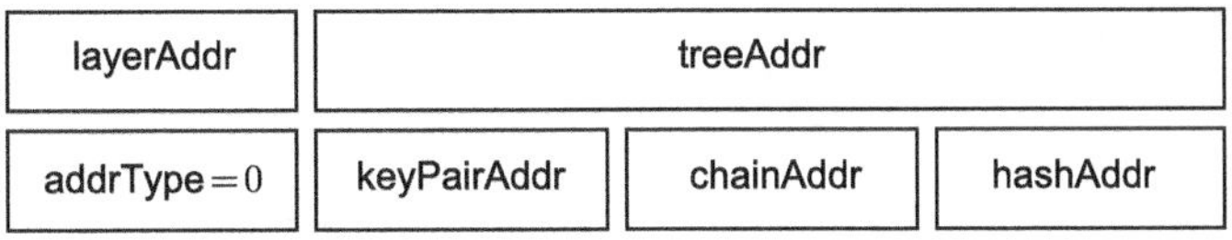

图 9.2 WOTS$^+$ 杂凑地址

如图 9.3 所示, WOTS$^+$ 私钥生成地址的 addrType $=$ WOTS_PRF $= 5$, 该地址在通过 SPHINCS$^+$ 私钥中的秘密种子 **SK**.seed 生成 WOTS$^+$ 实例的秘密原像数组中的秘密原像时作为 **PRF** 的输入使用 (见算法 56 第 3 行和第 7 行), keyPairAddr 标识了该 WOTS$^+$ 实例对应于 XMSS 树的哪一个叶子节点, 其取值范

围为 $\{0,1,\cdots,2^{h'}-1\}$. chainAddr 确定了目前计算的是哪一条哈希链, 其取值范围为 $\{0,1,\cdots,\mathtt{len}-1\}$. hashAddr 则为常数 0.

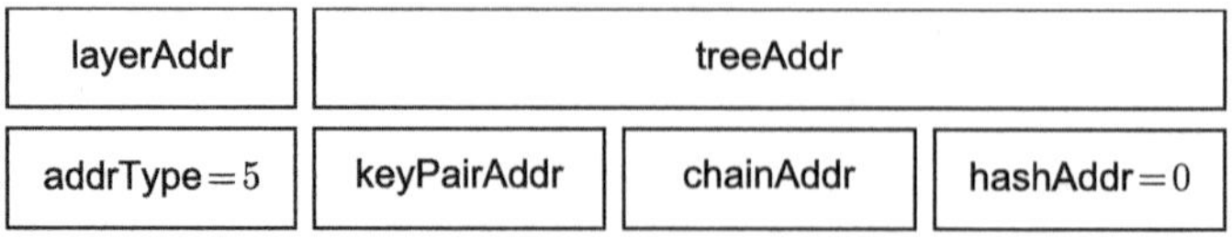

图 9.3 WOTS$^+$ 私钥生成地址

如图 9.4 所示, WOTS$^+$ 公钥压缩地址的 addrType = WOTS_PK = 1. 该地址在对 WOTS$^+$ 实例哈希链的终点节点 (公钥像数组) 进行压缩从而形成该实例对应的 XMSS 树叶子节点时作为 $\mathbf{T}_{\mathtt{len}}$ 的输入使用 (见算法 56 第 10 行和第 12 行). keyPairAddr 标识了该 WOTS$^+$ 实例对应于子树的哪一个叶子节点, 其取值范围为 $\{0,1,\cdots,2^{h'}-1\}$.

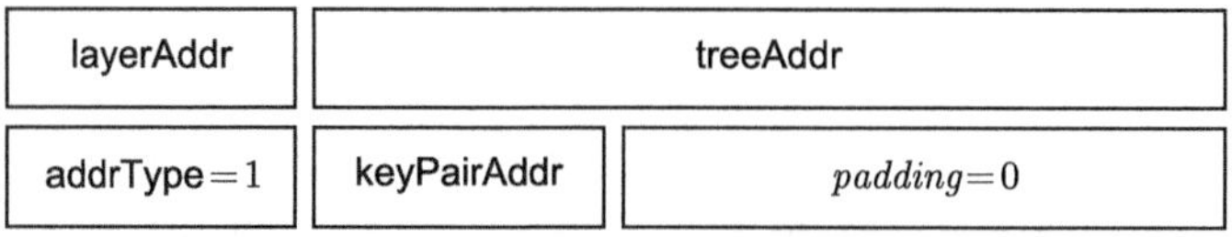

图 9.4 WOTS$^+$ 公钥压缩地址

如图 9.5 所示, XMSS 树杂凑地址的 addrType = TREE = 2. 该地址在构建 SPHINCS$^+$ 超树结构中的 XMSS 树时作为 $\mathbf{H}$ 的输入使用 (见算法 62 第 8 行和第 11 行). treeHeight 标识了被计算的节点的高度, 其取值范围为 $\{1,\cdots,h'\}$(高度为 0 的叶子节点不是通过调用 $\mathbf{H}$ 计算出来的), 根节点的高度为 h'. treeIndex 标识了被计算的节点处于它所在的高度中所有节点的相对位置, 其取值范围为 $\{0,\cdots,2^{h'-\hbar}\}$, 其中 $\hbar$ 是当前被计算的节点的高度.

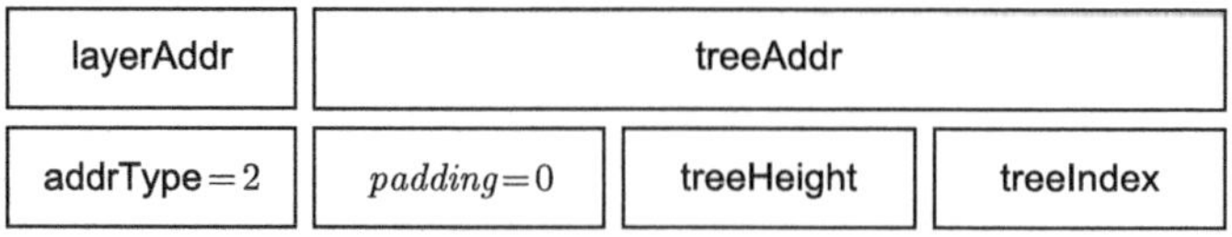

图 9.5 XMSS 树杂凑地址

如图 9.6 所示, FORS 树杂凑地址的 addrType = FORS_TREE = 3. 该地址在计算 FORS 实例对应的 FORS 树时作为 $\mathbf{H}$ 的输入使用 (见算法 59 第 1 行和第 12 行). 注意, 一个参数为 k 和 $t=2^a$ 的 FORS 树实际上包含 k 个高度为 a 的完美二叉树. keyPairAddr 标识了该 FORS 实例对应于 XMSS 树的哪一个叶子节点, 其取值范围为 $\{0,1,\cdots,2^{h'}-1\}$(其意义与 WOTS$^+$ 公钥压缩地址中的 keyPairAddr 一致). treeHeight 标识了被计算的节点的高度, 其取值范围为 $\{1,2,\cdots,a\}$, 其中叶子节点的高度为 0, 根节点的高度为 a. 因为 FORS 树中包含 k 个高度为 a 的完美二叉树, 因此高度为 b 的节点共有 $k\cdot 2^{a-b}$ 个. treeIndex 标识了被计算的节点处于它所在的高度中所有节点的相对位置, 其取值范围为 $\{0,\cdots,k\cdot 2^{a-b}-1\}$, 其中 b 是当前被计算的节点的高度. 最后, FORS 树杂凑地址的 layerAddr 为 0, treeAddr 的取值范围为 $\{0,\cdots,2^{h-h'}-1\}$.

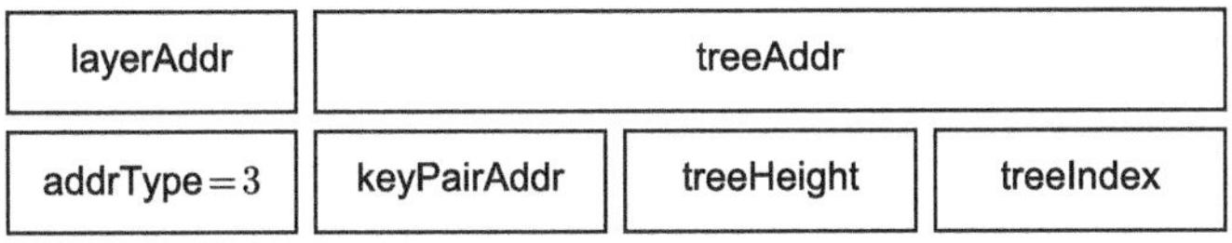

图 9.6 FORS 树杂凑地址

如图 9.7 所示, FORS 私钥生成地址在生成 FORS 实例的私钥元素时作为 **PRF** 的输入使用. keyPairAddr 标识了该 FORS 实例对应于 XMSS 树的哪一个叶子节点, 其取值范围为 $\{0,1,\cdots,2^{h'}-1\}$(其意义与 WOTS$^+$ 公钥压缩地址中的 keyPairAddr 一致). 因为 FORS 树中包含 k 个高度为 a 的完美二叉树, 所以共有 $k\cdot 2^a$ 个叶子节点. treeIndex 标识了 FORS 私钥元素对应的叶子节点的相对位置, 其取值范围为 $\{0,\cdots,k\cdot 2^a-1\}$. 最后, FORS 私钥生成地址的 layerAddr 为 0, treeAddr 的取值范围为 $\{0,\cdots,2^{h-h'}-1\}$.

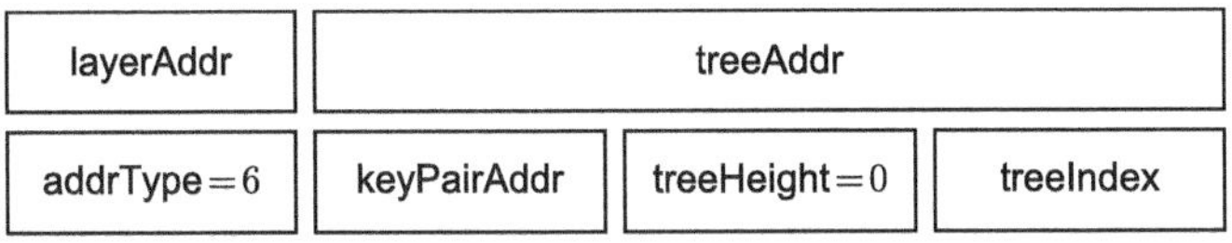

图 9.7 FORS 私钥生成地址

如图 9.8 所示, FORS 树根节点压缩地址的 addrType = FORS_ROOTS. 该地址在通过 FORS 树中的 k 个根节点计算 FORS 的公钥时作为 $\mathbf{T}_k$ 的输入使用 (见算法 61 第 19 行和第 21 行). keyPairAddr 与 FORS 私钥生成地址中 keyPairAddr 的意义一致. 最后, FORS 树根节点压缩地址的 layerAddr 为 0, treeAddr 的取值范围为 $\{0,\cdots,2^{h-h'}-1\}$.

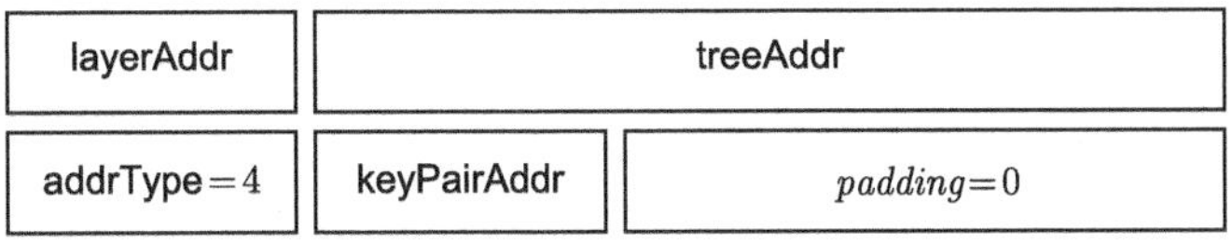

图 9.8 FORS 树根节点压缩地址

我们可以利用 ADRS 数据结构或压缩 ADRS数据结构中成员函数访问 ADRS

或压缩 ADRS 数据结构的字段, 具体细节见表 9.5 和表 9.6.

表 9.5　ADRS 数据结构的成员函数及函数功能

成员函数	函数功能
ADRS.setLayerAddress(i)	ADRS ← toByte(i, 4) ‖ ADRS[4 : 32]
ADRS.setTreeAddress(i)	ADRS ← ADRS[0 : 4] ‖ toByte(i, 12) ‖ ADRS[16 : 32]
ADRS.setTypeAndClear(Y)	ADRS ← ADRS[0 : 16] ‖ toByte(Y, 4) ‖ toByte(0, 12)
ADRS.setKeyPairAddress(i)	ADRS ← ADRS[0 : 20] ‖ toByte(i, 4) ‖ ADRS[24 : 32]
ADRS.setChainAddress(i)	ADRS ← ADRS[0 : 24] ‖ toByte(i, 4) ‖ ADRS[28 : 32]
ADRS.setTreeHeight(i)	ADRS ← ADRS[0 : 24] ‖ toByte(i, 4) ‖ ADRS[28 : 32]
ADRS.setHashAddress(i)	ADRS ← ADRS[0 : 28] ‖ toByte(i, 4)
ADRS.setTreeIndex(i)	ADRS ← ADRS[0 : 28] ‖ toByte(i, 4)
i ← ADRS.getKeyPairAddress()	i ← toInt(ADRS[20 : 24], 4)
i ← ADRS.getTreeIndex()	i ← toInt(ADRS[28 : 32], 4)

表 9.6　压缩 ADRS 数据结构的成员函数及函数功能

成员函数	函数功能
ADRS.setLayerAddress(i)	ADRS ← toByte(i, 1) ‖ ADRS[1 : 22]
ADRS.setTreeAddress(i)	ADRS ← ADRS[0 : 1] ‖ toByte(i, 8) ‖ ADRS[9 : 22]
ADRS.setTypeAndClear(Y)	ADRS ← ADRS[0 : 9] ‖ toByte(Y, 1) ‖ toByte(0, 12)
ADRS.setKeyPairAddress(i)	ADRS ← ADRS[0 : 10] ‖ toByte(i, 4) ‖ ADRS[14 : 22]
ADRS.setChainAddress(i)	ADRS ← ADRS[0 : 14] ‖ toByte(i, 4) ‖ ADRS[18 : 22]
ADRS.setTreeHeight(i)	ADRS ← ADRS[0 : 14] ‖ toByte(i, 4) ‖ ADRS[18 : 22]
ADRS.setHashAddress(i)	ADRS ← ADRS[0 : 18] ‖ toByte(i, 4)
ADRS.setTreeIndex(i)	ADRS ← ADRS[0 : 18] ‖ toByte(i, 4)
i ← ADRS.getKeyPairAddress()	i ← toInt(ADRS[10 : 14], 4)
i ← ADRS.getTreeIndex()	i ← toInt(ADRS[18 : 22], 4)

9.4　一次性签名算法 WOTS$^+$

在 SPHINCS$^+$ 超树结构中, 每个 XMSS 树的叶子节点对应一个 WOTS$^+$ 一次性签名实例. WOTS$^+$ 一次性签名的原理与 4.2 节介绍的 Winternitz 签名类似. WOTS$^+$ 包括以下系统参数: 安全参数 n, 也是 XMSS 树和 FORS 树中一个节点的字节数和 WOTS$^+$ 秘密原像数组中一个秘密原像元素的字节数, Winternitz 参数 $w = 16$, WOTS$^+$ 秘密原像数组中 n 字节秘密原像元素的个数 len, 其中 $\mathtt{len} = \mathtt{len}_1 + \mathtt{len}_2$, 且

$$\mathtt{len}_1 = \frac{8n}{\log_2(w)}, \qquad \mathtt{len}_2 = \left\lfloor \frac{\log_2((w-1)\cdot \mathtt{len}_1)}{\log_2(w)} \right\rfloor + 1.$$

WOTS$^+$ 公私钥对生成方法　WOTS$^+$ 公钥的生成过程见算法 56, 由于 WOTS$^+$ 的公钥是通过其私钥 (秘密原像数组) 生成的, 因此算法 56 也隐含了 WOTS$^+$ 私钥的

生成过程. 一个 WOTS$^+$ 实例的私钥包含 len 个通过伪随机方式生成的 n 字节秘密原像元素, 我们称其为秘密原像数组. 如算法 56 第 5 行至第 9 行所示, 第 i 个秘密原像元素的值为 **PRF**(**PK**.seed, **SK**.seed, ADRS), 其中 ADRS 的 addrType 值为 WOTS_PRF = 5, chainAddr 的值为 i. 通过这 len 个秘密原像元素可以构造 len 条哈希链, 每个哈希链有 w 个 n 字节的节点. 第 i 条哈希链的初始节点 (第 0 节点) 即 WOTS$^+$ 秘密原像数组的第 i 个秘密原像元素. 令这条哈希链中第 j 个节点的值为 $y_i^{(j)}$, 则这条链中的第 $j+1$ 个节点的值为

$$y_i^{(j+1)} = \mathbf{F}(\mathbf{PK}.\mathsf{seed}, \mathrm{ADRS}, y_i^{(j)}),$$

其中 ADRS 的 addrType 值为 WOTS_HASH = 0, chainAddr 的值为 i, hashAddr 的值为 j. 我们称这 len 条链的最后一个节点为该 WOTS$^+$ 实例的公钥像元素, len 条哈希链的 len 个像构成的数组称为 WOTS$^+$ 公钥像数组. 令这 len 个公钥像元素为 $y_0^{(w-1)}, \cdots, y_{\mathtt{len}-1}^{(w-1)}$, 则该 WOTS$^+$ 实例的公钥为

$$pk_{\mathtt{WOTS+}} = \mathbf{T}_{\mathtt{len}}(\mathbf{PK}.\mathsf{seed}, \mathrm{ADRS}, y_0^{(w-1)} \parallel \cdots \parallel y_{\mathtt{len}-1}^{(w-1)}),$$

其中 ADRS 的 addrType 值为 1. 这个公钥对应一个 XMSS 树的叶子节点.

算法 56: pkGen$_{\mathtt{WOTS+}}$(**SK**.seed, **PK**.seed, ADRS)

Input: 私钥秘密种子 **SK**.seed、公钥公开种子 **PK**.seed、地址 ADRS
Output: n 字节 WOTS$^+$ 公钥像数组的压缩值

1 **ASSERT** ADRS.addrType = WOTS_Hash
2 skADRS ← ADRS
3 skADRS.setTypeAndClear(WOTS_PRF)
4 skADRS.setKeyPairAddress(ADRS.getKeyPairAddress())
5 **for** $i = 0, \cdots, \mathtt{len}-1$ **do**
6 　skADRS.setChainAddress(i)
7 　sk ← **PRF**(**PK**.seed, **SK**.seed, skADRS)
8 　ADRS.setChainAddress(i)
9 　$tmp[i]$ ← chain($sk, 0, w-1$, **PK**.seed, ADRS)
10 skADRS ← ADRS skADRS.setTypeAndClear(WOTS_PK)
11 skADRS.setKeyPairAddress(ADRS.getKeyPairAddress())
12 pk ← $\mathbf{T}_{\mathtt{len}}$(**PK**.seed, skADRS, tmp)
13 **return** pk

WOTS$^+$ 签名 WOTS$^+$ 的签名过程见算法 57. 一个 WOTS$^+$ 实例可以给一个长度为 n 字节的消息 md 进行签名. 令 md $\in \mathbb{B}^n$, 首先把 md 分成 $\log_2(w)$ 比特

的 $\texttt{len}_1 = 8n/\log_2(w)$ 段, 每一段代表一个介于 0 到 $w-1$ 之间的整数, 这 $\texttt{len}_1$ 个整数记为 $\mathsf{m}[0], \cdots, \mathsf{m}[\texttt{len}_1 - 1]$. 根据这 $\texttt{len}_1$ 个整数, 可计算一个校验值

$$\mathsf{csum} = \sum_{i=0}^{\texttt{len}_1 - 1} (w - 1 - \mathsf{md}[i]).$$

类似地, 我们把 csum 看成一个 $\texttt{len}_2 \cdot \log_2(w)$ 比特的数据, 将其分成 $\texttt{len}_2$ 段, 每一段代表一个介于 0 到 $w-1$ 之间的整数, 这 $\texttt{len}_2$ 个整数记为 $\mathsf{m}[\texttt{len}_1], \cdots, \mathsf{m}[\texttt{len}_1 + \texttt{len}_2 - 1]$. 这样一共得到了 $\texttt{len} = \texttt{len}_1 + \texttt{len}_2$ 个整数,

$$\mathsf{m}[0], \cdots, \mathsf{m}[\texttt{len}_1 - 1], \mathsf{m}[\texttt{len}_1], \cdots, \mathsf{m}[\texttt{len}_1 + \texttt{len}_2 - 1].$$

那么, 消息 md 的签名包括 len 个 n 字节元素: 第 0 个哈希链的第 $\mathsf{m}[0]$ 个元素、第 1 个哈希链的第 $\mathsf{m}[1]$ 个元素、$\cdots$、第 $\texttt{len} - 1$ 个哈希链的第 $\mathsf{m}[\texttt{len} - 1]$ 个元素. 最后我们指出, 通过一个消息的 WOTS$^+$ 签名, 可以计算出 WOTS$^+$ 的公钥.

算法 57: $\texttt{Sign}_{\texttt{WOTS+}}(M, \mathbf{SK}.\mathsf{seed}, \mathbf{PK}.\mathsf{seed}, \mathrm{ADRS})$

Input: 消息 M、私钥秘密种子 **SK**.seed、公钥公开种子 **PK**.seed、地址 ADRS
Output: WOTS$^+$ 签名 $\sigma_{\texttt{WOTS+}}$

$csum \leftarrow 0$
$\mathsf{msg} \leftarrow \texttt{base}_{2^b}(M, \log_2(w), \texttt{len}_1)$
for $i = 0, \cdots, \texttt{len}_1 - 1$ **do**
　$csum \leftarrow csum + w - 1 - \mathsf{msg}[i]$
$csum \leftarrow csum \ll ((8 - ((\texttt{len}_2 \cdot \log_2(w)) \bmod 8)) \bmod 8)$
$\mathsf{msg} \leftarrow \mathsf{msg} \parallel \texttt{base}_{2^b}\left(\texttt{toByte}\left(csum, \left\lceil \frac{\texttt{len}_2 \cdot \log_2(w)}{8} \right\rceil\right), \log_2(w), \texttt{len}_2\right)$
$\mathsf{skADRS} \leftarrow \mathrm{ADRS}$
skADRS.setTypeAndClear(WOTS_PK)
skADRS.setKeyPairAddress(ADRS.getKeyPairAddress())
for for $i = 0, \cdots, \texttt{len} - 1$ **do**
　skADRS.setChainAddress(i)
　$sk \leftarrow \mathbf{PRF}(\mathbf{PK}.\mathsf{seed}, \mathbf{SK}.\mathsf{seed}, \mathsf{skADRS})$
　ADRS.setChainAddress(i)
　$sig[i] \leftarrow \texttt{chain}(sk, 0, msg[i], \mathbf{PK}.\mathsf{seed}, \mathrm{ADRS})$
return sig

9.5 无状态多次签名算法 FORS

FORS (Forest of Random Subset) 是一种多次签名方案, 其安全强度随着签名次数的增多逐渐降低, 其基本原理已在 6.2 节进行了介绍.

9.5.1 FORS 的私钥和公钥

参数为 $n, k, t = 2^a$ 的 FORS 实例的私钥 $sk_{\texttt{FORS}} = (sk_{\texttt{FORS}}[0], \cdots, sk_{\texttt{FORS}}[kt-1])$ 包含 kt 个 n 字节的元素 (第 0 个元素到第 $kt-1$ 个元素), 其生成过程如算法 58 所示, 第 $j \in \{0, \cdots, kt-1\}$ 个元素的值为

$$sk_{\texttt{FORS}}[j] = \mathbf{PRF}(\mathbf{PK}.\texttt{seed}, \mathbf{SK}.\texttt{seed}, \text{ADRS}),$$

其中 ADRS 的 addrType 值为 FORS_PRF = 6, treeIndex 的值为 j. 这 kt 个元素被分成 k 组, 第 0 个元素到第 $t-1$ 个元素为第 0 组, 第 it 个元素到第 $(i+1)t-1$ 个元素为第 i 组, 第 $(k-1)t$ 个元素到第 $kt-1$ 个元素为第 $k-1$ 组. 如图 9.9 所示, 利用这 kt 个元素, 可以得到 kt 个叶子节点, 其中第 j 个叶子节点的值为 $\mathbf{F}(\mathbf{PK}.\texttt{seed}, \text{ADRS}, sk_{\texttt{FORS}}[j])$. 类似地, 这 kt 个叶子节点也可以分成 k 组, 每一组中共有 $t = 2^a$ 个叶子节点. 基于每组的 $t = 2^a$ 个叶子节点可以构造一个高度为 a 的完美二叉树, 其各 (非叶子) 节点的计算规则如算法 59 所示, 若 $node$ 为 $lnode$ 和 $rnode$ 的父节点, 则

$$node = \mathbf{H}(\mathbf{PK}.\texttt{seed}, \text{ADRS}, lnode \parallel rnode).$$

设这 k 个树的根节点为 $\texttt{root}_0^{\texttt{FORS}}, \cdots, \texttt{root}_{k-1}^{\texttt{FORS}}$, 则这个 FORS 实例的公钥为

$$\mathbf{T}_k(\mathbf{PK}.\texttt{seed}, \text{ADRS}, \texttt{root}_0^{\texttt{FORS}} \parallel \cdots \parallel \texttt{root}_{k-1}^{\texttt{FORS}}).$$

注意, 在 NIST FIPS 205 标准中, 没有给出一个专门用于生成 FORS 公钥的算法, FORS 公钥的生成过程是隐含在算法 61 中的.

算法 58: $\texttt{skGen}_{\texttt{FORS}}(\mathbf{SK}.\texttt{seed}, \mathbf{PK}.\texttt{seed}, \text{ADRS}, j)$

Input: 私钥秘密种子 **SK**.seed、公钥公开种子 **PK**.seed、地址 ADRS、密钥索引 j
Output: n 字节密钥元素

```
skADRS ← ADRS
skADRS.setTypeAndClear(FORS_PRF)
skADRS.setKeyPairAddress(ADRS.getKeyPairAddress())
skADRS.setTreeIndex(j)
return PRF(PK.seed, SK.seed, skADRS)
```

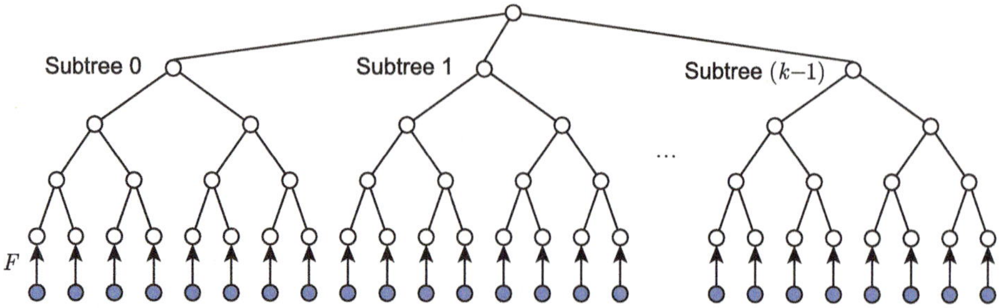

图 9.9 FORS 树

算法 59: $\texttt{node}_{\texttt{FORS}}$(**SK**.seed, i, z, **PK**.seed, ADRS)

Input: 私钥秘密种子 **SK**.seed、目标节点索引 i、目标节点高度 z、公钥公开种子 **PK**.seed、地址 ADRS

Output: n 字节 FORS 树节点

ASSERT ADRS.addrType = FORS_HASH
if $z = 0$ **then**
  $sk \leftarrow \texttt{skGen}_{\texttt{FORS}}$(**SK**.seed, **PK**.seed, ADRS, i)
  ADRS.setTreeHeight(0)
  ADRS.setTreeIndex(i)
  $node \leftarrow$ **F**(**PK**.seed, ADRS, sk)
else
  $lnode \leftarrow \texttt{node}_{\texttt{FORS}}$(**SK**.seed, $2i$, $z-1$, **PK**.seed, ADRS)
  $rnode \leftarrow \texttt{node}_{\texttt{FORS}}$(**SK**.seed, $2i+1$, $z-1$, **PK**.seed, ADRS)
  ADRS.setTreeHeight(z)
  ADRS.setTreeIndex(i)
  $node \leftarrow$ **H**(**PK**.seed, ADRS, $lnode \parallel rnode$)
return $node$

9.5.2 FORS 的签名与验签

FORS 签名的生成过程如算法 60 所示. 一个参数为 $(n, k, t = 2^a)$ 的 FORS 实例可以对长度为 ka 比特的消息 m 进行签名. 令 $\mathsf{m} = (\mathsf{m}[0], \cdots, \mathsf{m}[k-1]) \in \mathbb{F}_2^{ka}$, 其中 $\mathsf{m}[j] \in \mathbb{F}_2^a$. 则签名包括该 FORS 实例的第 $\mathsf{m}[0], t+\mathsf{m}[1], \cdots, (k-1)t+\mathsf{m}[k-1]$ 个私钥元素, 以及这 k 个私钥元素相对于该 FORS 实例的公钥的认证路径. 例如, 图 9.10 给出了一个参数为 $n, k = 3, t = 2^3$ 的 FORS 实例对消息 $\mathsf{m} = (2, 6, 4)$ 进行签名时需要给出的私钥元素和认证路径. 如算法 61 所示, 由消息 m 的签名, 可以通过公钥计算出相应 FORS 实例的公钥. 由于在 SPHINCS$^+$ 签名的过程中,

需要利用 SPHINCS$^+$ 超树结构中最底层的 XMSS 树对 FORS 实例的公钥进行签名 (图 9.11), 因此需要在签名算法中计算 FORS 实例的公钥. 由于通过 FORS 签名计算 FORS 公钥比通过 FORS 的私钥计算 FORS 公钥更容易, 因此在 SPHINCS$^+$ 签名算法 65 中是通过调用算法 61 来计算 FORS 公钥的 (见算法 65 第 14 行). $\mathbf{SIG}_{\texttt{FORS}}$ 的结构如图 9.12 所示.

算法 60: $\texttt{sign}_{\texttt{FORS}}(\mathsf{md}, \mathbf{SK}.\mathsf{seed}, \mathbf{PK}.\mathsf{seed}, \mathrm{ADRS})$

Input: $\lceil ka/8 \rceil$ 字节 md、私钥秘密种子 **SK**.seed、公钥公开种子 **PK**.seed、地址 ADRS

Output: md 的 FORS 签名 $\sigma_{\texttt{FORS}}$

$\sigma_{\texttt{FORS}} \leftarrow \mathrm{NULL}$

$indices \leftarrow \texttt{base}_{2^b}(\mathsf{md}, a, k)$

for $i = 0, \cdots, k-1$ **do**

    $\sigma_{\texttt{FORS}} \leftarrow \sigma_{\texttt{FORS}} \parallel \texttt{skGen}_{\texttt{FORS}}(\mathbf{SK}.\mathsf{seed}, \mathbf{PK}.\mathsf{seed}, \mathrm{ADRS}, i \cdot 2^a + indices[i])$

    for $j = 0, \cdots, a-1$ **do**

        $s \leftarrow \lfloor indices[i]/2^j \rfloor \oplus 1$

        $\texttt{Auth}[j] \leftarrow \texttt{node}_{\texttt{FORS}}(\mathbf{SK}.\mathsf{seed}, i \cdot 2^{a-j} + s, j, \mathbf{PK}.\mathsf{seed}, \mathrm{ADRS})$

    $\sigma_{\texttt{FORS}} \leftarrow \sigma_{\texttt{FORS}} \parallel \texttt{Auth}$

return $\sigma_{\texttt{FORS}}$

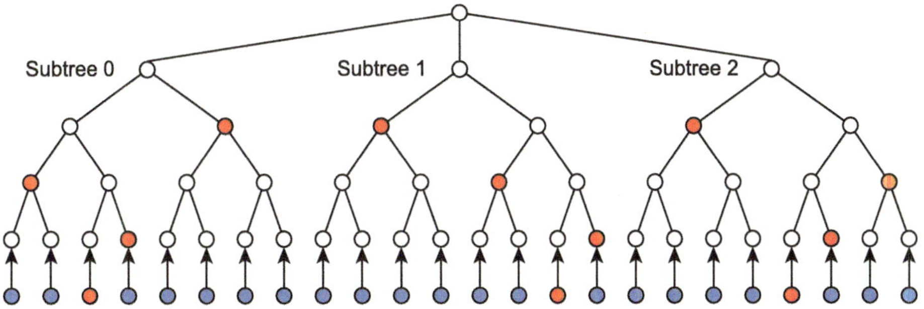

图 9.10 参数为 $n, k = 3, t = 2^3$ 的 FORS 实例

R (n 字节)
$\mathbf{SIG}_{\texttt{FORS}}$ ($k \cdot (a+1) \cdot n$ 字节)
$\mathbf{SIG}_{\texttt{HT}}$ ($(h + d \cdot \texttt{len}) \cdot n$ 字节)

图 9.11 SPHINCS$^+$ 签名的结构

Private key element for tree 0 (n 字节)
AUTH for tree 0 ($a \cdot n$ 字节)
… …
Private key element for tree $k-1$ (n 字节)
AUTH for tree 0 ($a \cdot n$ 字节)

图 9.12　FORS 签名结构

算法 61: pkFromSig$_{\text{FORS}}$(σ_{FORS}, md, **PK**.seed, ADRS)

Input: FORS 签名 σ_{FORS}、被签消息摘要 md、公钥公开种子 **PK**.seed、地址 ADRS
Output: FORS 公钥 pk_{FORS}

1　$indicies \leftarrow \text{base}_{2^b}(\text{md}, a, k)$
2　**for** $i = 0, \cdots, k-1$ **do**
3　　$sk \leftarrow \sigma_{\text{FORS}}.\text{getSK}(i)$
4　　$\text{ADRS.setTreeHeight}(0)$
5　　$\text{ADRS.setTreeIndex}(i \cdot 2^a + indices[i])$
6　　$node[0] \leftarrow \textbf{F}(\textbf{PK}.\text{seed}, \text{ADRS}, sk)$
7　　$\text{Auth} \leftarrow \sigma_{\text{FORS}}.\text{getAuth}(i)$
8　　**for** $j = 0, \cdots, a-1$ **do**
9　　　$\text{ADRS.setTreeHeight}(j+1)$
10　　　**if** $\lfloor indicies[i]/2^j \rfloor \bmod 2 = 0$ **then**
11　　　　$\text{ADRS.setTreeIndex}(\text{ADRS.getTreeIndex}()/2)$
12　　　　$node[1] \leftarrow \textbf{H}(\textbf{PK}.\text{seed}, \text{ADRS}, node[0] \parallel \text{Auth}[j])$
13　　　**else**
14　　　　$\text{ADRS.setTreeIndex}((\text{ADRS.getTreeIndex}() - 1)/2)$
15　　　　$node[1] \leftarrow \textbf{H}(\textbf{PK}.\text{seed}, \text{ADRS}, \text{Auth}[j] \parallel node[0])$
16　　　$node[0] \leftarrow node[1]$
17　　$root[i] \leftarrow node[0]$
18　forspkADRS $\leftarrow$ ADRS
19　forspkADRS.setTypeAndClear(FORS_ROOTS)
20　forspkADRS.setKeyPairAddress(ADRS.getKeyPairAddress())
21　$pk_{\text{FORS}} \leftarrow \textbf{T}_k(\textbf{PK}.\text{seed}, \text{forspkADRS}, root)$
22　**return** pk_{FORS}

9.6 XMSS 树的构造及 XMSS 签名的生成

SPHINCS$^+$ 超树结构中的每个 XMSS 树的节点是通过调用算法 62 计算出来的. 算法 62 是一个递归算法, 其中输入参数 i 和 z 完全确定了目标节点的位置, 即目标节点 (高度为 z, 从左向右数) 的第 i 个节点. 因此, 一定有 $0 \leqslant i < 2^{h'-z}$, $0 \leqslant z \leqslant h'$. 从算法 62 的第 4 行可以看出, 每个 XMSS 树的叶子节点 (高度为 0) 的节点是一个 WOTS$^+$ 实例的公钥像数组的压缩值. 根据算法 62 第 11 行, 若 $lnode$ 和 $rnode$ 分别为左、右兄弟节点, 则它们的父节点的值为 $node = \mathbf{H}(\mathbf{PK}.\mathtt{seed}, \mathrm{ADRS}, lnode \parallel rnode)$.

算法 62: xmssNode($\mathbf{SK}.\mathtt{seed}, i, z, \mathbf{PK}.\mathtt{seed}$, ADRS)

Input: 私钥秘密种子 $\mathbf{SK}.\mathtt{seed}$、目标节点索引 i、目标节点高度 z、公钥公开种子 $\mathbf{PK}.\mathtt{seed}$、地址 ADRS

Output: n 字节 XMSS 树节点

1 **if** $z = 0$ **then**
2 　ADRS.setTypeAndClear(WOTS_HASH)
3 　ADRS.setKeyPairAddress(i)
4 　$node \leftarrow$ pkGen$_{\mathtt{WOTS}^+}$($\mathbf{SK}.\mathtt{seed}, \mathbf{PK}.\mathtt{seed}$, ADRS)
5 **else**
6 　$lnode \leftarrow$ xmssNode($\mathbf{SK}.\mathtt{seed}, 2i, z-1, \mathbf{PK}.\mathtt{seed}$, ADRS)
7 　$rnode \leftarrow$ xmssNode($\mathbf{SK}.\mathtt{seed}, 2i+1, z-1, \mathbf{PK}.\mathtt{seed}$, ADRS)
8 　ADRS.setTypeAndClear(TREE)
9 　ADRS.setTreeHeight(z)
10 　ADRS.setTreeIndex(i)
11 　$node \leftarrow \mathbf{H}(\mathbf{PK}.\mathtt{seed}, \mathrm{ADRS}, lnode \parallel rnode)$
12 **return** $node$

在 SPHINCS$^+$ 中, 每个 XMSS 树组织了 $2^{h'}$ 个 WOTS$^+$ 实例, 每个 WOTS$^+$ 实例用于为一个 XMSS 树的根或者 FORS 树的根签名. 如图 9.13 所示, XMSS 签名包括一个 WOTS$^+$ 签名 ($\mathtt{len} \cdot n$ 字节) 和 h' 个 XMSS 树认证路径节点. 算法 63 给出了 XMSS 签名的生成过程. 若使用第 i 个叶子节点 (WOTS$^+$ 实例) 进行签名, 则认证路径包含了从第 i 个叶子节点到根节点路径上各节点的兄弟节点. 从算法 63 的第 2 行可以看出, 高度为 j 的第 $\lfloor \mathtt{idx}/2^j \rfloor$ 个节点在从第 idx 个叶子节点到根节点的认证路径上, 而其兄弟节点为高度为 j 的第 $\lfloor \mathtt{idx}/2^j \rfloor \oplus 1$ 个节点.

$\mathbf{SIG}_{\text{WOTS}^{+}}$ (len·n 字节)
The 0-th element of **AUTH** (n 字节)
……
The $(h'-1)$-th element of **AUTH** (n 字节)

图 9.13　XMSS 超树签名结构

算法 63: $\texttt{sign}_{\texttt{XMSS}}(M, \textbf{SK}.\texttt{seed}, \texttt{idx}, \textbf{PK}.\texttt{seed}, \text{ADRS})$

Input: n 字节消息 M、私钥密码种子 $\textbf{SK}.\texttt{seed}$、索引 $\texttt{idx}$、公钥公开种子 $\textbf{PK}.\texttt{seed}$、地址 ADRS

Output: XMSS 签名 $\sigma_{\texttt{XMSS}}$

for $j = 0, \cdots, h'-1$ **do**
　$k \leftarrow \lfloor \texttt{idx}/2^j \rfloor \oplus 1$
　$\texttt{Auth}[j] \leftarrow \texttt{xmssNode}(\textbf{SK}.\texttt{seed}, k, j, \textbf{PK}.\texttt{seed}, \text{ADRS})$
$\text{ADRS}.\texttt{setTypeAndClear}(\texttt{WOTS\_HASH})$
$\text{ADRS}.\texttt{setKeyPairAddress}(\texttt{idx})$
$\sigma_{\texttt{WOTS+}} \leftarrow \texttt{Sign}_{\texttt{WOTS+}}(M, \textbf{SK}.\texttt{seed}, \textbf{PK}.\texttt{seed}, \text{ADRS})$
$\sigma_{\texttt{XMSS}} \leftarrow \sigma_{\texttt{WOTS+}} \parallel \texttt{Auth}$
return $\sigma_{\texttt{XMSS}}$

9.7　超树签名的生成

超树签名的生成过程见算法 64. 超树签名的输入消息为一个 n 字节的 FORS 树的根 (即一个 FORS 实例的公钥). 令 $j_0 = \texttt{idxTree}$, $t_0 = \texttt{idxLeaf}$, 且

$$\begin{cases} \Psi = [\Phi_{j_0}^{(0)}, \Phi_{j_1}^{(1)}, \cdots, \Phi_{j_{d-2}}^{(d-2)}, \Phi_{j_{d-1}}^{(d-1)}] \\ \varphi = [\texttt{Leaf}(\Phi_{j_0}^{(0)}, t_0), \texttt{Leaf}(\Phi_{j_1}^{(1)}, t_1), \cdots, \texttt{Leaf}(\Phi_{j_{d-1}}^{(d-1)}, t_{d-1})] \end{cases}$$

是第 0 层第 idxTree 个 XMSS 树的第 idxLeaf 个叶子节点激活的 XMSS 树链和 XMSS 叶子节点链. 如图 9.14 所示, 一个超树签名包含 d 个 XMSS 签名, 其中第 0 个签名是由 $\Phi_{j_0}^{(0)}$ 的叶子节点 $\texttt{Leaf}(\Phi_{j_0}^{(0)}, t_0)$ 产生的消息 M 的 XMSS 签名 $\theta_{\texttt{XMSS}}(0)$, 第 1 个签名是由 $\Phi_{j_1}^{(1)}$ 的叶子节点 $\texttt{Leaf}(\Phi_{j_1}^{(1)}, t_1)$ 产生的 XMSS 树 $\Phi_{j_0}^{(0)}$ 的根的 XMSS 签名 $\theta_{\texttt{XMSS}}(1)$, $\cdots$, 第 $d-2$ 个签名是由 $\Phi_{j_{d-2}}^{(d-2)}$ 的叶子节点 $\texttt{Leaf}(\Phi_{j_{d-2}}^{(d-2)}, t_{d-2})$ 产生的 XMSS 树 $\Phi_{j_{d-3}}^{(d-3)}$ 的根的 XMSS 签名 $\theta_{\texttt{XMSS}}(d-2)$, 第 $d-1$ 个

签名是由 $\Phi_{j_{d-1}}^{(d-1)}$ 的叶子节点 $\texttt{Leaf}(\Phi_{j_{d-1}}^{(d-1)}, t_{d-1})$ 产生的 XMSS 树 $\Phi_{j_{d-2}}^{(d-2)}$ 的根的 XMSS 签名 $\theta_{\texttt{XMSS}}(d-2)$. 消息 M 的超树数字签名为

$$\sigma_{\texttt{HT}} = \theta_{\texttt{XMSS}}(0) \parallel \theta_{\texttt{XMSS}}(1) \parallel \cdots \parallel \theta_{\texttt{XMSS}}(d-1).$$

$\mathbf{SIG}_{\texttt{HT}}$ 的结构如图 9.14 所示.

$\mathbf{SIG}_{\text{XMSS}}$ for layer 0 $((h'+\texttt{len})\cdot n$ 字节)
$\mathbf{SIG}_{\text{XMSS}}$ for layer 1 $((h'+\texttt{len})\cdot n$ 字节)
……
$\mathbf{SIG}_{\text{XMSS}}$ for layer $d-1$ $((h'+\texttt{len})\cdot n$ 字节)

图 9.14 超树签名结构

算法 64: $\texttt{sign}_{\texttt{HT}}(M, \mathbf{SK}.\texttt{seed}, \mathbf{PK}.\texttt{seed}, \texttt{idxTree}, \texttt{idxLeaf})$

Input: 消息 $M \in \mathbb{F}_2^n$、私钥密码种子 $\mathbf{SK}.\texttt{seed}$、公钥公开种子 $\mathbf{PK}.\texttt{seed}$、XMSS 树索引 idxTree、叶子节点索引 idxLeaf

Output: 超树签名 $\sigma_{\texttt{HT}}$

ADRS $\leftarrow$ $\texttt{toByte}(0, 32)$
ADRS.$\texttt{setTreeAddress}(\texttt{idxTree})$
$\sigma_{\texttt{XMSS}} \leftarrow \texttt{sign}_{\texttt{XMSS}}(M, \mathbf{SK}.\texttt{seed}, \texttt{idxLeaf}, \mathbf{PK}.\texttt{seed}, \text{ADRS})$
$\sigma_{\texttt{HT}} \leftarrow \sigma_{\texttt{XMSS}}$
$root \leftarrow \texttt{pkFromSig}_{\texttt{XMSS}}(\texttt{idxLeaf}, \sigma_{\texttt{XMSS}}, \mathbf{PK}.\texttt{seed}, \text{ADRS})$
for $j = 1, \cdots, d-1$ **do**
  $\texttt{idxLeaf} \leftarrow \texttt{idxTree} \bmod 2^{h'}$
  $\texttt{idxTree} \leftarrow \texttt{idxTree} \gg h'$
  ADRS.$\texttt{setLayerAddress}(j)$
  ADRS.$\texttt{setTreeAddress}(\texttt{idxTree})$
  $\sigma_{\texttt{XMSS}} \leftarrow \texttt{sign}_{\texttt{XMSS}}(root, \mathbf{SK}.\texttt{seed}, \texttt{idxLeaf}, \mathbf{PK}.\texttt{seed}, \text{ADRS})$
  $\sigma_{\texttt{HT}} \leftarrow \sigma_{\texttt{HT}} \parallel \sigma_{\texttt{XMSS}}$
  if $j < d-1$ **then**
    $root \leftarrow \texttt{pkFromSig}_{\texttt{XMSS}}(\texttt{idxLeaf}, \sigma_{\texttt{XMSS}}, root, \mathbf{PK}.\texttt{seed}, \text{ADRS})$
return $\sigma_{\texttt{HT}}$

9.8 SPHINCS$^+$ 签名算法

令 SPHINCS$^+$ 的私钥和公钥为

$$\begin{cases}\mathbf{SK} = (\mathbf{SK}.\mathtt{seed}, \mathbf{SK}.\mathtt{prf}, \mathbf{PK}.\mathtt{seed}, \mathbf{PK}.\mathtt{root}) \\ \mathbf{PK} = (\mathbf{PK}.\mathtt{seed}, \mathbf{PK}.\mathtt{root})\end{cases},$$

其中 $\mathbf{SK}.\mathtt{seed}$, $\mathbf{SK}.\mathtt{prf}$ 和 $\mathbf{PK}.\mathtt{seed}$ 是独立生成的 n 字节随机数, $\mathbf{PK}.\mathtt{root}$ 是 SPHINCS$^+$ 超树结构中最顶层的 XMSS 树的根, 可由 $\mathbf{SK}.\mathtt{seed}$ 和 $\mathbf{PK}.\mathtt{seed}$ 计算得到, 计算过程如下. 首先, 生成 $2^{h'}$ 个 WOTS$^+$ 实例, 并以这 $2^{h'}$ 个 WOTS$^+$ 实例的公钥作为叶子节点构造一个高度为 h' 的 XMSS 树, 这个树的树根即为 $\mathbf{PK}.\mathtt{root}$. 注意, 在计算这个树中的数据元素时所使用的 ADRS 的 layerAddr 为 $d-1$.

SPHINCS$^+$ 签名生成过程如算法 65 所示, 其生成的数字签名的结构如图 9.11

算法 65: $\mathtt{signInternal}_{\mathtt{SLH}}(\mathsf{msg}, \mathbf{SK}, \mathsf{addrnd})$

Input: 消息 msg, 私钥 $\mathbf{SK} = (\mathbf{SK}.\mathtt{seed}, \mathbf{SK}.\mathtt{prf}, \mathbf{PK}.\mathtt{seed}, \mathbf{PK}.\mathtt{root})$, n 字节随机数 addrnd(可选参数)

Output: SLH-DSA 数字签名 σ

$\mathrm{ADRS} \leftarrow \mathtt{toByte}(0, 32)$

$\mathtt{optRand} \leftarrow \mathtt{addrnd}$

$\mathbf{R} \leftarrow \mathbf{PRF}_{\mathtt{MSG}}(\mathbf{SK}.\mathtt{prf}, \mathtt{optRand}, \mathbf{PK}.\mathtt{root}, \mathsf{msg})$

$\mathtt{digest} \leftarrow \mathbf{H}_{\mathtt{MSG}}(\mathbf{R}, \mathbf{PK}.\mathtt{seed}, \mathbf{PK}.\mathtt{root}, \mathsf{msg})$

$\mathsf{md} \leftarrow \mathtt{digest}[0 : \lceil k \cdot a/8 \rceil]$

$\mathtt{idxTree} \leftarrow \mathtt{digest}[\lceil k \cdot a/8 \rceil : \lceil k \cdot a/8 \rceil + \lceil (h-h')/8 \rceil]$

$\mathtt{idxLeaf} \leftarrow \mathtt{digest}[\lceil k \cdot a/8 \rceil + \lceil (h-h')/8 \rceil : \lceil k \cdot a/8 \rceil + \lceil (h-h')/8 \rceil + \lceil h'/8 \rceil]$

$\mathtt{idxTree} \leftarrow \mathtt{toInt}(\mathtt{idxTree}, \lceil (h-h')/8 \rceil) \bmod 2^{h-h'}$

$\mathtt{idxLeaf} \leftarrow \mathtt{toInt}(\mathtt{idxLeaf}, \lceil h'/8 \rceil) \mod 2^{h'}$

$\mathrm{ADRS}.\mathtt{setTreeAddress}(\mathtt{idxTree})$

$\mathrm{ADRS}.\mathtt{setTypeAndClear}(\mathtt{FORS\_TREE})$

$\mathrm{ADRS}.\mathtt{setKeyPairAddress}(\mathtt{idxLeaf})$

$\sigma_{\mathtt{FORS}} \leftarrow \mathtt{sign}_{\mathtt{FORS}}(\mathsf{md}, \mathbf{SK}.\mathtt{seed}, \mathbf{PK}.\mathtt{seed}, \mathrm{ADRS})$

$pk_{\mathtt{FORS}} \leftarrow \mathtt{pkFromSig}_{\mathtt{FORS}}(\sigma_{\mathtt{FORS}}, \mathsf{md}, \mathbf{PK}.\mathtt{seed}, \mathrm{ADRS})$

$\sigma_{\mathtt{HT}} \leftarrow \mathtt{sign}_{\mathtt{HT}}(pk_{\mathtt{FORS}}, \mathbf{SK}.\mathtt{seed}, \mathbf{PK}.\mathtt{seed}, \mathtt{idxLeaf})$

$\sigma \leftarrow \mathbf{R} \parallel \sigma_{\mathtt{FORS}} \parallel \sigma_{\mathtt{HT}}$

return σ

所示. 对一个消息 $\text{msg} \in \mathbb{F}_2^*$, 首先计算随机化因子 $\mathbf{R} = \mathbf{PRF}_{\texttt{MSG}}(\mathbf{SK}.\texttt{prf}, \texttt{optRand}, \text{msg})$. 其中, optRand 的值为 **PK**.seed 或一个新鲜的随机数. 在前一种情况下, SPHINCS$^+$ 为一个确定性签名. 然后, 计算消息 msg 的摘要 digest 和 md 为

$$\begin{cases} \texttt{digest} = \mathbf{H}_{\texttt{MSG}}(\mathbf{R}, \mathbf{PK}.\texttt{seed}, \mathbf{PK}.\texttt{root}, \text{msg}) \\ \text{md} = \texttt{digest}[0 : \lceil k \cdot a/8 \rceil] \end{cases}.$$

之后, 根据 digest 选择 SPHINCS$^+$ 超树结构中第 0 层 (最底层) 的一个 XMSS 树和它的一个叶子节点. 首先, 利用该叶子节点对应的 FORS 实例对 md 进行签名, 得到 $\sigma_{\texttt{FORS}}$. 然后, 再利用上述叶子节点激活的 XMSS 树链计算上述 FORS 实例公钥的超树签名 $\sigma_{\texttt{HT}}$. 最终, 消息 msg 的 SPHINCS$^+$ 签名为 $\sigma = \mathbf{R} \parallel \sigma_{\texttt{FORS}} \parallel \sigma_{\texttt{HT}}$.

令 $\sigma = \mathbf{R} \parallel \sigma_{\texttt{FORS}} \parallel \sigma_{\texttt{HT}}$ 是消息 msg 的一个合法 SPHINCS$^+$ 签名. 我们可以通过 msg, **R** 和 σ 计算出签名时所使用的 FORS 实例的公钥, 通过这个公钥和 $\mathbf{SIG}_{\mathbf{HT}}$ 可以计算出 SPHINCS$^+$ 实例的公钥. 因此, 通过和公钥中的 **PK**.root 进行对比便可以验证签名的合法性.

9.9 预哈希及 SLH-DSA 签名生成

在具体应用中, 我们有两种模式使用算法 65 对一个消息进行签名, 一种是常规模式 (算法 66), 另一种是预哈希 (Pre-Hash) 模式 (算法 67). 在实际实现中, 计算算法 66 中消息 M' 的过程并不是在运行 $\texttt{signInternal}_{\texttt{SLH}}(M', \mathbf{SK}, \texttt{addrnd})$ 的密码模块上执行的. 当执行 $\texttt{signInternal}_{\texttt{SLH}}(M', \mathbf{SK}, \texttt{addrnd})$ 的密码模块没有足够的内存处理过长的消息 M' 时, 可以采用如算法 67 所示的预哈希模式生成消息

算法 66: $\texttt{sign}_{\texttt{SLH}}(M, \texttt{ctx}, \mathbf{SK})$

Input: 消息 M、上下文字符串 ctx、私钥 **SK**

Output: SLH-DSA 数字签名 σ

```
if ||ctx||_B > 255 then
    return ⊥
addrnd ←$ B^n
if addrnd = NULL then
    return ⊥
M' ← toByte(0,1) || toByte(|ctx|,1) || ctx || M
σ ← signInternal_SLH(M', SK, addrnd)
return σ
```

的签名. 注意, 一般情况下, 算法 66 中的消息 M 本身就是应用层计算出来的摘要值, 此种情况无须采用预哈希模式进行签名.

算法 67: prehashSign$_{\mathtt{SLH}}(M, \mathtt{ctx}, \mathtt{PH}, \mathbf{SK})$

Input: 消息 M、上下文字符串 ctx、私钥 **SK**

Output: SLH-DSA 数字签名 σ

```
if ||ctx||_B > 255 then
    return ⊥
addrnd <-$- B^n
if addrnd = NULL then
    return ⊥
switch PH do
    case SHA-256 do
        OID ← toByte(text, 11)
        PH_M ← SHA-256(M)
    case SHA-512 do
        OID ← toByte(text, 11)
        PH_M ← SHA-512(M)
    case SHAKE128 do
        OID ← toByte(text, 11)
        PH_M ← SHAKE128(M)
    case SHAK256 do
        OID ← toByte(text, 11)
        PH_M ← SHAK256(M)
    case ··· do
        ···
M' ← toByte(1, 1) || toByte(|ctx|, 1) || ctx || OID || PH_M
σ ← signInternal_SLH(M', SK, addrnd)
return σ
```

9.10　SPHINCS+ 组件参数与安全强度的关系

对于一个参数为 $n, d, h', h = h'd, a, k, w$ 的 SPHINCS+ 实例, 若允许该实例最多进行 $N = 2^\eta$ 次签名, 那么这个实例的安全强度如何计算呢? 首先要考虑攻击这个实例的两种方法. 在第一种方法中, 直接对该算法的底层杂凑函数进行类原像攻击, 复杂度约为 $\mathcal{O}(2^{8n})$. 在第二种方法中, 假设攻击者观察到了 2^η 个合法的签名, 攻击者尝试通过对这些合法签名的分析, 伪造一个新的消息的合法签名. 该攻击采用如下策略. 首先, 攻击者选择一个随机化因子 $\mathfrak{R}$ 和一个消息 msg, 然后计算

$$\texttt{digest} = \mathbf{H}_{\text{MSG}}(\mathfrak{R}, \mathbf{PK}.\text{seed}, \mathbf{PK}.\text{root}, \text{msg})$$

若 digest 的前 ka 比特的 FORS 签名 (具体是哪个 FORS 实例也是由 digest 决定的) 所需要的 FORS 秘密原像在之前的签名中被暴露过, 则攻击者可以利用这些暴露过的秘密原像伪造消息 msg 的 SPHINCS$^+$ 签名. 假设 digest 确定的 FORS 实例为 FORS†. 那么, 之前产生的 $N = 2^\eta$ 个 SPHINCS$^+$ 签名中的任意一个签名的 FORS 签名段由 FORS† 产生的概率是 $p = 2^{-h}$. 令 X 是一个随机变量, 代表之前产生的 2^η 个 SPHINCS$^+$ 签名中有多少个签名是由 FORS† 产生的. 显然, 我们有

$$\Pr[X = i] = \binom{N}{i} p^i (1-p)^{N-i}.$$

这是一个二项分布, 当 N 很大而 p 很小, 且 $\lambda = Np$ 也很小时,

$$\begin{aligned}
\Pr[X = i] &\approx \lim_{N\to\infty} \binom{N}{i} p^i (1-p)^{N-i} \\
&= \lim_{N\to\infty} \frac{N!}{i!(N-i)!} \left(\frac{\lambda}{N}\right)^i \left(1-\frac{\lambda}{N}\right)^{N-i} \\
&= \frac{\lambda^i}{i!} \lim_{N\to\infty} \frac{N!}{(N-i)!} \left(\frac{1}{N}\right)^i \left(1-\frac{\lambda}{N}\right)^{N} \left(1-\frac{\lambda}{N}\right)^{-i} \\
&= \frac{\lambda^i}{i!} \lim_{N\to\infty} \left(1-\frac{\lambda}{N}\right)^{N} \\
&= \frac{\lambda^i}{i!} \lim_{N\to\infty} \left[\left(1+\frac{1}{N/(-\lambda)}\right)^{N/(-\lambda)}\right]^{-\lambda} \\
&= \frac{\lambda^i e^{-\lambda}}{i!}.
\end{aligned}$$

因此, 在 2^η 个 SPHINCS$^+$ 签名中有 g 个签名的 FORS 签名段是由 FORS† 产生的概率大致符合参数为 $\lambda = 2^\eta/2^h = 2^{\eta-h}$ 的 Poisson 分布, 其值为 $p_g = \dfrac{\lambda^g \cdot e^{-\lambda}}{g!}$. 当有 g 个 SPHINCS$^+$ 签名的 FORS 签名段由 FORS† 产生时, 根据 6.2 节可知, 成功伪造一个 FORS 签名的概率为 $\left(1-\left(1-\dfrac{1}{t}\right)^g\right)^k$. 综上, 在得到 2^η 个合法签名后,

攻击者成功伪造一个 SPHINCS$^+$ 签名的概率为

$$\mathfrak{p}=\sum_{g=0}^{2^\eta}p_g\cdot\left(1-\left(1-\frac{1}{t}\right)^g\right)^k=\sum_{g=0}^{2^\eta}\frac{\lambda^g\cdot e^{-\lambda}}{g!}\cdot\left(1-\left(1-\frac{1}{t}\right)^g\right)^k.$$

因此, 参数为 $n,d,h',h=h'd,a,k,w$ 的 SPHINCS$^+$ 实例的安全强度约为 $\log_2(\mathfrak{p}^{-1})$ 比特. 但是, 当 η 很大时 (比如 $n>60$), 上述公式的计算复杂度过大. 为此, 我们给出一种可以近似计算 $\mathfrak{p}$ 的快速方法. 令 $s=1-\dfrac{1}{t}$, 则

$$\begin{aligned}\mathfrak{p}&=e^{-\lambda}\sum_{g=0}^{2^\eta}\frac{\lambda^g}{g!}\cdot(1-s^g)^k\\&=e^{-\lambda}\sum_{g=0}^{2^\eta}\frac{\lambda^g}{g!}\sum_{i=0}^{k}\binom{k}{i}(-s^g)^i\\&=e^{-\lambda}\sum_{i=0}^{k}(-1)^i\binom{k}{i}\sum_{g=0}^{2^\eta}\frac{(s^i\lambda)^g}{g!}\\&\approx e^{-\lambda}\sum_{i=0}^{k}(-1)^i\binom{k}{i}e^{s^i\lambda}.\end{aligned}\tag{9.2}$$

9.11　SPHINCS$^+$ 的优化

不同参数的 SPHINCS 实例具有不同的安全强度、签名尺寸、签名性能及验签性能. 通常情况下, 我们会根据需要支持的签名次数 2^η 及目标安全强度, 利用公式 (9.2) 搜索满足条件的参数空间并从中选取具有合适的签名及验签性能的参数集. 在 NIST FIPS 205 标准中给出的每个 SPHINCS$^+$ 实例都可以支持 2^{64} 次签名, 在很多实际应用中, 一个 SPHINCS$^+$ 私钥签名的次数远远达不到这一数量. 因此, 通过降低支持的签名次数, 可以得到一些签名尺寸更小, 签名与验签效率更高的 SPHINCS$^+$ 实例, 表 9.7 给出了多个支持 2^{20}, 2^{40} 和 2^{50} 次签名且安全等级达到 NIST 规定的第 1 和第 3 安全等级的 SPHINCS$^+$ 实例, 更多的相关实例可参考文献 [69]. 除限制签名次数外, 通过改进抗伪造攻击编码方案等方式也可以改进 SPHINCS$^+$ 的签名尺寸等. 本节将给出两个 SPHINCS$^+$ 的优化方案: 一个是 SPHINCS-α; 另一个是 SPHINCS+C.

表 9.7 约束签名次数的 SLH-DSA 参数集

2^η	n	h	d	h'	a	k	$\log_2(w)$	m	安全强度/比特	私钥尺寸/字节	公钥尺寸/字节	签名尺寸/字节
2^{20}	16	20	4	5	9	19	4	25	128	64	32	5616
	16	25	5	5	8	18	4	22	128	64	32	5808
	24	21	3	7	12	19	6	32	192	96	48	8904
	24	24	4	6	13	16	6	30	192	96	48	9240
2^{40}	16	42	7	6	13	11	6	24	128	64	32	5840
	16	44	11	4	13	11	8	24	128	64	32	6352
	24	40	5	8	15	15	8	34	192	96	48	9864
	24	45	5	9	12	17	7	33	192	96	48	10008
2^{50}	16	54	6	9	16	8	7	24	128	64	32	5072
	16	60	5	12	17	7	8	23	128	64	32	4432
	24	56	8	7	16	12	8	32	192	96	48	11256
	24	55	5	11	18	11	8	33	192	96	48	9480

9.11.1 SPHINCS-α

SPHINCS-α 是由 Zhang, Cui 和 Yu [25,48] 设计的, 该方案有效降低了 SPHINCS+ 签名的尺寸, 但验签效率有所降低. SPHINCS-α 对 SPHINCS+ 的改进主要包括两个方面: 一是在 WOTS+ 中采用了第 5 章介绍的常数和编码, 不仅减少了所需哈希链的条数, 也增加了 Winternitz 参数 w 选取的灵活性, 即使用常数和编码时, 不要求 $\log_2(w)$ 是一个整数; 二是 SPHINCS-α 改进了 SPHINCS+ 中的 FTS 方案 FORS, 提出了第 6 章介绍的 FORC 方案, 进一步扩大了设计空间.

9.11.2 SPHINCS+C

SPHINCS+C 是由 Hülsing 等[70] 设计的, 该方案有效降低了 SPHINCS+ 签名的尺寸. SPHINCS+C 对 SPHINCS+ 的改进主要包括两个方面: 一是对一次性签名 WOTS+ 的改进 (WOTS+C); 二是对 FORS 的改进 (FORS+C).

WOTS+C 在 WOTS+ 签名中, 将一个消息空间中的消息 $\mathsf{m} \in \mathbb{B}^n$ 视为一个有 $\mathtt{len}_1$ 个元素的整数序列, 其中每个元素的取值范围为 $\{0, \cdots, w-1\}$. 然后将消息 m 的 Winternitz 校验值对应的 $\mathtt{len}_2$ 个整数追加到消息 m 上之后, 就得到一个具有 $\mathtt{len} = \mathtt{len}_1 + \mathtt{len}_2$ 个元素的整数序列. 这个整数序列决定了消息 m 的签名需要暴露的 $\mathtt{len}$ 个哈希链节点. 可见, 签名的尺寸与 $\mathtt{len}$ 的大小密切相关. 在 WOTS+C 中, 首先搜索一个随机串 $\mathfrak{s}$, 使得 $\mathsf{m}' = \mathsf{H}(\mathfrak{s} \parallel \mathsf{m}) = (a_0, \cdots, a_{\mathtt{len}_1}) \in [w]^{\mathtt{len}_1}$ 满足如下条件

$$\begin{cases} \sum_{i=0}^{\mathtt{len}_1-1} a_i = \mathsf{S}_{w,n} \\ a_i = 0, \quad i \in \{\mathtt{len}_1 - z, \cdots, \mathtt{len}_1 - 1\} \end{cases}, \tag{9.3}$$

其中 H 是一个满足一定条件的杂凑函数. 当找到满足条件 (9.3) 的 $\mathfrak{s}$ 和对应的 m′ 后, 签名只需要包含 $\mathfrak{s}$ 和由 $(a_0, \cdots, a_{\ell-1})$ 确定的前 $\ell = \mathtt{len}_1 - z$ 条哈希链中的 ℓ 个节点. 注意, 在 SPHINCS$^+$ 中, WOTS$^+$ 是用于给 n 字节的完美二叉树的根签名的. 将 WOTS$^+$ 应用到 SPHINCS$^+$ 中时可以采用两种方案: 第一种方案是对每个 n 字节的根 m 再做一次杂凑函数运算 H($\mathfrak{s}$ ‖ m), 这也是看上去对原有方案侵入性最小的方式; 第二种方案是在构建完美二叉树时, 在最后计算根的杂凑函数运算中注入一个随机串 $\mathfrak{s}$. 在 SPHINCS$^+$C 给出的参考实现 (https://github.com/eyalr0/sphincsplusc) 中, 采用了第一种方案.

FORS$^+$C　在 9.5 节中, 我们介绍了 FTS 方案 FORS, 每个 FORS 实例对应 k 个 FORS 子树, 每个子树具有 $t = 2^a$ 个叶子节点. 攻击这个 FORS 实例等价于攻击者找到一个消息和随机因子对, 使得它们经过哈希后所对应的 k 个叶子节点在之前的签名中已经被暴露过了. 基于 WOTS$^+$C 的思想, 我们可以引入一个额外的随机化因子 $\mathfrak{s}'$, 使得当它和消息一起哈希后的值总是打开最后一个 FORS 子树的第 0 个叶子节点. 这样, 我们就可以去掉 FORS 方案中的最后一个 FORS 子树, 同时在签名中也省去了最后一个子树的认证路径, 因此降低了签名尺寸. 我们甚至可以进一步增加最后一个子树的叶子节点数量 $t' = 2^{a'}$, 从而进一步提高改进的效果.

参考文献

[1] Shor P W. Polynomial-time algorithms for prime factorization and discrete logarithms on a quantum computer. SIAM Rev., 1999, 41(2): 303-332.

[2] Diffie W, Hellman M E. New directions in cryptography. IEEE Trans. on Inf. Theory, 1976, 22(6): 644-654.

[3] Lamport L. Constructing digital signatures from a one way function. Technical Report. CSL-98, SRI International Palo Alto, 1979. https://www.microsoft.com/en-us/research/publication/2016/12/Constructing-digital-signatures-from-a-One-Way-Function.pdf.

[4] NIST. Stateful Hash-based signatures: Public Comments on Misuse Resistance. 2019[2025-6-1]. https://csrc.nist.gov/CSRC/media/Projects/Stateful-Hash-Based-Signatures/documents/stateful-HBS-misuse-resistance-public-comments-April2019.pdf.

[5] Kampanakis P, Panburana P, Curcio M, et al. Post-quantum LMS and SPHINCS+ Hash-based signatures for UEFI secure boot. IACR Cryptol. ePrint Arch., 2021: 41.

[6] Ando M, Guttman J D, Papaleo A R, et al. Hash-based TPM signatures for the quantum world//Manulis M, Sadeghi A R, Schneider S A. Applied Cryptography and Network Security. 14th International Conference, ACNS 2016, Guildford, UK, Proceedings, Volume 9696 of Lecture Notes in Computer Science, Springer, 2016: 77-94.

[7] QRL. The Quantum Resistant Ledger. [2025-6-1]. https://github.com/theQRL/.

[8] ISARA. [2025-6-1]. https://www.isara.com/blog-posts/isararadiate-xmss-stateful-hash-based-signatures.html.

[9] Dahmen E, Krauß C. Short Hash-based signatures for wireless sensor networks//Garay J A, Miyaji A, Otsuka A. Cryptology and Network Security. 8th International Conference, CANS 2009, Kanazawa, Japan. Proceedings, Volume 5888 of Lecture Notes in Computer Science, Springer, 2009: 463-476.

[10] Boneh D, Gueron S. Surnaming schemes, fast verification, and applications to SGX technology//Handschuh H. Topics in Cryptology. CT-RSA 2017-The Cryptographers' Track at the RSA Conference 2017, San Francisco, CA, USA, Proceedings, volume 10159 of Lecture Notes in Computer Science, Springer, 2017: 149-164.

[11] Infineon readies TPM for quantum computing security challenges. [2025-6-1]. https://www.electronicproducts.com/infineon-readies-tpm-for-quantum-computing-security-challenges/.

[12] Opentitan silicon root of trust (RoT). [2025-6-1]. https://github.com/lowRISC/opentitan/.

[13] Caliptra: A datacenter system on a chip (SoC) root of trust. [2025-6-1]. https://github.com/chipsalliance/Caliptra.

[14] McGrew D, Curcio M, Fluhrer S. Leighton-micali Hash-based signatures. RFC 8554, 2019. https://datatracker.ietf.org/doc/html/rfc8554.

[15] Huelsing A, Butin D, Gazdag S L, et al. Additional parameter sets for HSS/LMS Hash-based signatures (internet-draft). IETF, Crypto Forum Research Group, 2024. https://datatracker.ietf.org/doc/draft-fluhrer-lms-more-parm-sets/13/.

[16] Hüelsing A, Butin D, Gazdag S L, et al. XMSS: eXtended merkle signature scheme. RFC 8391, 2018. https://datatracker.ietf.org/doc/html/rfc8391.

[17] NIST. Recommendation for stateful Hash-based signature schemes. NIST Special Publication 800-208, 2020 [2025-6-1]. https://nvlpubs.nist.gov/nistpubs/SpecialPublications/NIST.SP.800-208.pdf.

[18] International Organization for Standardization. Information security - Digital signatures with appendix - Part 4: Stateful Hash-based mechanisms. ISO/IEC 14888-4:2024, 2024. https://www.iso.org/standard/80492.html.

[19] Wiggers T, Bashiri K, Kölbl S, et al. Hash-based signatures: State and backup management (internet-draft). IETF, Network Working Group, 2024. https://www.ietf.org/archive/id/draft-wiggers-hbs-state-00.html.

[20] NSA. Announcing the commercial national security algorithm suite 2.0, 2022. https://media.defense.gov/2022/Sep/07/2003071834/-1/-1/0/CSA_CNSA_2.0_ALGORITHMS_.PDF.

[21] BSI. Cryptographic mechanisms: Recommendations and key lengths. BSI TR-02102-1, 2024 [2025-6-1]. https://www.bsi.bund.de/SharedDocs/Downloads/EN/BSI/Publications/TechGuidelines/TG02102/BSI-TR-02102-1.html.

[22] NIST. Submission requirements and evaluation criteria for the post-quantum cryptography standardization process. NIST PQC Call for Proposals, 2016 [2025-6-1]. https://csrc.nist.gov/CSRC/media/Projects/Post-Quantum-Cryptography/documents/call-for-proposals-final-dec-2016.pdf.

[23] NIST. PQC standardization process: Announcing four candidates to be standardized, plus fourth round candidates. 2022 [2025-6-1]. https://csrc.nist.gov/news/2022/pqc-candidates-to-be-standardized-and-round-4.

[24] NIST. Stateless Hash-based digital signature standard. Federal Information Processing Standards Publication, FIPS 205, 2024. [2025-6-1]. https://nvlpubs.nist.gov/nistpubs/FIPS/NIST.FIPS.205.pdf.

[25] Zhang K Y, Cui H R, Yu Y. Revisiting the constant-sum winternitz one-time signature with applications to SPHINCS^{+} and XMSS//Handschuh H, Lysyanskaya A. Advances in Cryptology - CRYPTO 2023 - 43rd Annual International Cryptology Conference. CRYPTO 2023, Santa Barbara, CA, USA, Proceedings, Part V, Volume 14085 of Lecture Notes in Computer Science, Springer, 2023: 455-483.

[26] 孙思维, 刘田雨, 关志, 等. 基于杂凑函数 SM3 的后量子数字签名. 密码学报, 2023, 10(1): 46-60.

[27] 孙思维, 刘田雨, 关志, 等. SPHINCS$^+$-SM3: 基于 SM3 的无状态数字签名算法. 密码学报, 2023, 10(6): 1266-1278.

[28] NIST. Secure Hash standard (SHS). Federal Information Processing Standards Publication, FIPS PUB 180-4, 2015 [2025-6-1]. https://nvlpubs.nist.gov/nistpubs/FIPS/NIST.FIPS.180-4.pdf.

[29] International Organization for Standardization. Information security techniques - Hash functions - Part 3: Dedicated Hash-functions. ISO/IEC 10118-3:2018, 2018 [2025-6-1. https://www.iso.org/standard/67116.html.

[30] Preneel B, Govaerts R, Vandewalle J. Hash functions based on block ciphers: A synthetic approach//Stinson D R. Advances in Cryptology - CRYPTO '93, 13th Annual International Cryptology Conference, Santa Barbara, California, USA, Proceedings, volume 773 of Lecture Notes in Computer Science, Springer, 1993: 368-378.

[31] Blackburn S R, Stinson D R, Upadhyay J. On the complexity of the herding attack and some related attacks on Hash functions. Des. Codes Cryptogr., 2012, 64(1-2): 171-193.

[32] Suzuki K, Tonien D, Kurosawa K, et al. Birthday paradox for multi-collisions. IEICE Trans. Fundam. Electron. Commun. Comput. Sci., 2008, E91-A(1): 39-45.

[33] Lefevre C, Mennink B. Tight preimage resistance of the sponge construction//Dodis Y, Shrimpton T. Advances in Cryptology - CRYPTO 2022 - 42nd Annual International Cryptology Conference, CRYPTO 2022, Santa Barbara, CA, USA, Proceedings, Part IV, volume 13510 of Lecture Notes in Computer Science, Springer, 2022: 185-204.

[34] Wang X Y, Yin Y L, Yu H B. Finding collisions in the full SHA-1//Shoup V. Advances in Cryptology - CRYPTO 2005: 25th Annual International Cryptology Conference, Santa Barbara, California, USA, Proceedings, Volume 3621 of Lecture Notes in Computer Science, Springer, 2005: 17-36.

[35] Stevens M, Bursztein E, Karpman P, et al. The first collision for full SHA-1//Katz J, Shacham H. Advances in Cryptology-CRYPTO 2017 - 37th Annual International Cryptology Conference, Santa Barbara, CA, USA, Proceedings, Part I, Volume 10401 of Lecture Notes in Computer Science, Springer, 2017: 570-596.

[36] NIST. SHA-3 standard: Permutation-based Hash and extendable-output functions. FIPS PUB 202, 2015 [2025-6-1]. https://nvlpubs.nist.gov/nistpubs/fips/nist.fips.202.pdf.

[37] Hirch S E, Daemen J, Rohit R, et al. Twin column parity mixers and gaston: A new mixing layer and permutation//Handschuh H, Lysyanskaya A. Advances in Cryptology - CRYPTO 2023 - 43rd Annual International Cryptology Conference, CRYPTO 2023, Santa Barbara, CA, USA, Proceedings, Part III, Volume 14083 of Lecture Notes in Computer Science, Springer, 2023: 475-506.

[38] Graner A M, Kriepke B, Krompholz L, et al. On the bijectivity of the map χ. IACR Cryptol. ePrint Arch., 2024: 187.

[39] Liu F K, Sarkar S, Meier W, et al. The inverse of χ and its applications to Rasta-like ciphers. J. Cryptol., 2022, 35(4): 28.

[40] Kriepke B, Kyureghyan G M. Algebraic structure of the iterates of χ//Reyzin L, Stebila D. Advances in Cryptology - CRYPTO 2024 - 44th Annual International Cryptology Conference, Santa Barbara, CA, USA, Proceedings, Part IV, Volume 14923 of Lecture Notes in Computer Science, Springer, 2024. 412-424.

[41] Schoone J, Daemen J. The state diagram of χ. Des. Codes Cryptogr., 2024, 92(5): 1393-1421.

[42] NIST. The keyed-Hash message authentication code (HMAC). Federal Information Processing Standards Publication, FIPS PUB 198-1, 2008 [2025-6-1]. https://nvlpubs.nist.gov/nistpubs/FIPS/NIST.FIPS.198-1.pdf.

[43] Kaliski B, Staddon J. PKCS #1: RSA Cryptography Specifications Version 2.0. RFC 2437, 1998. https://datatracker.ietf.org/doc/html/rfc2437.

[44] Rosulek M. The joy of cryptography. 2021 [2025-6-1]. https://joyofcryptography.com.

[45] Katz J, Lindell Y. Introduction to Modern Cryptography. CRC Press, 2020.

[46] Halevi S, Krawczyk H. Strengthening digital signatures via randomized Hashing//Dwork C. Advances in Cryptology-CRYPTO 2006, 26th Annual International Cryptology Conference, Santa Barbara, California, USA, Proceedings, Volume 4117 of Lecture Notes in Computer Science, Springer, 2006: 41-59.

[47] Merkle R C. A certified digital signature. Brassard G. Advances in Cryptology-CRYPTO'89, 9th Annual International Cryptology Conference, Santa Barbara, California, USA, Proceedings, Volume 435 of Lecture Notes in Computer Science, Springer, 1989: 218-238.

[48] Zhang K Y, Cui H G, Yu Y. SPHINCS-α: A compact stateless Hash-based signature scheme. Cryptology ePrint Archive, Paper 2022/059, 2022 [2025-6-1]. https://eprint.iacr.org/2022/059.

[49] Reyzin L, Reyzin N. Better than BiBa: Short one-time signatures with fast signing and verifying//Batten L M, Seberry J. Information Security and Privacy. 7th Australian Conference, ACISP 2002, Melbourne, Australia, Proceedings, Volume 2384 of Lecture Notes in Computer Science, Springer, 2002: 144-153.

[50] Perrig A. The BiBa one-time signature and broadcast authentication protocol//Reiter M K, Samarati P. CCS 2001. Proceedings of the 8th ACM Conference on Computer and Communications Security, Philadelphia, Pennsylvania, USA, ACM, 2001: 28-37.

[51] Pieprzyk J, Wang H X, Xing C P. Multiple-time signature schemes against adaptive chosen message attacks//Matsui M, Zuccherato R J. Selected Areas in Cryptography. 10th Annual International Workshop, SAC 2003, Ottawa, Canada, Revised Papers, Volume 3006 of Lecture Notes in Computer Science, Springer, 2003: 88-100.

[52] Aumasson J P, Endignoux G. Clarifying the subset-resilience problem. IACR ePrint 2017/909, 2017 [2025-6-1]. http://eprint.iacr.org/2017/909.

[53] Bernstein D J, Hopwood D, Hülsing A, et al. SPHINCS: Practical stateless Hash-based signatures//Oswald E, Fischlin M. Advances in Cryptology - EUROCRYPT 2015 - 34th Annual International Conference on the Theory and Applications of Cryptographic Techniques, Sofia, Bulgaria, Proceedings, Part I, Volume 9056 of Lecture Notes in Computer Science, Springer, 2015: 368-397.

[54] Aumasson J P, Endignoux G. Improving stateless Hash-based signatures//Smart N P. Topics in Cryptology - CT-RSA 2018 - The Cryptographers' Track at the RSA Conference 2018, San Francisco, CA, USA, Proceedings, Volume 10808 of Lecture Notes in Computer Science, Springer, 2018: 219-242.

[55] Yehia M, AlTawy R, Gulliver T A. Hash-based signatures revisited: A dynamic FORS with adaptive chosen message security//Nitaj A, Youssef A. Progress in Cryptology - AFRICACRYPT 2020 - 12th International Conference on Cryptology in Africa, Cairo, Egypt, Proceedings, Volume 12174 of Lecture Notes in Computer Science, Springer, 2020: 239-257.

[56] ETSI. State management for stateful authentication mechanisms. ETSI TR 103 692 V1.1.1, 2021 [2025-6-1]. https://www.etsi.org/deliver/etsi_tr/103600_103699/103692/01.01.01_60/tr_103692v010101p.pdf.

[57] McGrew D, Kampanakis P, Fluhrer S, et al. State management for Hash-based signatures. Cryptology ePrint Archive, Paper 2016/357, 2016 [2025-6-1]. https://eprint.iacr.org/2016/357.

[58] Sastry M, Misoczki R, Loney J, et al. Robust state synchronization for stateful Hash-based signatures. 2022. US Patent 11,438, 172.

[59] Merkle R C. Secrecy, authentication, and public key systems. Stanford University, 1979.

[60] Szydlo M. Merkle tree traversal in log space and time//Cachin C, Camenisch J. Advances in Cryptology - EUROCRYPT 2004, International Conference on the Theory and Applications of Cryptographic Techniques, Interlaken, Switzerland, Proceedings, Volume 3027 of Lecture Notes in Computer Science, Springer, 2004: 541-554.

[61] Jakobsson M, Leighton F T, Micali S, et al. Fractal Merkle tree representation and traversal//Joye M. Topics in Cryptology - CT-RSA 2003, The Cryptographers' Track at the RSA Conference 2003, San Francisco, CA, USA, Proceedings, Volume 2612 of Lecture Notes in Computer Science, Springer, 2003: 314-326.

[62] Berman P, Karpinski M, Nekrich Y. Optimal trade-off for Merkle tree traversal. Theor. Comput. Sci., 2007, 372(1): 26-36.

[63] Buchmann J, Dahmen E, Schneider M. Merkle tree traversal revisited//Buchmann J, Ding J. Post-Quantum Cryptography, Second International Workshop, PQCrypto 2008, Cincinnati, OH, USA, Proceedings, Volume 5299 of Lecture Notes in Computer Science, Springer, 2008: 63-78.

[64] Knecht M, Meier W, Nicola C U. A space- and time-efficient implementation of the Merkle tree traversal algorithm. arXiv:1409.4081v1, 2014 [2025-6-1]. http://arxiv.org/abs/1409.4081.

[65] Moody D. NIST PQC: Looking into the future. 2022 [2025-6-1]. https://csrc.nist.gov/Presentations/2022/nist-pqc-looking-into-the-future.

[66] Barbosa M, Dupressoir F, Grégoire B, et al. Machine-checked security for XMSS as in RFC 8391 and SPHINCS$^+$//Handschuh H, Lysyanskaya A. Advances in Cryptology-CRYPTO 2023 - 43rd Annual International Cryptology Conference, CRYPTO 2023, Santa Barbara, CA, USA, Proceedings, Part V, Volume 14085 of Lecture Notes in Computer Science, Springer, 2023: 421-454.

[67] Hülsing A, Kudinov M A. Recovering the tight security proof of SPHINCS$^+$//Agrawal S, Lin D. Advances in Cryptology - ASIACRYPT 2022 - 28th International Conference on the Theory and Application of Cryptology and Information Security, Taipei, Proceedings, Part IV, Volume 13794 of Lecture Notes in Computer Science, Springer, 2022: 3-33.

[68] Perlner R A, Kelsey J, Cooper D A. Breaking category five SPHINCS$^+$ with SHA-256//Cheon J H, Johansson T. Post-Quantum Cryptography - 13th International Workshop, PQCrypto 2022, Virtual Event, Proceedings, Volume 13512 of Lecture Notes in Computer Science, Springer, 2022: 501-522.

[69] Fluhrer S, Dang Q. Smaller SPHINCS$^+$. Cryptology ePrint Archive, Paper 2024/018. 2024 [2025-6-1]. https://eprint.iacr.org/2024/018.

[70] Hülsing A, Kudinov M A, Ronen E, et al. SPHINCS+C: compressing SPHINCS+ with (almost) no cost. 44th IEEE Symposium on Security and Privacy, SP 2023, San Francisco, CA, USA, IEEE, 2023: 1435-1453.

“密码理论与技术丛书”已出版书目

(按出版时间排序)

1. 安全认证协议——基础理论与方法　2023. 8　冯登国 等　著
2. 椭圆曲线离散对数问题　2023. 9　张方国　著
3. 云计算安全 (第二版)　2023. 9　陈晓峰　马建峰　李　晖　李　进　著
4. 标识密码学　2023. 11　程朝辉　著
5. 非线性序列　2024. 1　戚文峰　田　甜　徐　洪　郑群雄　著
6. 安全多方计算　2024.3　徐秋亮　蒋　瀚　王　皓　赵　川　魏晓超　著
7. 区块链密码学基础　2024.6　伍前红　朱　焱　秦　波　张宗洋　编著
8. 密码函数　2024.10　张卫国　著
9. 属性基加密　2025.6　陈　洁　巩俊卿　张　凯　著
10. 公钥加密的设计方法　2025.6　陈　宇　秦宝东　著
11. 分组密码迭代结构的设计与分析　2025.6　孙　兵　李　超　刘国强　著
12. 基于杂凑函数的抗量子计算攻击数字签名　2025.6　孙思维　著